生态水域与生态养殖

潘洪强　潘　莉　潘文新　编著

U0349677

中国农业科学技术出版社

图书在版编目（CIP）数据

生态水域与生态养殖 / 潘洪强，潘莉，潘文新编著 .—北京：中国农业科学技术出版社，2016.4

ISBN978-7-5116-2003-3

Ⅰ . ①生…　Ⅱ . ①潘… ②潘… ③潘…　Ⅲ . ①淡水养殖 – 生态水域

Ⅳ . ① S964

中国版本图书馆 CIP 数据核字（2015）第 030711 号

责任编辑	张孝安
责任校对	李向荣

出 版 者	中国农业科学技术出版社
	北京市中关村南大街 12 号　邮编：100081
电　　话	（010）82109708（编辑室）（010）82109704（发行部）
	（010）82109709（读者服务部）
传　　真	（010）82106650
网　　址	http：//www.castp.cn
经 销 者	各地新华书店
印 刷 者	北京富泰印刷有限责任公司
开　　本	700mm×1000mm　1 /16
印　　张	26.375
字　　数	450 千字
版　　次	2016 年 4 月第 1 版　2016 年 4 月第 1 次印刷
定　　价	78.00 元

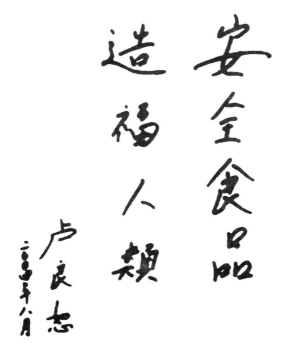

安全食品
造福人类

卢良恕
二〇〇〇年八月

中 国 工 程 院 院 士
中 国 农 学 会 名 誉 会 长
国 家 食 物 与 营 养 咨 询 委 员 会 主 任

前　言

PREFACE

　　我国是农业大国，农业是国民经济的基础，水产业是农业的重要组成部分，淡水水域是发展淡水渔业的宝贵资源。目前，我国正处在渔业经济发展方式第二次转变的高起点上。正确面对并研究解决渔业自源性污染问题，构建优质、高效、生态、安全的现代渔业，实现渔业和渔区经济全面、协调、可持续发展，是渔业生产者面临的重要课题。就如何解决渔业自源性污染问题而言，笔者认为应做好以下几项工作：一是加强渔业水域和资源保护，加强环保宣传教育，增强生态资源保护意识，普及渔业环境保护知识，动员和组织农民群众积极投身渔业水域和资源保护的行动中去。二是加快制定渔业环境质量和技术标准，加大渔业环境监测监控工作力度，提升渔业水域环境质量管理，促进淡水鱼类繁育保护区、增殖区和环境建设。三是大力倡导生态养殖，充分开拓渔业资源和特色品种，发挥养殖新技术和良好水域环境的优势，合理利用水生资源保护水环境，获取最佳生态养殖效果。最终实现淡水渔业科学发展、持续发展。

　　江苏省溧阳市水产良种场是 1957 年建场的国有控股企业，是一家从事淡水鱼、虾、蟹良种亲本培育，鱼、虾苗种繁育，商品鱼、虾、蟹养殖融专业化科研与生产为一体的农业科技型企业。在建场 55 周年的漫长岁月中，全场科研人员和技术工人长期在生产一线坚持科学研究，在生产实践中不断进行试验总结，形成了较为成熟的生态养殖技术体系。运用该技术体系可为淡水鱼类、虾类、蟹类养殖营造良好的生态水域环境。而良好的生态水域环境是淡水养殖渔业产业可持续发展的根本要素，也是健康养殖和保障水产品质量安全的关键要素。江苏省溧阳市水产良种场始终坚持遵循生态和生物学准则，按照经济学规律发展淡水养殖产业；根据生物学、生态学、环境学原理，以鱼类、虾类、蟹类适应正常生长发育空间环境的自然属性——生态习性，揭示了淡水水产生物的食性、生长、发育等生物学特性及规律；自 1994 年企业转制以来加强了科学研究与实践，并总结出了一套生态水域与生态养殖的技术体系。一是科学选种技术：选择异地遗传基因好、抗逆性强鱼、虾、蟹良种亲本提纯复壮；繁育、培育规格整齐、免疫功能强、病害少、药害少、健康强壮良种种苗，为养殖商品鱼、虾、蟹奠定了良好基础。二是科学的质比量比放养技术：遵循质与量的规律，确定放养品种与数量，选择放养优良性状的鱼、虾、蟹苗种，促使水生生物共生互利，水生生物系统物质良性循环，即水域生态环境平衡。三是光能与植物素消毒技术：利用光能与植物素清塘消毒保护微生物，植物素皂角甙清塘不伤害蟹、虾和生物饵料，确保蟹、虾的生物饵料不受影响，控制药物危害，杜绝水域环境污染源。四是科学的水域生态平衡技术。运用水生植物生态功能与营养价值，使河蟹养殖池塘中培植水生植物占养殖面积的 60%~80%，水生植物茎叶面控制在水面以下 20~30cm，水生植物新陈代谢时，吸收水体有机物质营养和强化富集的作用，提高养殖水体的营养成分，有效保护水域生态环境。五是运用鲜活软体动物生态功能与营养成分的技术：秋季水生植物枯萎，代谢功能减弱时，往池塘移植一定数量的鲜活软体动物，使其自然繁殖，增强净化水质能力，促使养殖水体资源化和效益化，有效保护水域生态环境。六是科学地应用生物技术：高温季节使用生物制剂，防止和克服微生态失调，恢复和维持水域生态平衡。七是营养平衡技术：运用同类生物作为同类生物饲料的原料营养平衡度的自然属性，降低饲料系数，减少饲料投喂量，减少水环境污染源，提高鱼、虾、蟹对营养的吸收率，增强鱼、虾、蟹免疫功能，增强抗病力。该技术体系的形成经过长期在生产实践中的研究和试验总结，再试验、再总结，具有科学性、实用性和可操作性的特点。该技术体系在生产实践运用，淡水养殖业将能实现科学合理利用水生资源，水生资源循环利用的最佳效益，产品质量符合国家绿色食品标准、国际通行农产品质量安全标准和养殖水体排放达太湖流域排放标准，为保护太湖水域的生态环境提供强有力科技支撑，生态水域与食品安全"双赢"，生态环境效益佳，产品质量效益高，渔业技术经济效益最大化，提升渔业技术经济核心竞争力的目标。

作 者

2014 年 10 月

目 录

CONTENTS

第一篇　淡水养殖在国民经济中的地位

第二篇　生态水域与保护重要性

第三篇 淡水鱼类生态属性与养殖水体的特征

第一篇　淡水养殖在国民经济中的地位

第一章　淡水养殖在国民经济中的地位及发展概况

第一节　淡水养殖在国民经济中的地位

一、我国基本情况

我国水域辽阔，总面积 1 800 万 hm^2[①]，约占国土面积的 1/55，平均每平方千米国土中水面占 1.8hm^2。其中，湖泊 830 万 hm^2，河沟 528 万 hm^2，水库 230 万 hm^2，池塘 192 万 hm^2，分别占总水面的 46%、30%、13% 和 11%。占流域面积 1 万 hm^2 以上的河流有 5 000 余条，2 000 万 hm^2 的低洼盐碱荒地，其中，宜渔的 233 万 hm^2，另外 600 万 hm^2 宜于发展稻田养鱼的水田。我国是一个多湖泊的国家，667hm^2 以上的天然湖泊有 2 600 多个，其中，面积在 10 万 hm^2 以上的大湖有 12 个。而我国又是水库众多的国家，全国有水库达 86 825 座，总库容量为 4 794 亿 m^3，总面积256 万 hm^2 左右。它们大多分布在长江、淮河、珠江等七大水系，以长江水系水库占56.5%。全国水库分布在东北区的多为大型水库，面积 43 万 hm^2；西北区的多为平原大型水库，面积达 82 万 hm^2；华北区各类型水库都有，植被差，库内淤积严重，面积达 33 万 hm^2；长江中下游区的水库稠密，大、中、小型水库都有，面积达 47 万 hm^2；华南区多为山谷中小型水库，面积达 34 万 hm^2；亚南区多为丘陵中小型水库，面积达 17 万 hm^2。低洼盐碱荒地主要分布在三北地区，其中，沿黄河流域有 90 万 hm^2。在我国水域中自然分布的淡水鱼类有 800 余种，海、淡水洄游性鱼类近 70 种，其他如虾、蟹等甲壳类；螺、蚌等贝类和鳖、鳄等爬行类水生动物以及莲藕、菱角、茨菇、苇芦等高等水生维管束植物种类十分丰富。这些丰富多样的水生生物种质资源为我国水产业的高速发展提供了重要的物质基地和经济基础。

[①] 所有统计数据均不含我国台湾省、香港特别行政区和澳门特别行政区，全书同

二、淡水养殖在国民经济中重要性

我国是农业大国，农业是国民经济的基础，水产业是农业的重要组成部分，目前淡水养殖业是中国渔业发展的重要支柱。1979 年，淡水养殖面积只有 237.8 万 hm^2，产量 81.3 万 t。然后到 2010 年面积扩大到 485.58 万 hm^2，产量达 1 093.8 万 t，分别增加了 248 万 hm^2 和 1 012.6 万 t。2010 年，全国淡水养殖产量超过 10 万 t 的省区就有 17 个。中国水产养殖增加的产量主要来自池塘养殖。2010 年比 1979 年增加的淡水养殖产量中，池塘养鱼产量就占 73.9%，而池塘养殖产量又主要集中在长江和珠江流域一带。广东省、江苏省、湖北省、湖南省、安徽省、江西省和山东省 7 省淡水池塘养殖总产量占全国的 72.5%。原来养殖基础十分落后的华北、东北和西北地区，如北京市、天津市、河北省、山西省、内蒙古自治区、辽宁省、吉林省、黑龙江省、陕西省、甘肃省、宁夏回族自治区和新疆维吾尔自治区等地的池塘养殖产量占全国池塘产量的比重由 1979 年的 2.8% 提高到 9.8%，并具有相当的发展潜力。

如今，中国人不仅使内陆淡水养殖业的传统池塘养鱼扩展到大水面的湖泊、水库、河流专用栅栏、网箱等方式、方法进行养殖，而且养殖技术水平有所创新，同时大大提高了养殖淡水鱼类的产量与品质。

近年来，随着城乡居民生活质量不断提高，消费水平也在不断提高，人民群众的食物结构有所改变，原来是对畜、禽类动物的蛋白需求，现在逐步转化为对鱼、虾、贝类的蛋白需求，因为鱼、虾、贝类除蛋白质外，还富有 EPA（二十碳五稀酸）、DHA（二十二碳六稀酸）和生物活性物质，它对人类大脑发育、智力开发，提高人体免疫机能、防病能力和健康素质是不可缺乏的营养源。同时，淡水渔业的发展可增加农（渔）民的收入，2012 年渔民人均纯收入 4 323 元，劳动力均纯收入 1 285 元，淡水养殖业已成为一些贫困地区脱贫致富的支柱产业，在我国新农村建设中占有越来越重要地位。

随着 21 世纪经济的快速发展，人们生活质量的提高，食物结构发生变化，由原来对畜禽动物蛋白的需求逐步在转变为对鱼类蛋白的需求。优质水产品是高蛋白、低胆固醇的食品，是人们生活不可缺少的食物，长期食用能使人类健康长寿；近年来，国内销售于苏州市、杭州市、上海市、广州市和北京市等大中城市，消费者的购买力日益增强。尤其是优质河蟹、青虾在国内大市场有较强的市场竞争力。

第二节　淡水养殖业可持续发展重要性

一、发展生态渔业重要意义

实现生态农业，发展生态渔业是其重要内容之一。近年来，我国的生态渔业已经有良好的起步，积累了一些成功的经验。但从全国来说，生态渔业还基本处于起步阶段，地区之间发展很不平衡，人们对生态渔业的认识也尚不一致。

我们实现渔业现代化的根本目的，就是要为社会持续提供日益丰富的水产品，最大限度地满足人们日益增长的需求。生态渔业，正是从渔业受自然生态规律与社会经济规律综合制约的客观实际出发，强调渔业发展的经济目标，生态目标与社会目标的一致性，达到 3 种效益的统一。

发展生态渔业，是增强渔业发展后劲的一项根本措施，从我国渔业产业的总体看，物质技术基础薄弱，生态环境脆弱，加之渔业投入不足，水质标准有所降低，导致渔业发展的后劲不足。为了保证渔业的持续稳定增长，增强渔业发展后劲，在增加投入的同时，应逐步创建良好的生态环境，即建立有序结构，最佳功能和良性循环的渔业生态系统。而发展生态渔业，是实现这一目标的一项根本性措施。

发展生态渔业，对食品安全也有着重要意义。因而，它是有关人类身性健康整个战略性的根本问题，良好的水域生态环境是渔业发展的基础，也是整个国民经济和社会发展的基础，现代化新农村建设属于生态系统的建设，与渔业生态系统有着千丝万缕的共生共存的联系，建立良好的渔业生态环境，必须和建立良好的城市生态环境有机结合起来。因此，发展生态渔业对建设良好的生态环境，对城乡一体化和满足社会的人文环境建设有着重大的现实意义。

二、淡水养殖资源相关课题研究

（一）淡水种质资源

淡水养殖水生生物种质资源是淡水养殖育种、养殖生产和渔业科技发展的重要物质基础，丰富多样的水生生物是大自然赐予我们的宝贵财富，如何保护、研究和利用好这些种质资源，不仅对淡水渔业生产有直接的影响，而且是关系到淡水养殖产业能否持续稳定健康有序发展的根本。现代淡水渔业经济的发展受到制约和全球气候环境变化，是由于 20 世纪后期工业发展加快生态环境被破坏，水质污染严重，人工繁育近亲交配，过度捕捞及休渔期管理不善，致使淡水种质资源日趋衰竭，许多淡水种群频临灭绝。因此，研究保护和利用好现有优质淡水种质资源无疑是我国21世纪渔业科技发展的重点之一。

我国是淡水养殖业大国，淡水水生种质资源十分丰富，淡水鱼类有800多种，分属于13目，38科，226属。过河口洄游性鱼类，河口定居性鱼类约45种，从国外引进的鱼类约40余种。内陆水域各种鱼类的分布依水系而不同，长江水系291种，珠江水系271种，黄河水系124种，黑龙江水系91种，台湾地区水系81种，青藏区水系71种。

在内陆水域鱼类资源中，主要经济鱼类约140种。其中，长江水系46种，黄河水系22种，珠江水系30种，黑龙江水系40多种。在全国分布较广的鱼类，有青鱼、草鱼、鲢鱼、鳙鱼、鲤鱼、鲫鱼、团头鲂、鲇鱼、乌鳢；虾类，有青虾、小龙虾；蟹类，中华绒螯蟹。这些淡水养殖种质具有生长快、食性广、抗病力强、肉味鲜、易养殖和产量高等优点。从20世纪90年代开始，作为高产养殖的当家品种，其产量占养殖总产量的70%以上。例如，江苏省中华绒螯蟹养殖总产量就占全国养殖总产量60%以上，在中华绒螯蟹养殖生产上占有举足轻重的地位。长江中下游的中华鲟、白鲟、胭脂鱼、白鳍豚、扬子鳄以及大鲵等具有较高的经济价值或学术价值，是我国重要的珍稀水生资源。这些优质种质资源为发展我国生态渔业经济提供了良种条件，并在促进我国淡水养殖业可持续发展中提供可靠优质良种的保障。

我国淡水养殖业快速发展的同时，暴露出种质资源研究上存在不少问题和差距。主要表现在以下几点：

1. 遗传背景不清，生物多样性研究不到位

我国虽在淡水鱼类种质资源基础研究方面做了很多工作，但对生态系统，种群遗传结构、分子标记和生物多样性等方面研究仍不到位，目前只有国家级科研院所具有分子水平的鉴别方法和鉴别种群的遗传标记，而省以下或大型水产养殖企业的科研机构缺乏人才及系统的设施、设备难以开展鉴别种群遗传分子标记的工作。因此，这种状况对深入开展鱼类种质资源研究以及鱼类资源增殖放流和保护不利。由于出现无序的苗种交流或洪涝灾害以及养殖管理不善，造成种质的严重混杂，其至有些杂交鱼和经生物技术处理改变了遗传性状的鱼进入天然水体，使物种基因库受到污染，给鱼类种质遗传背景和遗传结构的研究带来了困难。由于以上种种因素引起的淡水养殖对象种质退化，导致了淡水常规养殖对象出现了经济性状严重衰退，生长缓慢，品质变劣，抗病力下降，暴发性鱼病连年发生，使生产受到很大影响。要保护好质种质资源是水产科研机构和水产养殖企业共同的任务，因此，需联合，形成整体储备合力，认真、细致做好种群的遗传标记。

2. 生态环境破坏，水生资源锐减

因森林植被破坏造成的水土流失和流沙淤积；因各种水工建筑造成的江湖隔断和水文变化；因各种污染源（工业废水、农药、化肥、劣质生物制剂、生活垃圾）造成的水质污染，使鱼类赖以生存的水域生态环境受到极大的破坏，加上酷渔滥捕和管理不善，导致天然水域中主要经济种类和珍稀生物资源严重衰竭。这种情况在长江水系尤为突出：众所周知，由长江及其附属湖泊构成的江—湖复合生态系统是我国独特而重要的渔业资源库，保留着我国主要的淡水经济鱼类的种质资源，其中许多鱼类，如青鱼、草鱼、鲢鱼、鳙鱼、团头鲂等均属于江湖洄游性鱼类。每年汛期成熟亲鱼需进入长江产卵繁殖，而幼鱼又需洄游到湖泊中觅食成长。但各种水工建筑阻断了湖泊与长江的自然联通及鱼类的洄游通道，部分天然产卵场由于泥沙淤积及水文条件变化而消失，使那些不能在湖中繁殖的种群无法从江中得到补充，以致在水系中逐年减少乃至绝灭，从而引起整个长江水系鱼类资源的衰退。20世纪80年代长江成鱼捕捞量不及50年代的1/2，鱼苗捕捞量仅为60年代的1/4。许多珍稀水生种类，如白鳍豚、鲥鱼等已频临灭绝。因此，开展淡水种质资源保护研究，不仅至关重要而且已迫在眉睫。

3. 缺乏科学造种体系和种质鉴别技术

很多种类如"四大家鱼"原来是江河中产卵繁殖的种类，因自然资源少，绝大部分养殖苗种是人工繁殖的鱼苗。由于人工繁殖的局限性，以及缺乏科学的造种体系和种质鉴别技术，就难以避免由近亲交配和小群体繁殖所造成的基因丢失和遗传嬗变，导致了种质严重退化。在养殖生产过程中出现生长迅速减慢、抗逆性差、性成熟早、个体变小及抗病力下降等不良后果，其中，病害增加是种质退化的典型表现，严重影响生态渔业的建设与发展。

4. 种质资源保存体系不健全

虽然我国在"八五"期间立项开展了淡水鱼类种质资源生态库研究，在长江流域建立了"天鹅洲"、"老江河"两座"四大家鱼"种质资源天然生态库和"淤泥湖"团头鲂种质资源天然生态库以及"淡水鱼类种质资源人工生态库"等，同时在全国建立了一批原种场，这些种质库和原种场在种质资源保护上起到了一定作用。但由于多种原因，这些种质库和原种场十分简陋，科研条件和技术力量不足，导致不能深入开展种质资源保护研究。另外，种质库数量少，覆盖面不广，仅限于国家级、省级原良种场尚未形成体系，直接影响优质种质资源推广应用于生产领域制约着淡水渔业经济增长。

（二）国内外现状及发展前景

美国、日本、欧洲等国家和地区十分重视水生生物的种质资源研究，特别是近10多年来，由于生物多样性受到重视，水生生物遗传资源研究日益深入。许多发达国家自20世纪80年代起开展了大量的主要鱼类不同样群体遗传结构变化研究，建立了相应标记。目前已基本搞清一些主要鱼类的不同地理野生群体与家养群体的遗传结构特征。美国已有专门的种质鉴定公司，为国有和私有渔场提供技术服务，国际水生资源管理中心在罗非鱼种质资源研究方面作了大量工作，选育出了生长快的罗非鱼品系在生产中得到应用。并在鱼类种质资源遗传多样性及遗传标记研究上有突破性进展，利用遗传连锁图谱和共显性分子标记探索了罗非鱼等数量性状基因在遗传连锁图上位点。目前，利用遗传连锁图谱和共显性PNA分子标记为选择工具的新一代育种技术已成为研究的热点，同样也成为21世纪初时动植物育种的主流。

国外对天然水生生物资源保护，已上升到法律的高度，十分重视。美国在江河修建水坝管理很严格，要求筑坝的同时，必须修建过鱼设施，并要求计划一定比例的经费作为水生生物种质资源保护费用。美国野生动物保护局，几十年来对美洲鲟鱼的保护取得了很大的成绩，美洲鲟鱼资源已基本得到恢复。另外有些国家对建设生态库很重视，如菲律宾、英国、匈牙利、捷克等国先后建立了罗非鱼、鲤鱼活鱼基因库，为开展遗传育种及种质资源保护提供了条件。

开展鱼类基因组研究也是当前国际生物科学研究的新动向之一。各国针对生物资源开发的主要问题，纷纷在细胞、分子、生态、生理、生化、遗传、繁殖等基础生物学开展深入的研究。美国已将构建可持续发展的水产业列为优先发展的重点领域。美国、日本、欧洲等国家和地区开展了鱼的基因图谱和线粒体DNA指纹研究，香港大学与澳大利亚合作开始着手于草虾和白虾的基因组序列研究工作。水生生物种质保护开发利用，各国都十分重视，我国同样积极投入种质资源保护和利用方面的研究。自20世纪50年代以来做了大量工作。1972年，我国将鱼类种质资源与育种工作纳入国家统一规划和组织协调的轨道，加快了种质资源研究过程。1973年和1981年，两次组织了大批科技人员，对长江渔业资源的变动情况进行了调查。1983年"鱼类育种技术及繁育体系"的研究被列为"六五"攻关项目，开展了"长江、珠江、黑龙江鲢鱼、鳙鱼、草鱼原种收集与考种"的研究，从形态学、生化遗传学、生长繁殖性能、群体结构等多方面进行了全面和系统的研究，基本搞清了三江水系3种鱼的生长性能及遗传差异，发现三江中，以长江种质为最优，为开展种质资源保护和选育奠定良好基础。"七五""八五"期间，又把"淡水鱼类种质鉴定技术研究"和"淡水鱼类种质资源保存技术研究"列为国家攻关项目，投入了巨额经费和大量人力，建立了青鱼、草鱼、鲢鱼、鳙鱼、团头鲂天然生态库和主要淡水鱼类人工生态库，探索了从形态、细胞遗传、生化和分子水平的种质鉴定技术。自"十一五"以来，已初步建立了常规淡水鱼类种质的精子库和数据库，建立了10种主要养殖鱼类的种质标准。基本上搞清了主养鱼类的种质资源的状况，并得到了有效的保护。在开展鱼类种质资源调查和保护研究的同时，我国已对青鱼、草鱼、鲢鱼、鳙鱼、团头鲂、鲤鱼、异育银鲫、鲫鱼和罗非鱼等数十种主要养殖鱼类的分子标记进行研究分析，为我国淡水种质资源研究奠定了良好基础，为培育优质良种鱼类生态系提供了可靠保障。

（三）水资源

水是生命的摇篮，是人类生活和生产不可缺少的基本物质，是地球上不可替代的自然资源。地球上的水分来自海洋、冰川、雪山、湖泊、沼泽、大气、生物体、土壤和地层之中，在全球形成了一个完整的水的系统，这就是所谓的水圈。根据现有资料，估计全球水的总量为13.86亿 km^3，其中，96.5% 在海洋中，约覆盖地球总面积的71%，余下的3.5%中有3/4呈固体状，固定在两极冰盖和冰川中，陆地上分布在江河、湖泊、沼泽中的地面水其总量为23万 km^3，尚不足地球总水量的万分之一，仅占淡水储量的0.34%，而其中能够开采利用的又只有0.2%。由此可见，淡水资源是人类活动的宝贵财富，而淡水养殖业根本所在就是依赖淡水资源。因此我们必须遵循淡水养殖与水域生态环境良性循环的生态化规律，使淡水养殖业可持续发展，不断增强水产品环境效益、质量效益、市场需求效益。

（四）饲料资源

所谓"饲料"是指为动物提供营养物质，调节其生理机制，促进其健康生长发育和繁殖，是改善养殖对象质量的物质。对于含有大量营养素同时也含有少量或微量抗营养因子或毒素的物质，以及少量时对动物起营养作用而只在大量时才产生毒性的物质，也是属于饲料资源。有些物质对动物本身不产生任何作用，但对于饲料具有正面影响，它们也属饲料资源的范畴。饲料既包括天然饲料资源也包括人工饲料资源。我国水生动饲料资源分类，一般是以其来源、理化特性等为依据，通常分为如下几类：

1. 浮游生物饲料

这一概念在这里专指漂（悬）浮生活于水中的细小生物的鲜活体，不包括干制品。其个体小、营养物质丰富，是水生动物幼体及滤食性种类的良好食物，这类饲料种类较多，包括浮游植物、浮游动物和细菌等。

2. 植物性饲料

鲜活的植物体。不包括干燥植物体及其籽实。这类饲料不仅是草食性水生动物的重要食物，而且也可以为杂食性甚至肉食性水生动物所利用。这类饲料的种类很多，根据其生态环境不同，大致可分为水生植物和陆生植物两大类。

3. 动物性饲料

鲜活的动物体。不包括干制品，可以说它是各类水生动物的良好食物。这类饲料种类也很多，根据其生态环境不同，大致可分水生动物和陆生动物两大类。

4. 矿物性饲料

天然的能为水生动物提供矿物元素的饲料，不包括人工生产的矿物质。这类饲料有食盐、天然矿石等。

5. 商品饲料

这是一类典型的传统意义上的饲料类别，指具有一定商品价值的饲料，种类更多，范围更广，现分别说明如下。

（1）禾本科籽实。水产饲料常用的有玉米、大麦和高粱等，其最大特点是无氮浸出物含量高，常占 60% 左右，而蛋白质、脂肪含量相对较少，常作为能量饲料原料的。

（2）豆科籽实。大豆是最为常见的，有时甚至还作为动物蛋白替代品的原料。其营养特点是蛋白质含量高，常高出禾本科籽实一倍以上，可达 30%~40%，碳水化合物相对较少，是主要的植物蛋白饲料的原料。此外还有蚕豆、豌豆等。

（3）农副产品。主要包括饼粕、糠麸、糟渣、农作物秸秆等。

常见的饼粕有大豆饼粕、棉籽饼粕、花生饼粕等。常作蛋白饲料原料，营养价值较高。糠麸类主要有米糠、麦麸、地脚粉（黄粉）等，以无氮浸出物含量较高为特点，常作能量饲料原料，效果较好。糟渣类主要有酒糟、粉渣、豆腐渣和糖渣等，品质比前几类差只能作为能量饲料原料补充料利用。农作物秸秆通常以稻草、麦秸及玉米秸、芯、皮和豆秸等为主，其粗纤维及无氮浸出物为主要部分，在农区常作一种廉价的能量补充原料。其营养价值较差。

（4）肉产品饲料。就是肉产品加工的副产品。这类饲料原料蛋白质含量高，且氨基酸齐全，是动物性蛋白及必需氨基酸的重要补充来源，这类动物性饲料原料不包括活体动物性原料，而加工后动物性饲料原料如鱼粉、白粉、蚕蛹粉、羽毛粉和肉骨粉等干制品。

（5）微生物性饲料。专指干燥的酵母类、藻类及菌类等。

（6）添加剂。这更是一类补充饲料原料。为补充某些营养素或特殊需要而添加的成分，其量及少，作用很大。是配合饲料原料的重要组成部分。饲料添加剂有营养性添加剂（如维生素添加剂等），非营养性添加剂（如生长促进剂等）两大类。从上述分类看，将来自于生物体饲料分为两大类——鲜活品和干制品。

第二篇　生态水域与保护重要性

第二章　溪水、水库与河流生态系统

第一节　溪水、水库与河流生态系统结构

水的流速是影响溪流与河流特征和结构的一个重要属性. 溪流通道的形状、陡度、宽度、水深、溪底平坦程度和降雨强度以及融雪速度又都对水流速度有影响。高水位差可增加流速并能搬运溪底的石块与碎石，对溪床和溪岸有很强的冲刷作用。随着溪床的加深加宽河水容量的增加，溪底就会积累一些淤泥和腐败的有机物。当溪流的水流速度由急逐渐变缓时，溪流中的生物组成也会发生相应变化。就自然地形成水生动物生存栖息地。

一、流水生态系统

流水生态系统常常是由汹涌的浅滩和平静的水潭这两个不同但相互关联的生境交替组成的。浅滩是溪流初级生产量的主要所在地，这里的水生附生生物附着水下岩石，倒木上，成为溪流浅滩优势生物，主要成分有硅藻、蓝细菌和水藓，它们的重要性相当于湖泊和池塘中的浮游植物。在浅滩的上游和下游都有水潭，其的深度、流速和水化学方面都与浅滩有所不同，如果说浅滩是有机物生产的主要场所，那么水潭就是有机物分解的主要场所。由于水潭的水流速度减缓，所以他就像滤污器一样使水中的有机物质深淀下来。水潭是夏秋两季二氧化碳的主要生产场所，这对保持溶解态碳酸盐的稳定供应是必不可少的。如果没有水潭、浅滩植物的光合作用就会把重碳耗尽，使下游所能利用的二氧化碳越来越少。水流中的二氧化碳大都是以碳酸盐和重碳酸盐的形式存在的。

水的酸碱度（即 pH 值）反映着溪水中的二氧化碳含量，有机硫的存在和水污染状况。一般说来，与酸性的贫养溪流相比，水的 pH 值越高表明水中碳酸盐、重碳酸盐和其他盐类的含量就越多，水生生物的数量和鱼类数量就越多。溪水越过浅滩时的翻腾奔涌大大增加了与空气的接触面，因此溪流的氧气含量很高，常常能达

到即时温度水的饱和含氧量，只有在深水洞或污染的水中氧气含量才会明显下降。

溪流水的温度是可变的，一个小的浅水溪流其水温是随着大气温度变化的，但稍有滞后，通常是随着季节的变化而升温或降温。但冬季也难以下降到冰点以下。能长时间大面积受到阳光照射的溪流水温较高，而受树木、灌木和岸边遮掩的溪流则水温较低。这一事实具有一定的生态学意义，因为温度影响着溪流中的生物群落，影响着喜冷喜温生物的生存。

二、溪流、水库与河流中生物的适应性

栖息在溪流、水库与河流中的生物需要解决的一个主要问题是能停息在一个地点不被水冲走，在这方面溪流生物已形成了一些特有适应性。能在流水中减少阻力的流线型体形是很多溪流动物的典型特征；如鲹鱼和澳鳟等。很多昆虫的幼虫都抓附在石块的下表面，因为那里的水流较慢，它们的身体极为扁阔，包括附肢也扁扁的，水很容易从它们上面流过。最典型的昆虫是浮游和后蝇。其他种类昆虫的幼虫能以各种不同方法使自己附着水中物体上，并将流水带来的食物微粒过滤到自己口中。一些种类的石蛾幼虫可用小砂粒活小卵石建造一个保护性小室，并将小室黏附在石块底部，织网的石蛾幼虫常常织一个收集食物的漏斗状网，网口总是迎着水流。

在植物中，水薜和有很多分支的丝藻则靠固着器附着岩石上。另一藻类则形成蜇状群体，外面覆有一层胶黏状物，其体形态很像是石块和岩石。栖息在溪流、水库、河流中的所有动物都需要极高的接近饱和状态的含氧量，而且水的快速流动能保证它们呼吸器官与饱含氧气的溪水持续接触，否则身体外圈一层水膜中的氧气很快就被耗尽。在水流缓慢的溪水、库水、河水中具有流线型体形的鱼种就会消失并带走其他种类的鱼如小姆、鳔鲈和银鱼。这些鱼失去了在急流中游动所需的强有力的侧肌而代之以比较紧凑的体型，使它们适合在茂密的植物丛中穿行。如肺亚目腹足类和具有狭长体型的浮游取代石栖的昆虫幼虫。底栖鱼类在泥质、溪底、库底、河底取食，而水蝇和仰蝽则缓慢地在水面或水中划行或停滞不动。

第二节　溪水、水库与河流生态功能

山间的溪流、人工筑造的水库与河流都是一脉形成的。因此，流水或激流生态系统是开放系统，以异养生物为主，一类能源主要是系统外的碎屑有机物，包括粗糙有机物、树叶、树枝；另一类输入的能源物质是小于1mm的细粒有机物如碎叶、

无脊椎动物粪便和溶解在雨水中的有机物等；再一类是小于 0.5mm 的溶解态有机物，例如在冲刷过来的树叶或其他植物叶。主要是过滤自周围的森林，农田和居民点，此外也可以从工业和生活排放物中直接得到有机物，除了这些碎屑有机物的能量输入可供异养生物利用外，水流中的硅藻和水藓等也可借助于光合作用制造有机物质，它们属于自养生物，硅藻生长在岩石上而水藓则生有假根，能量的损失借助于两个通道，即地理通道（流向下游）和生物通道（呼吸消耗）。

一、溪流、水库和河流中食物源

秋天当树叶、草叶飘落到水面就会随水向下游飘去，有些则受两岸石块或残枝的阻挡留在原地，受到水浸泡的树叶、草叶会沉到水底，在那里它们很快会损失一部分干物质，因为流水将会把叶组织中可溶性的有机物带走。这些有机物质有些与碎屑颗粒结合在一起了，有些则进入了微生物的生物量。

经过昆虫幼虫的破碎和微生物部分分解，树叶和无脊椎动物的粪便就会变成细粒有机物的一部分，也包括一些沉淀下来的溶解态有机物。细粒有机物会随水漂向下游并沉积到水底，它们会受到另一些无脊椎动物的取食。如生有扇形滤器的内幼虫和结漏斗网收集食物的石蛾。摇蚊幼虫可以在溪底、库底、河底沉积物中摄取有机物颗粒，滤食者所需的营养有很大一部分都是来自于细颗粒物上的细菌。由于水的流动，带有大量的粗粒有机物、细粒有机物和无脊椎动物顺流而下形成流动底栖生物，这种漂流现象在溪流、水库与河流中也很常见，由于漂流是溪流、水库与河流一个普遍特征，所以常把漂流的平均速率作为溪流、水库与河流流生率的一个指标。

二、溪流、水库与河流中的能流和营养循环

根据对一个水库研究表明，水库 90% 以上能量输入来自周围的森林和上游的溪水。水藓的初级生产量只占能量总输入量的 1% 以下，溪流中没有藻类生长。枯枝落叶约占能量总输入的 44%，其余 56% 是靠地下水流的地路、渠道输入的。能量是以 3 种不同的形式输入溪流进入水库，第一种形式是以树叶和其他小枝叶为代表的粗粒有机物，第二种形式是以漂浮的小颗粒为代表的细粒有机物，第三种形式是溶解态有机物在小溪中，83% 的输入是借助于地面和地下水流带入的；总能量输入的 47% 是以溶解态有机物的形式；输入的有机物中有 66% 被带到溪流下游水库中，其余 34% 留在原地利用。

对流水生态系统来说，营养循环的一个主要问题是如何使营养物质留在上游，从而减少顺流而下的损失。在陆地和静水生态系统中，营养物质基本是原地实现再

循环的，营养物基本上是从土壤或水体进入植物和消费体内，然后再以腐屑有机物或分泌物的形式重新回到土壤和水体中，此后会循着大体相同的路线进行再循环。当然也有一些自然因素和生物因素会使一些营养物留在原地不被冲走，如倒木伐根及滞留的倒木，大石后面水涡中的有机残屑。生物因素则包括动植物对营养物的吸收或摄取并把营养物贮存体内。一种营养物或营养物原子的一个循环周期是从这种营养物被吸收或摄取开始的，然后沿着食物链的传递，最后又重新回到水中并处于可被再次利用的状态。

第三节　河流是一个渐变连续体

一、溪流、水库与河流的污染

进入 20 世纪以来，人们一直把溪流、水库与河流当成工业废水和固体废物的排放地，因为人们普遍认为河水能把这些污染物稀释和冲走，在这种错误思想指导下，未遭污染的溪流、水库和河流已很难见到了。溪流、水库的水质比河流的水质从目前看来要好些，基本上属 3 类水质。而河流的水质污染越来越恶劣，就连太湖水、巢湖水也开始有污染度。溪流、水库与河流遭受污染的程度将取决于污染物的种类、数量和污染时间的长短。

工业污染物对河流的污染是严重的，因为这些污染物的化学成分复杂且浓度大。未经处理废水在注入溪流，进入水库或直接进入河流后就会明显改变那里的水环境，即使是从污水处理厂流出的水，也可能影响水环境的生态稳定性。在污水排放点水中二氧化碳的含量很高，这使得原来在正常情况下生活在那里的生物系统都消灭了，特别是脊椎动物和软体动物，取代它们是一些新的生物类群，包括原生动物、蚊幼虫和蚯蚓。往下游走，流水会逐渐把污染物稀释，条件虽有所改善，但河流水质仍未能恢复正常状态，这里虽有绿藻存在，但数量已比以前减少，细菌数量丰富但河水的含氧量低。随着继续向下游走，污染物会继续得到稀释，水的含氧量会有所增加。能够耐受这些生存条件并在这里定居的有鲤鱼、鲇鱼、摇蚊幼虫和原生动物等。污染物的严重影响必将减少甚至灭绝鱼类和无脊椎动物。如果污染物被控制，最终河水被净化并会重新变得清澈起来，原有的鱼类和无脊椎动物也会重新出现。

二、河流污染的影响

当污水和污染物排量过多时，溪流、水库、河流就很难靠自身的净化和解毒功能恢复原有生态平衡，即使最下游情况也无法扭转。在这种情况下，有氧条件得不到恢复，于是需氧细菌消失了，代之以厌氧细菌，河流中原有生物种类也就不复存在，留下来的只有腐生细菌，使河流变成了污水沟并发出难闻的气味。可见河流上游受到了工业污染后对下游的生物群落有极大的影响，同时还大大降低商业和家庭用水的质量，增加治理污染的代价。

由于丘陵山区开发、修建道路、露天开矿和其他形式的土地破坏而引起的淤泥沉积是最隐状的污染形式。这种污染广泛存在很少引人注意。水中悬浮的泥沙会减少射入水中的阳光，影响水生植物的生长；沉积在水底的泥沙会覆盖住各种昆虫幼虫生存的基底，使这些幼虫、软体动物和其他底栖生物因窒息而死亡。泥沙还经常会填塞鱼类的鳃腔、鳃丝和软体动物的外套腔和鳃，导致这些动物死亡。当含泥沙的水流过鲑鱼和鳟鱼砾石巢时会明显增加鱼卵的死亡率。泥沙的沉积和填塞，这已成为限制这些鱼类自然繁殖的最主要的障碍。

第三章　湖泊、外荡与池塘生态系统

　　湖泊、外荡与池塘是含大量静态水的内陆凹土地，通常水深1米以上不等，包括小至不足1公顷的小外荡与池塘，大到拥有数千平方公里水面的大湖。水浅的小外荡与池塘中有根植物可扎根在池底生长，而在水深的大湖中，其环境好似海洋一角。大多数湖泊、外荡与池塘都有出口通道。湖泊、外荡大多是借助于地质的、地理的和地形的原因而自然形成的，但也有些湖泊、外荡是人为原因形成的，如为了发电、灌溉和蓄水而修筑水坝、水库和水池等。

第一节　湖泊、外荡和池塘的自然特征

　　湖泊、外荡和池塘生态系统具有明确的边界，在这些边界之内的环境条件则依湖泊、外荡和池塘的不同而不同，但所有的静水生态系统都有某些共同特征。静水生态系统中的生命对光有密切的依赖关系，进入水中的光线不仅受衰减的影响，而且也受水体内含物和浮游植物生长的影响。水温随着季节变化和水的深度而有所不同。水中的含氧量是有限的，因为只有小部分水是直接与空气相接触的，而且有沉积物分解中还要消耗一些氧。总之，水温、水中含氧量和透光量两者对湖泊、外荡和池塘中生物的分布和适应性有着重要影响。

　　因风浪和浮游植物呼吸而产生的氧气通常保持在水的上层，在此层以下常因分解作用而缺氧。由于沉积物都聚集在湖底，因此，深层水中营养物的含量比较丰富。相比之下，表层水中浮游植物所需要的营养物就比较少。如果没有深层水营养物的储备，浮游植物到夏末时就很可能发生营养物短缺。

　　秋季时气候条件会发生突然变化，气温和光照都会衰减，表层水温开始变冷，水由于密度增加而下沉，下面暖水上升到表面经冷却后再下沉，如此反复进行直到水温变得均匀为止。湖水的这种循环现象就叫秋季的湖水对流，常伴随着氧气和营养物的交换。风的搅动和湖水对流一直会持续到结冰时。

　　冬季的气候较为恶劣，表层水渐渐会冷到4℃以下，于是水再次变轻留在湖面（水在4℃时比重最大，高于和低于此温度的水都比较轻）。冬季很冷时，表层水就会冻结，此时最温暖的水反而是在湖底、荡底、池底。随着春季来到，春风吹动，春

季冰层融化，表层水会渐渐升温到4℃以上，于是开始了一个新的春季的湖水对流期并伴随着氧气和营养物质的再分布。此时湖表层水的氧气和营养物含量将会达到最大，这为春季浮游植物的生长创造了有利条件。随着季节的演进，湖水再次分化为3个层次，即人们所熟悉的变温水层（表水层）斜温层和湖底静水层。

湖泊的分层是季节变化，但不是所有的湖泊都有特征，在浅水湖、外荡、池塘可能出现短期的暂时分层，还有一些湖泊总有分层现象但没有斜温层。在一些极深的湖（水库）中，斜温层在湖水中对流期只有简单地下移位，并不完全消失，在这样的湖中底层水从来也不会与表层水混合。在所有极深的湖泊中总会有某种形式的热水层出现，包括热带地区。

第二节　湖泊、外荡与池塘结构

依据光的穿透深度和植物的光合作用，湖泊、外荡和池塘都有垂直分层和水平分层现象。水平分层可区分沿岸带、湖沼带和深水带。沿岸带和深水带都有垂直分层的底栖带。

一、沿岸带

在湖泊、外荡和池塘边缘的浅水处生物种类最丰富，这里的优势植物是挺水植物，植物的数量及分布依水深和水位波动而有所不同，浅水处有灯芯草和苔草，稍深处有香蒲和芦苇等，与其一起生长高蒿等植物。再向内就形成了一个浮叶根生植物带，主要植物有眼子藻和百合等。这些浮叶根生植物大多根系不太发达但有很发达的通气组织。水再深一些当浮叶根生植物无法生长的时候就会出现沉水植物，常见种类是轮藻和某些种类的眼子藻，这些植物缺乏角质膜，叶多裂成丝状可从水中直接吸收气体和营养物。

在挺水植物和浮叶根生植物带生活着多种多样的动物，如原生动物、水螅和软体动物。昆虫则包括蜻蜓、潜水蚤和划蝽等，后两种昆虫在潜水下觅食时刻随身携带大量空气。各种鱼类如狗鱼和太阳鱼都能在挺水植物和浮叶根生植物丛中找到食物和安全的避难所。太阳鱼灵巧紧凑的身体很适合在浓密的植物丛中自由穿行，总之沿岸带可为整个湖泊提供大量有机物质。

二、湖沼带

湖沼带的主要生物不是鱼而是原生生物——浮游植物和浮游动物。鼓藻、硅藻和丝藻等浮游植物在开阔水域进行光合作用，它们是整个湖沼带食物链的基础，其他生物都依赖它们为生。浮游动物主要是一些微小甲壳动物，它们以极小的原生生物为食，这些动物是湖沼带能量流动中的一个重要环节。

光照决定着浮游植物所能生存的最大深度，所以这些原生生物种群大多分布在湖上层。浮游植物通过自身生长能影响日光深入水中的深度，所以随着夏季浮游植物生长，它所能生存的深度就会逐渐变小。在透光带内各种浮游植物的所在深度则取决于它们各自发育的最适条件。有些浮游植物刚好生活在水表面以下，另一些种类则在水深 1~2m 的范围内数量最多，还有一些在较低温度下才能发育的种类则分布在更深一些的水中。实际生存着喜冷浮游生物的湖泊，常常在上层湖水中缺乏浮游植物生长，而在深水中的氧气含量又不会被有机物质的分解所耗尽。

浮游动物有着独立运动能力，而常表现出季节分层现象。有些浮游动物在冬季可潜入到很深的水层中，而夏季则聚集在对其生存和发育最有利的水层中，并表现出垂直迁移的日周期现象。有些种类分布在深水中或湖底，但经常升到湖水上层去取食浮游植物。

在春季和秋季的湖水对流期，浮游生物常随水下沉，而湖底分解所释放出的营养物则被带到营养物几乎被耗尽的水面。春季当湖水变暖和开始分层时，浮游植物既不缺营养也不缺阳光，因此会达到生长盛期，此后随着营养物耗尽，浮游生物种群数量就会急剧下降，尤其是在浅水湖区。

湖沼带的自游生物主要是鱼类，其分布主要受食物、含氧量和水温的影响。大嘴鲈鱼、狗鱼和类似狗鱼的鱼在夏花常分布在温暖的表层水中，因为那里的食物最丰富，冬季它们则回到深水中生活。湖鳟则与此不同，它们在夏季迁移到比较深的水中生活。在春秋两季的湖水对流期当全湖的水温和氧含量变得相当均匀时，无论是暖水性鱼类还是冷水性鱼类都会出现现在不同深度的湖水中。

三、深水带

深水带中的生物不仅决定于来自湖沼带的营养物和能量供应，而且决定于水温和氧气供应。在生产力较高的水域，氧气含量可能成为一种限制因素，因为分解者耗氧量较多，使耗氧生物难以生存。深水湖深水带在体积上所占的比例要大得多，因此湖沼带的生产量相对比较低，分解活动也难以把氧气完全耗尽。在这些湖泊中的生物主要是鱼类、某些浮游生物和生活在湖底的一些枝角类。在一天的一定时间内这里会生活一些浮游动物，但它们总是要向上迁移到表层水去取食。只有在春秋两季的湖水对流期，湖水上层的生物才会进入深水带，使这里的生物数量大为增加。

容易分解的物质再通过深水带向下沉降的过程中常常有一部分会被矿化，而其余生物残体或有机碎屑则会沉到湖底，它们与被冲刷进来的大量有机物一起构成了湖底沉积物，这里成为底栖生物的栖息地。

四、底栖带

湖底软泥具有很强的生物性，在深水带下面的湖底附近氧气含量非常少。由于湖底沉积物中氧气含量极低，因此，生活在那里的优势生物是厌氧细菌。但是，在无氧条件下，分解很难进行到最终的无机产物，当沉到湖底的有机物的数量超过底栖生物所能利用的数量时，它们就会转化为富含硫化氢和甲烷的有臭味的腐泥。因此，只要沿岸带和湖沼带的生产力很高，深水带湖水底或池底的生物区系就会比较贫乏。具有深层水带的湖泊底栖生物往往较为丰富，因为并不太缺氧。

当湖水或池水逐渐变浅时，底栖生物也会发生变化。随着湖水变浅，水中含氧量、透光性和实物含量都会增加，同时也伴随着底栖生物种类增加。与底栖生物群落密切相关的是总称为水生附着生物或附着生物的生物。它们附着在水下物体上或在其上移动，小附着生物定居在水下植物叶、枝条、岩山和残落物上。生活在植物上的水生附着生物主要是藻和硅藻，它们生长得很快但附着力不强。由于被附着物的存在时间是有限的，因此，相关附着生物的寿命很难过一个夏季。生长在石块、木头和碎石上的蓝细菌、硅藻、水藓和海绵常常形成一个较为坚硬的外壳。

第三节　湖泊、外荡和池塘的生态功能

湖泊、外荡和池塘是被陆地生态系统包围的水生生态系统，因此，来自陆地生态系统的输入物对其有着重要影响，各种营养物质和其他物质可沿着生物的、地理的、气象的和水温的通道穿越生态系统的边界。气象输入物包括风中的颗粒物、雨雪中溶解物和大气中的各种气体，而沿着同一通道输出的则主要是小的浪花飞沫和各种气体如二氧化碳和甲烷等。地理通道输入物包括地下水和入注溪流中的各种溶解物和从周围分水岭流入湖盆的各种颗粒物质，输出物则包括随水流带走的各种颗粒物和深层沉积物在长期循环过程中所损失的各种营养物。经由生物通道的输入物和输出物相对比较少，主要是动物（如鱼类）的进出。水温通道输入物主要靠降水，输出则靠湖盆壁的渗漏，地下水流和蒸发。能量和各种营养物在湖泊和池塘中的移动是借助于捕食食物链和碎屑食物链进行。

湖沼带的初级生产主要靠浮游植物，而沿岸带的初级生产则主要要靠大型植物。水中营养物的含量是影响浮游植物生产量的主要因素。如果营养物不受限制，而且呼吸是唯一损失的话，那么净光合作用率就会高，生物量的累积量也会很大。实际在浮游生物生产量和浮游生物的生物量之间存在着一种线性关系。当营养物不足时，呼吸和死亡都会增加，这样就会使净光合作用和生物量减少，但即使是营养物不足和生物量积累也不多的情况下，只要浮游动物的取食强度很大，细菌分解活动又很活跃，那么净光合作用率还是可以很高的。

大型水生植物对湖泊的生物生产量也可以作出很大贡献。沿岸带大型植物生产量与湖沼带微型植物生产量之间的比值主要决定于湖水的肥沃程度，富养湖中可生长大量的浮游植物，其生产量所占比值就会很大，但在贫养湖中浮游植物数量很少，但大型植物的生长基本不受水体中营养物含量的影响，因为它们是从湖底沉积物中摄取营养的，这种情况下大型植物的生产量所占的比值就会较大。

营养物质在湖泊生态系统内的传递主要发生在水体和沉积物之间。浮游植物、浮游动物、细菌和其他消费者通常是从水体和底泥中摄取营养的，春季当浮游植物的数量达到高峰时，湖沼带的氮和磷就会被耗尽，浮游植物死后会下沉并沉积在湖底。同时分解作用将会减少颗粒状的氮和磷，使溶解态的磷有所增加，但溶解态的氮会因反硝化作用而有所损失。到了夏季情况就会发生变化，湖沼带浮游植物的数量开始下降，沉降率也随之减缓，此时无论是溶解态的、颗粒状的、还是沉积层中的氮和磷都会有所增加。但磷会锁定在湖水静水层中使浮游植物无法利用，直到秋季湖水开始对流为止。

大型植物会使这种情况有所改变，它们有助于使磷从沉积物进入水体再被浮游植物利用。与此同时会形成更多的湖底沉积物。大型植物所需磷的73%被用来做沉积物，其中很多最终都能转化为可被浮游动物利用的磷。虽然湖泊的生物生产力与湖水的富营养化程度有关，但其他部分因素也对生产力有影响。两个富营养化程度相似的湖泊其生物生产力往往不同，不同种类的浮游植物在它们的代谢速率和营养物再循环方面是各个相同的，但都与植物体大小相关，例如小浮游植物与大浮游植物相比有较高的最大生长率和较低沉降率。

以浮游植物为食的浮游动物对营养物再循环是非常重要的，尤其是氮磷。各种不同大小的浮游动物所取食的浮游植物大小也不同，又是浮游动物的大小影响着浮游植物群落的组成成分和大小结构。反过来浮游动物又被其他动物所取食，如昆虫幼虫、甲壳动物、鲮鱼和小刺鱼等。这些捕食动物对食物的选择也与它们身体大小相关。同样以浮游生物为食，但其中的脊椎动物可以捕食无脊椎动物，而前者往往又构成了食鱼动物的食物。

　　组成食物网的各种生物类群之间的相互关系影响着每个营养级的生物生产力。捕食性鱼类（鲈鱼、狗鱼和鳟鱼）数量的增加可以改变吃浮游动物鱼类的密度、种类组成和行为。这种关系反过来又影响着吃浮游生物的无脊椎动物。吃浮游生物的脊椎动物通常选择最大的猎物为食，这样就减少了大浮游动物的数量，迫使吃浮游生物的无脊椎动物不得不选择较小的猎物为食。以浮游生物为食的这两类动物相对密度的改变影响着浮游动物的密度和结构，从而也影响着它们的取食强度和营养再循环的速度。浮游植物的数量将随着取食浮游植物的动物数量的减少而增加。一个营养级生物量的每一个变化都会导致下一个营养级作出相反的反应。因此，就整个食物网而言，通常在种群密度适中时才能达到最大生产量。正是这种营养上的相互作用和相互关系影响并调节着湖泊生态系统的生物生产力。

第四节　人类活动对湖泊影响

　　一个原始的天然湖泊或人工湖泊对人类的活动是极为敏感的，随着第一批居民在湖泊边的定居和一些娱乐项目在湖上展开，湖泊便开始了在人类影响下的改变。如果原来是一个贫养湖，由于下水道和排水装置进入湖区而使湖水中的营养物含量明显增加。原来生活在湖中的藻类密度并不大，每500g湿重组织所含的磷、氮、碳比是1∶7∶40。如果氮和碳足够只是缺磷的话，那么只要增加磷的供应就会刺激藻类生长。但如果是缺氮，那么只要补给氮也能获得同样效果。在大多数贫养湖中所缺少的通常是磷而不是氮，由于每500g湿重组织中磷所占的比重最小（只是1），所以只要补给适量的磷就能大大促进藻类的生长。随着湖泊和外荡中营养物的逐渐增加，就开始了一个从贫养湖向富养湖的过渡过程，这一变化在世界各地正以越来越快的速度普遍发生着。

　　事实上，这种加速发展的富养化过程正在使天然富养湖转变为超富养湖，江苏省的太湖、安徽省的巢湖，随着工业的超速发展，城市化进程加快，来自城市大量工业、生活污水排入湖泊后使湖中的各种营养物大量增加，最终导致了湖泊和外荡的富营养化。甚至工业废水流入湖泊，其中的有毒有害物质，使湖泊中的动植物发生巨大变化，制约水生动物生长发育、分布繁殖，影响水生植物生长发育，有的甚至死亡，尤其是水生植物的沉水植物，因为它是湖泊中净化水质最有效的一部分。

　　来自湖泊的网围养殖，使增加水产养殖业的自身污染，由于网围面积过渡开发养殖，湖泊修复功能减少，也是导致湖泊富营养的主要根源。

沿湖岸住房的增加和湖泊中间住宅船增加，生活废水增加，破坏了沿岸带挺水植物和浮叶植物。机动船航行搅起的水浪严重干扰着植被和在其中筑巢繁殖鸟类，并将油气混合物排放在水面以下令人难以觉察。其实，汽油就会威胁到鱼类的生存，油的释放可降低水的含氧量并对鱼类的生长和寿命造成不利影响。

来自周围农田、牧场的杀虫剂、化学肥料的滥用和附属工厂排放的废水和有毒有害物质对湖泊和外荡带来更大的问题，湖水被污后养殖的鱼已不再适合食用。

由于建房、修路、伐木和其他活动使湖岸堆满了泥沙杂物，使沿岸带植物难以正常正长，很多湖泊的湖水因酸雨和大量酸性沉积物的作用而被酸化，严重的已导致鱼类和大量无脊椎动物的死亡。污染和过量的捕捞，偶然或有目的引进外来物种，所有这些活动都破坏了湖泊原有的物种组合，使自然食物链遭到破坏。有很多已经遭到破坏的湖泊因破坏严重已难逆转，即使采取最为有效的防止污染措施和做出其他努力也难以使湖泊恢复到原来的条件和状态。

由于湖泊存有大量的水体，而且不断流入的水量也很大，以致很多湖泊都被人们利用来为城市供水和农田灌溉，像长江流域的湖泊都是用来为城市供水和农田灌溉。我国的太湖就是给无锡市、苏州市等中小城市供应着生活用水的生命之湖，因此，人类对湖泊的生态环境要像保护自己眼睛一样加以保护，从而使人类在生存中享有永恒的生命之水。

第四章　人类与自然资源

第一节　对自然资源的认识

自然资源的概念是同人类的生活和生产需要联系在一起的，自然资源是人类社会赖以生存的物质基础，对高度现代化的工业技术社会来说尤其如此。人类在地球上的生存、繁衍和发展一刻也离不开自然环境和自然资源，其包括空气、淡水、土地、森林、草原、野生生物、各种矿物和能源等。随着人类社会的发展，人类也在不断扩大自然资源的利用范围，并不断寻找和开发新的资源，以满足人类日益增长的需要。

近代人类社会由于人口的猛增和生活水平的不断提高，对各种自然资源的需求量也迅速增加。以淡水资源为例，没有水，就没有生命。水已不是一种"取之不尽，用之不竭"的自然资源。我国淡水资源总量为 2.7 万亿 m^3，居世界第六位，但人均水量只相当世界人均占有量的 1/4，居世界第 110 位。

目前，我国有 200 多个城市缺水。北京市每年缺水 10 亿 m^3。地下水位有的地方已降到 30 多米。深圳市每天缺水 10 万 m^3，曾经出现过"水荒"。江河也缺水，黄河连年出现断流。楼兰古城因为缺水，只剩下几处残垣断壁。罗布泊因干涸，成为生命禁区。

我国的水资源并不丰富，可供开发利用的淡水资源量为 1 亿~1.1 亿 m^3。我国是严重的缺水大国，在 40 多个严重缺水国家中位居前列。而且，我国水资源的时空分布不均衡，与耕地、人口的地区分布也不相适应。在全国总量中，耕地约占 36%，人口约占 54% 的南方地域，水资源占 81%，而耕地占 45%；人口占 38% 的北方七省市，水资源仅占 9.7%。在时空分布上也不平衡，70% 左右的雨水又集中夏、秋两季，且多以暴雨形式出现。以上不利的自然因素，注定了我国是一个缺水的国家。20 世纪末对全国 640 座城市统计，有 300 座左右的城市不同程度地缺水。其中，严重缺水的城市 114 个，月缺水 1 600 万 t，每年因缺水造成的直接损失达 2 000 亿元。

进入 21 世纪，我国水资源供需矛盾进一步加剧，据测算，2010 年全国总供水量为 6 200 亿~6 500 亿 m^3，相应的总需水量达 7 300 亿 m^3；2030 年全国总需水量将达 10 000 亿 m³，全国将缺水 4 000 亿 ~4 500 亿 m³。也就是说，在今后 30 年中水资源供水量要增加 4 000 亿 ~4 500 亿 m³，完成这项任务非常艰巨。

水资源是量与质的高度统一，水的污染降低了水资源的质量，由于污水排放量与毒性的增加，污水排放前 2 天未能全部妥善处理，会更加剧水资源的紧缺。目前，从污染水质的原因看，有三大因素：一是工业废水，二是生活废水，三是农业的化肥、农药使用及水产养殖业所带来的水污染。据统计，从 1999 年全国范围淡水养殖面积 624 万 hm²，也就是占用淡水面积 624 万 hm²，直接影响淡水质量就影响淡水总供给量。以太湖、巢湖为例，2006 年以来，由于工业、生活、农业污染三大因素对水域生态环境的影响与破坏，出现大面积蓝藻直接影响水源的质量。目前，国家正在加紧治理之中，促使太湖水域生态环境优美。

从水资源一例中就能知道水是人类生存必需依赖自然资源，必须合理开发与保护水资源，但是，目前人类还在耗尽像水这样有限的自然资源，这一点是十分严重的问题。由于我们居住的地球是一个具有有限资源的有限星球，所以人类对自然资源的消耗总会达到一定限度。我们就必须遵循人类社会发展的规律与自然发展的规律，两者必须得到统一。建立人类与自然的和谐。

第二节　自然资源的特性

不同的自然资源在数量、稳定性、可更新以及再循环性方面都存在着极大的差异，而资源的科学管理则取决于资源的这些特性，因此根据资源的特性予以分门别类就成了认识和研究自然资源的一项基础工作。不可枯竭的自然资源包括核能、风能、太阳能、水力、全球水资源、大气和气候等。这类资源是由于宇宙因素、星球间的作用力在地球的形成和运动过程中产生的，其数量丰富稳定，几乎不受人类活动的影响而枯竭，但其中一些资源却可因人类不适当的利用而使其质量受损，太阳能因大气污染而使植物的光合作用总量减少，尤其是大气和水体因受污染而质量下降。我们对水资源特性进行分析，可以得出以下结论。

一、水资源循环性和有效性

水能以气态、液态和固态等 3 种不同的形态存在，并在一定的条件下，水的三态又能相互转化，形成了自然界中的水分循环。因此，水是可更新的资源，地表水和地下水开发利用后，可以得到大气降水的补给。这样，水分循环使得水资源不同于石油、煤炭等矿产资源，而具有蕴藏量的无限性，然而每年的补给量却是有限的，为了保护自然环境和维护生态平衡，一般不宜动用地表水、地下水储存的静态水量，而且年平均利用量不能超过年平均补给量。

二、时空分布上不均匀

水资源在地区分布上不均匀，年际、年内变化很大，给水资源的开发利用带来了许多困难。为了满足各地区、各部门的用水要求，必须修建蓄水、引水、提水、调水工程，对天然水资源进行时空再分配。由于兴建各种水利工程要受自然、技术、经济条件的限制，只能控制利用水资源的一部分。由于排盐、排沙、排污以及生态平衡的需要，应保持一定的入海水量，故欲将一个流域的产水量用尽耗光，既不可取，也不应该，如美国加利福尼亚洲规定有 25% 的年径流量必须入海。

三、用途广泛性和不可代替性

水资源既是生活资料又是生产资料。在国际民生中的用途相当广泛，各行各业都需要水。同时，水是一切生物的命脉，它在维持生命以及人类生产、生活的基本生存环境方面是不可欠缺和无法替代的。然而，随着人口的增长，人民生活水平的提高，以及工农业生产的发展，水的需求量在不断增加是必然趋势。保护水资源，科学开发水资源，合理利用水资源，已成为当今世界各国普遍深入研究与重视的社会性问题。

四、有着经济发展的两重性

由于降水和径流的地区在时间和空间上分布不够均匀，往往会经常爆发"洪、涝、旱、碱"等自然灾害，水资源开发利用不当，也会引起人为灾害，如垮坝事故、土壤次生盐碱化、工业污染排放、农药化肥使用超量和水产养殖业不合理等都能造成水质污染，水域环境恶化。因此，水既能供开发利用造福人类，又能引起灾害，直接毁坏人民生命财产。这就决定了水资源在经济上的两重性，既能促进工农业经济发展，又能制约工农业经济的发展，在水产养殖业中科学合理利用淡水资源更为重要。否则，会给淡水养殖带来严重的危害及水资源严重污染。

第三节　水资源与保护

一、水资源现状

从理论上讲,水资源是可以做到取之不尽,用之不竭的,但并非不可枯竭。因为水资源受到自然更新能力的限制。如果人们无限制去利用,水就可能枯竭。例如,地下水资源是可以更新的,但如果抽取地下水的速率超过了地下水得到补充的速率,地下水就会枯竭,这种情况在我国和世界很多地区已经发生和正在发。有时是地下水位明显下降,有时是地下水完全枯竭。日益严重的环境污染和频繁发生化工事故,使得水资源质量的不断恶化已成为制约我国水产业持续发展的最主要因素。据农业部和国家环保总局联合发布的《中国渔业生态环境状况公报》显示,由于受到营养盐类、有机物、石油类和重金属等污染物的影响,2001 年,环境污染造成的渔业经济损失达 36.2 亿元;2004 年,因污染渔业水域导致渔业损失的事件仍频繁发生,经济损失 36.5 亿元;2006 年,我国渔业生态环境状况保持稳定,但局部渔业水域污染还比较严重,主要污染物为氮、磷、石油类和铜;2007 年,全国共发生渔业水域污染事故 1 442 次,污染面积约 8.23 万 m^2,造成 53.9 亿元经济损失。正如有关专家所指出的,虽然我国渔业产量连续多年位居世界首位,却陷入了"渔业资源严重衰退,生态债台高筑"的境地,渔业生态资本严重透支,渔业污染陷入难解的僵局。渔业生态环境是水域生态环境中最具有生命活力的区域,其水资源质量与水产品质量乃至人民健康有着密切的关系。

二、淡水资源污染特点

1. 我国七大水系的现状

2004 年,国家环保总局对我国七大水系——长江、黄河、珠江、松花江、淮河、海河和辽河以及包括太湖、滇池、巢湖在内的 28 个重点湖泊和水库的检测数据显示,七大水系Ⅳ类以上水质达 6%,长江安徽段、黄河支流渭河,淮河支流沙颍河等重点监测区呈现污染加剧状况;重点湖泊和水库,2000 年有 15 个达到Ⅰ类至Ⅲ类水质,而2006 年则下降至 8 个,劣质Ⅴ类由 9 个增至 13 个,Ⅴ类和劣Ⅴ类占到 67%。

2. 外源污染对淡水资源的影响逐渐加剧

在江河天然重要的淡水渔业水域,总磷、总氨、非离子氮、高锰酸盐指数、石油类、挥发性酚、铜、锌、铅的超标比例分别为 55.3%、23.1%、38.3%、11.8%、

5.6%、30.4%、10.5%、15.2% 和 4.3%；湖泊、水库重要渔业水域总氮、总磷、高锰酸钾指数、石油类及铜的超标比例分别为 100%、94.4%、75%、17.6% 和 22.2%。由于水生生物极易富集水中的重金属、农药、有机污染物等有毒有害物质，通过食物链由低等生物向高等生物转移作用，会直接危害到人类健康。

3. 淡水渔业水域富营养化

淡水渔业水域富营养化越来越多。由于大量排放生活污水中的氮、磷等污染物导致水体的富营养化，从而引发"水华"问题。所谓水体富营养化是指氮、磷等有机营养物质进入相对封闭、水流缓慢的水体，引起水体中藻类及其他水生生物异常繁殖、水体透明度和溶解氧下降、以及水质恶化从而破坏其生态系统的结构和功能。内陆水体富营养化是全世界所面临的重大问题之一，资料显示，欧洲、非洲、北美洲和南美洲分别有 53%、28%、48% 和 41% 的湖泊存在不同程度的富营养化现象，亚太地区有 54% 的湖泊处于富营养化状态，而我国目前 66% 以上湖泊、水库处于富营养化水平，其中，超富营养的湖泊占到 3.22%。所谓水华就是水体中藻类（如蓝藻、绿藻和硅藻等）大量繁殖的一种现象，水体呈蓝色、绿色或褐色，是水体富营养化的显著特征。水华一般发生在静态水体，如鱼塘、流动不畅的内河，以及工业污染较为严重地区附近湖泊中出现。近年发生水华比较有代表性的湖泊有太湖、滇池、巢湖、洪泽湖和滆湖，就连流动的河流，如长江最大支流——汉江下游汉口江段中也出现水华。淡水资源中水华造成的最大危害是饮用水源受到威胁，藻类毒素通过食物链影响人类健康；藻类水华的次生代谢物 MCRST 能够损害人体肝脏，具有促癌效应，直接威胁到人类的健康与生存。当藻类大量繁殖在水面形成的翠绿色湖靛（又称水花或水华，在池塘的下风处可形成厚厚的一层，最常见的为铜绿色微藻或水华微囊藻），对鱼类有毒杀作用。而水体中出现水华的原因是，水域周边的农田大量施用化肥，居民生活污水和工业污水大量排入江河湖泊，致使水体中氮、磷等含量超标。在我国工业化进程加快，城市化人口剧增的几十年来直接导致湖泊富营养化进程的加剧。蓝藻水华的发生频率，发生规模以及持续时间均呈现增加的趋势。

4. 淡水资源的保护研究方向

我国水域幅员辽阔，总面积达 1 700 万 hm^2，约占国土面积的 1/55，全国有湖泊 24 000 多个，面积 834hm^2，约占国土总面积的 0.8%，其中，可养殖面积 215 万 hm^2；水库 86 000 余座，总面积 430hm^2，形成了 205hm^2 可养殖鱼类的水面，主要分布在长江以北各省区，黄河流域面积较大，在我国众多的湖泊、水库中，淤积类湖泊、消落类湖泊和灌溉型、防洪型水库有较强的代表性。

良好的渔业水域生态环境是水生生物赖以生存和繁衍的最基本的条件，是渔业发展的命脉。我国渔业水域生态环境有恶化的趋势，渔业水域生态系统的结构与功能在受到不同程度的影响和破坏。针对我国渔业水域生态环境的现状，渔业生态环境工作者围绕包括探索渔业水域环境系统演化的规律，人类活动与渔业生态环境的关系，渔业生态环境变化对渔业生物的影响，渔业生态环境污染综合防治、生态保护与恢复重建技术以及管理措施等课题的研究，应重点研究建立渔业生态环境监测，诊断和预警渔业污染及生态与环境安全评价技术，清洁养殖及退化水域生态系统重建与修复技术以及生态环境质量管理技术，为渔业水域生态保护，渔业可持续提供技术支撑。

三、淡水渔业生态环境技术研究与决策

1. 淡水资源环境监测、诊断和预警技术

人类活动起源的污染物以及环境恶化导致暴发的有害生物不仅对渔业产业，而且对人类消费者的健康产生危害，确切了解这些有害物质和有害生物分布，污染状态和发展趋势等，定量揭示和预测人类活动对生态环境、水产品质量安全和渔业经济发展的影响，对防治淡水资源的荒漠化，保护淡水资源的可持续利用和渔业的生存空间具有特别重要的意义。因此，今后将主要围绕建立淡水资源环境有害物质和有害生物有效监测体系，特别是生物监测体系，建立各类环境样品中痕量污染物质，特别是环境激素类的快速分析方法，生态环境影响综合评价方法等开展研究。要真正掌握各类环境样品中痕量污染物质分析法，水质、底质、生物体污染的快速检测技术，各类主要生态类群生物数量的时空分布及群落结构的动态演替，淡水水域生态系统的生物组分之间及其与环境之间的相互关系，以及该生态系统的组成结构与功能在时间上的变化。

2. 渔业污染生态学和环境安全评价技术

从渔业生态环境保护出发，重点对需优先控制污染物（有机氯化合物和其他有机污染物、重金属、石油烃、天然霉素、人工药物、病原菌等）开展研究，掌握其在自然水域中对经济水生动物，珍稀水生生物和它们所处生态系统的生物多样性、结构和功能的不利影响。开展受控生态系统、生态毒理学实验，了解污染物的遗传、生理和生化毒性以及作用机制，如低浓度污染物对水生生物的致死，搞清污染物的生物地球化学特性，如沿食物链转移、代谢规律等，污染物对鱼类种质的影响，其污染生态学的后果，应建立安全评估模型，探索有效毒性诊断，缓解式治疗途径，促进污染生态学的新方法以及新技术的发展和应用。

3. 清洁养殖与退化水域生态系统修复技术

不争水、不争地，以修复重建现有的渔业水域环境来长期保持我国作为世界第

一渔业大国的产量和产值，今后将从理论与实践两方面研究水域生态系统退化、修复、开发和保护的机理，为解决渔业水域生态环境问题和渔业可持续发展提供技术支持。应重点研究养殖生态环境调控理论与技术，清洁养殖生产环境保障技术，退化的天然渔场，增养殖水域生态系的环境变化，即环境变迁与生物资源变动和优势种演替机制、污染物降解的生化过程等诊断技术，生态环境设计和运用技术。由于不同退化生态系统存在着地域的差异性，加上外部干扰类型和强度的不同，导致生态系统所表现出的退化类型、阶段、过程及其影响机理也各不相同。因此，在对不同类型的退化渔业水域生态系统重建与修复过程中，选择典型的退化渔业水域，围绕被重建与修复的对象，确定渔业水域的结构与功能，诊断退化原因、退化类型及退化程度，做出退化渔业水域的健康评估，结合重建或修复目标，提出重建或修复技术方案，进行重建或修复的实验和示范，建立不同种类的典型退化的渔业水域重建或修复技术。

4. 渔业生态环境质量管理技术

渔业水域生态环境质量管理是渔业水域生态环境保护工作的一个重要组成部分。通过对渔业生态环境质量管理技术和措施两方面的研究，为渔业行政主管部门制定渔业环境质量标准体系和相关的法律、法规提供重要的理论支持。重点根据水域环境污染的背景值、环境容量和污染物质在环境中的不同存在形态及其毒理，研究更为合理水质、生物质量标准体系，放养及养殖渔业与水体环境协调关系，渔业环境容纳量和渔业水域的功能区划以及污染的生态影响及其损失评估技术，建立渔业生态系统健康标准和评估技术。

第四节　水资源成为制约经济发展重要因素

水不仅是生物和人体不可缺少的组成成分，如人体重量的 68% 是水，而且生命的一切新陈代谢活动都必须以水为介质，所以，水不仅在大气、陆地和海洋之间进行无休止的循环，而且也在每一个生物和它们的环境之间不断进行交换。对人类来讲，淡水资源的重要性还远远不止于此。当前，淡水资源已成了人类生活和生产活动的最大限制因素之一，缺水现象遍及世界各地，由于工业、农业、生活垃圾污染及卫生系统引起水质量下降，正在造成某些疾病的流行，并不断有死亡事件发生。

从水资源表面分析：淡水资源与海水资源比较，更能体现淡水资源的稀少紧缺与对经济发展的重要性。海洋不仅占地球表面的 71%，而且海水平均深度为

4 000m，海水占地球总水量的 97.2%。海洋虽然在维护全球的生态平衡上发挥着极其重要的作用，但海水由于含盐量太高达 3.5%，既不能直接饮用，也不能用于农作物灌溉，除了海水以外，其余大部分水体，如淡水都被冻结在两极的冰盖和高山冰川之中。冰盖和冰川覆盖着地球表面的 10%，这些淡水约占地球总水量的 2.15% 和淡水总量的 2/3 强。可见，冰盖和冰川是地球上最大的淡水储存库。因此，湖泊、河流、地下水、大气层和生物体内的水量还不足全球水量的 1%，但正是这少量的淡水资源，却构成了人类赖以生存的淡水主要来源（表 2-4-1）。据计算，每年可供人类利用的淡水资源总共为 $4.1 \times 10^{13} \text{m}^3$，这些淡水要用来满足工业、农业以及家庭用水的全部需求。淡水资源虽然每年都借助于水的全球循环而得到更新，但可供利用的淡水资源总量是相当固定的，这意味着随着世界人口的增长，人均享受淡水资源量将会下降。因此，人类有必要对淡水资源采取各种保护措施，以保证人类未来有足够的淡水供应。

表 2-4-1　地球上水资源的分布

存在方式	地点	水量（m³）	占地球总水量（%）
地表水	淡水湖泊	1.3×10^{14}	0.009
	咸水湖和内海	1.0×10^{14}	0.006
	河流和溪流	1.3×10^{12}	0.0001
地下水	浅层水（通气层）	6.1×10^{13}	0.008
	中层水（800m 以上）	4.2×10^{15}	0.31
	深层水（800m 以下）	4.2×10^{15}	0.31
其他	大陆冰盖和冰川	2.9×10^{16}	2.15
	大气层	1.3×10^{13}	0.001
	海洋	1.3×10^{18}	97.2
总计		14×10^{18}	100

根据联合国粮农组织（FAO）预测报告，在 20 世纪末，全世界淡水的消费量已上升到 1980 年的 2.4 倍。因此，要想在未来保证每一个国家都能获得足够数量的淡水，就必须密切合作，因为地球村上的 52 个流域，每一个都至少被 3 个国家共同享用，一些科学家根据对目前淡水资源利用率的计算，认为全球的淡水资源可为 80 亿人提供足够的淡水，并预测到 2020 年世界人口将会达到这个限度。这就是说，随着目前的人口增长率增长，淡水资源到 20 多年后将会成为人口增长的限制因素。

但事实上，水的分配是极不均匀的，有些地方急需水而得不到水，而另一些地方又洪水泛滥，造成水的极大浪费。特别是发展中国家工业、农业、生活污染加重，直接影响江河、湖泊、水库的水质质量。因此，人类要想更有效地利用一切可利用的淡水资源，就必须遵循自然规律，依靠科技进步，把一时一地多余的水储备起来其他时他地急需，或是把水从多水地区输往缺水地区输我国实施南水北调工程。我国西北、东北实施机井工程，充分地利用地下水资源，适当实施人工降雨，在南方拥有充足的淡水资源区，实施生态保护工程（如太湖、巢湖）。当前，我国已采取保护水资源工程的策略，如颁布淡水资源保护法，提高工业用水循环利用率，可提高到 95%，实施家庭节约用水，减少农业用水渗漏和蒸发等，特别要防止淡水养殖业对水源的污染与浪费。在我国农村应积极开展实施生态农业确实有效地节约和保护淡水资源。

从我国淡水资源总量分析：国土的年平均降水量为 628mm，比全球陆地的平均降水量 834mm 少 25%，其中只有 44% 的降水形成地表径流。全国河川径流总量约 2.6 万亿 m^3，全国地下水总补给量约 7.78 亿 m^3，扣除地表水和地下水相互转化的重复量，全国水资源的总量约 2.7 万亿 m^3。虽然我国河川径流总量居世界第 5 位，仅少于巴西、前苏联、加拿大和美国，但按人口耕地平均量统计，我国人均占有水量只有世界平均占水量的 25%，每公顷土地平均占水量只有世界的 50%。从水质上讲，我国江河湖库已普遍受到不同程度的污染。在已调查的 532 条河湖中，受到污染的占 82.3%，地下水污染也不容忽视，我国主要城市约有一半是以地下水作为供水水源，约有 1/3 人口饮用地下水，被调查的 44 座城市的地下水受到了不同程度的污染。由此看来，我国淡水资源的状况不容乐观。淡水资源是一种重要资源，又是环境的基本要素，是人类懒以生存的物质基础，没有淡水就没有生命。淡水资源不仅影响生活，而且也直接影响生产，工农业生产和交通运输都离不开水。当前，淡水资源不足和水质污染已成了制约我国经济发展的重大因素。

总之，地球上的淡水资源是否会对人类的发展构成限制，以及限制的大小，在很大程度上取决于人类的人口状况和人类对淡水资源是否能够进行合理利用和实施科学管理，因此我们就必须尊重自然规律，切实保护好江河、湖泊、水库的生态环境，促使有限淡水资源质量更好更优，为促进人类健康提供有力保障。

第三篇　淡水鱼类生态属性与养殖水体的特征

第五章　淡水鱼类生态学

第一节　鱼类生态学的自然属性

在鱼类生态学的自然属性中，鱼类是脊椎动物中最大一个类群。据 1984 年统计，全世界现有鱼类约 21 723 种，分隶于 50 目、440 科、4 044 属，约等于两栖、爬行、鸟和哺乳类种数之和。鱼类广泛分布于占地球表面 3/4 的水体中，几乎有水之处皆有鱼类的踪迹。因此，要保护好水资源，就必须研究鱼类的生态学，达到充分利用鱼类自然属性来维护好江河、湖泊、水库的淡水资源。鱼类生态学是研究鱼类的生活方式，研究鱼类与环境之间相互作用关系的一门学科。它不仅研究环境对鱼类年龄、生长、呼吸、摄食和营养、繁殖和早期发育、感觉、行为和分布、洄游、种群数量以及种内和种间关系等一系列生命机能和生活方式的影响，它的作用规律和机理，而且研究鱼类对环境的要求、适应和所起作用。鱼类生态学既注重理论研究，也注重实践应用；它对鱼类的增养殖、鱼类资源和水域环境保护，以及渔业生产的科学管理等工作，均有着重要的指导意义。因此，鱼类生态学是水产科学中水域环境保护及与渔业经济发展密切联系的基础理论学科之一。

第二节　鱼类生态学研究重点、内容、方法及趋向的基本特征

一、研究重点

鱼类生态学涉及面很广，内容很多。但是从当前渔业生产实际需要考虑，其研究重点有以下 5 个方面。

1. 鱼类各种生命机能和环境的关系

主要了解鱼类呼吸、摄食、繁殖、生长、发育、感觉、集群、洄游所要求的环

境条件，以及环境条件变化时，对鱼类活动所产生的影响。根据鱼类在这方面所具有生态特性，可以为制定饲养、育种、增殖、捕捞、资源保护和管理等具体计划提供生态学依据。

2. 鱼类种群数量变动规律

鱼类个体和群体摄食、生长、发育和繁殖，鱼类种内和种间关系及群落和生态系的结构和功能，都将影响到种群数量的变动。鱼类种群动态的研究，有资源评估、确定保护对象，预测经济种群的渔获量，提出合理的渔业计划以及有效地增殖措施，使水域鱼类生产力始终保持在符合客观规律变动幅度之内。

3. 鱼类群体空间位置的变更

指鱼类的行动和洄游。这涉及鱼类个体生活史、生命周期、种内、种间群落的集散、分布和迁徙的规律、昼夜和季节性活动规律或鱼类发电、发声和发光及其生物学意义等基本理论问题。研究鱼类群体空间位置变更，对于侦查鱼群改进和发展的渔具渔法，掌握捕捞主动权极为重要。

4. 人类活动对水域环境和鱼类资源的影响

主要包括过度捕捞、水域环境、农田水利建设以及水域综合调查和治理等，借以确立"人—鱼—环境"相互作用，整体统一的原则，这将有助于提高认识，明确人类对维护水域生态平衡和鱼类资源再生的主导作用。

5. 以鱼类为主要食物生产的水域生态系的结构和功能

目的是探求最适结构和最高功能效率。既要最大限度发挥水域生产力，为人类提供更多的鱼产品，又要优化环境，维护水域生态系统生物多样性格局，防止超负荷和富营养化。

二、研究内容、方法和趋向的基本特征

20世纪60年代以来，鱼类生态学接受现代最新科学技术和理论的渗透，研究内容和方法上不断创新、现已进入到以鱼类为中心的整个生态系结构和功能的研究，并且已从定性、描述现状转到定量、预报未来的水平。它在研究内容和方法上发展趋向有以下两个基本特征。

（一）模糊了理论科学和应用科学的界限

在研究内容方面，包括主要经济效益、对人类的蛋白质供应以及对人类带来利益和危害的程度。

1. 在种的生态学方面

注重研究有益和有害鱼种的生存，特别是生殖所要求的生物和非生物环境条件，它们对环境变化适应的程度。一个有价值的种能否有利地引入一个新的水域，一个引入的种是否会产生有害影响，以及它以特定的方式来改变环境对人类可能造成的利害关系。

2. 在群落和生态系的研究方面

注重研究水域个营养阶层之间物质和能量的动态关系，以及它们和周围环境之间的关系。水域生产力，特别是初级生产力的研究，以及如何最有效、最经济地利用水域初级生产力，将其转化为鱼类和其他水生动植物的生产上，也是当前的重要研究课题。

3. 在种群落和生态系的管理方面

有关鱼类群体或种群，以鱼类为中心的群落和生态系的稳定性研究，将有飞跃的发展。在水域生态系的试验性变更方面，也是一样。仅仅局限在实验室内的模式生态系研究，有必要扩展到野外直接生产领域。如果有意识地将压迫式干扰加到一个特定的水域生态系上会产生什么反应？如果有意识地在群落中除去某一部分种群，或引入一个新的鱼种，对整个生态系的平衡会产生怎么样的变化？水域生态系平衡的调节机制是什么。

（二）现代科学技术和理论的应用在鱼类生态学的研究中日益广泛深入

新的数理化科学技术和理论的引进和渗透，现代实验平移，是当前这一学科发展的特点，标志着研究方法的创新。

（1）应用质谱仪、气相色谱仪、原子辐射分光度计、氨基酸分析仪以及颗粒和辐射计数器，或其他测定气体和离子的精密而轻便的仪器来分析物理环境因子。

（2）运用船装、机载或人造卫星叶缘素遥感遥测装置来测定，再根据食物链中各个营养阶层之间能量转换效率的测定和研究，甚至可以进一步推算和预报鱼类、浮游动物和底栖生物等水产品的总蕴藏量，从而制订出水域资源合理开发和利用的方案。

（3）雷达、声纳、微波及红外线感觉系统的采用，以及密闭线路的水下电视在鱼类群体行为研究中，特别在侦查鱼类集群、行动和洄游方面发挥了重要作用。卫星遥感装置也被用来遥测水域水温，确定等温线的变化同渔场和渔期的关系。

（4）在深入探讨各生物群营养水平上的物质和能量转换方面。放射性同位素与其他示综者，以及采用各种最新的生化分析方法给予很大帮助。

（5）采用数学方法来概括某些生态现象，在20世纪30年代已经开始了，而20世纪60年代以来，由于数字电子计算机的广泛应用，这方面的工作与日俱增。目前，采用电子计算机的数学分析技术来定量研究水域生态系结构功能，已发展成为一门专门学问。此类研究是建立在这样的假设基础上的：一个生态系统在任何时间的状态都能用定量的方法来表示；生态系统中每个环节的变更也能用确定的或随机的数学公式来描述。这种方法被称之数学模拟。如果假设成立，根据生态系统在一个时间的状态的定量数值，就能够提供系统在以后一段时间中的量值。

必须懂得，一个生态特征、现象或生态系统的数学模型必定是建立在对该特征、现象或生态系统详细调查的基础上的。在进行计算机模型构作之前，需要有一个将调查研究所得到的生物学资料结合进去的逻辑模型。只有当这些初步结果经过测试而满意时，它们才能结合到一个完整的生态学模型里去。该模型才有可能预报未来的变化。因此，数学模拟的出现虽然代表的国际上生态学研究的新水平，但它决不能取代生物学的最基本研究方法——野外实践调查和实验室实例研究。一个生态系统的模型在数据资料不足的场合下，只能作出粗糙的模型。因此，数据资料应尽可能扩大，野外调查统计和室内实验观察都是必不可少的。这样，才能使我们有可能理解构作模型的机理和测试模型的运转效果，即通过实践检验模型的有效性。

第三节　鱼类生态学发展的背景

一、新中国成立之前

鱼类生态学知识的积累在我国具有悠久历史；而对中小型湖泊、大型水库和浅滩等重点进行的以提高水体生产力为中心的综合生态研究，达到了既发展渔业，又兼顾优化环境的目的。在这方面较为成功的有最早湖北省武昌东湖，以后有湖北省保安湖、江西省陈家湖、安徽省花园湖、江苏省涺湖及东太湖等。21世纪初，国家启动对辽河、海河、淮河、太湖、巢湖、滇池的生态系结构和功能研究，并投入巨资修复水域生态平衡，促进水产养殖业的可持续发展和建立保障人类健康的屏障。

二、现状与未来发展

当前，正开创社会主义现代化建设的新形势，为鱼类生态学在我国的发展提出了明确的任务，开辟了广阔的前景。我国沿海有长达18 000km的海岸线；内陆江河纵横，湖泊、水库、池塘星罗棋布，总面积约 2 000 万 hm²，是世界上淡水面积最多的国家之一。鱼类种数近 2 900 种，其中，淡水鱼约 800 种；海水经济鱼类有 400 多种。我国具有如此丰富的物质基础，为发展渔业奠定了良好基础。鱼类生态学研究在水产科学中是一门与渔业经济密切联系的基础性学科，在推动我国渔业经济发展与保护江河、湖泊、水库水域生态平衡中有着重要作用，加强这一学科研究与发展是顺应时代潮流的必然趋势。

然而，就现状分析，目前我国鱼类生态学研究基础薄弱，近年来虽有较大进展，但远远不能适应开创社会主义现代化建设新局面的需要，与国际先进水平相比，也存在较大差距。

主要表现在以下几个方面。

第一，我国鱼类生态学研究往往偏重于寻觅经济种和个体生物学研究。

第二，种群生态研究尚限于少数重要经济种。

第三，在种群、群落和水域生态系统基础理论研究方面还存在一些薄弱环节和空白领域。

第四，缺乏从渔业经济持续发展与水域鱼类群落的角度作出全面性探讨，同时对遵循自然规律的鱼类实验生态研究开展较少。

第五，采用现代数理化学科新技术、新理论和新方法十分不够。

第六，水域生态系室内模型化研究多，野外试验实践性少。因此，我们需要既能促进渔业经济可持续发展，又要保持水域生态平衡，那么就必须加快我国鱼类生态学的研究，扎扎实实地开展基础理论研究，特别需要强调的是在鱼类种群数量动态、群落结构多样化以及水域系结构和生态功能等综合研究方面，努力吸收当前国外鱼类生态学的新理论、新技术和新方法，结合我国实际在研究内容、对象、方法、方式等方面要勇于创新，敢于实践，为把我国鱼类生态学研究推向世界先进水平，为保护淡水资源，渔业可持续发展，保障人类健康作出贡献。

第六章　养殖水化学特征

第一节　天然水体与养殖水体

尽管养殖生产方式有多种，如大水面天然增殖、池塘精养、高密度流水养鱼、循环过滤工厂化生产等，不过它们采用的水源，归根到底来自天然水。大面积增殖直接在天然水体中进行，池塘养殖也利用天然水，只是水质受人们生产活动影响更大罢了。因此，了解天然水的水质特点及其控制因素，对于认识养殖水体的水质特点是十分必要的。

一、天然水水质的复杂多变性

众所周知，水是一种优良溶剂，绝对不溶于水的物质是没有的。在自然界，水又是循环不断的，它们不断从江河、湖泊和海洋里蒸发，进入大气，再在高空冷却后降落地面，以潜水或地面径流形式重新回到江河、湖泊和海洋中，如此循环不息。在循环过程中，水与各种物质接触、作用使之悬浮或溶解于水中。因此，各种天然水都不是纯水，具有复杂的组成和多变的特点，常常带有典型的地方水质的性质，主要表现在以下几方面。

1. 水中溶存物质

在人们迄今已知的种类繁多、数量悬殊的 107 种元素中，已有 80 多种元素在天然水中检出过，数量多的元素如海水及内陆咸水湖中的氯，其浓度可达 $10 \sim 20g/L$；数量少元素的如钙，其浓度还不到 $10^{-17}g/L$。一般饮用水中常见元素的种类达 32 种以上，由这些元素构成的化合物种类纷杂，性质多样，对生物的影响也各不相同。浓度高的不一定作用大，浓度低的不一定作用小。例如，氮、磷、铁、钼等元素尽管浓度很低，可是对水体肥力有决定性影响。

2. 水中溶存物质的存在形式多种多样

就颗粒粒径来说，其大小可相差 6 个数量级以上。小的仅几个埃（$10^{-8}cm$），以真溶液形式存在。大的粒径在数百微米以上，并构成多相分散体系。在溶液中既有低分子物质，也有高分子物质，它们可以形成单个的离子和分子，离子以无机化合物、有机螯合物等多种形式存在，它们通过化学反应以及吸附、交换、共沉淀等界面可转为胶体或粗分散粒子。

即使是同一元素在同一水体内，其存在形式也可以是多种多样的。特别值得注意的是，同一元素以不同形式存在时，对生物的影响可以完全不同。有的是有益的，即所谓"有效形式"，有的是有害的，即所谓"有害形式"。例如氮以 N_2 存在时，多数浮游植物不能利用，数量多时还可能使鱼苗得气泡病；以 NH_3 存在时，浮游植物可以吸收利用，是有利的；对鱼及其他水生动物则有毒害作用；若以铵根正离子（NH_4^+）或氮素 NO^{-3} 存在且浓度适合，则对植物有利，于动物也无害了。又如铜元素以游离子 Cu^{2+} 存在时，可以杀死一些病原体，有防病的效果，相反，若转以有机物存在，或被胶体、悬浮物吸着以后，则毒性急降，甚至全无疗效。

3. 水中溶存物质

无论是质与量的组成，还是分散状态，存在形式都是不断运动变化的，有些变化可使水中某些物质实际数量或浓度增大，称为"增补作用"。若增补来自水体之外，则称为"输入"或"流进"；若增补来自水体内部则称为"再生"。

相反，有些变化则使水中某些物质实际数量或浓度减小，称为"消耗作用"。离水体而去的消耗称为"输出"或"流失"。水体内部的消耗作用，既包括无益的损耗浪费，也包括有益的吸收作用。

如果"增补作用"与消耗作用速率相等，即达到动态平衡状态，此时所述物质的浓度可保持相对稳定，相当于生态学上一种"恒稳状态"。天然水中"增补作用"与"消耗作用"速率相等的恒稳状态，也只是相对的暂时的。一旦条件成熟，原有生态平衡随之破坏，并在新的条件下建立新的稳态平衡。随着这种矛盾运动的不断进行，水中任一溶存物质的实际浓度都处于不断运动变化之中，一天 24 小时不同，一年四季不同，前者称为"周日变化"，后者称为"周年变化"或"季节变化"。同一水体的不同水层、水区，水质也可不同，前者称为"垂直分布"后者称为"水平分布"。

以上说的是天然水体和水质的一些共性。不过，不同天然水体所处的自然地理条件不同，其受到的影响也不一样。因此，它们的复杂多变性往往各有特点，必须具体调查分析。

世界上任何复杂多变的事物都有一定规律可循，水化学现象也如此。在与生物有关的水化学研究中，人们常根据水中化学成分的动态及其对水生生物影响的一些共性把它们可分为 6 类：①主要离子；②溶解气体；③植物营养物质；④有机物质；⑤pH 值；⑥有毒物质等。

二、水体的环境机能与水体污染

天然水质的复杂多变特点，必然会带来各种难以预测的后果。在正常条件下，水质的复杂多变特点可使水体的环境机能充分发挥出来，有利于养殖生产。相反，如果条件异常，那么水体环境就会污染恶化，有害于养殖生产。天然水体的正常环境机能主要表现在以下 3 方面。

1. 能量流动

维持和延续生命活动是需要能量的。在地球上，除核能外，一切能量直接或间接地来自太阳。入射到天然水体内的太阳光能，主要靠各种水生植物，特别是浮游植物捕集，使之转化为有机物中的化学能，贮藏于植物体内。然后，这些能量随着有机食物，沿食物链或食物网，依次由一个营养级到下一个营养级地向下流动，使那些生物得以生存和发展。其中，植物把光能变为化学能的作用，是能量流动的起点，是水中其他生物生存发展的基础，因而得名"初级生产"或"基础生产"。调查指出：自然界营养级之间的能量转移效率，一般为 10%，常称为"百分之十规律"。很显然，一旦水体的能量流动机能受阻，受损，效率不高时，养殖生产就难于正常进行。

2. 物质循环

生命的维持及延续，除需要能量外，还需各种物质。生物从环境中吸收这些物质，加以同化利用，最后又以某种形式回到环境，为其他生物利用。物质、生物与环境组成一个相互依存的统一体。物质环境孕育了水中生物，反过来，水中生物又对水环境有不同的作用，人们把它们分为 3 类：生产者生物（主要为植物）、消费者生物（主要为动物）和分解者生物（主要为微生物）。

如果水体的物质循环能正常进行，则植物营养物可以再生利用，排泄废物可以转化为无害，这对养殖生产是有利而必要的。

一般说，物质循环总是与能量流动结合一起进行的，其中以碳、氧、氮、磷、硫等的循环，对水质及养殖生产影响最大。

3. 自净作用

在自然条件下，水体一方面由于生物代谢废物等异物的侵入、积累，经常遭到污染，另一方面水体的物理、化学及生物作用，又可将这些有害异物分解转化，降低以至消除其毒性，使污染水体恢复正常机能，后一过程称为水体的"自净作用"。

自净和污染是天然水体和养殖水体内一对重要的矛盾运动，对于水生生物的环境质量有重要影响。

一般来说，正常养殖水体内，总是自净作用超过污染过程。相反，若由于某些自然或人为的原因，使大量有害异物进入养殖水体，超过了水体的自然能力，不能及时分解转化为无害形式，反而在水体或生物体内积累下来，破坏水环境的正常机能，这种情况就称为"水体污染"对养殖生产妨碍极大。轻则抑制生长，产量下降，重则渔场荒废，甚至积累残毒，危害人体健康。为了避免这种情况，一方面要进行工业废水和生活污水的处理、监测，另一方面应该从养殖的品种方式、方法、管理来控制养殖水质污染。

值得注意的问题：由于条件不同，即使环境机能正常，其能量流动，物质循环及自净作用的速度、效率与通量也可不同。因而，水中生物的环境质量、物质与能量的供应程度、水体的生产性能也不一样，只有那些流动及循环速度、效率与通量都足够大的水体，才有高的生产性能，通常称为"富营养型水体"。相反，水中能量流动，物质循环、自净作用的速度、效率、通量都低的水体，其生产性能照例也是低的，人们称为"贫营养型水体"。

三、影响水质特点及水体机能的因素

任何一个天然水体或养殖水体都是三维立体的，水体表面与大气接触。水体底部与土壤、岩石接触。水体内部不仅溶有各种化学物质，还生活着各种生物。从化学观点看，这是一个复杂的多组分的分散体系；从生物学观点看，则是一个精巧的生态系统。在这一系统内部，存在各种物理、化学及生物学沉淀作用。主要有：①"水—气""水—泥""水—悬浮物""水—生物"界面处发生的各种过程，诸如物质交换、吸附、胶体行为等；②水溶液内的化学反应。常见有中和、水解、成络、氧化还原反应等；③新相的生成或消失。例如，沉淀的生成与溶解、气体的吸收与逸散等；④各类生物新陈代谢过程中的生物化学反应，特别是光合作用与呼吸作用；⑤水的运动与停滞。

所有这些过程，都不是孤立的，而是相互联系、相互影响、相互制约的。它们的进行方向、速度及限度，不仅与水体本身的组成及特点有关，还直接地受大气过程，比如光照强度、时间、气温、降水、风力等，土质特点以及整个流域的自然地理条件的影响，因素很复杂。天然水水质的复杂多变特点，正是这些过程及其影响因素的复杂多变性的反映。

上述各项过程，遵循不同的规律，了解它们对于我们具体认识养殖生产中的水质问题，做好水质管理是十分必要的。

第二节　水及水溶液物理性质

纯水有一系列非常特别的性质，对于自然环境及生物环境有重要影响，如表3-6-1所示。

表 3-6-1　液态水的一些异常物理性质

性质	与其他液体比较	对自然环境与生物环境的重要性
热容	所有固体和液体中最高（氨除外）	能防止温度变化范围过大；当水移动时，热的输送量最大，使体温均衡
热容潜热	最大（氨除外）	由于吸收，放出潜热，使水在冰点有一定恒温效应。
蒸发潜热	所有物质最高	巨大的蒸发潜热对大气层中热与水的输送，起到了非常重要的作用
热膨胀	最高密度对温度随盐度增大而下降，纯水是4℃	淡水及稀海水，最高密度的温度均在冰点之上，这种性质在控制湖泊中温度分布及垂直流转方面具有重要作用
表面强力	所有液体中最高	在细胞生理学中很重要；对某些表面现象及水滴形成行为，有一定控制作用
溶解能力	一般说比其他液体能溶解多种物质并有较大溶解度	无论对自然现象或生物现象都非常重要
介电带数	所有液体中纯水最高	对于无机物的溶解行为有头等重要性，因为水能使它们有更高程度的电离
电离度	很小	水为中性物质既含 H^+ 离子，又含 OH^- 离子
透明度	相对地较大	对红外及紫外部分辐射的吸收很大，对可见光部分，选择性吸收不大，因此，纯水是无色的
热传导	所有物体中以水最高	上述吸收辐射能量的特性，对自然现象及生物现象均有重大意义。除了小尺度范围内（如在活细胞内）有其重要性，在热量传送方面，分子热传导过程远不如铜热传导过程重要

注：汞及熔融液除外

其中，热膨胀、透明度、溶解能力，介电常数等，对认识养殖水化学现象及规律关系更大，下面要介绍水的热膨胀、透明度、水体营养分层。

一、水的热膨胀

水体热分层及其变化：一般液体都是热胀冷缩的，温度升高密度变小，温度降低密度变大，冷至凝固则密度最大。水与溶液的情况则较复杂。

1. 纯水 4℃

严格地说纯水为 3.98℃时密度最大，由 4℃起升温或降温，密度均逐渐变小。

2. 一般淡水及盐度小于 24.7% 的海水

密度最大时的温度都在冰点之上。由密度最大时的温度开始，不管升温，还是降温，密度均逐渐变小。由于这个特点，盐度小于 24.7% 的各种天然水体，即使在寒冷季节或地区，温度降至凝固点，结冰也是从水表面开始，底层水温仍在水冰点之上。在冰雪覆盖水体中，仍有水生生物活动，原因就在这里。

3. 当水的盐度大于 24.7% 时

则密度最大时的温度在冰点之下。因此，温度升高，则密度一直变小，温度降低，则密度一直增加，直至结冰为止。

水溶液的密度与温度之间的这种依赖关系，对于水体尤其是静止水体中的停滞分层与混合流传影响很大。若没淡水的冰点为 0℃，最大密度时的温度为 4℃，则淡水湖泊内水的停滞及流转有以下 4 种典型情况。

（1）由 0℃以下向 4℃升温，当表层水温从 ≤ 0℃逐渐升高至 4℃时，则水的密度最大。此时，若底层水温低于 4℃，则因表层水密度大于底层水，会自行下沉，尤其是在风的吹动下，表、底水层，极易流转，直至整个水体都达 4℃为止。这种情况称为"全同温流转期"。

（2）由 4℃起继续升温，若天气转暖，表层水温从 4℃起继续升温，则密度反而变小。不过，水的比热大，导热性小，表层水吸收的热量不能迅速传给下层水。因此，表层水升温快，底层水升温较慢。表层较高，密度较小，是热而轻的水，会留在表层。底层水温较低，密度较大，是冷而重的水，会留在底层。在表层与底层之间，常会出现"跃温层"，其特点是，水深度增加不多，温度下降却很快，温度梯度较大。此时，表底水层，由于水温相差较大，上轻下重，因而很难自由流转混合，成分层停滞状态。由于表层水温高于底层，人们也常称之为"正分层"。

要注意的是，在风的吹动下，分层停滞的水也可在一定范围内垂直流转混合。其混合流转的深度取决于上下水层温差大小及风力强弱。若风力大，温差小，则流转混合深度大，甚至可以完全破坏分层状态；反之，则流转混合的深度小。

（3）自 4℃降温，当天气转凉时，表层水温随之下降，密度增大，变重下沉，次表层水则对流上升，出现部分流转混合。若表层水温继续下降到等于或低于底层水温时，则上、下层水密度差消失，甚至上重下轻，因而表层水会自动下沉，或在风的吹动下，光全流转混合，使整个水体温度一致，也成全同温流转状态。

（4）从4℃起继续降温，此时，表层水温下降至结冰，密度都是变小的，因此低于4℃的更冷的水反而变轻留在表层。4℃的水密度最大，留在底层。表、底水层也不能自由流转，成分层停滞状态。和正分层不同的是，此时表层水温低于底层，因而人们称之为"逆分层"。

我国北方地区，四季分明，上述四种状况都可能存在，一般说，水的流转混合多发生在春秋两季，正分层以夏季常见，逆分层仅在冬季出现。

我国南方地区，全年水温都在4℃以上，因此，只存在4℃以上停滞及流转。一般说，春夏趋于正分层，秋冬趋于混合流转。在温度变化剧烈的日子里，水的停滞及流转交替变化，还可以在一天内出现，白天趋于正分层，晚上趋于混合流转。水的分层流转，对于化学成分的分布变化，影响很大。水分层时，水化学成分也垂直分层。水流转时，水化学成分垂直分布趋于均一。因此，了解水体分层及流转情况是掌握水化学成分分布点的重要依据。经常测定、记录不同水层的水温变化。是了解水体停滞或流转状况的有效方法。

二、水的透明度、水体营养分层

把透明度板（也叫塞奇板，为直径25cm的白或黑白色板）沉入水中至恰好看不到版面白色，此时的深度称为透明度，它是进入水体内太阳光能大小的一种量度，因而也是水体内能量流动的能源大小的一种量度。纯水透明度较大。不同深度纯水对太阳光的吸收情况也不一样，纯水对太阳光的吸收有两个特点。

1. 有一定的选择性

以波长5 000Å附近的蓝、绿光穿透力最大，与植物的光色素的极大吸收区大体相符，对浮游植物生长是有利的。

2. 随深度增大，能量衰减很快

对水生植物来说，这种分布特点有3种可能后果。

（1）光抑制区。光强过高，抑制浮游植物生长。在光照强烈的白天，最表水层可发生这一情况。

（2）光适宜区。光强适宜，在其他条件适合时，水生植物可以饱和速度进行光合作用。日照强烈的次表水层，阴天或日照不强时的最表水层，多属这种情况。

（3）光限制区。光强太弱，即使其他条件适宜，植物也无法生长。

一般说来，这两个特点对天然水体与养殖水体同样适用，只不过它们的情况更复杂，影响进入水中的有效太阳光能的因素更多。

3. 主要有以下几方面

（1）抵达水面的太阳辐射总量。这又与云层覆盖程度，海拔高度、维度、日长等有关。

（2）水面对光的反射性。入射光与水面的交角越小，则反射损失的光量就越多。这也就是说，早上日出后不久，下午日落前不久，被反射损失的阳光较多，进入水中的阳光较少，水中"白天"远没有大气中那么久长。水面有波浪时，也会增加反射损失。

（3）水体的浑浊度。悬浮水中的黏土粒子、有机碎屑、浮游生物、微生物，各种沉淀及絮，都能形成浑浊度，浑浊度高，光的吸收、散射损失也大，透明度就随之下降。

不同水体，由于上述各种因素互不相同，因此，透明度可以相差甚远，小的不足 20cm，大的可达 10m 左右。

经验指出，透明度深度下的照度仅为水面照度的 15% 左右。在表水层，由于光强较高，植物可以正常生长，动物所需的有机营养，主要在这一水层生成，因而得名为"营养生成层"。在营养生成层与营养分解层之间的某一深度，有机营养物合成量与分解量大体相等，称为"补偿点"，相应的水深则称为"补偿深度"，约为透明度的两倍。一般来说，水深不大的水体，营养生成层占的比例较大，生产性能较好，多为富营养型，相反，深度很大的水体，营养生成层占的比例很小，食物基础较差，生产性能不好，多为贫营养型。值得指出的是，营养生成层与营养分解层内进行的反应互不相同，是造成水化成分垂直分布不均匀性的重要原因。

第三节　气体溶解与逸散

养殖水体内溶有多种气体及挥发性物质，其中有生产氧气（O_2），希望它们补给得多些和快些；另一些又生产甲烷（CH_4），以及硫化氢（H_2S）等，要求尽量除去它们。这涉及气体溶解与逸散问题，了解其特点，对搞好水质管理是十分必要的。这里包括两方面问题：一是溶解数量；二是溶解速率。

一、气体溶解度

气体溶于水达到平衡时的浓度称为溶解度。同时气体的溶解度随水温、压力、含盐量不同而变化，其规律是：

（1）水温升高，气体溶解度变小，沸腾时，溶解气体全部逸出。

（2）温度、压力一定时，水溶液中含盐量增加，则气体溶解度减少。

（3）在温度与含盐量一定时，气体溶解度随气体压力增大而增大。这一规律称为"亨利定律"，可用式 1-1 表示。

$$C2 = kg \cdot P \qquad\qquad (1-1)$$

式中：$C2$—气体溶解度即饱和度；

　　　P—达成平衡时气相中溶解气体的压力；

　　　kg—比例系数，也叫"气体吸收系数"。

　　　kg—即 P=1 个大气压时溶解度。

水中常见吸收气体的系数千克如表 3-6-2 所示。

表 3-6-2　水中常见吸收的气体种类

系数气体（kg）＼温度（℃）	0	5	10	15	20	25	30	40	标准状态的密度（mg/L）
氢气 H_2	21.5	20.4	19.5	18.5	18.2	17.5	17.0	16.4	0.09
大气氮 N_2+1.85% 氩 Ar	23.5	20.9	18.6	16.8	15.4	14.3	13.4	11.8	1.25
氧气 O_2	48.9	42.9	38.0	34.1	31	28.3	26.1	23.1	1.43
空气 Air	28.8		22.6		18.7		16.1	23.7	1.29
二氧化碳 CO_2	17.13	14.24	11.94	10.19	8.78	7.59	6.65	5.30	1.98
硫化氢 H_2S	46.70	39.77	33.99	29.45	25.82	22.82	20.37	16.60	1.53
氨 NH_3	87.5	77.1	67.9	59.7	52.6	46.2	40.3	30.7	0.77

注：气体的吸收系数是指：气体分压为 760mm 汞柱时，每升水能吸收气体的毫克数（核正到标准状态）指 100g 纯溶剂吸收气体克数的气体总压力为 760mm 汞柱。干燥空气的体积组成为氮（N_2）为 78.03%；氧（O_2）为 20.99%；氩（Ar）为 0.94%；二氧化碳（CO_2）为 0.03%，其他为 0.01%。

二、气体的溶解速率

在一定条件下，单位体积水中能溶解气体的最大数量。若水中该气体实际含量小于该值，则有气体从气相迁移溶进水中，溶进数量为最大量与实际量之差。不过，亨利定律不能指示迁移溶解的具体速率。关于这个问题，目前公认的还是所谓"双膜理论"。这一理论认为,在气—液界面两侧,分别存在相对稳定的气膜和液膜;即使气相、液相呈湍流状态,两膜仍保持层流(也称滞流)状态,搅拌气体、液体,也只能减少膜的厚度,不能消除它们;因此,气体从气相迁移溶进水中,不是一个简单过程而包括4个不同步骤:①通过气体、主体抵达气膜;②穿过气膜抵达气—液界面;③溶于液膜,通过液膜;④离开液膜并分散到溶液主体中去。

当气体与液体主体内存在湍流时,则溶解气体可用对流混合方式在其中迁移,速度较快,容易混合均匀,不存在浓度梯度。相反,在气膜、液膜内,只存在层流,溶解气体只能靠扩散作用迁移通过,速度较慢,存在浓度梯度。这就是说,气体溶解速率主要决定于通过气膜、液膜的速率。由于溶解气体在两膜界面处成平衡状态,因此,它在两侧主体间的浓度差,等于它在两膜中浓度之和。显然,双膜越厚,对迁移的阻力也越大,气体溶解速率下降愈甚。相反,双膜的浓度差越大,有利于克服上述阻力,推动气体向水中迁移,溶解速率就会增大。实际上,气体溶解速率主要由以下3方面因素决定。

1. 溶解气体的不饱和程度

在其他条件一定时,水中溶解气体的不饱和程度越大,则气体迁移溶解的速率随之增大。

2. 气液界面积的大小

气体溶解必定发生在气—液界面处。因此,在其他条件一定时,提高分散度,增大单位体积液体的界面面积,则在相同时间内就有更多气体分子通过界面进入液相,使溶解速率增大。因而,溶解迁移速率增大。溶解迁移速率常数,不仅随温度升高而增大,也是单位体积液体所具备界面面积的函数。

3. 气—液界面的运动更新情况

在其他条件一定时,若能提高分子扩散运动速度,减小双膜厚度,降低膜的阻力,也能使溶解速度增大,研究指出:

(1)若气体极易溶水时(如氧),则气膜阻力是基本控制因素,因此,吹动或搅拌气体,减小气膜厚度,能更有利地加速溶解迁移。

(2)若气体较难溶于水时(O_2、N_2、CO_2),则液膜阻力是基本控制因素,因此,搅动液体,更新表面,较少液膜厚度,对加速溶解更为有利。

(3)若气体溶解度中等(如H_2S),则两种膜(气膜、液膜)的阻力同样重要,因此,要加速溶解,必须同时搅动气体、液体才能奏效。

以喷雾或通气方式进行曝气时,气体溶解速度一般都以刚形成水滴或气泡时为最大,此后则迅速变小,其原因就在于:那时候,水滴或气泡内部的气体或液体不再存在有效搅动了。

影响气体逸散速率的因素与上述相同，只是水中气体实际浓度必须大于该时的饱和浓度。

第四节　天然水体内一些化学反应

天然水体是一种含有有机物、存在生物活动的多组分复杂电解质溶液，各组分间可能发生的反应相当复杂，了解这些反应的特点及规律，对于认识水体内各种溶存物质的化学形态迁移，分布特点以及它们对水质及养殖生产的影响等，是十分重要的。

一、络合反应

我们把酸、碱电离，盐的水解都当成络合反应。天然水体内反应中常见这类反应。

1. 弱酸（H_2CO_3、H_2S、H_2SiO_3、有机酸等）弱碱电离

弱碱[NH_3、H_2O、或 NH_4OH、$Fe（OH）$等]、弱酸的电离，多元酸、多元碱的分步电离。达成平衡时，分子与不同形式的离子共存。

2. 金属离子水解

多价金属离子（Fe^{3+} 铁原子失去 3 个电子形成的铁离子、Al^{3+} 带正 3 价铝素等）强烈水解。某些二价金属离子，如 Cu^{2+} 二价铜离子、Pb^{2+} 一种重金属、Ni^{2+}、Zn^{2+}、Fe^{2+} 等，在天然水 pH 值范围内显著水解。在碱性条件下，Ca^{2+} 钙离子、Mg^{2+} 2 个单位正电荷等碱土金属离子也水解。水解后，游离金属离子浓度减少，转以含不同数目 OH^- 氢氧根离子碱的主要成分的络合物存在。

3. 成络

副族金属离子的外电子层常有空的电子轨道，可作为电子对接受体，成络能力较强，它们在正常天然水及养殖用水中浓度较低，当水中配位体浓度及条件适合时，它们大都以络离子存在，游离形式甚少。天然水体内重要的无机配位体是 Cl^-、OH^-、SO_4^{2-}、HCO_3^-、F^-、S^{2-}、PO_4^{3-} 等，重要的有机配位体是一些含 O、N、S 等原子的有机物，常见的是有机酸、氨基酸和腐植酸类等。

上述各类的反应速度较快，可在短时间内达成平衡。但化学形态不同对水质及生物的影响也不一样。因此，对这类反应来说，了解不同条件下不同化学形态的相对丰度，在养殖水化学上十分重要。

二、沉淀反应

天然水体内经常有沉淀反应发生，例如硬水湖泊内碳酸盐、硫酸盐的沉淀，碱度大、pH 值高的水体内金属氢氧化合物的沉淀，缺氧水中金属硫化物的沉淀等。沉淀反应可使物质从液相转到固相，甚至脱离水中物质循环。如果该物质是有益的（磷酸根），则是一种损失，应设法减免之；如果该物质是有害的（重金属），则沉淀后水层得到净化，底质及悬浮物的污染反应反而加重，对底栖生物及碎屑食性生物往往不利。

三、氧化还原反应

有电子得失转移（化合价改变）的反应称为氧化还原反应。反应中失去电子、正价增大的物质称为还原剂。失去电子越容易，则是越强的还原剂。相反，在反应中结合电子、负价增加的物质称为氧化剂。结合电子的能力越强，就是越强的氧化剂。

在养殖水体内，常见 O、N、S、Fe、Mn 等元素的氧化反应。若就其标准电位来说，O_2 是水体中最强的氧化剂，S^{2-} 是最强的还原剂，一旦彼此相遇，总是它们之间首先反应。在天然水体及养殖水体内，表面与大气接触，底部与大气隔离；两者的氧化还原状态可以相差很大。

四、天然水体内的一些生化反应

水体内还有许多反应，要在生物参与下才能进行，这类反应称为生物化学反应（简称生化反应。其中最重要的是光合作用与呼吸作用），在控制与生物有密切关系的那些元素及化合物（如植物营养元素、氧气、有机物等）的动态方面极为重要。从化学的角度看，可以把光合作用归结为 CO_2 还原为有机物的过程。CO_2 为"受氢体"或"电子给予体"。绿色植物（包括藻类）是用 HO_2 作供氢体或"电子给予体"，在还原 CO_2 同时，必定产生 O_2，故被称为"有氧光合成"。

有氧光合作用与有氧呼吸作用，是水体内最重要的一对生化反应，这对矛盾的运动情况对水质及养殖生产影响极大。在同一时间同一水量内，若有氧光合成产生的有机物，超过有氧呼吸所谓消耗的有机物时，则水中现存生物量增加、溶氧积累等。植物营养元素消耗减少；反之，若呼吸作用消耗的有机物，超过有氧光合成产生的有机物量时，则水中溶氧减少，水质恶化。提高水体内光合作用与呼吸作用的速率及强度，又使之保持适当平衡，仍是养殖水化学管理的一项重要而困难的任务。

第五节　天然水体内一些界面作用

天然水体是个多相体系，在水与气体、水与底质、与悬浊物质、胶体粒子相应接触的地方，都有较大的界面。物质在界面处的行动与均相溶液内不同，有其一系列特点，其中，对养殖水化学影响较大的有吸附作用、絮凝作用等。

一、吸附作用

1. 溶液表面的吸附现象

在溶液表面（即气 – 液界面）与溶液内部，溶质的浓度往往不同，这种现象即为吸附作用。溶液表面浓度增大称为正吸附，反之，溶液表面浓度变小时，则称为负吸附。

从表面活性物质分析，可以降低养殖水体内物质迁移过程的表面强力，使表面能下降，因此物质总是趋集于溶液表面，发生正吸附；相反，能增大表面张力，提高表面能，物质则被溶液表面排斥，浓度下降，发生负吸附，无机盐类多属此类。

表面活性物质的分子多为链状，一端为亲水极性基团，如羧基 –COOH、羟基 –OH 等，另一端为憎水非极性基团如烃基。当它们吸附在溶液表面时，则依下述方式定向排列：亲水基一端向着水溶液内部，憎水基一端则向空气侧撑开，形成一层看不见的薄膜，对于水体—大气间的气体交换有些不良影响。天然水体内的表面活性物质除随生活污水带来洗涤剂之外，主要是动植物体的降解产物，如有机碳、脂类等。这些物质浓集溶液表面，在形成水面微层方面有重要影响。

溶液表面吸附是一动态可逆过程，在温度一定并达成吸附平衡时，被吸附浓集在溶液表面层内物质的数量，随溶液中该物浓度增大而增大。

2. 固体从溶液中吸附

固体从溶液中吸附溶质的问题比较复杂。一般认为，这种吸附过程包括 5 个步骤：①溶质从溶液主体扩散或迁移到固体表面；②在固体表面被吸附；③被吸附的溶质在固体表面发生反应；④从固体表面解吸；⑤解吸的物质扩散或迁移离开固体表面。当然，不是所有吸附都包括以上 5 个步骤。为了便于说明，可简单化表示如下式：

吸附剂 + 吸附物 + 热量。

（1）吸附剂是指发生吸附作用的固体物质。通常是粉末状多孔物质，表面积极大。例如，优质活性碳，$1g$ 重的总表面面积可达 $1\,000m^2$。胶粒分散度更高，总表面积更大，因而吸附作用更显著。固体吸附剂可以是极性物质，如硅酸凝胶，它们对水有强的亲和力，从水溶液中吸附溶质的能力较弱。非极性固体吸附剂，如活性炭，表现出疏水性，适于从水溶液中吸附溶质。因此，在活鱼运输，工厂化养鱼循环处理水时常被选用。

（2）吸附物是指被吸附剂吸附浓集在它表面的溶质分子或离子。若吸附物是非电解质或难电离的分子，则称为分子吸附。有表面活性的溶质分子容易吸附，芳香族化合物比脂肪族化合物容易吸附；溶解度小的物质比溶解度大的物质容易吸附。若吸附物是强电解质或离子，则称为离子吸附，包括选择吸附、分子吸附、交换吸附3种类型。吸附剂从溶液中优先吸附某种离子的现象称为"选择吸附"；被吸附的正负离子当数量相等时即为分子吸附；若从溶液中吸附一种离子的同时，把电荷相同的另一种离子释回溶液中去，则为交换吸附。

选择吸附的一般规律是：能与吸附剂表面上粒子结合形成难溶或难分解物质浓度又较大的那些离子，优先吸附。选择吸附作用，对于天然水体内胶体及细微悬浮粒子的电学性质和行为，影响很大，吸附复合物是指吸附剂与吸附物之间的作用结果，实际上有3种可能：一是吸附剂与吸附物之间只靠范氏力，偶极—偶极力互相作用，吸力小，热效应低（2 000~8 000mol/g），这种情况称为"物理吸附"，易解吸，但可多分子层吸附。二是吸附剂与吸附物之间靠某种强的化学键力相互作用，吸力大，热效应高（大于N万mol/g），这种情况称为"化学吸附"比较稳定，解吸困难且不完全，固体表。三是吸附在固体表面的不同溶质，由于被浓集、活化，常可相互反应，形成新产物。可是在吸附之前，它们在溶液中是不反应或者是显著反应的。

（3）吸附是可逆过程，在达成动态平衡吸附量的浓度有关，吸附剂重量多少是与吸附物有直接的关系，但是浓度、溶液pH值、电位、温度以及能改变吸附剂表面状态及吸附物化学形态的因素，都会影响吸附量，定量处理比较复杂困难。吸附剂的速率一般认为是由扩散作用决定的。特别是吸附剂内部空隙及水底沉积物内的吸附作用，扩散作用常常是控制整个吸附过程速率的基本因素。

养殖水体内经常悬浮有多量固体微粒子，它们在溶液中吸附溶质的主要影响是：使低于固—液平衡浓度，处于溶解状态的微量金属离子及其他溶质转以固态组分存在；在固体粒子内浓集某些组分，加快它们之间的反应；使固体粒子带电，利于絮凝等。所有这些对于水体磷肥施用效果、重金属的毒性与迁移、碎屑饵料的数量以至自净能力等，都有重要影响。

二、絮凝作用

1. 胶体粒子及细微黏土粒子

由于分散度高，总表面积大，通过选择吸附作用，从溶液中吸附一定离子，因而总呈带电状态。

吸附在固体微粒表面的离子，决定着表面带电性质，因此，称为"决定电位离子"。它们与固体表面结合很紧，与固体粒子一起移动并不分开。固体表面带电后，由于静电引力关系，可以从溶液中再吸附一些荷电相反的离子（称为"反离子"），它们与固体表面保持一定距离。离表面近的反离子，受的引力较大，总是随固体粒子一起移动，故称为"扩散层"（或可动层）。当与固体表面的距离增大到一定数值时，反离子浓度即与溶液主体内的平均浓度相同，这一点即为溶液主体与扩散层的分界。养殖水体内的一些生物的有机离分子物质，如细菌的菌膜、鱼类分泌的黏液等，这是良好的有机混凝剂，对水体内的絮凝作用有着重要影响。

2. 天然水体及养殖水体

在天然水体及养殖水体内，常有多量胶体及悬浊物质，其中，水合氧化硅胶体、次生铝硅酸盐黏土矿物胶体、腐殖质有机胶体、大多数蛋白质以及矿物质有机复合胶体等，在 pH 值近中性时，胶粒通常带负电荷，是负溶胶；水合氧化铁胶体和氧化铝胶体，在碱性条件下是负溶液，在中性及酸性条件下则为正溶液。养殖水体的水层及底质中，胶体及悬浊物的絮凝及混凝作用经常发生，与抢救泛塘、防止鱼类浮头、磷肥施用效果以及有机物聚合、分解等有密切关系。

三、离子作用

吸附在扩散层的离子与离子结合不紧，可与溶液中带相同电荷的离子交换，这种反应称为离子交换作用。扩散层有交换能力的离子，叫做"交换性离子"，它们的总量就称为"交换容量"。常用"毫克当量交换性离子 /100g 干物"表示。养殖水体的常见胶体，以腐殖质等有机胶体的交换容量较大，一般为150~700meq/100g，平均为 300~400meq/100g；矿物胶体的交换容量就小得多，一般只是 10~80meq/100g；水合氧化铝及水合氧化铁胶体的交换，据有关报道，比这还要小些。

一般来说，胶粒带负电荷，可在溶液中交换阳离子；胶粒带正电者，则可以从溶液中交换阴离子。这种交换吸收作用，是一个可逆过程，按等当量关系进行，交换速度较快，易于达成动态平衡。交换吸收作用的方向及程度，主要决定于以下因素。① 离子的交换吸附能力在其他条件相同时，交换能力强的离子可把交换能力弱离子从胶粒上代换下来；② 离子相对浓度溶液中的离子，即使交换能力较弱，当它的浓度增大时，按照平衡移动原理，同样可以把胶体微粒上交换能力较强的离子代换下去。

四、泡沫的气提或浮选作用

泡沫是气体以气泡形式分散在液体内所成的粗分散体系。气泡比胶粒大得多，有时甚至用肉眼也可看到，泡沫在溶液中形成，寿命都不长。不稳定泡沫只能保持几秒至几十秒钟，稳定的泡沫也不过维持几分钟、十几分钟而已。一般来说，溶液中溶质分子小时，只能得到不稳定的泡沫；溶液中有片尾状、纤维状分子或表面活性强的溶质时，就能形成稳定的泡沫，能提高泡沫稳定性的溶质常称为泡沫稳定剂。

泡沫稳定性，也与界面吸附作用有关。一般认为，表面活性物质使泡沫稳定的机理是：它们吸附在"气—液"界面，形成定向排列的单分子层，分子的极性端留在水相，非极性端指向气相，使界面强力及界面能下降，阻止气泡相互聚结，因而得到稳定泡沫。若有片层状、纤维状分子吸附在气泡液膜内，还可形成二维凝胶状结构，使膜有一定坚实性与弹性，可阻止气泡相互并大。有时泡沫膜内，在渗进黏土等固体微粒后，还可把泡沫稳定剂粘连一起，对稳定剂起某种保护作用，有利于得到稳定泡沫。当形成泡沫时，各类物质可浓集气泡内，并随气泡升至液面，便于分离除去，这一过程称为气提作用或浮选作用。在水生生物培养研究中，也有人用气提作用除去水中有机物。由于气泡是不稳定的，当它们在水面或在水中破裂时，浓集在气泡液膜内的溶质，就转移至不溶碎屑悬浮水中，对于天然水体微表水层的形成及特性有重要影响。养殖水体内常会出现泡沫，各类物质在泡沫破裂时成为碎屑，对水面气体交换，降低有机负荷，增加碎屑饵料，具有一定的作用。

第六节　养殖水体内物质的迁移过程

一切活的生物都要不断地与环境进行物质交换。水生生物的这种物质交换过程必定在"生物—水"界面处进行，相当于多相反应，可把它分为5个步骤：

第一，营养物质从水溶液主体迁移到"生物—水"界面处。

第二，营养物质通过生物膜从环境迁移进体内。

第三，营养物质在体内酶系硫的作用下被同化利用。

第四，代谢废物通过生物膜从体内排出，进入自然环境。

第五，代谢废物从"生物—水"界面迁移离去进入溶液主体。

这5步迁移过程是相互联系、相互制约的，其中任何一步迁移过程受阻或中断，都将影响生物与环境之间的整个物质交换过程，从而危及生物的生存与发展。这5

步迁移过程除第三步是体内生理生化过程外，都和水质状况有直接关系，下面从养殖水化学的需要，对这几步迁移过程的特点及规律进行分析。

一、通过生物膜的迁移过程

水中溶解物通过生物膜进入生物体的迁移过程，称为吸收或摄取。鱼类通过腮组织的生物膜从水中摄取氧气（O_2），浮游植物细胞从水中吸收营养元素等，这是迁移现象的例子。相反，体内代谢废物通过生物膜排入水中的迁移过程，通常称为"分泌"或"排泄"。浮游植物分泌细胞外产物、浮游动物及鱼类排出二氧化碳（CO_2），以及含氮废物则是这类迁移现象的例子。

物质通过生物膜进行迁移的机理比较复杂。一般认为，主要有以下两种情况。

1. 被动迁移

水及某些小分子溶质，可以通过扩散作用，由生物膜上极小的孔道进入细胞，进出的方向主要决定于生物膜内外的浓度梯度。溶质总是由自由浓度高的区域向浓度低的区域扩散。浓度差越大，则扩散的速率越快，迁移的数量也越多，鱼类在水中摄取氧（O_2）排出二氧化碳（CO_2），是一种被动迁移过程，涉及水中氧（O_2）、二氧化碳（CO_2）的相对浓度，对这一气体交换过程影响极大。

2. 主动迁移

大多数溶质，如糖、氨基酸、核苷、无机离子等，需要借助一些特殊载体（如蛋白质等）、消耗代谢能量，才能穿过生物膜，进入或离开细胞。这种迁移过程称为"主动迁移"。此时，溶质可以逆着浓度梯度从低浓度区迁移到高浓度区，就像水泵水一样。因此有人把离子的这种迁移过程称为"离子泵"。经研究，藻类从水中吸收营养盐的过程，属于主动迁移过程。

这两种迁移作用，都是活体生物膜的机能。一旦生物死亡，这种机能也随之消失，同样环境因素对生物膜的机能有着极大影响。

二、溶质在生物膜与溶液主体之间的迁移过程

吸收作用可以一直进行到整个水体内这种物质被耗尽为止。吸收率是有主体浓度决定的，当迁移补给速度赶不上吸收消化速度时，在膜表面与主体之间将出现浓度梯度，离膜表面越近，浓度越低，离膜表面距离增大时，浓度相应增大，最后在达到乃至超过分界点时，则与主体浓度相等。这一浓度区是由生物吸收消耗造成的，故被称为"耗尽区"。在存在耗尽区的情况下，即使溶液主体内有大量有用物质，生物对它们的实际吸收利用率仍受限制，这种限制作用不是由于水体缺少这种物质，

只是从主体向膜表面迁移运送不及造成的，因此，称为"迁移限制作用"。

经研究表明，浮游植物从水中吸收营养盐的速度很快，往往不到 1s 就在细胞周围形成耗尽区，其厚度可达细胞半径 10 倍左右，迁移限制作用相当显著，对浮游植物生长很不利。为了避免或消除耗尽区及废物积聚区对生物的不良影响，必须加快生物膜与溶液主体之间的迁移过程。从理论法讲，运用下列办法可达到目的。

（1）提高生物本身的运动速度。

（2）充分搅拌，破坏耗尽区与废物积聚区。

（3）利用化学缓冲补给系统。例如，浮游植物进行光合作用耗用（CO_2）形成耗尽区时，细胞表面水中有多量的 CO_2、负离子，就可以就地转化除去耗尽区，积聚区也不会出现。

三、水相内部的迁移过程

溶质在水相内的迁移过程主要有两种方式。

1. 微观扩散过程

此时，溶质离子相对于其邻伴独立运动。在无浓度梯度时，这种扩散无法定向迁移，速率亦小，在天然水体条件下，迁移效果不大。

2. 宏观的水固移动

此时溶质粒子与其邻伴一起随同一水团作宏观移动。如果水固是以互不相扰的细流，平行地向前运动，则称为层流状态。如果水固在运动中各细流经常交换位置，纵向、横向流动都有，不规则地交错进行，则为湍流或絮流状态。

在湖泊、水库、池塘内，常见的宏观水团移动过程有 3 个方面。

（1）混合作用。风力可导致涌动混合。密度差可导致对流混合，都具有湍流性质。

（2）波浪。多由风力引起，风速越大，受风距离越长，则波浪的波长、波高也越大。波浪也具有端流性质。

（3）湖流。即湖泊、水库、池塘中水流动。从方向上看有水平方向的水流和垂直方向的回流，从形式上看，有风力作用下形成的漂流或风流，有注水作用引起的补充流以及河水式水流等。

水固的宏观移动对于消除迁移限制用，促进水体内部各水层的物质交换及循环过程有重要作用。因此，淡水养殖生产过程中必须遵循这一规律，运用相关有效措施，保障水体生态资源化，促进淡水养殖的经济效益、生态效益、社会效益的提高，为淡水养殖业可持续发展真正掌握科学的规律。

第七章　养殖水体的有害有毒物质

第一节　养殖水体污染物的来源

养殖水体污染指的是有毒物质的存在，导致水质恶化，给水体生态机能的破坏，从而影响水生生物的正常生长发育。有毒物质的形成原因不外乎是两种类型导致的：一类是水体内部因物质循环失调生成并积累的有毒物，如硫化氢、铵态氮、亚硝酸氮等；另一类则是水体受人类超出生态规律，所实现发展工业化、建筑、城市化建设，农业生产过度的开发，直接或间接的造成有毒废水的排放而污染水体。

一、水体污染的概念

水体的污染概念的分析都归纳为 4 方面：一是水体感官性状，物理化学性能，化学成分、生物组成以及底质情况等方面产生的恶化；二是排入水体的工业、农业废水、生活污水经地表径流等方式进入水体的污染物质超过水体的自净能力引起水质恶化；三是污染物质大量进入水体，使水体原有生态平衡遭到破坏，水质体的微生物失调形成水质恶化；四是污染物排进河流、湖泊、水库、海洋或地下水等水体后，使水体的水质和水体积累物的物理、化学性质或生物组成发生变化，从而降低了水体的使用价值和使用功能的途径。

对养殖生产危害最大的是受人类活动影响的水体污染。自进入工业化时代以来，人类对自然界进行大量和更深度的开发和利用，产生了大量的环境污染物。据估计，由工业和生活废水的排放，进入天然水体的污染物超过 100 万种。在这些污染物中除营养性物质促进水体中生物无限制繁殖外，少量可降解或不可降解的人工合成化合物和其他废物可显著地扰乱自然生态系统，直接或间接地影响人类的生产和生命活动。这些污染物可分为有机污染物、微量金属污染物、放射性污染物和营养性污染物等。

二、微量金属及金属类污染物

金属中可引起环境问题的元素一般划分为 3 类：①无危险的元素有：铁（Fe）、硅（Si）、铷（Rb）、铝（Al）、钠（Na）、钾（K）、镁（Mg）、钙（Ca）、磷（P）、硫（S）、氯（Cl）、溴（Br）、氟（F）、锂（Li）和锶（Sr）；②极毒及较易侵入的元素，包括铍（Be）、钴（Co）、镍（Ni）、铜（Cu）、锌（Zn）、锡（Sn）、砷（As）、硒（Se）、碲（Te）、钯（Pd）、银（Ag）、镉（Cd）、铂（Pt）、金（Au）、汞（Hg）、钛（Ti）、铅（Pb）、锑（Sb）和铋（Bi）；③有毒极难溶解的元素，有钛（Ti）、铪（Hf）、锆（Zr）、铼（Re）、钨（W）、铌（Nb）、钽（Ta）、钙（Ca）、镧（La）、铱（Ir）、锇（Os）、钌（Ru）和钡（Ba）。微量金属污染物一般不能借助于天然过程从水生生态系统中除掉；其次，大多数金属污染物都富集在矿物和有机物上。

从分析化学来说，重金属大多数是具有毒害危险性质的，属于"极毒且较易侵入"的元素。进入水环境中的重金属污染物有不同的来源，其中主要来源包括：①地质风化作用；②各种工业生产过程，如采矿、冶炼、金属的表面处理和电镀、油漆以及染料制造；③燃料燃烧引起的大气中粉尘散落；④污水排放以及丢弃垃圾的金属淋溶；⑤陆地地表径流以及家庭生活系统中的管道和水槽泄漏等。

1. 汞

汞是稀有的分散元素，它以微量广泛分布在岩石、土壤、大气、水和生物之中，并构成地球化学循环，汞是室温下唯一的液体金属，有流动性，易蒸发，蒸发量随温度升高而增高。金属汞几乎不溶于水，20℃时溶解度大约20g/L。环境中汞的主要来源是氯碱工业、汞催化剂、电器设备、油漆涂料、仪器仪表、催化剂、牙科材料、纸浆及造纸工厂污水、杀菌剂、种子消毒剂等农药、石油燃料的燃烧、采矿与冶炼矿渣和医药研究实验室废弃物等。作为农药的汞化合物主要是烷基汞化合物（甲基汞和乙基汞）、烷氧基、烷基苯化合物（甲氧基乙基苯和2-乙氧基乙基苯）以及芳基汞化合物（醋酸苯汞和对甲基苯汞）。

2. 铅

在地壳中铅是重金属中含量最多的元素，在自然界的分布甚广。铅在自然界中多以硫化物和氧化物形态存在，仅少数为金属状态，并常与锌、铜等元素共存。在受到铅污染的环境中，铅主要分布于空气、水、土壤及局部地区或全球范围的食物中，尤其是城市大气中、路上或公路两侧土壤中。

3. 铬

元素铬是一种银白色、质脆而坚硬的金属，常温下稳定，在空气中不易被氧化，广泛存在于自然环境中。各类水质中的含铬量，一般是海水小于井水，井水小于河水，大洋海水小于近岸海水或河口水。环境污染中的铬主要来源是冶炼制造、金属电镀、燃烧处理、耐火材料工业以及冷却塔水添加的铬酸盐等。

4. 镉

镉是一种稀有的分散元素。由于镉与锌的化学性质非常相似，所以镉矿物与锌矿物和多金属矿共生，以硫化镉、碳酸镉和氧化镉形式存在。锌矿、方镉矿和块硫锑矿中含有镉，其含量多在 0.1%~0.5%。元素镉稍经加热即容易挥发。镉蒸汽易被氧化成为氧化镉，是镉在空气中存在的主要形式，氧化镉在水中不易溶解。镉的所有化学形态对人和动物都是有毒性的。镉可以作为塑料的稳定剂、油漆着色剂以及用于电镀和镉电池中。由于镉具有优良的抗腐蚀性和抗摩擦性能，是生产不锈钢、易熔合金和轴承合金的重要原料，并且镉在半导体、荧光体、原子反应堆、航空和航海等方面均有广泛用途。因此，镉污染主要来源是采矿及冶金生产、化学工业、金属处理、电镀、高级硫酸盐肥料、含镉农药、废物焚化处理和化石燃料的燃烧。在环境中，镉分布于空气、水、土壤和局部范围的食物中。天然水体中的镉大部分存在于底部沉积物和悬浮颗粒中。

5. 铜

在地壳中，铜的平均含量为 70mg/kg，自然界中，铜主要以硫化矿物和氧化矿物形式存在，且广泛分布。岩石的风化、铜矿的开采及其冶炼会造成局部地区环境中铜含量增高。金属电镀、金属加工、机械制造和有机合成等工业，施用含铜农药的农业和生活废水也会造成水环境中铜的污染。

6. 锌

在地壳中，锌的平均含量为 5mg/kg，主要以硫化锌和氧化锌的形式存在于各类岩石中。天然水体中含锌量随地区不同而有所差别。环境中的锌主要来自于各工业生产部门的工业废物、如金属冶炼、金属喷镀、电镀、黏胶纤维生产，以及管道工程等。

7. 砷

元素砷不溶于水，醇式酸类，在自然界少见，自然界中砷多伴生于铜、铅、锌等的硫化矿物中，和黄铜矿、黄铁矿和内锌矿一起出产。

8. 锡

锡以其氧化物广泛存在于自然界（如锡石），并以其有机化合物的形式存在于泥炭或煤中。环境中锡的主要来源是含锡矿石的开采、冶炼的利用，锡作为铁制食品容器的电镀金属、轴承合金、焊锡、铝字合金、锌铜（铜锡合金）、青铜和磷青铜。由于有机化合物的广泛用途及生产，从而成为环境中锡的重要污染源，如作为氯乙烯塑料的对热和光稳定的添加剂；各种类型的杀虫剂、消毒剂的化学制品和用于海船船底的防污涂料；作为抗真菌和抗细菌剂的使用以及抗寄生虫药等。

9. 镍

地壳中含镍量为 80mg/kg，比锌、锡、钴和铝多，与含铜量相近，是一种含量比较丰富的微量元素。镍在地壳中分布分散。镍属于亲铁元素，与硫的亲合性很强，主要以硫化镍矿和氧化镍矿存在，也在砷酸盐和硅酸盐中存在。环境中镍的来源主要是岩石的风化、含镍矿物的开采及其冶炼和镀镍工业废水排放。由于石油中的含镍量为 1.4~64mg/kg，平均含镍为 15mg/kg，所以通过石油化工燃料和煤的燃料释放出来的镍也是环境中镍的重要来源。大洋海水中的含镍量约为 0.13~0.37mg/L。

10. 银

在自然界中含量不多，少量以单质形式存在，但更多地以化合态存在。地壳中银的含量 0.07mg/kg，污染源主要来自天然底质来源，采矿、电镀、膜处理工艺废物和水消毒等。

三、有机金属化合物

有机化合物是一类为数众多的化合物。该类化合物所共有的结构特别是分子中含有金属–碳（M–C）键，即金属离子直接与有机基团中的一个或多个碳原子相连接。除了典型的金属元素以外，习惯上周期表上某些性质介于非金属与金属之间的元素，如砷、硒等与碳键结合的化合物也归入到有机金属化合物类中。有机金属化合物基团独特的结构因而使其具有不同于无机金属和有机化合物的特殊性质。因此，在 20 世纪 50 年代，由于发现了有机金属化合物的理论价值和实际应用价值，以有机金属化合物作为对象的研究工作蒸蒸日上，得到了迅速发展。自从发现环境中确实存在着金属烷基化过程，即进入环境中的无机金属和有机化合物在适当的条件下可以转化为有机金属化合物，从而使问题变严重。因此，研究环境中有机金属化合物的发生、分布、迁移和转化途径及有机金属化合物对生物，尤其对水生生物的毒性作用，对人体健康的影响及潜在危险，使得越来越多的科研工作者参与对有机金属化合物的研究工作。

1. 有机汞化合物

因多数有机汞化合物具有杀菌作用，且杀菌效力强、广谱，在农业上得到广泛作用。如卤化甲基汞、乙基汞、苯基汞及甲氧乙基汞作为种子消毒使用。

2. 有机铅化合物

有机铅化合物中用量最大并能引起环境问题的是四烷基铅。自 1920 年代初，发现四乙基铅可作为汽油防震剂依赖，一直沿用到 20 世纪末。四烷基铅还对木材、棉花具有防腐作用，是船舶防腐蚀附着涂料中的添加剂，在聚氨酯泡沫生产过程中用作催化剂。

3. 有机锡化合物

有机锡化合物中烷基锡化合物用量是最大的。三烷基锡有杀菌作用，三丁基氯化锡用作木材防腐剂。四烷基锡大多是有机合成的中间体，四烷基锡还有稳定性变压器油的作用。三丁基氯化锡和三苯基氯化锡则主要用于海洋船舶防腐蚀附着涂料，木材防腐剂和农作物杀虫剂，对水环境污染严重。

4. 有机砷化合物

早期，曾采用有机砷化合物作为药物进行人工合成。现在，则多用有机砷化合物的甲基砷酸钠作为除草剂使用。

四、有毒物质在生物中具有富集作用

有些有毒物质在水中浓度虽然很低，但是它们易被微生物、浮游生物、底栖生物和鱼类所富集。据中国水产科学研究院长江水产研究所试验表明，用水中低浓度汞培育的芜萍饲喂草鱼，再将草鱼鱼种作为乌鳢的饵料。其食物链中，汞的毒性还远不止这些。水中的汞能在水底一些厌氧细菌作用下转化为毒性更强的甲基汞，鱼体表面的黏液中一些微生物也有较强的转化汞为甲基汞的能力；而且形成的甲基汞性质稳定，并具有亲脂肪性，可长期聚集在鱼体内。由此可见，像重金属等有毒物质可通过食物链富集，从而使生物体内有毒物质的浓度比水中高出24.5万倍。因此，食用含有重金属等有毒物质的食品，实际上属于"慢性自杀"。

五、放射性污染物

从环境研究分析，环境中天然放射性核素具有两个重要意义：一方面这些放射性核素对地球上的生物，特别是对人类具有电离辐射作用；另一方面可以利用地球上存在的天然放射性核素作为示踪物来认识地球化学过程，这种过程决定着环境中某些污染物的分布和归宿。从化学上看，放射性核素和稳定元素的性质是一样的，即它们的外层电子结构和稳定元素没有本质上的差别。因此，它们和稳定元素以同样的方式经历地球上发生的地球化学过程。

已知环境中存在着60种以上的天然放射性核素。根据它们的来源可以分成两类：陆地源和宇宙源。据说在地球形成之时，陆地源放射性核素即已存在于地壳的岩石和矿物之中；另外，外层空间宇宙射线轰击氮、氧、氩等原子，在地球大气中不断产生宇宙源的放射性核素。它们或者被降雨和降尘带到地球表面，或者进入发生在地球表面气相中的地球化学过程。已知产生在地球大气中的放射性核素至少有14种。

除了天然放射性核素外，医药上的应用、武器生产、试验性核能生产、工业与研究方面所放射性同位素与放射源的应用，都可产生自然环境中放射性核素的污染。在环境中放射性核素分布于空气、淡水与海洋水域与全球范围的陆地以及土壤中。辐射效应通常从两个方面考虑：即体质效应和遗传效应。

六、耗氧和营养性污染物

天然水体中的耗氧有机物是指生物残体、排放废弃物中的糖类、脂肪和蛋白质等较易生物降解的有机物。水体中耗氧有机物可经微生物的分解作用产生二氧化碳、水和营养性污染物。所谓营养性污染物，是指水体中含有的可被水中微型藻类吸收利用，并可能造成水中微型藻类大量繁殖的植物营养元素，如常见的元素氮和磷的无机化合物。

1. 氮

天然水域中含氮的无机物质氨、硝酸盐和亚硝酸盐除可由水中耗氧有机物分解产生外，其污染性的主要来源是污水、石油燃烧和硝酸盐肥料工厂等。在自然环境中分布于河湖水体、海洋水域和局部范围的食物中。

2. 磷

天然水域中的磷酸盐除了由水中耗氧有机物、矿物质分解的营养物质循环产生外，污染性来源主要是生活污水、农业废水、去污剂工厂和磷肥厂等，磷的主要无机化合物在环境中分布于淡水及近岸海水中。

3. 砷污染

砷来自冶炼厂、玻璃制品厂和染料厂，砷属于蓄积性毒物，易被人体胃、肠、肺等器官所吸收而中毒，低剂量的砷对皮肤和肝脏有致癌性；对鱼而言，亚砷酸盐的毒性比砷酸盐更强。在渔业水质标准中，砷的最大允许浓度不能超过 $0.5mg/L$。

4. 汞污染

汞来自化工厂、日光灯厂和水银制作厂，汞中毒主要损坏人和动物的中枢神经，其中，以甲基汞毒性最强，无论在厌氧还是好氧条件下，都可经微生物作用变为甲基汞引起人体中枢神经损坏而发生水俣病，而且可损及染色体造成遗传性损害。汞在水中的致死浓度为 $0.01mg/L$。

5. 氰化合物污染

当前危害严重的几种污染源中氰化物属剧毒物质，只要误服 $0.2\sim0.28g$ 氰化钠即可导致人死亡。氰化物在水中能与红血球中的铁结合，使红血球丧失载氧功能，抑制鱼类呼吸，淡水中只要含水量 $0.3mg/L$ 的氰化钠，24h 内鱼会局部死亡。

6. 酚类污染

主要是来自石化工厂、印染厂等，酚类主要损害鱼类神经系统。因此，鱼类死亡时，呈现兴奋状态，杂乱地向前冲撞，呼吸活动增强，肌肉痉挛和侧游，接着呈抑制状态，窒息而死亡。死亡时，鳃盖和口强开躯体由于一侧肌肉收缩，弯曲弓形，皮肤和腮分泌大量黏液。

草鱼在池塘养鱼业中具有独特的地位和作用（表3-7-1）。

表 3-7-1　草鱼粪便利用过程分析

草鱼	粗蛋白含量（%）	有机物（粪便）
1d 后	10.39	碎屑
2d 后	16.7	
4d 后	21.5	腐蚀
6d 后	20.76	
8d 后	21.24	碎屑

草鱼能反复多次利用其粪便；实际是腐屑，这不仅弥补了草鱼消化系统的缺陷，而且也为其他草食性鱼类例如鳊鱼、团头鲂，滤食性鱼类，例如，鲢鱼、鳙鱼和杂食性鱼类例如鲤鱼、鲫鱼提供了大量的优质饵料。

7. 镉污染

镉来自采矿冶炼厂、照相材料厂、蓄电池厂、电镀厂、油漆厂和废料加工厂等的废水。镉进入人体，能导致骨质疏松、骨骼变形，严重时可导致全身突发性骨折而死亡，这种病在日本首次发现，称"骨病病"。这是由于使用含镉废水灌水稻田，人长期食用这样生产的稻米而引起的。镉本身没有毒，但镉的化合物毒性很强，渔业用水中，镉的允许浓度为不超过 0.01mg/L。

8. 有机氯污染

"DDT"、"六六六"毒性不仅很强，而且因为这些有机氯农药在自然条件下不易分解，残毒的危害对生态系统已经引起很大的影响，故现在均已淘汰。

五氯酚类，即PCP，我国主要是五氯酚钠，目前池塘养鱼主要用于清塘，特别是养蟹养虾池塘使用该化合物较为常见。其优点是毒性强，清塘效果显著，使用方便，而且价格便宜。但五氯酚是世界卫生组织绝对禁用的药物，也是我国优先控制的污染物。我国渔业水质标准规定，养殖水体中五氯酚的含量不超过 0.01mg/L。经浙江水产研究所测定，杭州嘉湖的养虾、养蟹池塘，按目前清塘使用剂量：200~500g/667m²，其结果使水体中五氯酚的含量达 0.14~0.38mg/L。目前，发达国家对水体五氯酚的检出标准是 0.001mg/L，差距很大。

我国加入 WTO 后，发达国家一直以"绿巨蟹"为借口，对我国水产品进行严格的检测和检疫，使我国大部分水产品进不了国际市场。作为养殖单位，当前必须全面彻底禁止使用五氯酚，这既是健康养殖生态渔业的需要，又是保障人民身体健康的需要。应该讲，五氯酚是效果不错的除草剂，蟹塘用五氯酚清塘后，水草就不易生长。当前，蟹塘、虾塘清塘药物品种很多，例如，"虾蟹保护剂"效果很好，值得养殖户使用。

第二节　有毒物质危害性

根据不同类型废水对养殖水体、水质及生物危害来分析，有毒物质的危害有以下几方面。

一、毒物危害的途径

通常可分为外毒、内毒两种。

1. 外毒

主要侵害直接与水接触的体表黏膜，其中鳃组织接触的水量很大，因而受害最严重。在外毒作用下，鱼类往往先分泌黏液，使毒物凝聚除去，以保护自己，这一过程常称为"洗除作用"。在外毒浓度低，作用时间不长时，这时洗除作用不仅可使外毒与黏液反应凝结，而且，继续分泌的黏液可把早先形成的"外毒—黏液沉淀物"洗去，确能保护生命免遭毒害。若外毒黏液成块状物，堵塞在鳃丝之间，妨碍气体交换，干扰破坏了呼吸及循环系统的正常机能，严重时则会窒息死亡。有些外毒物质还会腐蚀表皮组织，改变质膜机能，妨碍生物与环境的物质交换，降低生物对不良刺激的抵抗能力等。

2. 内毒

毒物进入生物体内成为内毒，有 3 种可能途径：①直接通过表黏膜由水环境迁移进入体内；②随食物一起摄进体内；③有些鱼要不断饮水以调节渗透压，毒物也可随水进入体内。内毒进入生物体内，干扰生物新陈代谢的正常进行。其危害途径很多，最重要最常见的是酶类反应，使之失去生物催化剂的正常机能。毒物与酶的活性基团（如氢基、氨基等）亲和力越强，表现出来的毒性也往往越强。内毒的其他作用途径已知的还有，促进体内分泌的代谢物质（如 ATP 三磷酸腺苷）的分解或使之结合成稳定整合物或不溶物，妨碍它们参与代谢反应，改变细胞内部结构及电化学性质，进而破坏其机能；阻碍与细胞膜结合，改变其通透性等。

二、生物受害表现

毒物进入生物体后，生物体在各方面表现出一定的受害中毒症状，其受害程度取决于毒物的性质，浓度（或剂量）以及接触时间。

1. 急性中毒

特点是毒物浓度高，短时间内（一般不超过 2d）生物大批死亡。

2. 慢性中毒

特点是毒物浓度较低，生物并不立即死亡，甚至看不到明显的病害异常情况，但是随着组织—个体—群落等不同水平及形式而逐步表现出来。细胞内的生物化学反应是生命的基础，当慢性中毒时，它们往往最先受害，代谢过程出现障碍，进而使器官、组织的机能下降，并最终影响生物个体的活动及群落的消长。这些影响可在生物的各个不同生活阶段表现出来。诸如阻害鱼类生育器官的发育成熟、抑制产卵和阻止卵受精与发育；损坏感觉器官，影响投饵摄食；损害呼吸机能、降低游泳能力；生长受阻、体重下降，对病害抵抗力减低，易生鱼病，易成畸形等，严重时则逐渐衰竭死亡。

3. 毒物残留

有些毒物进入生物体后，因难于转化和排出，会在体内蓄积下来。当这些毒物继续补给时，它们在体内积蓄的数量将逐渐增多，最后经由生物的新陈代谢过程在水环境与生物体之间保持一种动态平衡。此时，生物体内毒物浓度与水中该毒物浓度之比称为"浓集因数"（富集因数）。

凡是具有上述特点的毒物，常称之为积累性毒物。积累性毒物导致食物链向后转移，"浓集因数"也随之增大。显然，人们若捕食这些鱼虾、水鸟，其毒物就会转移积累在人体至一定数量后，就会中毒致病。常见的有汞、铬、铅、砷等有机氯农药，以及一些多环节致癌物质等。

生物在积累残毒过程中，开始时往往没有任何异常症状或表现，有些生物甚至在浓集因素很大时，仍能正常生长。因此，积累性残毒危害往往不易发现。一旦被发现，往往已很严重，然而，从长远观点看，积累残毒对人们身体健康潜在危害极大。

4. 其他类型

有些有害物质，即使浓度很低，鱼类也能感知，并产生厌忌回避反应，这可能破坏鱼类产卵场，切断鱼类洄游通道。有些有害物质，在鱼虾贝类体内残留集积后，并不出现生理障碍，但使之带有异样颜色、味道和气味，价值营养下降，以致不堪食用。

急性中毒与回避异味这类影响，易为人们所发现。因而早期会引起人们注意，便于采取防治措施；而慢性中毒，积累残毒往往没有明显特征，其危害往往不是直接或短期内可以看到的。因此，长期以来人们对此有所忽视，研究了解也不够。近年来随着科学的进步，人们越来越深刻地认识到，慢性中毒及积累的残毒对渔业生产及人们身体健康具有较大的潜在危害。

三、对养殖产业的影响

从残留物对渔业生产危害情况观察，除急性中毒造成大批鱼类死亡的直接损失外，还可破坏鱼类的洄游通道，破坏的饵料和产卵场，破坏养殖场或使其生产性能下降；降低水产品质量，以致不堪食用，直接危害人们身体健康等。总而言之，有毒有害物质对养殖水域的污染，可以给渔业生产及水产品质量安全造成巨大的危害。

第三节　渔业水体中有害物质解除

一、生物途径

1. 微生物分解作用

在自然界的水体中，栖息着各种各样的生物，细菌能把水体中的有机物分解成无机物，藻类等水生光合生物能把无机物合成有机物。鱼类以藻类、细菌和某些原生动物为食，鱼类又可以作为人类的食物，而人类又不断地将各种有机质的废物排入水体中，水体中的细菌再次将它们分解成无机物，因而循环复始，构成了水体中物质的自然生物循环的食物链。水体自净是物理、化学和生物3种因子起作用的过程，其中，以生物的捕食、同化等生化过程使污染物得以转化、降解至为重要。微生物在水体中既是污染因子，又是净化因子，是水生生物系统中不可缺少的分解者，在水质净化中起重要作用。微生物能将水体中含碳有机污染物分解成二氧化碳（CO_2）、硫化氢（H_2S）和甲烷（CH_4）等气体；将含氮有机污染物分解成氨（NH_3）、硝酸（HNO_3）、亚硝酸（HNO_2）和氮（N）；使汞（Hg）、砷（As）等对人体有毒的金属盐类在水中进行转化。

光合细菌（PSB）是一种能够利用太阳光能进行生长繁殖的水生微生物，属于螺菌科，为光能异养型。它能吸收分解水中的氨、氮、硫化氢等有害物质，具有较高的水质净化能力。光合细菌在水中繁殖时可释放出具有抗病力的酵素，可提高鱼、虾及贝类的抗病力，可以明显减少发病率。光合细菌还富含蛋白质、B族维生素、辅酶Q及未知活性物质等，能被鱼体充分利用，提高鱼的生长率。作为一种元素、无害的微生物，光合细菌用在水产养殖中有以下几个方面的特征与优点：①光合细菌的固氮作用将水体中的游离氮气固定在自身体内，促进生态系统中的氮含量增加，这对氮被限制的水体更有作用；②光合细菌能除去水体中的小分子有机物、H_2S（硫化氢）等有害物质，降低池塘有机物积累以净化水质，并能促进物质循环利用；③王育峰等研究人员发现，施用光合细菌的试验组的能量转换效率要比对照组提高了23.9%~70.5%。光合细菌能显著抑制某些致病菌的生长繁殖，达到以菌治菌的目的；光合细菌本身营养丰富，形成菌团后能被鱼类和贝类摄食，作饵料添加剂可提高饵料转化效率。光合作用养殖水质净化剂达到促进养殖水体资源化，目前国内外均已进入生产性应用阶段。东南亚各国和我国一些地区的养虾池和养鱼池均已普遍投放光合细菌用来改善水质，已有众多国家取得明显效果并推广应用。中国科学院淡水渔业研究中心将光合细菌用于鳗池水质净化，使水中氨氮下降了57.10%，溶解氧提高了54.6%。对虾养殖池应用光合细菌后，氨氮下降了58%，硫化氢（H_2S）下降了50%，溶氧增加13.6%。大连水产学院利用光合细菌净化虾池水质，氨氮下降了77.8%，溶解氧提高88.4%。黑龙江水产研究所利用光合细菌的固定化技术试验表明，固定化光合细菌在鱼池中降氨率达90%以上，而游离光合细菌除氨率只有50%。

2. 生物富集作用

许多水生生物能从水中吸收污染物，贮藏于体内，使水中污染物浓度降低，从而使水体得到净化。

（1）水葱。莎草科蘑草属，别名：翠管草、冲天草，植物株高1~2m，具粗壮匍匐根状茎，茎直立秆单生，圆柱形，表皮光滑，中有海绵状空隙组织，秆皮坚韧，基部有3~4个膜质管状叶鞘，最上面的叶鞘具有叶片，叶细线形，茎顶端有苞片一枚为秆的延长，短干花序。长侧枝聚花序，有4~15枝或多辐射枝，每枝有3~5小穗，小穗卵形或椭圆形长5~15mm，淡黄褐色，小坚果倒卵形，长约2mm，花期6—8月，果期7—9月。产地源于欧亚大陆，我国南北方都有分布野生于湖塘浅水岸边，生长强健，适应性强，耐寒、耐阴、也耐盐碱。盆栽宜用富含腐殖质肥沃松散的壤土，在寒冷地带，冬季地上茎枯干，地下茎休眠。如进入10℃以上温室养护，能继续生长，保持常绿、可繁殖。水葱盆栽用分株繁殖，早春萌发前，倒出根坨，按2~3节一段切割，用40cm口径无排水孔大盆，装松散肥沃的壤土，下垫蹄片少许做基肥。

将几段根茎栽于盆中，以保持株丛生长疏密适度，丰满悦目。盆土填到盆深的2/3，初栽保持盆土湿润，放通风光照较强处，随气温上升株丛上长，逐渐把盆水加满，盛夏宜放疏荫环境，保持植株翠绿。入冬休眠剪去枯茎入冷室保存。

（2）观赏应用。普通水葱伴随着荷花、睡莲组成水生花坛。水葱变种主要有南水葱和花叶水葱，南水葱与原种的不同之处，是鳞片上无锈色突起的小点；花叶水葱，与原种的区别是圆柱形茎秆上有黄色环状条斑，比原种更具有观赏价值。

（3）生长习性。水葱喜欢生长在温暖潮湿的环境中，需阳光。自然生长在池塘、湖泊边的浅水处，以及稻田的水沟中。较耐寒，在北方大部分地区地下根状茎在水下可自然越冬。

（4）水葱的药性。泡制前，清水洗净，切断，并晒干。

（5）功用主治。"通利便"《南京民间药草》。

（6）用法用量。内服，煎汤。

（7）选方功效。治小便不通。水葱，蟋蟀煎水服用。

高等植物中的水葱可在酚浓度高达600mg/L的水体中正常生长（每1 000g水葱1h可净化单元酚202mg/L）。由于水葱体内具有较大的气腔，干枯后漂浮水面，冲到岸边而被消除，使吸入体内的酚不会重新返回水体。菹草、凤眼莲能从水中选择吸收锌。轮叶黑藻、金鱼藻和菹草能从水中选择吸收砷。利用水生高等植物净化废水是很有发展前途的一项措施，例如，在湖泊水环境的治理中可采用，湖岸四周移植高等水生植物，例如，芦苇、菖蒲，离岸边100m内可种植凤眼莲、菱角等水生植物达到保护湖泊水域生态环境。但需要妥善解决的问题，是如何收获这些植物，以及如何回收植物体内的重金属，以免使重金属在这些植物残体的腐屑重返水体，造成二次污染。芦苇、菖蒲收获后都是工业生产的原材料，种植芦苇和菖蒲可控制二次污染，并可综合利用。

目前，采用近年来提出的一种改良水质的新措施接种硅藻。硅藻既是一类重要的浮游植物，分布极其广泛，也是某些鱼类良好的天然适合饵料，在缺乏硅藻的水体中引入硅藻并使之成为优势藻种，为渔业生产提高生产力，开拓了一个新应用领域。

二、物理方法

1. 搅底泥和换水

搅底泥和换水是生产上常用的两个水质调节措施。搅底泥有利于把底泥中的营养盐释放出来参与物质循环，提高氮、磷的利用率；换水则对养殖水水体中积累的有毒物质如硫化氢（H_2S）、非离子氨和一些有害微生物都有稀释作用。

2. 干塘、挖泥、清塘

干塘、挖泥、清塘是养殖池塘排水后采取的一系列改良池塘底泥土质的措施。冬季干塘后风吹日晒，及冬季的严寒能杀死池底许多有害昆虫、鱼类寄生虫及一些鱼类致病菌，更为重要的是，更多的光照产生光合作用，促使越冬干塘底泥中有机物分解，消除有害的还原性中间产物，提高池塘有机肥力，为培养天然饵料增加有机物效能。光合作用保护微生物，发挥微生物生理功能，控制病原体孳生。挖泥可清除过多的淤泥，延缓池塘老化，防止大量还原性中间产物的产生。清塘时施用生石灰消毒，可杀死潜藏于底泥中的鱼类寄生虫、病原菌和对鱼类有害的昆虫及其幼虫，适当增加碱度，中和各种有机酸，使底泥呈微碱性，有利于底泥中的营养盐释放从而提高池水肥度；促使水质 pH 值保持在 6.8~7.2，达到稚鱼最适生长的水域生态环境。

3. 运用机械装置调节水质

除了上述物理方法外，可采取运用机械装置来调节水质的措施，主要是运用增氧机和注清水改良水质。增氧机是用气体转移理论，依靠单纯物理机械方式增氧，利用机械注入清水可即改良水质，增加池塘水体的有益微生物，满足池塘生态系统循环，达到鱼类生长发育所需的生态水域环境，促进渔业生产力的提高。

第四节　农药对水体污染

农药对水体污染，主要通过施用农药时散落在田间的农药，随雨水或灌溉水的冲刷，流入河道、湖泊以至海洋等水体。此外，农药厂"三废"排放，洗涤施药用具，倾倒剩余废弃药液等也随之进入水体。现在，我国的江河都受到不同程度污染，水体的污染以雨水和河水污染较重，海水和地下水较轻。水体一旦被污染，农药可通过水草和水生生物食物链进行富集，例如，农药六六六和 DDT 最后在水鸟体内的含量可比水中含量高出 88.3 万倍之多，如表 3-7-2 所示。

表 3-7-2　DDT 在食物链中的富集作用

类别	DDT 含量（mg/kg）	浓缩倍数
水	0.0003	
↓		
浮游生物	0.04	1 300 倍
↓		

（续表）

类别	DDT 含量（mg/kg）	浓缩倍数
小鱼体内	0.5	1.7 万倍
↓		
大鱼体内	2.0	6.7 万倍
↓		
水鸟体内	25.0	88.3 万倍

不同农药对水体中生活的生物毒性差异很大。一般说来，鱼类及其他水生生物均很敏感，不同农药的毒性是：①有机磷和氨基甲酸酯类农药对淡水鱼类的毒性，以对硫磷、毒虫畏为最大，而乐果、敌敌畏和敌百虫最小；②有机氯农药六六六、DDT、艾氏剂、狄氏剂、氯丹和三氯杀螨醇等对淡水鱼有显著毒性，但对水蚤的毒性则较小；③有机汞杀菌剂对淡水鱼和水蚤都具有显著的毒性。目前，国家对此类农药大都列入禁用农药之列。

第五节　鱼药对水体污染

1. 鱼药的特点

药物按照其应用的范围一般分为三大类，即人用药物、兽药和农药。鱼药则是与渔业生产及水生生物如观赏鱼类有关的药物，又称水产药，可另列一类。尽管在多数情况下鱼药被包括在兽药之内，但是鱼药有其明显的特点，主要表现为应用对象的特殊性以及易受环境因素影响两方面。其应用对象首先是水生动物，其次是水生植物以及水环境。用于水生动物的药物与兽药以及人用药物的关系较密切，而用于水生植物的药物则多与农药有关。因此，狭义的鱼药则是指水生经济动物的药物，即水生动物的药物。鱼药可直接用于鱼体，但在一般情况下需要施放在水中，因此，其药效受水环境诸多因素如水质、水温等影响。反之，鱼药的使用能危及水域生态环境。这是鱼药与人用药物及畜类、禽类使用药物的较大差别之一。

2. 鱼药的效应与水域环境

更重要的是鱼药基本上是移植于人药、兽药及部分农药，但是，水生动植物以及导致它们疾病的病原体与人、兽、禽和农作物等的有较大差别。药物的作用机制、施药作用机理、施药方式及药效的判断与陆地生物也有很多不同之处。当前，鱼药的研究除了新药的研制外，不少是从人药、兽药、农药中选择适用于渔用的药物，有目的性的通过药物筛选，确定哪些对水生动植物病害防治可能有效的药物，进而研究这些药物对水生动植物机体和病原体的作用及机体对药物的反应，阐明药物与机体间的相互作用规律及药物对养殖对象的有害影响等。鱼药大多要施放于水体，易于扩散、流失，导致有效浓度降低，污染水环境。同时，更为严重缺失的是我国从事鱼药事业科研工作者和从事推广使用鱼药的工作者，以及直接使用的鱼药水产养殖户都未认识到，鱼药的所谓效应，其实鱼药是只能通过内服、浸浴或注射，杀灭或抑制体内微生物生长效应的药物；或通过药浴或内服，杀死或驱除体外或体内寄生虫的药物，以及杀灭水体中有害脊椎动物效应的药物。从长期实践证明，目前，我国研制的鱼药在使用养殖生产过程中，真正能发挥的效应只是杀菌、杀虫的作用，一旦鱼类、虾类和蟹类患上疾病，通过鱼药使用能治愈的是极少量的。

早在 1992 年，溧阳市水产良种场 $20hm^2$ 外荡养殖团头鲂患上出血病，使用的药物多达十几个品种，结果都未达到效果，相反池塘水质受药害影响，水域生态环境遭到破坏，鱼死亡率增高。近几年，江苏省盐城地区异育银鲫发生的孢子虫病害，用药物控制也很难，不能治愈该病害。2012 年，在该地区由于病害造成养殖大户经济损失上千万元的达十几家。

2000 年，全国河蟹"抖抖病"爆发，采用多种鱼药治疗均无效而终结。其后果造成长江中下游地区蟹农的经济损失高达数亿元；我国沿海地区养殖的对虾曾爆发的肌肉白浊病也称虾的"红体病"，经专家论证，药物治疗均未达到良好效果，给虾农造成严重的经济损失。从以上这些事例可充分说明，目前，我国以及世界其他国家正亟待对用于水生生物疾病治疗的药物进行可持续探讨研究与开发。

例如，凡纳滨对虾原产西太平洋沿岸，是北美洲和中南美洲重要的养殖对虾之一，它具有生长快，对饲料蛋白需求量低、出肉率高、离水存活时间长，易于进行集约化养殖，以及抗病力强的优点。1988 年，首次引进我国以后，近几年得到迅猛发展，养殖面积和产量都不断增加，但其病害的发生也越来越频繁，危害日益严重。国内已相继报道了凡纳滨对虾的白斑病、红体病的发生情况。福建省漳州龙海、厦门等地养殖凡纳滨对虾也常发生各种疾病，近年发生了一种"肌肉白浊病"死亡率高达 90% 以上。死亡病因在于温度突变，但最主要原因是弧菌感染或孢子虫寄生于肌肉。如果虾体内有孢子虫寄生于虾体肌肉内，如果使用药物治疗，则会造成水体内有益生物全部死亡，有机物的分解作用受阻，造成氨氮的反硝化作用受阻，养殖池塘水中氨氮明显上升，水中有机物增加，溶解氧下降，水质恶化，又为有害细菌繁殖创造条件。其后果不得不加快换水量，又导致水中药物浓度下降，有利于细菌生长，水质恶性循环形成严重药物危害，水域生态环境遭到破坏，直接影响水产品质量安全及养殖的经济效益。

第八章　湖泊、河流、外荡、池塘水域生态平衡

第一节　池塘的物理环境

池塘是鱼类、虾类和蟹类的生存环境，环境条件的优劣直接影响着其中鱼类、虾类和蟹类的生命活动，是养殖成效的关键因素之一。池塘的生态环境可分为物理、化学和生物因子，技术人员及饲养员应掌握其变化规律和调控方式及方法，为鱼类、虾类、蟹类创造相适应的良性循环生态系统，使其进行正常的生理活动和生长，从而达到理想的生产目标。

池塘的物理、化学和生物学特征是彼此关联又相互制约的统一体，在生产应用时则应统筹考虑，科学分析，并做出正确的选择。

一、太阳辐射

太阳的辐射是地球生命的源泉，光照自然是池塘内生命的源泉。没有太阳光照的作用，池塘内就没有光和热，光合作用就无法进行，太阳光照是制造池塘有机物的首要因子，是决定池塘生产力的关键因素之一。

（1）池塘的光照。光照是指光的照射强度；通常用照度表示光的强度，单位是勒克斯（lx），光照度与光的入射角度有关，低纬度区照度强，高纬度区照度弱，夏季照度强，冬季照度弱；同时，还与气象因素有关，像云、雾和雨等都可降低照度。

（2）日照。日照是表示每天太阳照射的时数，日照时数是指某一段时期内，太阳照射地面的总时数。其中，又可分为可能日照时数和实际日照时数。可能日照时数是指该段时间内都作为晴天考虑时的日照时数，实际实日照时数则是扣除阴雨雾天时数后太阳真正照射地面时数之总和。例如，华东地区全年的实际照时数仅占可能日照（南京方山）时数的49%，华南地区为40%，华北地区为50%以上，西北地区则为65%左右。

淡水是一个半透明介质，太阳光照射至水面时，一部分先被水面反射出去，一部分光经折射进入淡水中，进入水体中的光线，被水体中的悬浮物质所吸收和散射，

很快地减弱，光的质和量也在发生较大的变化，池塘中养殖水深通常为 0.8~2.5m，透光量根据池塘水质清澈度来表明透光量是多少。一般透光量为 30~50cm。河蟹养殖池塘水质的清澈度要求特别的好，其透光量为 60~80cm。

淡水池塘中，由于浮游生物密度大，对光的吸收更为强烈，水深 1m 处光照是微弱的。

不同光质吸收率也不一样，波长与吸收率呈正比，红光在表层几厘米处就被吸收掉，紫外线也只能透过几十厘米至 1m 左右的水层。

二、池塘的光补偿度

由于光照强度随水深的增加而迅速递减，水中浮游植物的光合作用及其产氧量也随之减弱，当浮游植物光合作用产生的氧量恰好等于浮游生物及水体呼吸作用的耗氧量时，此深度（单位 m）即为补偿度，此类的辐照度（单位 W/m^2）为补偿点。补偿深度以上的水层称为增氧层，补偿深度以下的水层为好氧层，补偿深度的日变化与光的辐照度有密切关系，晴天补偿深度最大，阴雨天小，精养池塘的深度一般不超过 2.5m，根据光线在水中的透光率和补偿深度的观点，池塘水过深是没有益处的，但是可以采用增氧设施提高池塘的利用率。

三、水温

池塘内的水温是影响鱼类、虾类、蟹类生长和生存的重要环境因子。

水产养殖品种是变温动物，其体温随着水温的变化而变化。水温的高低不同会影响到养殖品种的摄食、生长和饲料功效，而且还威胁到养殖品种的生存。不同养殖品种有不同的生存适温范围，如果超出了适温范围，养殖品种就会死亡。同时，鱼、虾、蟹类对水温急剧变化幅度超过 3~5℃也会引起其死亡，在鱼苗、虾苗、蟹苗种运输时要特别注意。只有在生长适温范围内，鱼、虾、蟹类才能够正常地摄食和生长。目前，养殖比较普遍的大多数鱼、虾、蟹类都属于温水性类性生物，其生长的最适温度是 25~28℃，水温除了直接影响鱼类外，还会通过影响其他水质因子而间接影响到鱼、虾、蟹类的生长。例如，水温升高时，水中溶解氧的饱和度反而降低，但此时鱼、虾、蟹类等温水性生物代谢旺盛，耗氧率高，因此，高温季节容易使鱼、虾、蟹因缺氧而死亡。

第二节　湖泊、河流生态平衡措施

地球上的所有水资源中，淡水湖和咸水湖占水资源总量比例不到 0.02%，但淡水湖却是世界上许多地区最重要的水资源。湖泊除了具有很丰富的生物多样性，是许多陆生动物及水鸟的食物来源外，还可作为人畜饮用、灌溉农田、工业用水和景观用水源，成为航运及划船的交通水路等。

由于人类活动对湖泊、河流的影响，如污水、废水未经处理排入湖泊、河流，农田沥水疏导等携带营养物质流入湖泊、河流等水体，加上湖泊、河流长期经受着掠夺性捕捞，造成水生动物资源枯竭，淡水需求量的增加和淡水水质的恶化已成为突出的矛盾。据调查中国湖泊、河流普遍受到氮、磷等营养物质污染，2008 年，全国 80% 的湖泊氮、磷总量超标，16 个被调查的湖泊有 8 个耗氧有机物超标，且情况仍在恶化，例如 2014 年，太湖、巢湖、滇池等重要湖泊水质污染告急，引起全社会的关注，当地政府采取一系列的有效举措，加大投入尽快将其恢复成生态湖泊、生态河流。河流、湖泊生态恢复的有效途径如下。

1. 物理化学措施

控制湖泊营养负荷。包括消减沉积物，进行化学处理，以恢复水质。

2. 水位调控措施

改善水质，改善水生生物的生长环境。

3. 水流调控措施

湖泊具有水"平衡"现象，水体滞留的时间，可为藻类生物量的积累提供足够的条件。

4. 生物操纵与鱼类管理

生物操纵，即通过去除食浮游生物者或天然食鱼动物，降低食浮游生物鱼类的数量，使浮游动物的体型增大，生物量增加，从而提高浮游动物对浮游植物的摄食效率，降低浮游植物的数量。

5. 实施大型水生植物的保护和移植

对于富营养化水体的生态恢复具有重要作用。

6. 实施湖泊、水底森林工程

组建必要的挺水植物和沉水植物保护区。

7. 根据湖泊生态系统功能要求

投放定量的软体水生动物，像蚌、螺等贝类水生生物，发挥蚌、螺能指示湖泊中有致命滤食者的功能。

8. 根据湖泊生态系统功能的承载力

科学合理实施人工放流增殖，形成水生生物系统良性循环，使湖泊、河流水域生态平衡，确实保护水源优质化。

第三节　水生软体动物

以往人们对淡水贝类的相关研究，只是提出补充底栖动物资源，如增加螺、蚌的放养量，就可以达到净化水质的目的，鲜有具体的试验证实。近几年，有研究者在平均水温为 14.8℃，同一鱼池底质的条件下，实验处理组采用自来水在养鱼池水中养殖铜锈环棱螺，开展改善水质的研究，结果表明：投放 $1kg/m^2$ 铜锈环棱螺，实验组和对照两种水体中的铵盐、硝酸盐、亚硝酸盐和化学耗氧量的表率分别为：11.23%、33.32%、50% 和 58.33%；39.79%、32.26%、17.14% 和 24.24%。投放 $2kg/m^2$ 铜锈环棱螺的去除率分别为：7.2%、28.73%、65% 和 80%；83.5%、60.98%、17.77% 和 30.88%。在养殖蟹池中投放一定密度的铜锈环棱螺，有利于水体环境改善。

也有研究者发现，具有强大滤水、滤食功能的大型淡水双壳类软体动物可明显改善水质。通过用螺实验，太湖里湖湾水体透明度从 0.5m 左右提高到 1.3m，使湖内水体浊度迅速降低，降解总磷的幅度能达到 50%，经分析我们认为，是铜锈环棱螺的絮凝作用所致；并且在其水域氨氮浓度大幅度降低，使实验点高达 5mg/L 以上的氨氮浓度降至 2mg/L 以下，从感观和水质指标两方面均得到有效改善。三角蚌通过降低池塘中的悬浮物和叶绿素，使池塘水体透明度从 26cm 提高到 80cm，明显改善了水质。另外，比较了河蚌和螺蛳对水体净化作用，结果表明：底栖软体动物对富营养化河中的 COP、N、P 等有一定的去除效果，且河蚌的效果要优于螺蛳。

赵沐子等比较了 24h 内褶纹冠蚌和螺蛳对相同生物量藻类的净化效果。结果表明：褶纹冠蚌对水体中悬浮物的去除率为螺蛳的近 3 倍，而对叶绿素的去除率螺蛳远优于褶纹冠蚌，24h 比褶纹冠蚌高出 2 倍。

魏阳春、费志良的相关研究表明，铜锈环棱螺与其野外共生系统的综合作用更有利于去除氨氮，从感观和水质指标两方面有效改善水质；较大规格三角帆蚌能更有效地消除水体悬浮物和叶绿素。提高水体透明度。软体动物处于整个水生生态系统的重要位置，它的数量和组成将较大影响生物净化的效果。如在实际应用中，作为生物栅强化净化系统的辅助部分，底栖动物的群落构建影响整个净化系统的功效。

我国软体动物净化研究还处在实验研究阶段，但从生产实践中，溧阳市水产良种场早在 2000 年以前，在建立生态养殖大规格优质河蟹技术体系中，就采用秋季投放螺蛳，每平方米投放 0.5kg，在净化养殖池塘水质的基础上，又补充了河蟹生长发育所需鲜活动物蛋白饵料，建立了生态链与食物链相平衡的关系。因此，我们有必要从生态链和食物链的角度，选择对生态系统不会造成大破坏的新型优质湖泊放养种类，对其生理、生态特性进行研究，并通过实验，探讨其对水生生态系统的影响，建立我国水体生物净化基本理论基础与应用技术体系。

第四节　微生物生态功能和微生物生态系统及特征

微生物尤其是原核微生物是地球上出现最早的细胞生物，自然环境中的微生物一般都不是单独存在的，而是存在于个体、种群、群落和生态系统从低到高的组织层次中。由于微生物具有个体微小的形态特征和生理类型多的特性，使它们对生境具有比高等生物更强的适应性，所以，其生态系统也就具有与高等生物生态系统不同的特征。

一、生物生态系统不同的特征

1. 微小生境

高等生物通常需要一个较大的生境，就如老虎通常占据一个山梁，而像鲸鱼就需要一定规模海域一样。但是，微生物个体微小，能在微小环境中生存，并执行其特定功能，如人类或高等动物的口腔或肠胃中的微生物，然而一个水坑或一小块沃土都可以作为某些微生物的生活环境，并在其中生长、繁殖并执行各自的功能。

在环境微生物生物学研究中，注意微小生境的存在是十分重要的，因为这对其所处大生境的研究是非常重要的。例如：①在土壤中可因为植物根毛脱落，根的分泌物使贫瘠土壤中形成富营养的微小环境；在肥沃的土壤表层可具有有机营养缺乏的微小环境而使化能自养菌生存；在旱田土壤表层也可存在缺氧的微小环境等。②在清洁的水体中既可因植物残体的进入形成富营养的微小环境。③在废水活性污泥法生物处理中，微氧的微小环境存在常可以引起浮游球衣细菌造成的活性污泥膨胀。因此，了解和注意微小环境的影响对环境微生物监测结果的可靠性和废水处理厂的正常运行都是十分重要的。

2. 生境营养类型的多样性

由于微生物生理类型多样，即具有整个生物界所具有的所有生理类型，所以，就整个微生物群体而言，能够利用可供生物所依赖的物质。因此，微生物能够在所有生境中生活，但是在不同生境中生活的微生物类群不同。例如，在潮湿的岩石上可以生长地衣；在富营养化水体中藻类可优势生长；在酸性土壤中真菌在与其他微生物竞争中常处于优势，因此，一些微生物可以作为环境特性和污染状况的指示者。微生物还可以在不同营养物浓度条件下生活，但是营养物浓度不同，其中微生物的密度也不同，因此，从某个环境中微生物的密度可了解该环境的营养状况。例如，常用培养细菌密度表征水体和土壤有机营养状况（或有机污染程度）。某些有毒物质也可以被微生物利用或转化，其中，有些有机毒物可被某种或某些微生物用做能源和碳源物质；有些难降解的有毒有机物可以通过共代谢作用被一些微生物利用。因此，共代谢作用是指某种微生物对一种难降解有机物的降解和利用取决于另一种营养物的存在，或者是某种微生物对一种难降解有机物的利用取决于另一种微生物的存在，某些无机毒物也可以被微生物转化。

3. 环境的氧化还原电位变化大

高等动物和高等植物的呼吸作用严格依赖分子氧，在无分子氧的环境中不能生存，但微生物中的一些种类可以在完全无分子氧的情况下进行厌氧生活，所以，某些无氧环境中，生物群落完全由微生物组成，微小环境的氧化还原电位直接受这些微生物的影响。

4. 环境温度范围广

有些微生物可以在高等生物难以存在的环境中生长繁殖，如在美国黄石公园温泉中分离到一株热熔芽孢杆菌可以在93℃高温下生活；又如在太平洋2 500m深处分离到一株高温菌，在密闭容器内将海水加压到265dtm（1dtm=101.325kPa）时，在25℃下仍能繁殖（其代期为40min）；而在垃圾堆肥过程的高温期，起作用的主要是能在45℃以上生活的高温微生物。能在低温（如0℃以下）生活的微生物种类也很多。此外，微生物对环境温度、压力、渗透压、毒性适应性也很强，这就是使微生物的分布极具广泛性。

二、微生物在生态系统的作用

生物成分在生态系统中的作用可分为三大类群：生产者、消费者和分解者。微生物可以在多个方面但主要作为分解者而在生态系统中起重要作用。

1. 微生物是有机物的主要分解者

微生物最大价值在于其分解功能，它们分解生物圈内存在的动物、植物和微生物残体等复杂有机物质，并最后将其转化成最简单的无机物，供初级生产者利用。

2. 微生物是物质循环中的重要成员

微生物参与所有的物质循环，大部分元素及其化合物都受到微生物的作用。在一些物质的循环中，微生物是主要的成员，起主要作用；而一些过程只有微生物才能进行，并发挥独特作用；而有的微生物是循环中的关键因素和过程，起着关键作用。

3. 微生物是生态系统中的初级生产者

光能营养和化能营养微生物是生态系统的初级生产者，它们具有初级生产者所具有的两个明显特征，即可直接利用太阳能，无机物的化学能作为能量来源，另一方面其积累下来的能量又可以在食物链、食物网中流动。例如，江苏省溧阳市水产良种场隶属养殖公司，在池塘、清塘、消毒中均利用光能，结果在鱼苗、虾苗繁育培育过程中，获取了最佳苗种繁育培育效益。

4. 微生物是物质和能量的贮存者

微生物和动物、植物一样也是由物质组成和由能量维持生命的有机体。在土壤、水体中有大量的微生物，贮存着大量的物质和能量。

5. 微生物地球生物溶化中的先锋种类

微生物是最早出现的生物体，并进化成后来的动物和植物。藻类的产氧作用改变了大气圈中的化学组成。为后来的动物和植物的出现奠定了基础。

6. 科学有效保护微生物

在所有微生物中95%左右是有益的，4%左右是条件致病微生物，仅1%是有害微生物。在水产养殖生产实践中，微生物得到有效的保护，只有充分利用太阳能清塘消毒，充分发挥微生物生理功能，在养殖生产实践中才能充分利用有益微生物生理功能有效控制病原体滋生。

三、微生物与环境的关系

微生物作为一个微小生物群体，其中不同类群的微生物大小不同，个体形态结构、生理特性和繁殖方式多样，生态环境特点差异很大。但是，所有微生物的特性都是由其环境塑造的，其生命活动对它们所处的环境的生态条件具有极强的依赖性。同时，良好环境的形成和良好状态的保持，污染（水域污染、土壤污染）环境的恢复等也依赖微生物，其中，也依赖微生物新陈代谢活动，也就是说，微生物是其所处环境的一个构成部分，微生物与其环境之间存在着复杂的相互关系。二者之间相辅相成，互相制约的。

1. 微生物对环境依赖性

微生物的各种生理类型都是某类环境对微生物自然选择的结果，也是微生物对环境适应的结果。微生物具有光能自养、光能异养、化能自养和化能异养4种营养类型。它们都是自然选择微生物对环境适应的结果，所以它们的正常生活也就对环境具有一定的要求。

（1）光能自养的微小藻类。由于它们长期对环境的适应，使其具有了同化环境中无机营养物合成细胞物质的能力，而且它们在同化无机碳化合物（CO、HCO^-）时必须由可见光提供还原CO_2合成有机物的能量，所以在无光或缺少无机营养物，如磷酸盐、氨或硝酸盐、硫酸盐等的环境中就不能进行正常生活。

（2）化能异养微生物，如部分细菌、真菌和原生动物等。它们在对环境的适应和进化过程中，失去了同化无机磷化合物和利用光能的能力，因此，它们必须生活在以有机物为碳源和能源的环境中，否则它们将不能进行正常的生命活动。由于微生物的呼吸类型有好氧呼吸型和无氧呼吸型，其对氧气的存在反应不同，这也是它们长期对环境适应的结果，因此，也使它们对不同生存环境的反应不同。例如，好氧的霉菌在无氧环境中不能取得生活所需的能量而处于休眠状态死亡；而厌氧的甲烷产生菌则只有在无氧环境中才能进行正常的生活。反之，若将活跃生长的甲烷产生菌移入有氧环境中，则会发生死亡。因此，各种微生物都有自己的生理特性，它们的新陈代谢、生长繁殖都明显地依赖其所处环境的理化条件，如营养物的类型和丰度、温度、压力、pH值和渗透压等。

2. 环境压力与微生物进化

微生物的进化是微生物为了在不利条件下生存下去而发生适应性变异，获得新的形态和生理机能的过程。微生物的生存压力来自其环境中的不利生态因子。生态因子是指微生物所处环境的组成因素，它是包括微生物周围理化（非生物）因子，也包括微生物周围的生物因子。其中，任何一种因子远离微生物所需正常允许范围都会成为微生物生命活动的抑制力。

在环境微生物学的研究中，主要的生态因子有温度、光照辐射、pH值、渗透压、氧、毒物、营养物类型以及其周围存在的有害物质等。当一种微生物处于某种生态因子压力之下时，都会对其产生反应。例如，降低代谢速率、死亡或发生适应性变异等。

（1）地球形成后，经过大约10亿年的物理化学过程，形成了原始生命——多分子体系，而后形成了地球上最早的细胞生物——细菌。因为当时地球上无分子氧，而存在长期积累的一些有机物，所以地球上最原始的细胞生物为厌氧异养的细菌。由于厌氧异养细菌的发展，环境中的有机物逐渐减少，有机营养缺乏的压力越来越大，迫使细菌发生变异以适应新的环境，并逐渐形成了地球上最早的光能自养生物——蓝细菌。鉴于蓝细菌的产生和发展才使地球上的氧分子积累，形成了部分有氧环境，逐渐产生了真核微生物，所以真核微生物的存在时间上远落后于原核生物。这一结论已得到古化石研究结果的证实。

（2）在现代微生物学研究中，对嗜热、嗜冷、嗜酸、嗜盐等在极端环境中生长的微生物，如医学上对耐药和抗药微生物的研究表明，它们都是因为受到环境压力发生了适应性变异的结果。它们或是获得了特殊基因，或是产生了相关质粒。除了非生物的理化条件压力外，环境中的生物因子（主要来自物种间寄生、拮抗等有害因子）的压力，一些抗噬菌株、体菌株和抗生素抗药菌株的出现，同样是由于环境压力下微生物发生生活适应性变异的结果。因此，环境压力既是微生物生长繁殖的抑制、致死因素，也是微生物发生适应和进化的推动力。如果地球从形成时开始，一直就是一个恒定而均匀的环境，就不会有今天千姿百态的生物界。

（3）微生物活动与环境的改善和保持。经过地球物理化学过程才形成了最早的生物——细菌。细菌的产生加速了地球环境的改善过程，同时出现了蓝细菌。正是这种蓝细菌的存在使地球上产生了分子氧，并加速了地球上有机物的生产速率，为真核异养生物的产生、生存和发展提供了必要的条件，也促进了地球生物群落的繁殖过程。在地球上土壤的形成也是受益于微生物活动，此类活动加速了岩石的风化，土壤中沙粒的形成，又是微生物的活动加速了土壤有机质的形成，使土壤肥沃化，形成当今人类赖以生存的土壤资源。

在科学技术的创新、工业生产创新和农业生产现代的发展进程中，虽然污染物得到有效的控制，但难免有污染物（废物）进入自然环境中，极大地危及人类的生存和发展。对此又是微生物在污染控制中发挥了巨大作用，降低或控制了环境污染，为人类得到了适宜的生存空间。例如，①在污染控制方面，当前有机污染物（有机废水、有机固体和废弃物）的主要处理方法是生物处理法，微生物是其中起作用最主要的生物。特别是微生物在氮、磷污染物的处理和废气的处理方面起着重要的作用。②在污染环境中，污染物的自净是改善环境功能的重要动力，自净过程包括物理自净、化学自净和生物自净，其中，生物自净是最重要的环境自净过程，而微生物又是生物自净过程中不可欠缺和最重要的生物。在污染环境的自净中，微生物不仅能通过其新陈代谢作用消除有毒的有机物和氮磷等无机污染物，而且还可通过其生化转化作用，消除污染环境中重金属和有毒物质，从而使环境的功能得到恢复。③在工农业生产中，微生物制剂的应用也能减少化工产品的生产和应用对环境的化学污染，在水产养殖生产中，科学合理使用微生物制剂（EM菌）能调整动物的微生态结构，防止和克服生态失调、恢复和维持生态平衡。所以发展微生物生物制剂的研究和应用也是重要的环境保护措施。人类的发展离不开微生物、环境保护离不开微生物、微生物及其研究技术开发、应用技术实践在环境保护中大有作为。

四、水体微生物生态与分布

地球的水气不断发生循环，供给所有生物体内的水分，河流、湖泊、水库及海洋的蒸发，与植物叶部的蒸腾，使水气进入大气中，而后以雪、雹、雨等形式重降大地，水滴状看似单纯，其实颇为复杂，常含多种化学物质与微生物。该微生物既可以改变水中化学物质的性质，也可供给其他水中生物的营养。

人类所用的水源为自然界的淡水，如井、水库、湖泊及河川等水源。为维护饮水安全，除个别深井水供给优质水外，水需经处理以去除可能致病的微生物，现在城市和农村建造的水净化厂而设计的机构即为此目的。

废水或下水道污水是家庭或工厂已使用过的水，排放前需先经处理，微生物在淡水处理过程中担任重要角色，它们分解水中所含有的大部分有机物及其他不良化学物质。

（一）水域是微生物的天然生境

水体含有微生物所需各种营养，因而也是微生物的天然生境，水体中微生物除天然栖居者外，还有外来的，其中包括某些病原微生物由外界进入水体，由于环境条件不适应而逐渐死亡，也有一小部分较长期生存下来。某些病原微生物污染水体后，可引起传染病爆发流行。

从水环境中分离得到的细菌大多是革兰氏阴性杆菌，像有鞘和附属物的细菌大多是水生的。光合细菌作为初级生产者在水体元素循环中特别重要。

一般水中都含有各种微生物，随着水中有机质、矿物质的种类和数量以及酸碱度的变化，以及渗透压和温度的差异，微生物的种类和数量显著不同。水域微生物包括细菌、放线菌、霉菌、原生动物和藻类等。细菌以自养型较多，它们可以分解水域内的有机物质。霉菌也不少，它们生活在腐烂的动物和植物残体上。藻类极多，常在水面发育，构成浮游生物群。海水含盐分多，渗透压较高，其中的微生物都能耐高渗透压，培养这样微生物需用海水或盐水配制培养基。

水中的致病菌，主要来自人和动物的粪便。水中可含有伤寒沙门氏菌、志贺氏菌、霍乱弧菌等病原菌，以及肝炎病毒与脊髓灰质炎病毒，钩端螺旋体等病原微生物。

（二）水域微生物的数量分布

1. 我国水体中微生物的分布

微生物在水域中的数量和分布受水体类型、层次、污染情况和季节等各种因素影响。主要来源于土壤、空气、污水、人、动物排泄物以及动植物尸体等。

2. 泉水和河流中微生物的分布

（1）泉水。泉水中含少量细菌、细菌总数在每毫升泉水中为几千到十万个之间，腐生菌在十到几百个之间。由于营养物含量低，因此，较小型球菌和短杆菌常占优势。

（2）河流。微生物变化大，随季节和河段不同而变化。在流动水体中，水上层只有单细胞藻类和细菌生长。在水流缓慢的浅水处，常有丝状藻类、丝状细菌和真菌生长。流经城市的河水、港口附近的海水以及滞留的池水中，有大量的有机物和腐生性细菌，每毫克水样含菌量达 $10^7\sim10^8$ 个。

3. 湖泊、水库中微生物的分布

在天然湖泊中，细菌总数为几十万到几百万个 /ml（覆盖度），在清洁的湖泊水库中，以自养菌为主，常见的有硫细菌、铁细菌、含光合色素的绿细菌、紫细菌以及蓝细菌。此外，还有无色杆菌和色杆菌等腐生菌。

有机质丰富的不同深度的水体中，微生物种类不同。上层水中氧含量高，主要有假单胞菌属、柄杆菌属、噬纤维菌属和浮游球衣菌等好氧菌、真菌和藻类；在中层水中，主要有着色菌属和绿菌属等光合细菌；在底水层中，主要有脱硫弧菌属、甲烷杆菌属和甲烷球菌属等厌氧性细菌、原生动物和一些鞘细菌。

在洁净的湖泊和水库中，有机物含量低，因此微生物数量很少，为 $10\sim10^3$ 个 /ml，主要是化能自养菌和光能自养菌。常见的有硫细菌、铁细菌和含光合色素的绿细菌。常见的有硫细菌、铁细菌和含光合色素的绿细菌、紫色细菌以及蓝细菌。此外，有无色杆菌和色杆菌等腐生菌。

在富营养湖泊中，夏季经常发生蓝藻水华。

4. 池塘及水体中微生物的分布

池塘中细菌和真菌等微生物种类以及数量一般与富营养湖泊相近。池塘受人为因素影响大，如养鱼池施肥和投饵可大幅度提高细菌种数及其生物量和生产量。

（1）与放养的鱼类类别有关。鲢鱼和鳙鱼等滤食性鱼类的存在，可以起到调节细菌数量和改善水质的作用。仅放养草鱼、鲤鱼和鲫鱼的鱼池，细菌数量波动剧烈；而放养鲢鱼的鱼池，细菌数量长期稳定。

（2）池塘中微生物与季节变动及水平分布和垂直分布有关。①与季节的关系。

鱼池浮游细菌生物量变化的季节顺序是秋季＞夏季＞春季＞冬季。②水平分布。在有风天气，浮游细菌的水平分布明显，一般沿岸流水处细菌增多，而上风处和沿岸流水处相对较少。③垂直分布。受季节影响，因为不同季节水温和浮游植物生物量不同，总的趋势表现为，春季底层多；夏季底层多；秋季中层和表层多。

5. 水生生物体上微生物的分布

（1）水生动物体表上微生物的分布。硬骨鱼类体表主要附着革兰氏阴性无芽孢杆菌，很多鱼体上也有真菌；低等水生动物如桡足类体表也有细菌和真菌；海洋细菌如弧菌能分泌动物甲壳质分解酶，因此，易于在甲壳体表附着，如养殖对虾的细菌性病害主要是弧菌病就与此有关，一旦对虾受到外伤或内甲壳质分解的作用，弧菌立即侵入对虾体内引起感染。

（2）鱼类消化道中的微生物。鱼类消化道短，结构机能多未分化，胃肠道处于酸性环境，其 pH 值为 1~5，富含胆汁，对水环境的许多微生物具有抑制作用，形成了与体表和水环境不同的微生物群落。①淡水鱼的微生物：以嗜水气单胞菌 A 型拟杆菌，假单胞菌属和肠杆菌种的细菌占优势。②海水鱼的微生物：以弧菌属细菌为主。

（3）虾类消化道中的微生物。由于虾大部分时间行底栖生活，属杂食性水生动物，因而其肠道菌落与底栖细菌和沉积物中的菌群有关，多以假单胞菌属和弧菌科细菌为主。

（4）藻体上微生物分布。一些藻类体上附有细菌，但当形成浮游植物水华时，没有细菌存在。例如，硅藻能主动抑制细菌在其表面附着。

（三）水生微生物的区系

在自然界的江、河、湖和水库等各种淡水与咸水水域中都生存着相应的微生物。由于不同水域中的有机物和无机物种类、含量、光照度、酸碱度、渗透压、温度、含氧量和有毒物质的含量等差异很大，因而各种水域中的微生物种类和数量呈现明显的差异，水生微生物的区系可以分几类。

1. 清水型水生微生物

在洁净的湖泊和水库蓄水中，因有机物含量低，故微生物数量很少（$10~10^3$/ml）。典型的清水型微生物以化能自养微生物和光能自养微生物为主，如硫细菌、铁细菌和衣细菌等，以及含有光合色素的蓝细菌、绿硫细菌和紫细菌。也有部分腐生性细菌，如色杆菌属、无色杆菌属和微球菌属的一些种就能在低含量营养物的清水中生长。霉菌中也有一些水生性种类，例如水霉属和绵霉属的一些种可生长于腐烂的有机残体上。单细胞和丝状的藻类以及一些原生动物常在水面生长，它们数量一般不大。

根据微生物尤其是细菌对周围水生环境中营养物质浓度的要求不同，可把微生物分成3类：①贫营养细菌，是指一些能在1~15mgC/L低含量有机质培养基中生长的细菌；②兼性贫营养细菌，是指一些在富营养培养基中经反复培养后也能适应并生长的贫营养细菌；③富营养细菌，是指一些能生长在营养物质浓度很高（10gC/L）的培养基中的细菌，它们在贫营养培养基中反复培养后即行死亡。由于淡水中溶解态和悬浮态有机物碳的含量一般为1~26mgC/L，故清水型的腐生微生物，很多都是一些贫营养细菌。某水样中贫营养细菌与总菌数（包括贫营养菌和富营养菌）的百分比，称为贫营养指数。

2. 腐败型水生微生物

清水型的微生物可认为是水体环境中"土生土长"的土居微生物或土著种。流经城市的河水、滞留的池水以及下水道的沟水中，由于流入了大量的人畜排泄物、生活污物和工业废水等，因此有机物的含量大增，同时也加入了大量外来的腐生细菌，使腐败型水生微生物尤其是细菌和原生动物大量繁殖，每毫升污水的微生物含量达到$10^7~10^8$个。其中，数量最多的是无芽孢革兰氏阴性细菌，如变性杆菌属、大肠杆菌、产气肠杆菌和产碱杆菌等，还有各种芽孢杆菌属、弧菌属和螺菌属等。原生动物有纤毛虫、鞭毛虫类和桡足虫类。这些微生物在污水环境中大量繁殖，逐渐把水中的有机物分解成简单的无机物，使其数量随之减少，污水也就逐步净化变清。还有一类是随着人畜排泄物或病体污物而进入水体的动植物致病菌，通常由于水体环境中的营养特等条件不能满足其生长繁殖的要求，加上周围微生物的竞争和抗扰关系，一般难以长期生存，但是，由于水体的流动，也会造成病原菌的传播甚至疾病的流行。

水中微生物的含量对水源的饮用价值影响很大。一般认为，作为良好饮用水，其细菌含量应在100个/ml以下，当超过500个/ml时，即不适合作为饮用水了。对饮用水来说，更重要的指标是其中微生物的种类。因此，在饮用水的微生物学检验中，不仅要检查其总数，还要检查其中所含的病原菌数。

3. 内陆水体中微生物群落组成及变化规律

（1）淡水生境中微生物的共同特征。①能在低营养物浓度生长，在排污染淡水中，营养物浓度很低是淡水特征；②淡水中的微生物是可以运动的；③某些淡水中的细菌，如柄细菌具有很异常的形态，这些异常形态使菌体的表面积与体积之比增加，从而使这些微生物能有效地使用有限的营养物质。

（2）流动水体生境中的微生物。在江河中，水体流速大，混合好，稳定性差，不具有明显的层次，所以，一般具有以下特征：①不易形成稳定的表面，与大气接触较充分，自然复氧能力强；②与河床岩石圈作用强烈，易使岩石圈中的物质和微生物转移至水体中；③水体中颗粒物沉降能力差，水体浓度高，因此，水体具有微生物群落；④某一区段不易形成稳定的微生物群落；⑤其中活跃进行新陈代谢的微生物以细菌和原生动物为主；⑥自由分散生活的微生物少，多数附着在固体物质和沿岸水生植物体上；⑦因江河水体受两岸土壤以内干扰较大，地而径流常将土壤微生物带入水体，所以，有很难区分土著微生物和外来微生物等特点。

（3）静水生境中的微生物。静水生境包括水体运动速度很低的泥沼、沼泽、水库、池塘和湖泊，其中，湖泊最有代表性。因此，以湖泊为例讨论说明静止生境中的微生物。

自养菌是净湖泊的土著微生物，这些微生物对湖泊中营养物质的转化起着非常重要的作用。在湖泊中常见的自养细菌是蓝细菌、紫色细菌和绿色厌氧光合细菌。蓝细菌包括微囊藻、鱼腥藻等，它们是淡水生境中主要水生微生物，湖泊中的化能自养细菌在氮、硫和铁循环中起重要作用，特别是硝化细菌、单细胞原核生物、硝化杆菌和硫化菌是淡水微生物群落中的重要成员。

在湖泊中不同水层的细菌分布很大的不同，这是由于它们在不同水层的许多非生物因素所致，如穿透率、温度、氧气、浓度等，差别很大，如在接近湖面的地方蓝细菌的数量通常是很高的，因为该处光的穿透率有利于蓝细菌的光能自养代谢。

在湖底淤泥和沉积泥表面的细菌也有差别，在浅层池塘和湖泊中，厌氧光合自养细菌生活在沉积的表面，使水体出现特征性的颜色。能够进行厌氧呼吸的细菌也是沉积泥表面的主要微生物，其中的假单胞菌能进行反硝化作用。

在沉积泥中，专性厌氧细菌是主要的，这些微生物包括梭状芽孢杆菌、甲烷细菌和产生硫化氢的脱硫弧菌。

湖泊中的真菌经常发生变化。这是由于可被真菌利用的有机物和其他因素经常发生变化的缘故。在湖泊中植物残体上经常可以找到子囊菌和半知菌，而当这些植物残体被降解后，有关的真菌便会消失。

在淡水环境中，病毒是较丰富的，能利用细菌、蓝细菌和微型藻类作为它们宿主。病毒影响着浮游环境的群体动力学和群落组成。病毒群体密度是趋于波动性的，随着它们的宿主群体密度变动而变动。

藻类是湖泊中很重要的土著微生物。存在的藻类有绿藻、拟绿藻、裸藻、钾藻和红藻。在大部分淡水生态系统中钾藻和硅藻是主要的绿藻。

原生动物也是水中微生物特别是细菌和藻类的重要捕食者。当细菌和藻类浓度增加时，它们能为原生动物提供丰富食物来源，使原生动物群体增加。在淡水生态系统中常见的原生动物有草履虫、节毛虫、钟虫、喇叭虫和变形虫等。在受过污染、氧气浓度很低的水体中，带鞭毛的原生动物是很常见的原生动物。

微生物在湖泊光合作用和有机物转化过程中起着关键的作用，同时又是重要的外来有机物的降解者，可使外来有机碳化物转化为淡水生态系统中土著微生物的细胞生物碳。

（4）微生物在淡水生态系统中主要生态学功能。①能降解死的有机物，释放出无机营养物质，这些无机营养物可以作为初级生产者的原料；②可以同化可溶性有机物，并把它们重新引入食物网，能进行无机元素的循环；③可以进行光能自养和化能自养；④细菌可以作为原生动物的食物。

（四）环境因素对水生微生物的影响

1. 物理因素

①光照，在自然情况下，水的浑浊阻止日光射入或日光被悬浮粒子反射而消失；另一个因素是水的流动，使日光对菌体的损伤时间减少；②温度，各种微生物都有其生长繁殖的最低温度、最适温度、最高温度和致死温度。根据微生物的温度需要将其分为低温型、中温型和高温型；③压力，一些菌体对压力变化表现出形态变化；④浑浊度，主要是由悬浮物所致。悬浮物对细菌的生长繁殖具有促进作用，也影响水体中微生物区系组成。

2. 化学因素

①pH 值，水中细菌最适 pH 值为 6.5~7.5。当水质的 pH 值低于 4 或高于 9 时，水中大多数细菌的活动受到抑制，代之的是一些喜酸的酵母和霉菌或喜碱的硝化细菌和尿素细菌；②氧化还原电位，它影响微生物细胞内许多酶的活性和细胞的呼吸作用，氧化还原电位与 pH 值成反比，与含氧量成正比；③盐度，几千亿年来，来自陆地的大量化学物质溶解并贮存于海洋中；④无机物，主要是无机氮和磷化物；⑤有机物，是腐生菌和真菌生长的限制因素；⑥溶解气体，它包括 O_2、分子态氧、CO_2、H_2S 等。

3. 生物因素

①营养因素。②不同微生物的相互作用，即共生和拮抗生产。③细菌和真菌的滤食者：一是原生动物可部分滤食细菌；二是滤食，动物可滤食细菌，如海绵、贝类、轮虫、枝角类、桡足类和一些滤食性鱼类。④噬菌体、细菌和真菌对微生物的侵害。⑤生长和抑制物质。维生素、硒和抗生素。

水具有微生物生命活动适宜的温度、pH 值、氧气等，因此，水中生长着众多的微生物类群，它们的主要来源土壤、空气、动物尸体与植物残体、人和动物排泄物、工业及生活污水。在水中生存的微生物 90% 为革兰氏阴性菌，主要有弧菌、假单胞菌、黄杆菌等。鞘细菌及有柄附生细菌也常见于水中。

第五节　水生植物的生态功能

水生植物具有水体产氧、氮循环、吸沉积物、抑制浮游藻类繁殖、减轻水体富营养化，提高水体自净能力的重要功能，同时还能为水生动物、微生物提供栖息地和食物源，维持水岸带的物种多样性。

一、净化水质的机理

我国利用水生植物净化水质的的研究始于 20 世纪 80 年代中期，包括静态条件下单一物种及多种植物配置对污染物浓度较高污水的净化作用，及动态方法研究水生植物对污水处理效果。近 30 年来，对东湖、巢湖、滇池、太湖、洪湖、保立湖、鸭儿湖等浅水湖的富营养化控制和湿地生态系统恢复的大量研究证明，水生植物可以吸收富集水中的营养物质及其他元素，可增加水体中的氧气含量或抑制藻类繁殖能力，遏制底泥营养盐向水中的再释放，利于水体生物平衡等。因此，可以说，水生高等植物能有效地净化富营养化湖水，提高水体的自净能力。

1. 物理作用

覆盖于湿地中的水生植物，使风速在近土壤或水体表面降低，有利于水体中悬浮物的沉积，降低了沉积物再悬浮的风险，增加了水体与植物间的接触时间，同时还可以增强底质的稳定和降低水体的浊度。此外，植物的存在消弱了光线达到水体的强度，阻碍了植物覆盖下水体中藻类的大量繁殖，尤其是在浮萍类植物的湿地系统中比较常见。植物的存在对基质具有一定的保护作用，在温带地区的冬季，当枯死的植物残体被雪覆盖后，植物则对基质起到很好的保护膜作用，可以防止基质在冬季冻结，以维持冬季湿地系统仍具有一定净化能力。植物对基质的水力传导性能产生一定的影响，植物的根系在生长中对土壤具有干扰和疏松作用，当根系死亡或腐烂后，会留下一些管型的大空隙，在一定程度上增加了基质的水力传导性。淹没在水中的水生植物的茎和叶形成的生物膜，为大量的光合细菌、藻类和原生微生物等在植物组织上的生长提供了一定空间，埋藏于土壤中的根和根区也为微生物的活动提供巨大的物理活动表面，植物根系也是重金属和某些有机物的沉积场所。因此，水生植物地上和地下的生物膜对于湿地中发生的所有微生物变化过程都具有重要作用。

2. 植物对污染物的吸收作用

植物的生长和繁殖离不开营养物质，水体中相当部分的营养物被植物转化或保存在植物体内。对于不同生活型水生植物，普遍认为漂浮植物吸收能力强于挺水植物，而沉水植物最差。与木本植物相比，草本植物对污水中的污染物则具有较高的去除率，如有芦苇的湿地对 NH_4^+-NCO 的去除率接近100%。而在无芦苇的环境中，仅为40%~75%。定期和持续地从湿地系统中收获成熟的植物，并能妥善处理收获的植物，是保证污水中的污染物被有效去除和防止对水体造成二次污染的唯一途径。植物对污水的净化作用是植物吸收和微生物综合作用的结果，植物的存在有利于硝化细菌和反硝化细菌的生存。强鸿等研究表明，在种植水芹、凤眼莲的湿地中硝化细菌和反硝化细菌的数量均高于没有植物的湿地，水芹湿地的细菌数量多于凤眼莲湿地的细菌数量，但前者对氨氮的去除率却低于后者，说明人工湿地系统中对氮的去除植物的吸收占主导地位。

吴振斌等在进行的上、下径流的复合湿地系统的研究中得出，分别种植不同植物的湿地对水中有机物总量（COD）、可被微生物降解有机物量（BODs）、总氮量（TN）和总磷量（TP）去除效果均好于没有种植和植物的对照湿地。湿地植物直接吸收和利用氧化态磷、起到去磷的作用，并且植物的生长状况直接影响到植物的去除效果，植物的良好长势是对磷去除的保证。

3. 植物根系释放

湿地系统具有明显的缺氧环境，湿地中氧传播速率约为陆地环境氧传播速率的万分之一。水生植物则具有适合在缺氧条件下生存的结构与特征，包括茎肥大，茎和根的中心具有较大的组织，如茎中茎，具浅根系等。水生植物的这种特殊结构，有利于氧在其体内的转输并能传递到根区，不仅满足了植物在缺氧环境的呼吸作用，而且还可以促进根区的氧化还原反应与耗氧微生物的活动。将光合作用产生的氧传递到根区，在根区还原态的介质中形成氧化的微环境，根区有氧区域与缺氧区域的共同存在为根区的好氧、兼氧和厌氧微生物提供了各自小生境，使不同微生物都能发挥各自的作用。氧在植物根部释放主要取决于植物内部氧的浓度、周围基质的需氧量以及植物根部的渗透性。植物通过吸收而在根部释放氧是由其本身结构所决定的，植物的结构阻止了其在径向的泄露，并努力使释放到根区氧的损失减少到最小。氧的释放率一般在根的亚顶端区域为最高，并随距离根尖的增大而降低。水生植物具有对流型通气组织，其根区和根部都具有较高的内部氧的浓度，这种对流型气体的流动明显增加了可供氧根系的长度，同时还可以通过氧化和脱离减少根部一些潜在的有害物质。除了根系可以释放氧外，根系还可以释放其他物质。一些植物的根系分泌物能够杀死污水中的细菌和病原微生物，湿地运行过程中对细菌的高去除率，验证了上述结论。一些植物释放的衍生物质对其他植物的生长产生抑制或促进作用，表现植物间的相生相克作用。凤眼莲、水花生、水浮莲和宽叶香蒲等可以分泌出克藻物质，对水体藻类的繁殖具有明显的抑制作用。同样，藻类也可以对高等水生植物产生抑制作用，尤其是当藻类大量繁殖形成水华时，促使水生植物的生长率和叶绿素菌呈下降趋势。

二、水生植物对水污染控制的影响因素

大量实验表明，水污染的控制与植物的类型、群落组成、群落的覆盖率和水体透明度等相关因素有着密切的联系和作用。

1. 植物类型和群落组成

在提高植物处理效果研究方面，一个重要的研究内容是，如何选择植物的种类和组成不同植物品种的群落。漂浮植物是人工湿地中常用的一类植物，其去除率的净化效果最好。挺水植物芦苇和香蒲的使用频率最高。显然，在不同的物种或同一物种在不同湿地环境中的净化效果都会有较大的差异性。在太湖流域的江苏省宜兴市进行的、以多种植物构成的人工湿地系统组合成的生物群落的吸污率要比较单一水生植物群落的吸污率提高很多，对河流污染处理有着较好的效果。混合种植不仅使湿地的净化率提高，且更稳定。夏汉平的研究结果也证明了这一点，且混合种植有可能解决 $NO_3^- -N$ 的净化问题。关振斌、邱东茹等利用在武汉市东湖建成的大型生态系统，对水生植物特别是以沉水植物为主的水生植物群落对水质的改善作了定性和定量研究。试验结果表明，沉水植物有显著改善水体的理化性质，在不同营养级水平上具有维持水体清洁和自身优势稳定状态的机制。水生植物有过量吸收营养物质和降低水体富营养化水平的功能。水生生态系统逐步恢复，关键取决于其自身的自净能力和环境容量，而自净能力和环境容量又取决于稳定的和优化的水生植物群落的形成。沉水植物群落是建立草海优化生态系统的基础，草海历史上长期以来，沉水植物就是湖泊中最主要的生产者。随着水体富营养化的变化，漂浮植物凤眼莲使湖水复氧受阻，体中溶解氧得不到补充。凤眼莲虽具有很强的吸收氮、磷的能力，但过度繁盛的凤眼莲腐烂造成的二次污染反而加重了水体的富营养化水平。

2. 植物覆盖率、污水浓度

菹草对水体和底泥中的氮、磷、铅、锌、铜、砷等有较强的吸收和富集作用。吸收能力的大小与其生物量和群体的覆盖度有关，当菹草的保持覆盖率为50%时，生物量最大，净化效率也达到最大。陈国强等研究了不同磷浓度对睡莲和菱叶片生理活性的影响，研究结果表明，随着磷营养盐水平的提高，叶内无机磷的含量也逐渐增加，而叶绿素则随磷含量的增加而降低。综合考虑磷对两种植物各指标的影响，认为菱的最适宜的浓度为0.1mmol/L，睡莲为2.5mmol/L，超过或低于该浓度，都会对其生理活性产生不利影响。该研究结果间接反映了不同植物对磷的吸收作用，为去磷植物的选择提供了参考。

3. 环境因子

水生植物的去除率与光照、水温、溶解氧、pH值、营养盐和风浪等因素有关，各种生活型的水生植物对这些因素的耐受性不同。所有水生植物都有其合适生长的季节和适当的温度，水体的透明度则成为沉水植物的限定因子。大量的研究结果表明，当水体的一定深厚在达到光补偿点和光补偿深度以上时，沉水植物才能进行正常的光合作用和呼吸作用，植物才能发育生长。

总之，植物在水污染控制中的作用，无论在科学实验中还是在生产实践中，水生植物的作用是高效的或有效的。2000年，江苏省溧阳市水产良种场从改养渔池塘中移植水生植物组成挺水和沉水植物群落，其净化池塘的水质效果十分明显。

建立合适生态养殖中华绒螯蟹的水域生态环境，养殖的中华绒螯蟹的质量达到国家绿色食品蟹的标准和国际通用的农产品质量安全标准。由此可见，水生植物的作用是高效的或有效的，这充分说明，水生植物能在控制污染中发挥其最大的净化及应用能力。但要需注意的是，因地制宜选择理想物种，发挥植物最大潜能的有效途径，达到利用水生植物对污水的净化作用，并在对污染水体的修复过程中很少产生废弃物。真正能为我国日趋恶化的水环境修复提供一个良好途径和广泛应用的前景。

第六节　浮游植物

浮游植物是一个生态学概念，是指水中营浮游生活的微小植物，通常是指浮游藻类。主要包括蓝藻门、硅藻门、金藻门、黄藻门、裸藻门和绿藻门等浮游藻类。

浮游植物是水体中鱼类和其他经济动物的直接或间接的饵料基础，是水域初级生产者，又是水体中重要的生物环境，其光合作用对水中溶解氧具有重要意义，也就是说，与渔业生产有十分密切的关系。

一、藻类的主要特征

藻类是低等植物，分布甚广，绝大多数是生活于水中，大小不一，小的肉眼看不见，只有几微米，如小球藻 3~5μm，大的长达 60m，如海洋中的巨藻。藻类植物体通常可以看做简单的叶片，具有叶绿素，整个藻体都有吸收营养进行光合作用的能力，一般均能自养生活。

藻类的生殖单位是单细胞的孢子或合子。虽然高等藻类的生殖单位可以是多细胞构造，但均直接参与生殖作用，并不分化为生殖部分和营养部分。在藻类的生活史中没有母体内孕育着具有藻体雏形胚的过程。藻类是无胚而具有叶绿素的自营养叶状孢子植物。

二、藻类的形态构造

藻类藻体形态多种多样。具有单细胞体、群体和多细胞体。单细胞体种类大多营浮游生活，为小型或微型藻类。藻体常为球形、圆柱型、纺锤形和新目型等。群体类型的种类常呈球状、片状、丝状、树枝状或不规则团块状。丝状体又可分为由单列细胞组成的不分支丝状体和呈有分支的异丝状体。分支以侧面相互愈合而成盘状段薄壁组织。藻体的形态以及群体中的细胞数目、排列方式和细胞的相互关系都是分类的重要依据。总之，藻类细胞具有趋同性，球形或近似球型，有利于浮游生活的适应。

藻体细胞结构都可分化为细胞壁和原生质体两部分。后者包括细胞质和细胞核，原生质内有色素或色素体、蛋白核以及同化产物等。

1. 细胞壁

藻类大多数种类都有细胞壁，少数种类没有细胞壁。无细胞壁的种类有的藻体全裸露表层不特化为同质体（也叫表质），细胞可变形；有的藻体细胞质表层特化成为一层坚韧有弹性的同质体。具有同质体的藻类形态较稳定，同质体表面平滑或具纵走条纹或具螺旋绕转的隆起，或附有硅质或钙质小板，有的硅质板上还有刺。

某些藻类还具有特殊的细胞壁状的构造——囊壳。囊壳中无纤维质，但有钙或铁化合物的沉积，常呈黄色，或棕色。囊壳形成一般并不与原生质体一致，囊壳的内壁并不紧贴在原生质体的表面，中间有较大的空隙，其中有水充，因此，原生质体在壳囊中可自由伸展和收缩，或向四周旋转。囊壳的形状、开孔、附着物，如棘刺疣状突起等。在分类上，尤其在属、科的鉴定，甚至分科鉴定上有重要意义。

有细胞壁的藻类，其构造不完全一致，一般来说，随各门藻类不同而有差异。大多数藻类，如绿藻的细胞主要是由外层的果胶质和内层的纤维质组成。硅藻门的细胞壁主要由硅质组成，即外层为二氧化硅，内层为果胶质。黄门藻的一些藻类细胞壁由果胶质组成。褐藻和红藻细胞壁主要成分是藻胶，即前者为褐胶质，后者为琼胶类。细胞壁为原生质体的分泌物，坚韧而具有一定的形状，表面平滑或具有各种纹饰、突起和棘刺等，这些突起物对藻体营浮游生活具有特殊意义。一个细胞的细胞壁多数是一个完整体，硅藻细胞壁为一至两个 U 形节片套合而成，黄藻常为两个 H 形节片组合而成，甲藻的细胞壁则是由许多小板片拼合组成的。

2. 细胞核

除蓝藻细胞无典型的细胞核外，其余各门藻类细胞的细胞核只有一个细胞核，少数种类具有多个细胞核。细胞核具有细胞膜，内含核仁和染色质，这种细胞核叫真核。这类生物因而被称为真核生物。

3. 色素和色素体

根据藻类的生物化学分析，各大门类藻类各具特色。色素成分的组成极为复杂，可分四大类，即叶绿素、胡萝卜素、叶黄素和藻胆素。各门藻类所含无素不同，因此藻体呈现的色不同，如绿藻门为鲜绿色，金藻门呈金黄色，蓝藻门为蓝绿色等。叶绿素有叶绿素 A、叶绿素 B、叶绿素 C、叶绿素 D 和叶绿素 E 5 种类型，所有藻类均含有叶绿素 A，叶绿素 B 则仅存在于绿藻、裸藻和轮藻体内。这几门藻类的叶绿素组成与高等植物相同，植被物体呈绿色。叶绿素 C 存在于甲藻、隐藻、黄藻、金藻、硅藻和褐藻门体内，而红藻有叶绿素 D、红藻红素和红藻蓝素。胡萝卜素中最常见的 β-胡萝卜素存在于各门藻类中。藻胆素只在蓝藻、红藻及隐藻中被发现。褐藻含有藻褐素，因此，可以说藻类所有的色素均含有叶绿素 A 和 β-胡萝卜素。

除蓝藻和原绿藻外，色素均位于色素体内，色素体是藻类进行光合作用的场所，其形态多样，有杯状、盘状、星状、片状、板状和螺旋带状等。色素体位于细胞中心，亦称轴生，或位于周边靠近周质或胞壁，亦称周生。

4. 同化产物

由于各门藻类的色素成分不同，所以光合作用制造的营养物质——同化产物及转化的贮藏物质也不同。例如，蓝藻门为蓝藻淀粉，金藻门为金藻糖（白糖素）及脂肪，黄藻门和硅藻门以脂肪为主，裸藻门为副淀粉，甲藻门为淀粉或淀粉状化合物，绿藻门为淀粉。绿藻和隐藻的贮藏物都在色素体内，而其他藻类的贮藏物均在色素体外。红藻的同化产物为红藻淀粉，褐藻的同化产物为褐藻淀粉及甘露醇。

5.蛋白核

蛋白核是绿藻和隐藻等藻类中常有的细胞器，通常的蛋白核由淀粉鞘组成，有的则无鞘，蛋白核与淀粉形成有关，因而又称之为淀粉核，其构造、形状、数目以及存在于色素体或细胞质中的位置等，因种类而异。绿藻色素体上大多具有一个或多个蛋白核。

6.鞭毛

鞭毛是一种细菌运动胞器。藻类的鞭毛是由2根细微的纤维组成，其结构是9+2，即周围有9根较粗的纤维围绕着中央2根较细的纤维。较粗的9根纤维，具有双联微管；较细的2根纤维内具有单根微管。鞭毛基部纤维则呈"9+0"图形，即周围由9个三联维管组成，中央没有维管。因此，可以说鞭毛是由微管组成的微器管。鞭毛有尾鞭型和茸鞭型2种类型，前者表面光滑，后者表面具微细茸毛，即具有1~2列横向的短鞭毛。鞭毛除蓝藻门和红藻外，其余各门藻类均有营养细胞和生殖细胞具鞭毛或仅生殖期具鞭毛的种类。

除蓝藻和红藻外，藻类生殖期产生的动孢子和孢子都具有鞭毛。金藻门、裸藻门和甲藻门，其长短、着生位置和运动形式等各门有所不同。既有2根的，也有1根、3根、4根、6根、8根以至组成环状多数的。鞭毛2根有等长、近于等长、不等长，或长短悬殊的。鞭毛既有比体长短的，也有等于体长的或为体长2倍、3倍、5倍和6倍以上的。鞭毛有着生细胞顶部两侧，或细胞前端口沟或凹穴处，或着生于

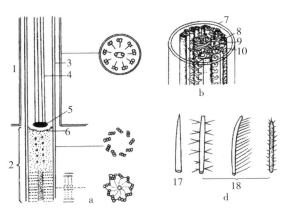

图3-8-1 鞭毛的结构及类型（仿各作者）

a.轴纤丝纵切面水平上的横切面 b.鞭毛的类型

1.杆部 2.基体 3.周围微管 4.中央微管 5.轴粒 6.隔膜 7.质膜 8.B-微管 9.A-微管 10.戴宁蛋白臂 11.二联体间连 12.中央鞘 13.中央微管桥 14.放射辐头 15.放射辐 16.内臂 17.尾鞭型 18.茸鞭型

侧面的凹穴处等。鞭毛伸展方向，有向前方伸展的，也有一条向前另一条横向伸展的；既有一条属腰部沟内的，也有一条向后方伸展的等。有鞭毛能运动的藻体常具有眼点、伸缩泡、胞口、胞咽等胞器。眼点呈橘红色、球形和椭球形，多位于细胞前端侧面，具有感光作用（图3-8-1）。

三、藻类的生殖方式

生殖是指母体增生个体的能力。生殖方式可分营养生殖、无性生殖和有性生殖三种方式。有性生殖不普遍也不经常发生。

1. 营养生殖

营养生殖是一种不通过任何专门的生殖细胞来进行繁殖的方式。细胞分裂是最常见的繁殖方式。一种营养生殖为单细胞分裂，即由母细胞连同细胞壁均分2个细胞。分裂方向，有的只有1个，有的则有2~3个。在适宜的环境条件下，由这种方法增加个体是非常迅速的。在群体和多细胞体的藻类中通过断裂繁殖，即1个植被物体中分割成为较小的群体或多细胞体。这种繁殖方法也和细胞分裂相似，在环境良好时，藻类数量的增加会很迅速。

2. 无性生殖

通过产生不同类型的孢子来进行生殖，即孢子生殖。孢子是在细胞内形成的，这与细胞分裂不同，它先是核的分裂，随后为细胞质的分裂。核分裂有次数，各门藻类大体上是一定的，如有的经细胞质的分裂，有的是在细胞核都分裂完毕后才发生，而有的是附着核的每次分裂而分割，这样分裂的结果，在每一个细胞内形成2的倍数的小细胞，即是孢子，其离开母细胞后即成新个体。

产生孢子的母细胞叫孢子囊，孢子又需要结合，一个孢子可长成一个新的植物体，孢子的类型有动孢子、不动孢子、厚壁孢子、似亲孢子、休眠孢子、内生孢子和外生孢子等。以下主要介绍动孢子、不动孢子和厚壁孢子的特点。

（1）动孢子，又称游泳孢子。动孢子细胞裸露，有鞭毛，能运动。

（2）不动孢子，又称静孢子。孢子有细胞壁无鞭毛，不能运动。形态结构上与母细胞相似的不动孢子称为似亲孢子。

（3）厚壁孢子，又称原膜孢子或称原垣孢子。有些藻类在生活环境不良时，营养细胞的细胞壁直接增厚，成为厚壁孢子；有些种类则因细胞内另生被膜，形成休眠孢子。它们都要经过一段时间的休眠，到了生活条件适宜时再繁殖。

3. 有性生殖

进行有性生殖的细胞叫配子。产生配子的母细胞称为配子囊。有性生殖囊是由雄配子和雌配子结合成为一个合子。合子形成后，一般要经过休眠才能生成新个体，或经分裂发生多个新个体。

配子形成合子有 4 种类型。

（1）同配生殖。雌配子和雄配子子子孙孙的形态大小相同，形成的动配子相结合。

（2）异配生殖。雌配子和雄配子形状大小都不相同。即大小不同的两个动配子相结合。

（3）卵配生殖。雌配子和雄配子形状、大小不相同，卵（雌配子）较大，不能运动，精子（雄配子）较小，有鞭毛能运动。

（4）接合生殖。也称静配子接合，即静配同配生殖。它由 2 个成熟的细胞发生接合管相接合或由原来的部分细胞壁相接合，在接合处的细胞壁溶化，两个细胞或一个细胞的内核物，通过此溶化处在接合管种入或进入一个细胞中相接合而成合子。这种接合生殖是绿藻门接合藻纲所特有的有性生殖方法。

4. 藻类的生活史

生活史（生活周期）是指某种生物在整个发育阶段中所经历的全部过程，或一个个体从出生到死亡所经历的各个时期。

藻类生活史有营养生殖型、无性生殖型、有性生殖型和无性有性生殖混合型 4 种类型（图 3-8-2）。

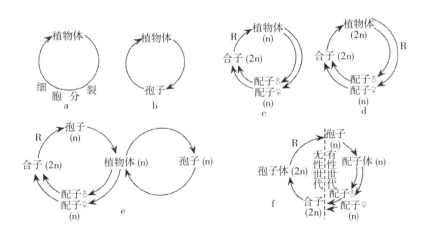

图 3-8-2　藻类生活史图解（仿李益健等）

a. 营养生殖　b. 无性生殖　c. 植物体为单相型的有性生殖　d. 植物体为双相型的有性生殖
e. 没有世代交替的无性、有性生殖混合型　f. 有世代交替的无性、有性生殖混合型

（1）营养生殖型。生活史仅有营养生殖，只能从细胞分离的方式来进行生殖。

蓝藻和裸藻等一些单细胞藻类属于此类型。

（2）无性生殖型是生殖细胞（孢子）不经结合，直接产生子代的生殖方式。无性生殖型是指生活史中没有有性生殖，没有减数分裂。如小球藻、栅藻等。

（3）有性生殖型有双相型和单相型两种类型。前者生活史中仅有一个双倍体的藻类，只进行有性生殖，减数分裂（R）发生在产生合子之前。如绿藻门管藻目的一些种类，硅藻和褐藻门鹿角藻目就属于这种类型；后者生活史中是单倍体藻。仅合子是双倍体核（2n），即静配同配，如水绵和轮藻。

（4）无性生殖和有性生殖混合型是指生活史中相互交替的两个阶段。①生活史中无世代交替。如衣藻、团藻和、丝藻等，它们常是在生长季节末期才行有性生殖，是对不良环境的适应。生活史无世代交替，其植物体为单相型。在有性生殖过程中，减数分裂发生在合子形成之后，新植物体产生之前。②生活史中有世代交替。即生活史中有 2 个或 3 个植物体（如真红藻纲），在生活史中相互交替出现。相互交替出现的植物体有的为双倍体（2n），有的为单倍体（n），双倍的植物体是无性生殖，经减数分裂产生孢子，因此双倍体的植物又叫孢子体。由孢子长出单倍体的植物体行有性生殖，产生雌配子与雄配子或精子与卵子，因此，单倍体的植物体又叫配子体，并由孢子长出单倍体的植物体。从孢子开始一直到产生配子，这一段都是单倍体时期，总称为有性世代；由合子萌发为孢子体，一直到孢子体进行减数分裂产生孢子之前，这一阶段史双倍体时期，称为无性世代。这种生活史中由无性世代和有性世代相互交替的现象叫做世代交替。也就是说，只有在生活史中，有一个双倍的产生孢子的孢子体和一个单倍的产生配子的配子体二者有规律地相互交替出现，才是真正的世代交替。有性生殖的藻类，在其生活史中的某一阶段必然会出现减数分裂，因此，也就必然有核交替的现象。

在有世代交替的生活史中，如果配子体和孢子体的形态结构上基本相同的，称为固形世代交替，如果石莼、刚毛藻；如果配子体和孢子体的形态和结构不相同，称为异形世代交替，如萱藻、海带和裙带菜等，前者配子体占优势，后两者孢子体占优势。

四、藻类的分类

藻类在植物分类中属于低等植物，又称裂殖植物，或孢子植物等。目前，藻类学家一般将藻类共分 11 个门，其顺序如下：

1. 蓝藻门　2. 金藻门　3. 黄藻门　　4. 硅藻门　　5. 甲藻门　6. 隐藻门

7. 裸藻门　8. 绿藻门　9. 轮藻门　　10. 褐藻门　　11. 红藻门

浮游藻类一般见于前 8 个门，轮藻门、褐藻门和红藻门主要是大型藻类。

五、藻类的生态分布和意义

1. 藻类分布的特征

藻类在地球上的分布很广，无论是从炎热的赤道至常年冰封的极地，还是在江河、湖海、沟渠、塘堰、树干、岩石、甚至沙漠和高原上都有藻类的踪迹。但藻类主要生活在水体中，藻类主要自营、自养自由生活，有的则营养共生或寄生生活。藻类在长期演化过程中，以自身的形态构造、生理和生态特点适应着生活的环境，从而形成藻类总生态类群型。就藻类生活环境的特点及其与环境的相互关系而言，主要可归纳为浮游藻类、底栖藻类和附着藻类等生态群类。

温度对藻类的分布具有重要影响。海藻的地理分布主要是以海藻对温度的要求来决定的，例如，北纬 40° 以北的海区是以海带属的存在为特征的。淡水藻类对水温的适应性各异，其生态分布深受水温的影响。一些有鞭毛能运动的鞭毛藻类和小型藻类能够在冬天冰下水体中出现。硅藻和金藻在春秋季出现，雪藻能在北极冰川中生存。而有些蓝藻和绿藻尽在夏天水温较高时才出现，如两栖颤藻、尖头颤藻和温泉大颤藻在高温 30~48℃ 的条件下出现。

藻类可分布于海水、淡水和内陆盐水中。单细胞藻类对环境的改变有很强的适应能力。由于世代交替时间极短，通过较小的遗传变异，在一定时间内即可适应盐度的较大变化。藻类细胞还能较迅速地合成多元醇或其他衍生物、糖或多糖和某种氨基酸等渗透调节物，用以迅速调节细胞的渗透压，适应环境盐度的变化。很多淡水藻类耐盐上限达到 15‰ ~20‰（Beadle，1981）；有些淡水可见浮游植物，如小颤藻、颗粒藻链藻、飞燕角甲藻、铜绿微囊藻等其他藻类在 150‰ ~180‰ 之间出现（Hemmer，1981；何志辉等，1990；赵文，1992）盐藻是典型的盐水藻类，能耐受 320‰ 的盐度。

浮游藻类个体非常微小，通常用肉眼看不清其形态结构。浮游藻类个体虽小，但种类多，数量也多，它包括了藻类的绝大部分。生活在海洋中的硅藻、甲藻及蓝藻的浮游种类是海洋初级生产力的重要组成部分，也被称为海洋水体或是内陆水体生物。淡水浮游藻类中种类最多的是蓝藻门、硅藻门和绿藻门。裸藻门、隐藻门和甲藻门种类虽不多，但在淡水浮游生物中极为常见，有时候数量也很多，可形成优势种群。不论是海洋水体还是内陆水体，不论是自然水体还是人工养殖水体，浮游藻类的种类组成，数量变动，可随环境条件和时间而有明显的季节变化，也可受人类干扰而变化。

底栖藻类是指营固着式附着生活的藻类。它们以水体中的高等植物、建筑物或其他物体以及水体底质为基质，用附着器、基细胞或假根等营固着生活。红藻、褐藻、软藻和绿藻门的大型种类是底栖藻类的基本组成，在水底形成藻被层，其中，许多种类是重要的经济河藻。小型底栖藻类是固丛生物的主要成员，对杂食性和刮食性鱼类具有重要的饵料意义。褐藻和衣藻在阳光充足的温暖季节，在河湾和湖泊潮湿地表大量繁殖形成绿色斑块状藻被层，有的藻类可在冰封的雪地上形成红色、褐色或绿色的藻被层。

2. 藻类与水域环境渔业工业经济的关系

藻类种类多，分布广，必然会与水域环境、渔业经济以及生产活动产生密切的关系，在国民经济中起着重要的作用。

藻类的渔业和工业价值，浮游藻类在水体中是鱼类和其他经济动物直接或间接的饵料基础，在决定水域环境性能上具有重要意义，与渔业生产有十分密切的关系。但海水由于某种或多种浮游生物（大多数为浮游植物），在一定环境条件下，爆发性繁殖或高聚集而引起的赤潮对渔业有害，随着工农业生产的发展，江河、湖泊和海湾的高营养和水污染渐渐严重，藻类赤潮频频发生，规模不断扩展，持续时间长，特别是海湾，赤潮发生后，使海洋生态系统中的物质循环、能量流动受到干扰，直接威胁海洋生物的生存，给渔业生产造成巨大损失，海洋的生态平衡也受到破坏。随着水域富营养化的加剧，赤潮已成为世界性的，人们普遍关心的问题。

3. 与淡水鱼业相关的藻类

鱼腥藻属（项圈藻属）植物体为细胞组成的单一丝状体，或由丝状体组成柔软的胶质块，丝状体直或各种形状的弯曲，细胞球形和桶形。异形胞化不明显，异形胞为胞间位，厚壁孢子单一或排列成串，远离异形胞或与异形胞直接相连（图3-8-3）。据异形胞间生可拟项圈藻属区分。

本属分布广，有的种类在池塘和湖泊中形成"水华"。常见的种类有多变鱼腥藻、螺旋鱼腥藻、固氮鱼腥藻、类颤鱼腥藻和卷曲鱼腥藻等，许多种类有固氮的能力。例如，鱼腥藻早已被民间作为生物氮肥接放在水稻田中，使稻谷增产。同时，鱼腥藻是白鲢鱼种的优质食物。白鲢鱼种以它为食，生长快、体质健壮，规格整齐。陕西省渭南地区发现用湖藻饵料饲养的白莲鱼种生长比普通的饵料饲养的快1~2倍；大连水学院发现拟鱼腥藻也有类似的饲养效果。

图 3-8-3　鱼腥藻属（仿各作者）

a.多变鱼腥藻　b.螺旋鱼腥藻　c.固氮鱼腥藻　d.类颤藻鱼腥藻　e.卷曲鱼腥藻　f.水华鱼腥藻

4. 金藻的形态构造、繁殖及生态分布的作用

金藻多数种类为裸露的运动个体，大多具有 2 条鞭毛，个别具 1 条或 3 条鞭毛。有些种类在表质上具有硅质化鳞片、小刺或囊壳。有些种类还有许多硅质和钙质，有的硅质可持续化形成类似骨骼的构造。金藻类的光合色素有叶绿素 A、叶绿素 C 和 β- 胡萝卜素。此外，还有副色素，这些副色素总称金藻素。由于其大量存在，使藻体呈金黄色或棕色，当水域中有机物特别丰富时，这些副色素将会减少，逐渐呈现绿色。色素体 1~2 个，片状、侧生。贮存的物质为白糖素和油膏。白糖素又称白糖体为光面不透明的球体，常位于细胞后端。细胞一个。具鞭毛的种类，鞭毛基部有 1~2 个伸缩胞。

金藻的生殖是运动的单细胞，常以细胞纵分裂增加个体。群体种类则以群体分裂，或以细胞从群体中脱离而发育成一新群体。不能运动的种类产生孢子，或金藻特有的内生孢子，此种生殖细胞形状椭圆形，具有两层硅质的壁，顶端开一小孔，孔口有一明显胶塞（图 3-8-4）。

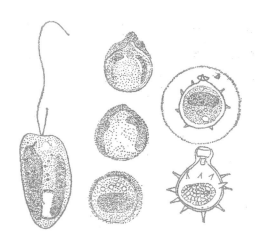

图 3-8-4　棕鞭藻内生孢子形成过程（仿各作者）

金藻多分布于淡水水体，生活在透明度较大、温度较低和有机质含量低的水体。对温度变化敏感，多在渐入寒冷的季节，如早春和晚秋生长旺盛。在水体中多分布于中层和下层。

浮游金藻没有细胞壁，个体微小，营养丰富，是水生动物很好的天然饵料，像鞭金藻和旱鞭金藻等一些种类可进行人工培养，是水产经济动物人工育苗期间的重要饵料。但是，三毛金藻在我国北方分布广泛，由于大量的繁殖能够向水中分泌细胞毒素，曾造成一些危害，目前已有较有效的防治方法。

在长江流域的淡水湖泊微囊藻"水华"几乎到处可见，现已影响到人们的生活、饮水以及生产居住，藻类死亡后分解产生氢氨和硫化氮导致鱼贝类死亡，甚至危害人类饮水。严重影响淡水渔业经济的可持续发展，如何恢复水域环境的生态平衡是人类生活生产必然面对的现实问题。

5. 科学利用藻类的生态功能

藻类对有机质和其他污染物的敏感性不同，因而可以用藻类与群藻组成判断水质状况的生物体。由于藻类进行光合作用，能释放出氧气，利用水中的氮和磷等营养盐。因此，可用作氧化塘法进行污水处理。藻类、细菌和原生动物等组成的生物膜，对水体有机物的分解、水体净化和判断水质好坏均具有一定的作用。

第七节　浮游动物

浮游动物是指水中营浮游生活的动物。在水体中其种类组成复杂，从单细胞动物的原生动物到高等多细胞的脊椎动物，无论种类还是数量都十分庞大，有些水生动物的幼虫也属于浮游动物的范畴。主要有原生动物、轮虫、枝角类、桡足类、毛颚动物、背囊动物、腔肠动物、浮游软体动物、浮游多毛类以及浮游幼虫等。

一、与淡水繁殖有关的浮游动物

（一）轮虫

轮虫是轮形动物门的一群小型多细胞动物。一般体长 0.1~0.5mm，轮虫的形体虽小，但其构造比原生动物要复杂得多，有消化、生殖、神经等系统。在头前方其一团盘形头冠，因其不断运动，使虫体得以运动摄食。绝大多数轮虫都生活在淡水中，是淡水浮游动物的主要组成部分。它们广泛分布于江河、湖泊、沟渠、塘堰等各类水体中，甚至潮湿土壤和苔藓丛中也有它们的踪迹。轮虫对水质的适应性强，无论在清澈的高山湖泊，或是污染的沟渠浑水中，都有它们的一些种类生活着。轮虫不仅分布广，而且数量多。在水域中，轮虫通常是鱼类最适口的活饵料，几乎所有鱼类的幼体阶段都能吞食轮虫，因此，其与水产养殖有着密切的联系。轮虫因其繁殖速率较高，生产量很大，在生态系统的结构、功能和生产能力的研究中具有重要意义。软虫是大多数经济水生动物幼体的开口饵料，在水产养殖上有较大的应用价值。轮虫也是一类指示生物，在环境监测和生态管理学研究中被广泛采用。

1. 轮虫的主要形态和特征

轮虫的主要特征是具有头冠、咀嚼囊和原肾管，即有如下特点。

（1）具有纤毛环的头冠。轮虫的头部前端扩大成盘状，其上方有一由纤毛组成的轮盘，称头冠，是运动摄食的器官。身体其他部分没有纤毛。

（2）内含有咀嚼器的咀嚼囊。轮虫消化道的内部特别大，形成肌肉很发达的咀嚼囊，内藏咀嚼器。

（3）在附有焰茎球的原胃管体膜两旁有一对原肾管，其末端有焰茎球。

2. 轮虫的外部形态构造

轮虫的体型变更很大，随身包裹淡黄色或乳白色表皮，常见的有球形、椭圆形、圆筒形和锥形等。浮游种类常具各种棘突和附肢。一般由头、躯干和足 3 部分组成这些种类（图 3-8-5）。

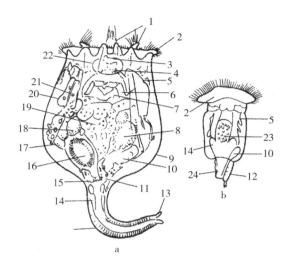

图 3-8-5　轮虫的形态构造模式（仿吕明毅，1991）

a. 雌体　b. 雄体

1.棒状突起　2.纤毛环　3.背触毛　4.眼点　5.原肾管　6.咀嚼器　7.咀嚼囊　8.卵巢　9.背
甲　10.膀胱　11.泄殖腔　12.尾部　13.趾　14.吸着腺　15.肛门　16.肠　17.侧触手
18.卵黄腺　19.胃　20.消化腺　21.肌肉　22.脑　23.精巢　24.阴茎

（1）头部。大部分轮虫头部与躯干分得并不明显，只有少数种类的头部与躯干
之间具一颈状的纹部，在头部具有头冠，又称轮盘，头冠形状（图 3-8-5）随种类
不同变化很大，其基本形态为漏斗形。口部与漏斗的底部，其边缘生有两圈纤毛，
里面的一圈较为粗壮称纤毛环，外面的一圈较细弱，称纤毛带。在两圈之间为一纤
毛沟，沟内具极细的纤毛。纤毛圈常在背或腹面断开而形成不完整的一环。漏斗状
的口通常位于腹部的纤沟中。在纤毛沟中常有突起，其上生有成群的纤毛，形成纤
毛群，有的则愈合成刚毛状的的感觉器。轮虫生长在纤毛带和纤毛环上的纤毛不断
协调旋转摆动。看上去很像在转动的轮子，轮虫的名字亦由此而来。涡的中心流向
口部，同时虫体的本身也借此在水中按螺旋轨迹向前运动。有些种类，如疣毛轮虫，
除轮盘外，在两旁还有一对"耳"。

轮盘的形式，是轮虫分类的重要依据之一。

常见的有如下几种类型。

①轮虫（双轮型）头冠分左右对称两叶，两个头冠各有一短"柄"。

②银毛轮虫型。头冠周围有一圈较长并发达的围顶纤毛。口围区上半部缩小，
边缘口围纤毛变成组状刚毛。口与刚毛间大部分口围纤毛短或消失，这圈纤毛在背、

腹中央间断，形成不连续的纤毛环。

③猪吻轮虫型。口围区纤毛发达，头部腹侧形成椭圆形的一片纤毛区。

④晶囊轮虫型。头冠宽阔，有一圈相茎发达的围顶纤毛，这圈纤毛在背、腹中央均间断，形成不连续的纤毛环。

⑤巨腕轮虫型。头冠上形成两圈纤毛，口和围口区位于两圈纤毛环之间腹面的下垂部分。

⑥聚花轮虫型。围顶带没有绕过头冠腹面，使纤毛环呈马蹄形。

⑦胶鞘轮虫型。整个头部向四周张开而呈宽漏斗状，周缘形成1个、3个、5个或7个突出的裂片，裂片上常射出刺毛。这些毛较粗，通常不会晃动。

耗态目种类，背面中央还有一个明显的吻部有触毛，可感味觉。多数种类有单个或成对的眼点。

（2）躯干部。在头冠的下方即为躯干部，一般是轮虫身体最大和最长的部分，一般腹面平凹，背面升凸。外被一层角质膜，平滑或具颗粒状，有些表皮具环形褶皱，形成不同数目的假节。多数种类形成坚硬的被甲，其上具刻纹，隆起后成棘刺。有的无被甲，其上具附肢。一般浮游性种类，在躯干部常有翅状的附属肢和棘刺等构造，便于浮游。

（3）足。在身体的最后端，大多呈柄状，有时有假节，能够自由伸缩。有些种类在末端具1~3个尖而能动的趾，趾的有无和数量因品种而异。足的颈部有一对腺，有细管通达趾。足腺分泌黏液，趾以足腺分泌黏液附着在食物上。足和趾是运动器官，虫体借以爬行或固着。在游泳时起"舰"的作用。轮虫的头冠和足，都能够缩入躯干部，故而体型在收缩的时候和伸展的时候比较很不相同。

3. 轮虫的内部形态构造

（1）体壁。轮虫的体腔由一层细胞组成的体壁包围。轮虫没有专门的呼吸器官，气体直接通过体壁进行交换，即吸收氧气排出二氧化碳。由于轮虫头冠的纤毛运动，不断更新周围的水流，有助于体壁呼吸作用的进行。

（2）消化系统。轮虫的消化系统包括口、咽、咀嚼囊、食道、胃、肠和泄殖腔。漏斗状的口，位于头冠的腹面，口下接一内壁具纤毛的咽，其长短依种而异。咽下是一膨大的咀嚼囊，它亦与头冠结合，与取食有关，用以磨碎食物，头部常具有2~7个唾液腺。再下为管状的食道和膨大的胃，胃后逐渐细削成肠。肠胃之间无明显界限。胃前端和食道连接处常有一对胃腺。肠直通泄殖腔（孔），开口于躯干末端靠近足的基部。肛门即泄殖腔孔有排出、排废和排卵的作用。有些种类无肛门，吮吸食物汁液不排出或从口中吐出。

咀嚼器的类型在轮虫分类上具有重要价值。

①咀嚼器构造。咀嚼囊是轮虫的最主要的特征之一，咀嚼器位于其中，用于磨碎食物。咀嚼器构造复杂，其基本构造是由 7 块非常坚硬的咀嚼板组合而成，这些板都是皮层高度硬化而来。通常咀嚼板分砧板和槌板两部分，即由一块单独的砧基与两片砧枝连接一起而成砧板和左右各一槌板，每一槌板都由槌柄组成。食物经过槌构和砧板之间被切断或磨碎，槌柄往往纵向略弯，其前端是与槌钩的后端相连接。咀嚼器上连接肌肉运动灵活。

②咀嚼器类型。不同种类的轮虫咀嚼器各部分发达程度不同，形态上变化也很大，形成不同的咀嚼器类型，常见咀嚼器的类型有下面几种（图3-8-6）。

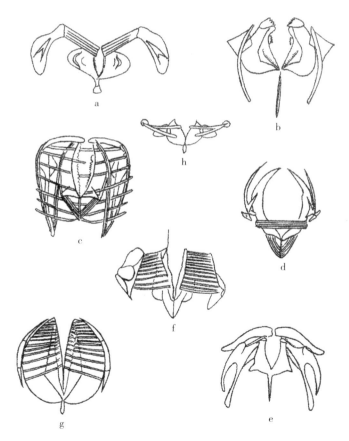

图 3-8-6　轮虫咀嚼器的类型（仿 Beaucharmp）
a.槌型　b.杖型　c.钳型　d.砧型　e.梳型　f.槌枝型　g.枝型　h.钩型

a. 槌形：所有咀嚼板都比较粗壮而结实，槌钩弯转。中央部分成几个长条齿，横置于砧板上，通过左右槌钩运动。

b. 杖形：砧基和槌柄都细长呈杖型。砧枝呈宽阔的三角形，槌钩一般有 1~2 个齿。槌钩能伸出口外，摄取食物并把它咬碎。且此咀嚼器的轮虫为凶猛种类。

c. 钳形：槌柄很长，与细长的槌钩交错在一起呈钳状，砧基较短，砧枝长而稍弯，也呈钳状，其内侧有很多锯齿。取食时钳形咀嚼器能完全伸出口外，摄取食物。

d. 砧形：砧板特别发达，内侧具 1~2 个刺状突起。砧基已缩短。槌柄退化仅有痕迹，槌钩也变得较细。能突然伸出口外以捕获食物入口。

e. 梳形：砧板为提琴状，槌柄复杂，其中部分出一月形弯曲的枝。在槌柄前有一前咽片，常比槌钩发达。吮吸取食发达。

f. 槌枝型：槌钩为许多长条齿排列组合，椎柄短宽，是着地隔成三段。砧基短粗，左右枝呈长三角形，内侧具细齿。

g. 枝形：砧基与槌柄已高度退化，且砧枝缩小，呈长三棱形，左右槌钩最为发达，各为半圆形的薄片，两半合成圆形，各自其上有许多平行的助条。

h. 钩形：砧基与槌柄已高度退化砧枝宽阔而发达，槌钩条由少数长条箭头状的齿所组成。

（3）生殖系统。雌雄异体，但通常所见的都是雌体，雄体少见。主要以孤雌生殖进行繁殖。生殖腺是由一个卵巢、卵黄腺外包一层薄膜而形成的生殖囊状结构。生殖囊延伸出输卵管通道泄殖腔。形态同轮虫卵黄腺、卵巢及输卵管成对。单巢同雄体生殖系统由一个精巢、输卵管和交配器组成。

（4）排泄系统。由一对位于身体两侧的具有焰茎球的原胃管和一个膀胱组成。原胃管一般细长而扭曲。分出很短的小支，小支末端着生焰茎球。两条原肾管到身体末端通入一个共同膀胱。膀胱通泄腔。

（5）神经系统（图 3-8-7）。具脑神经节，发出神经到身体各部感觉器官为触手和眼点。触手是能动的乳头状突出物，末端有一束或一根单独的感觉毛，有神经通此，触手有 3 个，一个背触手，位于身体前端背部，2 个侧触手，位于身体中部两侧。眼点一个，通常红色。

4. 轮虫的生长与生活习性

（1）轮虫的食性。多数轮虫以头冠的旋动滤取食

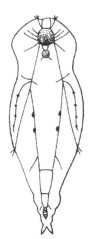

图 3-8-7　轮虫的神经系统

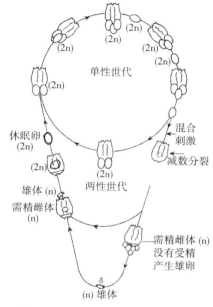

图3-8-8　单巢目轮虫生活史模式

（仿 Koste，1978）

物，如巨腕轮虫和壁尾轮虫等，也有用咀嚼器直接猎取食物的，如晶囊轮虫和多肢轮虫等，能摄取原生动物。其他轮虫以枝角类和桡足类为食。

任何水域中轮虫数量的多少，受到一系列环境因素的制约，但食物的多少是一个重要的决定因素，直接或间接的培养了轮虫种群，故而种类多，数量也很大。

（2）轮虫的生活习性。轮虫虽是雌雄异体的动物，但在自然界通常仅能见到雌体，靠孤雌生殖来繁衍后代，且繁殖能力很强，这种雌体称混交雌体。其性成熟后所产卵的染色体数目为2n，称为非需精卵又叫夏卵。夏卵卵壳很薄，不需要经过受精，发育也不经减数分裂，产生染色体为n的需精卵，此卵如不经受精，即发育为雄体，若经过受精，其染色体恢复为2n，形成休眠卵。休眠卵卵壳厚。壳上具花纹和刺，能抵御如高温或低温，干涸以及水质恶化等各种不良的环境条件。待外界条件改善后，再发育为非混交雌体，然后，一代接着一代进行孤雌生殖。通常雄体不摄食，但活动却非常迅速，一遇到雌体就进行交配，通常将精子排入雌体的泄殖腔内，也有穿过雌体不同部位的体壁，使精子与卵受精。轮虫的寿命，雄体只活 2~3d 但生命力极强，雌体通常能活 10d 左右，轮虫的生活史（图3-8-8）。

（3）轮虫的休眠卵。轮虫的休眠卵是轮虫有性生殖的产物，休眠卵产出后多沉入水底，形成休眠卵库，为轮虫在环境条件适宜时的重新萌生提供条件。此外，轮虫休眠卵的形态和卵壳上附着物还是轮虫分类的重要依据。常见轮虫类的休眠卵（图3-8-9）。

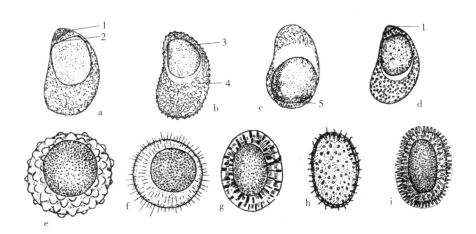

图 3-8-9　常见轮虫种类休眠卵（仿李永函等）

a.萼花臂尾轮虫　b.壶状臂尾轮虫　c.褶皱臂尾轮虫　d.角突臂尾轮虫　e.卜氏昌囊轮　f.尖尾疣毛轮虫　g.针簇多肢轮虫　h.螺形龟甲轮虫　i.前额犀轮虫

1.卵盖　2.胚胎先端　3.胚胎　4.壳纹　5.胚胎末端

5. 轮虫的分类

原创分类形态结构特殊，长期以来其分类地位各家学者均不一致。多将其列为线形动物门的一个纲，即轮虫纲。有的学者把类假体腔动物称为原体腔动物门。现在很多学者将轮虫单独列为轮虫动物门，按照目前国内外的分类方法，轮虫可分为2个亚纲，3个总目约2 500种，即尾盘亚纲和真轮虫亚纲。

（1）尾盘亚纲。尾盘总目卵巢无卵黄腺，雄体发达，头冠退化，海产寄生。例如海轮虫（图3-8-10）。

（2）真轮虫亚纲。

①蛭态总目卵巢具卵黄腺一对，枝形咀嚼器，无侧触手。

②单巢总目卵巢具卵黄腺1个，不具枝型咀嚼器。

A.游泳目：如有足则具成对或不成对的趾，足腺一对。头冠（头盘、轮器）各异，但绝不是六腕轮型或枝鞘型。

B.神轮目

a.族轮亚目：如有足无趾，足腺发达，六腕轮型或枝鞘型头冠。咀嚼器为槌枝型。

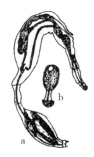

图 3-8-10　海轮虫

（仿梁象秋）

a.侧面观　b.精荚

b.胶销轮亚目：足无趾，足腺发达。胶销轮型头冠，咀嚼器钩型。

传统上采用王家辑分类系统即2目5亚目。

C.蛭态目：体蠕虫形，有假体节，能套筒或伸缩。枝形咀嚼器。卵巢成对，雄体从没发现过。种类多，大多数分布于陆地及沼泽的苔藓植物上。

常见种如下：

①旋轮属，眼点一对，位于背触手后面脑的背侧，较大而显著，体较粗壮。足末具4趾。红眼旋轮虫多在池塘和浅水湖泊中生活（图3-8-11a）。

②软虫属眼点一对，位于背触手前面吻部。体细而长。吻突出在头冠上，足末具3趾。多在池塘和浅水湖泊中生活，如长足轮虫（图3-8-11b）。

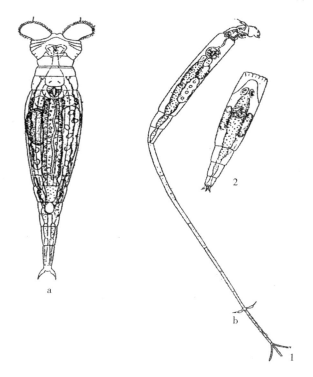

图3-8-11　蛭态目轮虫的代表种类（仿王家辑）
a.红眼旋轮虫　b.长足轮虫
1.伸长个体的侧面观　2.高度收缩的个体

D.单巢目：卵巢一个，非枝形咀嚼器。有侧触手，身体虽然能伸缩变动，但不能依套桶式的伸缩。不少种类发现有雄性。

6. 游泳亚目

凡头冠不属旋轮虫、巨腕软虫、聚花轮虫及胶消轮虫型，咀嚼器不属枝型、槌枝型及钩型的都属此亚目。

（1）猪吻轮科。体呈纺锤形，有显著的颈。足小，有一对近等的趾。头冠猪吻轮虫型，两侧有耳状纤目，咀嚼器钳形。常见种类有钩状猪吻轮虫（图3-8-12）。

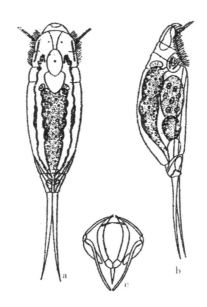

图3-8-12　钩状猪吻轮虫（仿王家辑）
a.背面观　b.侧面观　c.咀嚼器

（2）壁尾轮虫科。漏斗型头冠，槌型咀嚼器，多数种类具有足和被甲。

①狭甲轮属：被甲由左右两片侧甲在对面愈合而成，负面多少裂开，有显著细缝。左右侧扁，因此背面和腹面背甲较狭。头部前端有一掩盖头冠的钩状甲片，游动时遮盖头冠。以底栖生活为生，经常在沉水植物丛中见到。常见的种类如钩状狭甲轮虫和爱结里亚狭甲轮虫分布于半咸水和沿岸养虾池塘（图3-8-13）。

②鞍甲轮属：被甲背腹扁平。前端的背腹面有显著的颈圈。头部前端有一钩状甲片，游动时遮盖头冠。足3节，趾一对，多出没于沉水植物丛中，常见种为盘状鞍甲轮虫。

③臂尾轮属：被甲较宽阔，其上具有棘刺前棘刺1~3对。足不分枝节且长，其上具环纹，能伸缩摆动。趾一对，以浮游生活为主。目前，已发现34种，我国现有10多种，分布广泛，一般水体中常见，是重要的饵料培养对象（图3-8-14）。

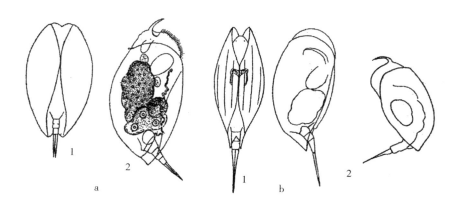

图 3-8-13 狭甲轮属（仿王家楫）

a. 钩状狭甲轮虫　b. 爱德里亚狭甲轮虫

1. 正面观　2. 侧面观

常见的种类有：

A. 褶皱臂尾轮虫：被甲前背面前棘刺 6 个，排列不对称。被甲前腹面有 4 个褶片，足孔近方形。在盐水中，该轮虫对盐度耐受性大，能在盐度为 25% 下生存。为海产动物优质的活饵料之一，是大量培养的对象。

B. 圆形臂尾轮虫：前棘刺前端尖锐，个体比褶皱臂尾轮虫小，被甲腹面前缘具 4 个褶片，足孔近方形。

C. 萼花臂尾轮虫：前棘刺 4 个，侧棘刺左右各 1 个。前棘刺之间差不多近等长，或中间 2 个稍长。

D. 壶状臂尾轮虫：有 6 个前棘刺，中间两个稍长，排列对称，足孔近圆形，被甲前腹面仅有 2 个褶片，后端浑圆。

E. 方形臂尾轮虫：过去称花篓臂尾轮虫。有 6 个前棘刺，中间两个较长，后端足孔位于一个显著的管状突出之上。被甲有粒状突起。

F. 角突臂尾轮虫：有 2 个前棘刺，个体小，约为萼花臂尾轮虫和壶状臂尾轮虫的 1/4。

G. 剪形臂尾轮虫：有 4 个前棘刺，中间两个棘刺比两侧的短。后棘刺长且粗壮，像铁剪刀。

H. 镰状臂尾轮虫：前棘刺 6 个，前次中棘刺（即第 2、第 5 个棘刺）特别长而发达。

I. 矩形臂尾轮虫：被甲有基板。背板有褶皱和花纹，足孔有 3 个钝齿。

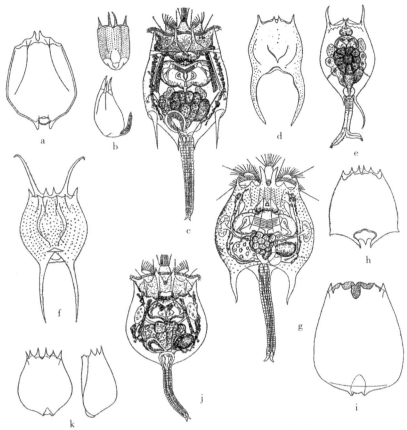

图 3-8-14　臂尾轮虫属的常见种类（仿各作者）

a. 角突臂尾轮虫　b. 蒲达臂尾轮虫　c. 萼花臂尾轮虫　d. 剪形臂尾轮虫　e. 裂足臂尾轮虫
f. 镰状臂尾轮虫　g. 方形臂尾轮虫　h. 矩形臂尾轮虫　i. 褶皱臂尾轮虫　j. 壶状臂尾轮虫
k. 圆形臂尾轮虫

　　J. 尾突臂尾轮虫：被甲后端略尖削，后棘刺对称，呈圆规状，背甲前端通常有一对棘刺，偶尔也有 2~3 对的。易与角突臂尾轮虫混淆。

　　K. 裂足臂尾轮虫：过去列为裂足软虫属。被甲长大于宽，后端略尖削，后棘刺 2 个左右不对称，右侧长。足后端约 1/3 处裂开呈叉形。有 4 趾。多生活于浅水池塘和水库，极为常见。

　　④平甲轮属。被甲为整块的，表面有条纹和微小的粒状突起，条纹把背面分割成几小块。前棘刺 2~10 根，后棘刺 2~4 根。足分为 3 节，趾 2 个。常见种类有四角甲轮虫和十趾平甲轮虫（图 3-8-15）。

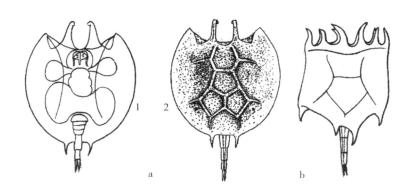

图 3-8-15　平甲轮属（仿王家辑）

a.四角平甲轮虫　b.十趾平甲轮虫（背面观）

1.腹面观　2.背面观

⑤龟甲轮属。被甲隆起，腹部扁平，被甲上有浅条纹，即龟纹，把表面有规则的隔成一定数目的小块，被甲前具前棘刺6个，直或弯，后端具1或2个锥刺，无足，常见为典型的浮游种类。分布于淡水，内陆盐水。常见种类为螺形龟甲轮虫、曲腿龟甲轮虫和矩形龟甲轮虫（图3-8-16）。

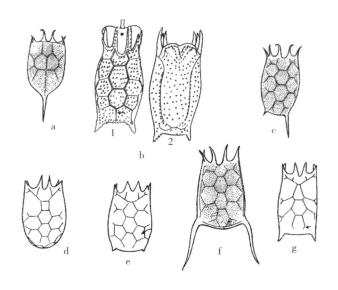

图 3-8-16　龟甲轮属（仿各作者）

a.螺形龟甲轮虫　b.锯形龟甲轮虫　c.曲腿龟甲轮虫　d.缘板龟甲轮虫　e.龟形龟甲轮虫
f.矩形龟甲轮虫　g.冷淡龟甲轮虫

1.背面观　2.腹面观

⑥犀轮虫属。头冠上有一很长"如意"状头吻。足短，趾一对，很小，紧紧的靠在一起，有一对明显的眼点，位于吻端两侧。体长250~301mm。卵胎生，休眠卵大，表面具刺。耐低温，11月10℃左右开始繁殖，12月1~6℃繁殖达高峰。在水下大量繁殖，滤食浮游藻类，抑制水下浮游植物，对水下生物增氧不利。犀轮虫个体较大，无被甲，尤其是它适应低温的特性，是冷水鱼类或在低温水体中繁殖的水生动物苗种的优良活饵料，并且有望成为人工大量繁殖的对象。常见种为前额犀轮虫（图3-8-17）。

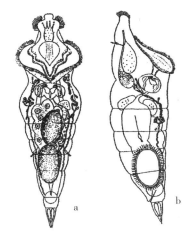

图 3-8-17　前额犀轮虫（仿王家楫）
a.腹面观　b.侧面观

⑦水轮虫属。无被甲，头冠漏斗型。有足，具有2个对称趾。常见种类为椎尾水轮虫（图3-8-18）。

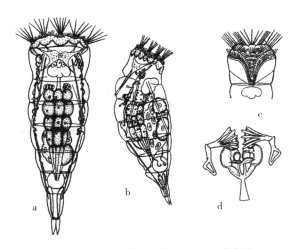

图 3-8-18　椎尾水轮虫（仿王家辑）
a.整体　b.侧面观　c.头冠　d.咀嚼器

⑧叶轮虫属（图3-8-19）。被甲具纵条纹。前棘刺3对，长短不等。后端浑圆或有短柄，无足。叶轮虫种类不多，但温幅和盐幅均很广。有的种如尖削叶轮虫能在咸水中大量繁殖。流属轮虫往往在低温季节，甚至冰下水体中出现，数量虽多，但生物量小且高峰持续时间不长。常见种还有，唇形叶轮虫和鳞状叶轮虫。

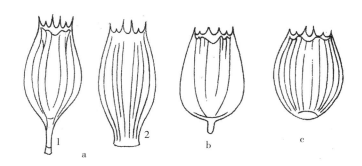

图 3-8-19　叶轮虫（仿王家辑）

a.尖削叶轮虫　b.唇形叶轮虫　c.鳞状叶轮虫

1.浮尖削叶轮虫　2.方尖削叶轮虫

⑨须足轮虫属。一片背甲和一片腹甲。被甲系一片背甲和一片腹甲愈合而成。被甲隆起而突出，显著大于腹甲，腹甲扁平。足 2~3 节，在第一节的后端或背面有一对或两对细长的刚毛，趾一对。常见种为大肚须足轮虫（图 3-8-20）。

（3）晶囊轮虫科。皮层薄，像电灯泡，盘状头冠，砧型咀嚼器，无肠和肛门，卵胎生。常见属有以下几种类型。

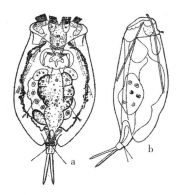

①晶囊轮虫属。体透明似灯泡，后端浑圆，无足，砧咀嚼器能移动，能伸出口外取物摄食，无肠和肛门，胃发达，凡不能消化食物残渣，再经口吐出。卵胎生，为典型的浮游种类。常见的有前节晶囊轮虫、盖氏晶囊轮虫、卜氏晶囊轮虫和亚氏晶囊轮虫（图 3-8-21）。

②囊足轮虫属。除了有足和趾之外，基本上和晶囊轮虫相似，常见种为多突晶囊足轮虫（图 3-8-22）。

图 3-8-20　大肚须足轮虫

a.背面观　b.侧面观

（4）疣毛轮虫科。体无被甲，常有附肢或突起，具杖型咀嚼器，盘状头冠。种类不多，都是浮游的常见属，有以下种类。

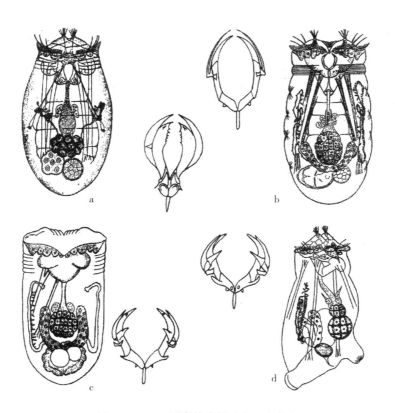

图 3-8-21　晶囊轮虫属（仿王家楫）

a.前节晶囊轮虫　b.盖氏晶囊轮虫　c.卜氏晶囊轮虫

d.西氏晶囊轮虫

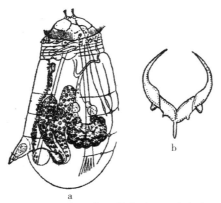

图 3-8-22　多突囊足轮虫（仿王家楫）

a.侧面观　b.咀嚼器

①疣毛轮虫属：体呈鐘型或倒锥形。头冠宽阔，有4根粗长的刚毛，头冠两旁各有一对"耳"状突起，耳上有特别发达的纤毛。侧触手1对。足不分节，粗短，趾短小，1对。咀嚼器杖型。盐幅和温幅极广，一年四季（包括冰冻季节）在淡水咸水中均可繁殖。有时数量极大。每升水中可达数万个。但高峰持续时间不长。如果改善环境，可以延续其种群数量高峰期的时间，利用广温、广盐的习性，进行大规模培养或增值是很有可能的。为常见的浮游种类。常见种如图3-8-23所示。

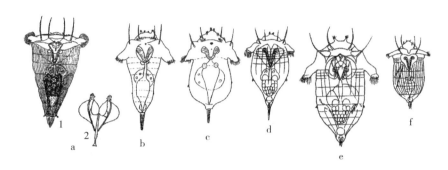

图 3-8-23　疣毛轮虫属常见种类（仿王家楫）
a.颤动疣毛轮虫　b.细长疣毛轮虫　c.长足疣毛轮虫
d.尖尾疣毛轮虫　e.梳状疣毛轮虫　f.长圆疣毛轮虫
1.背面观　2.咀嚼器

②多肢轮虫属：体较小，圆筒形或长方形，无足。体两旁有许多片状或针状的附属肢，一般为12个羽状刚毛，分4束，每束3条，背腹各2束。专为跳跃或浮游之用，也有无肢的。极常见，为典型的浮游科类（图3-8-24）。

（5）尾轮虫科。有被甲，刺不发达，趾发达，具不对称杖型咀嚼器。常见属种如下。

①同尾轮虫属：被甲为纵长的整个一片，呈倒锥形等。稍弯而扭曲，因此左右不对称。趾2个，同样长短或一长一短，但短趾长度总是超过长趾的1/3而且长趾长度不超过体长一半。多半常底栖生活。

②异尾轮虫属：被甲同同尾轮虫。左趾非常长，总是超过体长的一半，短趾退化或极短，其长度小于长趾的1/3，多为浮游种类。

由于以上两种属存在许多中间类型。近来多数学者将两者合并为异尾轮虫属（图3-8-25）。

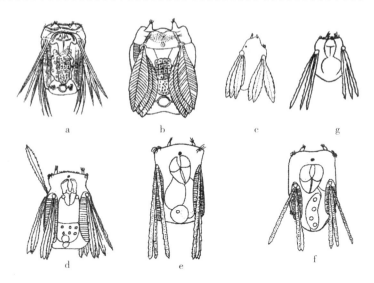

图 3-8-24　多肢轮虫属（仿各作者）

a.针簇多肢轮虫　b.真翅多肢轮虫　c.较大多肢轮虫　d.广布多肢轮虫　e.长肢多肢轮虫
f.红多肢轮虫　g.小多肢轮虫

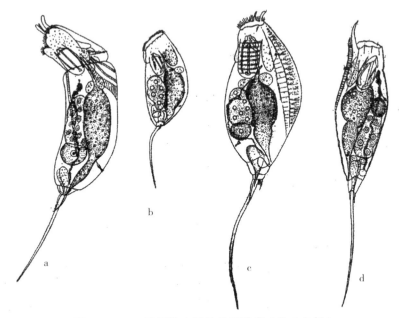

图 3-8-25　异尾轮虫属的常见种类（仿王家楫）

a.刺盖异尾轮虫　b.暗小异尾轮虫　c.二突异尾轮虫
d.长刺异尾轮虫

（6）腔轮虫科。被甲呈卵圆形，背腹扁平，整个被甲系背腹甲各一片在两侧和后端由柔韧的薄膜连接在一起组成，固而有侧沟的存在。足很短，分两节，只有后端的一节能动。趾较长，1~2个。种类多，均为底栖种类。

①腔轮虫属：具2趾，少数种2个并立的趾正处于融合成一个的过程。常见的种类有月形腔轮虫。

②单趾轮虫属：趾1个。常见囊形单趾轮虫，其他月形腔轮虫，包括的种类多，常栖于碱性的水体或薜类中。

由于以上两属的趾存在许多中间类型，近来多数学者将两者合并为腔轮属，常见种类如图3-8-26所示。

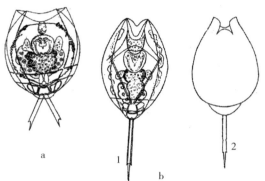

图3-8-26 腔轮虫属常见种类（仿王家楫）
a.月形腔轮虫 b.囊形单趾轮虫
1.背面观 2.腹面观

（7）簇轮亚目。咀嚼器系槌枝型，头冠呈巨腕轮虫型。浮游，底栖或固着生活。

①镜轮虫科：咀嚼器槌枝型。大多具附肢。

A.三肢轮虫属：无被甲，体卵圆形，上面生着3~4根比较细长的附肢。常见多肢轮虫同时出现。常见科类为长三肢轮虫（图3-8-27）。

B.巨腕轮虫属：无被甲，体具有6个比较粗壮的附肢，其末端具有发达的羽状刚毛。此结构较独特，能滑动，使身体能在水中自由跳跃。分布广，淡水、内陆盐水均有分布，在鱼塘清塘后常大量孳生，且持续时间长。我国分布的有环顶巨腕轮虫和奇异巨腕轮虫（图3-8-28）。

C.镜轮虫属：被甲较坚硬，背腹扁平。有足，长而圆筒形，不分节，末端无趾，有一圈自内射出的纤毛。多底栖息生活。常见种有盘镜轮虫（图3-8-29）。

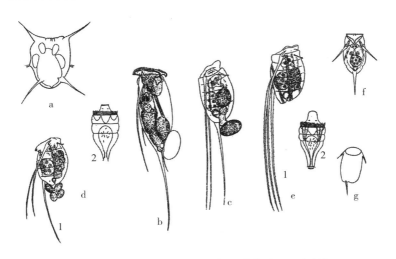

图 3-8-27　三肢轮虫属的常见种类（仿王家楫）

a.小三肢轮虫　b.脾状三肢轮虫　c.较大三肢轮虫　d.跃进三肢轮虫　e.长三肢轮虫　f.臂三肢轮虫　g.角三肢轮虫

1.侧面观　2.雄体

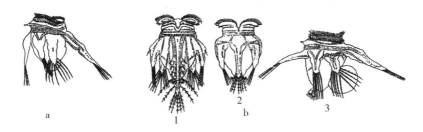

图 3-8-28　巨腕轮虫属（仿王家楫）

a.环顶巨腕轮虫　b.奇异巨腕轮虫

1.腹面观　2.背面观　3.侧面观

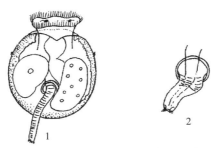

图 3-8-29　盘镜轮虫（仿章宗涉等）

1.腹面观　2.足孔

D. 泡轮虫属。被甲藻而柔韧，透明，无足。常见沟痕泡轮虫（图 3-8-30）。

图 3-8-30　泡轮虫属（仿王家楫）
a. 沟痕泡轮虫　b. 扁平泡轮虫

前者被甲背腹及两侧有凸出而隆起，具有 4 条纵长的沟痕，末端尖削；后者背腹扁平，周围光滑无沟痕。

②聚花轮虫科。头冠系聚花轮虫型，围顶带呈马蹄型。多为自由浮动的群体，是典型的浮游种类。

聚花轮虫属。特征同种。由 2~25 个或 25~100 个个体组成群体，直径分别为 1mm 和 4mm，湖泊中常见。如触角聚花轮虫（腹触手合二为一，群体由 2~25 个个体组成）和固状聚花轮虫（腹触手 2 个，靠近。群体由 25~100 个个体组成）（图 3-8-31）。

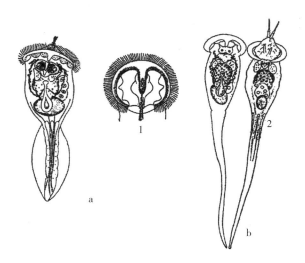

图 3-8-31　聚花轮虫属（仿王家楫）
a. 独角聚花轮虫　b. 团状聚花轮虫
1. 背面观　2. 侧面观

（8）胶鞘亚目。咀嚼器钩型，头冠为胶鞘轮虫形。做大多数种类为固着生活。

胶鞘轮虫属。固着生活，利用漏斗状头冠捕食生活，食物为藻类或其他浮游动物，如多态胶鞘轮虫（图3-8-32）。

7. 轮虫的生态分布和功能

（1）轮虫的分布。大多数的轮虫是世界性的种类，在世界广泛的区域内都有它的足迹。这些种类又往往具有高度的适应性，在各种类型的水域中都能生存。

水温和 pH 值是影响轮虫分布的主要生态因子。根据温度可将轮虫分为冷水性种类、广温性种类和暖水性种类。一般广温性种类占优势。轮虫一般在酸性水体中其表现为种类多数量少，而在碱性水体中数量多种类

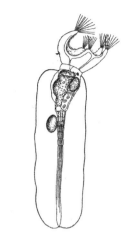

图3-8-32 多态胶鞘轮虫属（仿王家楫）

少。随着水体富营养化的加剧，使水的 pH 值上升，导致轮虫种类减少而数量增多。因此，轮虫具有可指示水质的特性，如轮虫在三北地区盐水中数量有时可达 3 000 个 /L 以上，其生物量达 10~18mg/L。主要种类有褶皱臂尾轮虫、壶状尾轮虫、环顶巨轮虫和分尖削轮虫等 13 种。

我国分布最普遍的有螺形龟甲轮虫、矩形龟甲轮虫、针簇多肢轮虫、长三肢轮虫、前节晶囊轮虫、梳状疣毛轮虫、颤动疣毛轮虫、角突臂尾轮虫、壶状臂尾轮虫和菊花臂尾轮虫等，它们从最浅的沼泽到最深水湖敞水带都能采到，在养鱼池水库及老干河道也经常出现。

轮虫的水平分布。无论是池塘或湖泊，都以沿海带的种类和数量为最多，然后向中心逐渐减少，湖泊的湖叉或港湾远较蔽水带为多。就垂直分布而已，底栖性种类，已分布于 3~4m 深度的底质为合适。典型的浮游种类，如三肢轮虫、多肢轮虫和龟甲轮虫等，在深水湖泊中，自水面一直分布到 200m 深度。

蛭目轮虫的大多数种类，能自水平一直分布在苔藓植物之上。陆上蛭目轮虫对于干燥的耐力很强，在干燥的环境中，能高度收缩，以假死状态保持生命。一旦雨后，就马上复活而继续繁殖。有的在干燥的环境能存活几个月到几年。据相关报道，多者能经 27 年的干燥，入水后仍能复活。但一般在淡水水体内出现的仅限于少数属的一些种类。而在单巢目中，休眠卵耐干燥能力很强，能借风力、昆虫或鸟兽等分布到世界的每一个角落。

淡水轮虫底栖的种类比浮游的多，且底栖的种类不能分布在深水湖泊的敞水带，

相反绝大多数的浮游种类则能生活在最浅的池沼中。

典型的浮游性种类往往在形态上有季节变异现象，如龟甲轮虫的夏型棘突长而明显，而冬型短而小。这是轮虫适应环境的一种变异。

轮虫在恶劣的生态条件下产生休眠卵，由于其卵壳很厚，相对密度较大，故多沉浸于水底混杂在泥沙上，在池塘的底泥中，这种休眠卵的数量很大，多的可达每平方米几百万粒。一旦遇到合适的水温、盐度、溶氧和pH值等外界环境条件，这种休眠卵即开始萌发。

（2）轮虫与水产养殖的关系。淡水轮虫种类和数量都很多，是鱼类的主要天然饵料。特别是大多数鱼类、虾类早期生活阶段，多以轮虫为主要的开口饵料。江苏省溧阳市水产良种场经长达20年研究与实践，目前已成功找到一条以轮虫作为鱼类虾类繁育幼苗时最佳天然饵料的途径。所培育的幼苗成活率高、生长快、规格整齐、质量优质、抗击力强。特别是褶皱臂尾轮虫是淡水养殖中的最佳轮虫，易培养，是淡水养殖中繁育培育幼苗的最佳选择。

目前，淡水轮虫和分布于内陆盐水湖的一些轮虫的开发研究正方兴未艾，推广应用前景广阔。

二、枝角类

枝角类是指节肢动物门甲壳纲鳃足亚纲双甲目枝角亚目的动物。通称水蚤或溞，俗称红虫或鱼虫。它与其他甲壳动物不同的特征是，躯体包被与两壳瓣中体不分节（海皮溞例外），头部具1个复眼。第一触角小，第二触角发达为双枝型，为主要的游泳器官。后腹部结构和功能复杂，胸肢4~6对，并具滤食、呼吸功能。

枝角类大多生活于淡水中，仅少数产于海洋。一般营浮游生活，是水体浮游动物的主要部分。枝角类个体不大（体长2~10mm）运动速度缓慢。枝角类营养丰富，生长迅速，是水产经济动物幼鱼、幼虾、幼蟹和鲢鱼、鳙鱼的重要天然饵料，也是环境检测的重要指示生物。

1. 枝角类的外部结构形态

枝角类是一类小型的甲壳动物，体短，侧扁不分节。侧面观呈卵圆形，体长通常为2~10mm，多数种类2~3mm。躯体分头部和躯干部（图3-8-33）。

（1）头部。包被于整块甲壳内，侧面观呈半圆形，略向下弯曲，其背面有的种类具颈沟与躯干部分开。头部有以下结构。

①头顶，头盔和吻。头部顶端，复眼以前的部分称为头顶，头顶有时呈弧形或突出呈斧状，称头盔，头盔形状常随季节有周期性的变化。头的腹侧，第一触角之

间，或其稍前方突出部分为吻，吻的有无、大小、形状是分类的依据之一。

②眼。头部前端有复眼一个（胚胎时为一对），相当发达，球状，由若干小眼（透明晶体）组成，周围有水晶体。复眼的两旁有 3 对肌肉，可牵引复眼向不同方向活动。单眼 1 个，位于复眼和第一触角之间，通常较小，没有水晶体。单眼的有无和大小因种类不同。复眼和单眼均为视觉器官，能感受光线的强弱，复眼还能识别光源的方向和颜色。

图 3-8-33　枝角类模式（雌体）

1.颈沟　2.吻　3.头盔　4.壳弧　5.腹突　6.尾刚毛　7.后腹部　8.尾爪　9.肛刺　10.壳刺　11.夏卵　12.第一触角　13.第二触角　14.大颚　15.上唇　16.胸肢　17.脑　18.视觉神经　19.复眼　20.动眼肌　21.单眼　22.食道　23.中肠　24.直肠　25.盲囊　26.心脏　27.颚腺　28.卵巢　29.生殖孔

③触角。2 对，第一触角位于头部腹侧，通常棒状，短小，单肢型，1~2 节。

雌雄差别极大。雌的短小，基端与头部愈合，不能活动，中部有1根触毛，末端有族嗅毛。雄的较长，可以活动，末端具长刚毛，在交配时起执握器的作用。第二触角位于头部两侧，长大，双肢型，由原肢（1~2节）生出外肢（背肢）和内肢（腹肢），内、外肢2~4节。其上的羽状刚毛数目常以一道序式（刚毛式）表示，亦即刚毛式是指示枝角类第二触角内外肢的节数和刚毛数的式子，如溞属的刚毛式为0-0-1-3/1-1-3，表示外肢4节，第一节、第二节上无刚毛，第三节和第四节上分别有1根和3根刚毛，内肢3节，分别具1根、1根、3根刚毛。刚毛或是分类的重要依据。头部有发达的肌肉和触角基部相连。第二触角是主要的游泳器官。

少数种类在头部背侧还具有一种用来停吸在植物等物体上的器官，称吸附器。由马蹄形的角膜褶皱和1对肌肉发达的吸盘构成。

④壳弧枝角类头部两侧各具一条由头甲增原形成的隆线，称壳弧。其可伸展至第二触角基部，形状随种类而异。

（2）躯干部。包括胸部与腹部。胸部有胸肢，腹部无附肢。

①壳瓣（介壳）。左右2片，背缘愈合。腹缘和后缘游离，薄而透明，一般种类躯干部被包于壳瓣之内。有的种类壳瓣后背角延长或壳刺，如溞属，而有的种类则是壳瓣后腹角延长成较短壳刚，如船卵溞和象鼻溞属。壳瓣面光滑，或有点状、线状、网状等花纹，或有小刺等附属物。在躯干前半部的背侧，两壳瓣之内有一空腔，为孵育囊，复卵在其中孵化。壳瓣分内外两层，白液在两层间流动循环。内层薄，与外界接触进行氧气交换，具有呼吸作用，即外层较厚，具有保护作用。

②胸部。胸肢和摄食躯干部有附肢（胸肢）的部分称胸部。胸肢4~6对，枝角类的胸肢已丧失运动机能，主要为摄食器官，其形式与摄食方式（食性）有密切关系（图3-8-34）。

滤食性种类：如溞属等绝大部分种类的胸肢，扁平，叶状，不分节，边缘有许些羽状刚毛构成滤器，便于滤食食物。由于胸肢的不断运动，在两壳瓣内产生恒定的水流，从水流中滤得食物颗粒，并把它们集中到胸肢基部的腹沟中，形成食物流向前推进入口。滤食性种类的主要食物是藻类、原生动物、细菌和腐殖质。一般认为，各种有机颗粒只要大小适当（1~80μm之间，以1~20μm为主）都可被摄食。不合乎需要或过大的缠结块经第一对胸肢基部刚毛的反复活动并由后腹部把它们扛出壳外。

图3-8-34　蚤状溞（♀）Ⅰ-Ⅴ胸肢（a-e）

1.原肢　2.外肢　3.外叶　4.上肢　5.内肢　6.内叶　7.小颚突起

　　捕食性种类：如薄皮溞等少数种数的胸肢呈圆柱形，外肢退化（大眼溞点科）或完全消失（薄皮溞科）只留内肢，有真正的关节，上生粗壮的刺状或瓜状刚毛。捕食原生动物、轮虫和小型甲壳动物时，用大颚将猎物杀死并撕裂，然后送入口中。

　　滤食性种类的胸肢除滤食外，还有交换气体进行呼吸的机能。同时除大眼溞点科外，其余种类的雄体的第一对胸肢内有水钩，许多种类的外肢还有长鞭，交配时雄溞利用对胸肢和第一触角攀抓雌溞。

　　③胸部以后无附肢的部分称腹部，腹部背侧1~4个突起，称腹突，它构成孵育囊的后壁，具防止卵子流出的作用。腹突之后有一小节状突起，其上着生2根羽状刚毛，称尾刚毛，它具有成长机能。有的种类（大眼溞科等）小节尖很发达，称为尾突。自小节突或尾突以后到尾爪这部分结构称为后腹部。后腹部是腹部的最后一

节，形状因种类而不同，是分类的重要依据，末端有一尾爪，其形状弯曲，上生棘刺，靠基部 1~3 个较大，成棘刺或爪刺，其条较小，排成一行，合称附栉。有的种类还有更小的刺或细毛。在后腹部背面或左右两侧有 1~2 行单独或成簇的刺，称肛刺。有的种类（盘肠溞科）在后腹部的背面左右两侧肛门附近还有 1 或数行侧刺。肛门开口于后腹部后方。

后腹部的形态及其结构，如肛门开口的位置，肛刺和竖刺的数目和排列形式，尾爪与其凹面的基刺，栉刺的有无和数目等特点常作为分类的重要依据。尾爪、肛刺和侧刺等这些结构在后腹部后弯曲时除了剔除不能进食的物质外，还能拭除黏附在胸肢刚毛上的污物。

2. 枝角类的内部构造与功能

（1）消化系统。由消化道和其上的附属器官组成。消化道由食道、中肠和直肠 3 部分组成。

①口器：位于第二触角的内侧，为头部的第 3、第 4 和第 5 对附肢（口肢），即 1 对大颚和 2 对小颚，它们和一片上唇和 1 片下唇共同组成口器，大颚由几丁质构成。接触为锤状或崤状，第一对小颚较小，在大颚的后面，上面长有很多刚毛，功用是把食物送入口中。第二对小颚退化，有些种类已消失。

②食道，又称前肠：由腹侧向后侧作弧状弯曲，其后端通入肠。

③中肠又称胃：粗管状，除前段稍膨大外，其他部分几乎等粗。中肠壁有纵走和环走的肌纤维，其后接直肠。中肠的形状因种类而不同，如盘肠溞科中的种类中肠特别长，后端部分弯曲，晶莹仙达溞的中肠是直的，蚤状溞中肠是方形。

④直肠：直肠较短，与中肠相连，只有环肌纤维，并有发达的扩伸肌，能使肛门扩张。

⑤肛门：肛门位于直肠的后端，除大眼溞科位于腹侧外，大多数在后腹部的背侧。肛门的位置在分类上是很重要的依据。

⑥附属器官：除藻皮溞科、仙达溞科和象鼻溞科外大多数枝角类的消化道都有附属器官。附属器官为一对耳状的盲囊，位于中肠前端的左右两侧，称肝脏突起。但盘肠溞科中大多数种类的附属器官为一短盲肠，位于中肠后端的腹侧。这些附属器官都被认为有分泌消化酶的机能，虽然在枝角类的消化道内已证实有蛋白酶、肽酶和淀粉酶，但这些酶是否由上述器官产生的，目前，还没有得到研究机构的确切报道，还有待科研机构进一步探讨和研究得到真实的数据，才能真正证明消化道的酶制种酶剂是上述器官功能作用所产生的。

（2）循环系统。在头部后方的背侧有一卵形或球形的心脏，共有 3 个心孔，前端1个动脉孔，后端两侧1对静脉孔。心壁内有网纹肌纤维，含有环肌和纵肌。动脉孔内活瓣启闭，静脉孔内由肌肉交替收缩控制启闭。绝大多数种类透明藻皮溞和尾尖溞例外，没有血管，血液只在体腔内及其组织间游动，但游动的路线是一定的。当心收缩时血液被压出动脉孔，可达头部，向后折回，分布到全身各个部分，最后汇集经过静脉孔，再回归心脏。心脏收缩较快，在常温下心脏跳动的速度每分钟可达250次。血液一般透明无色或带淡黄色，某些池塘种类为适应低溶氧环境而形成溶解性的血红素，使得血液变成了粉红色或红色，这就是清晨常常能见到池塘内大量"红虫"的缘故。

（3）呼吸系统。枝角类主要进行扩散性呼吸。氧气和二氧化碳的交换通过整个体表面进行，特别是壳瓣的表面和胸足表面。此外，有些种类，如溞等。

（4）排泄系统。枝角类有两种不同的排泄器官，即壳腺和触角腺，壳腺又名颚腺，1对生于前胸两侧，由末端囊和细长盘曲的胃管组成。胃管近端开口于末端囊，其开口称肾孔；远端开口于第二颚基部，开口是排泄孔。成体都是壳腺，它是枝角类主要的排泄器官，分末端囊和肾管两部分，肾管远端的排泄孔位于上唇附近。随着幼体不断发育，肾管开始退化，排泄孔逐渐闭塞，最后末端囊也消失。有的种类，如蚤状溞等在成体还残留退化的触角腺（只有几个细胞），但已无排泄功能。

（5）神经系统和感觉器官。枝角类的神经系统主要由若干神经节和神经掌组成。脑极发达并由此分出许多神经通达复眼、单眼和消化道的前部等处。

枝角类的感觉器官有4种，即感化器、触觉器、视觉器和颈感器。感化器是第一触角上的嗅毛。触觉器是第一触角上的触毛。后腹部的尾刚毛和躯体上其他各种毛状体。视觉器通常包括1个单眼和1个复眼。颈感器又名颚器，为枝角类所特有，分布于头部各处，数目少，各由1个或数个无色素的球形细胞构成，与内脑发出的神经相连。

（6）生殖系统。枝角类为雌雄异体，雌性生殖系统位于中肠的两侧，一对长形的卵巢，一对颇短的输卵管，一对生殖孔位于后腹部近背面的左右两侧，为一对腊肠形的精巢，其后接一对输精管，末端为生殖孔位于肛门或尾爪附近。少数种类的生殖孔开口于阴茎状的突起上，而突起就是交配器。

3. 枝角类的生长、生殖、发育及其影响因素

（1）生长。枝角类的生长是不连续的，每脱1次壳就生长1次。只有在新甲壳未硬化时才能生长，其时间极短，如大型溞每次不到1min。前后两次蜕壳之间的时间，称龄期。在一定龄期中动物的体态称为龄。幼溞的称为幼龄，成体的称为成龄。

枝角类的个体发育可分为3个时期，即卵期、成熟期和成龄期。

①卵期：卵在孵育囊中发育的时期。成熟期和成龄期。从夏卵在发育成幼溞后，母体移动后腹部，幼溞便脱离母体，成为1次第一幼龄。以后每脱皮1次即增加一龄。幼龄期数因种类而不同，如蚤状溞为4~5个幼龄数，大型溞4~6个幼龄数，象鼻溞3个幼龄数和老年低颚溞5个幼龄数；同一种类的幼龄数随水温而变化，如僧帽溞高温时4个幼龄，低温时都有5~6个幼龄。

②成熟期：是中末期幼龄和第1个成龄间单独的1个龄期。这时卵巢中的第一批卵已发育成熟，但尚未达到卵精囊。成熟期的长短因种类和季节而异，夏天一般2~6d。

③成龄期：从孵育囊出现夏卵后，即进入成龄期，此时每蜕皮1次即产生一批幼溞。成龄数也因种类和环境因子的作用而有较大变化，如蚤状溞18~25个成龄数，大型溞6~22个成龄数和长刺溞10~19个成龄数。

（2）生殖。枝角类有两种生殖方式，即孤雌生殖（单性生殖）和两性生殖。环境条件适宜时进行孤性生殖，环境条件恶化时则进行两性生殖（图3-8-35）。

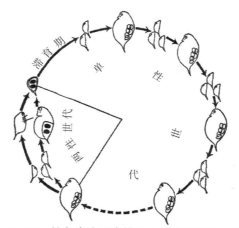

图3-8-35　枝角类生活史模式（仿蒋燮治等，1979）

①性成熟：枝角类性成熟所需的时间，因种类和环境条件而有所不同。如蚤状溞一般在4龄后达到性成熟，第5龄开始产卵。在有适宜的温度和丰富的食物情况下，性成熟时间较短，反之则较长。如在7℃的条件下，需18d达到性成熟；但在25℃的条件下只需5d左右即可达到性成熟。

②孤雌生殖：枝角类常为孤雌生殖，它所产生的卵为孤雌生殖卵，也称夏卵，卵膜薄而柔软，卵黄小，较透明，卵形较小，数量较多，这种卵不需受精就能发育，故又名非需精卵。它在母体孵育囊中迅速发育，经过很短的时间，就孵出幼溞。由

夏卵孵出的幼溞除最末一代外，几乎全是雌的。幼溞发育到一定程度，在母体蜕壳前几个小时离开母体。其后就能独立生活。幼溞离开母体后，母体随即蜕壳而另一胎夏卵接着排入孵育囊中，通常成熟雌体蜕壳 1 次就产生 1 胎夏卵。

每胎的数目称为生殖量。生殖量的高低与种类，个体大小龄期有关，接近正态分布。一般体型大的种类生殖量高于体型小的种类。如大型溞（最大体长 6mm）生殖量达到 100 个以上，老年低颚溞（3mm）生殖量为 30 个，角类网纹溞（0.60mm）生殖量为 6 个。同种中个体的生殖量与个体的大小有关，大的个体生殖量也大，如发头裸腹溞体长 1.76mm，生殖量为 21.14 个；体长 1.26mm，生殖量为 11.62 个；体长 0.66mm，生殖量减少到 4.41 个。同一种枝角类生殖量的变动与龄期有关。通常最初的几个龄期生殖量较低，其后逐渐增加而达到高峰。哪一龄生殖量最高则因种类而异。例如，大型溞和蚤状溞生殖量最高在第三成龄，而长刺溞则在第六成龄。生殖量达到高峰后便逐渐下降，到接近自然死亡的最后 1~3 龄期，有的种类不产卵。此外，各个成龄的生殖量常有"一高一低"交替的现象，这在生长刺溞和大型溞中都较为明显。

种类、母体大小、龄期支配着枝角类生殖量的高低，但同时它受外界环境条件的影响。其中，重要的因子是食物，各种枝角类要求一定的食物量来保证其生殖量。食物增加，生殖量提高；食物减少，生殖量就下降。饥饿的枝角类雌体侧部排卵，即使卵已排入孵育囊，也可能因食物不足而被吸收。因此，从生殖量的高低可以判别淡水中食物的丰度。水温也是一个重要的因子，如大型溞长期处在 3~5℃ 的低温中便停止产卵；蚤状溞在适宜范围内生殖量（7℃）就较大，高温（18~25℃）较小。此外，种群密度与水中溶氧量等也都影响生殖量。种群密度增大，尽管在食物足够的条件下，拥挤也会使生殖量下降。这可能是由于个体太多，排出的代谢产物增加而溶氧量下降的缘故。据研究，水中溶氧量降低到 2~3mg/L 以后，蚤状溞的生殖量将随着溶氧量的继续下降而减少。

③两性生殖外界条件恶化时，孤雌生殖雌体所产的夏卵，不仅孵出雌体也同时孵出雄体，开始两性生殖。两性生殖时雌体所产卵称冬卵，冬卵膜厚，卵黄多，数量少，通常仅 1~2 个。绝大多数种类产出的卵必须受精才能发育，称需精卵。雌雄交配时，雄体利用具有长钩的第一胸肢和第一触角上的长刚毛攀附在雌体上，将后腹部深入雌体壳壁内，把精子排入孵育囊或输卵管与需精卵受精。受精后的冬卵在孵育囊内不超过 2d 时间，发育到囊胚阶段，形成生殖腺和头部原基以后就离开母体，在外界暂时停止发育，直到环境条件改善以后再继续发育并孵出幼溞。暂停发育的这段时间称滞育期，因而受精的冬卵又称滞育卵或休眠卵，滞育期的长短因种

类和外界环境条件而不同，一般夏天为数天至数周，秋季至冬季可持续几个月。休眠卵孵出的幼溞都是雌的，即下一周期的孤雌生殖体，从此又开始孤雌生殖。

例外的情况是，分布在北极高纬度地带的某些种类，如蚤状溞等，在没有雌体时也能产生冬卵，这些冬卵在环境条件改善以后，未经受精也能孵育出幼溞。这可看成是枝角类在不利的生存条件下高度适应的表现。

冬卵与夏卵不同，母体在临产前并不蜕壳。冬卵内有许多小而黑色的卵黄粒，一般比夏卵大。冬卵的数目各种类都是一定的，除极少数种类外，一般较少，约1~2个。冬卵的卵膜特别厚。有的种类冬卵保护在卵鞍内亦即卵鞍是保护枝角类冬卵的荚状物，无卵鞍的受精冬卵脱出母体后散落水中；有卵鞍的受精冬卵则在母体蜕壳时与壳瓣一起脱出（图3-8-36）。多数漂浮水面，受风浪影响群集于水域的沿岸区；少数种类如象鼻溞等的卵鞍却沉在水底。

冬卵能抵抗寒冷与干燥等不良的外界条件。在泥土中干旱20年以上的冬卵还能孵出幼溞。所以冬卵对种的延续有重大的生物学意义，同时，冬卵和卵鞍能随着水流或附着在水鸟等动物体上广为扩散。

引起两性生殖的原因是错综复杂的。一般水温过高或过低，食物缺乏，食物质的差别，如含有一定量的酵母菌等，水中溶氧量下降，种群密度过大等都会使夏卵孵出雌体和雌体产生冬卵，发生两性生殖。但不论外界条件如何，孤雌生殖第一代雌体所产的第二代个体中全是雌的，绝不会有雄。反之，最后一代孤雌生殖的个体则不会完全是雌体，总会有一部分雄体出现。

④生殖周期：从冬卵孵出幼溞到新的冬卵形成，这一过程称为一个生殖周期。一年中能产生几个生殖周期，也就进行几次有性生殖。枝角类可以分为单周期、双周期、多周期和无周期四大类。生活在湖泊和水库等大型淡水水域的敞水区及海洋中的种类为单周期。在中纬度的地区的大型淡水水域中，单周期种类占绝对优势，常见种类如盘肠溞科低额溞属、网纹溞属和象鼻溞属等两性生殖在秋末冬初进行。前几种孤雌生殖出现较迟，后几种孤雌生殖出现较早，但它们在夏季皆进行孤雌生殖。双周期的种类少。如栖息在大型水域的，虱形大眼溞是典型的双周

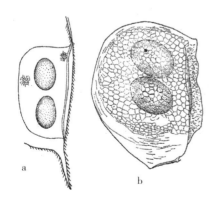

图3-8-36　枝角类的卵鞍

a.大型溞　b.发头裸腹溞

期种类，池塘和间歇性水域，由于环境因素变化频繁，生活其中的种类皆为多周期种，如大型溞、蚤状溞、老年低额溞、长额象鼻溞、网纹溞属和裸腹溞属的很多种类，一年中出现多次两性生殖。无周期是指四季都进行孤雌生殖的种类，但并非完全不进行两性生殖，只是能持续几年不进行两性生殖的或行两性生殖的强度极小，在种群中很难见到雄体或带有冬卵的雌体。如分布在大型或深水湖泊和水库中，脆弱象鼻溞等终年的出现，冬季种群不消失，在冰层下的水层中不仅继续存活，且带有夏卵和幼溞进行孤雌生殖。

枝角类的生殖周期不但与种的遗传性有关，也与所生活的水域环境有关，多数种类的生殖周期随生活环境而变化。如长刺溞生活在湖泊长敞水区为单周期种或双周期种，生活在池塘则为双周期种或多周期种，盘肠溞科的多数种、网纹溞属的多数种以及蚤状溞和长额象鼻溞等也有类似的变化。极少数种类，尤其肉食性种类的生殖周期十分稳定。如透明薄皮溞和虱形大眼溞不论生活在大小不同或环境条件悬殊的各种水域，它们始终分别为单周期和双周期，但两性生殖的时间在不同的水域往往相同。

（3）发育。枝角类的夏卵由卵原细胞发育而成，仅经过一次成熟分裂而非减数分裂，故夏卵为双倍体。在由卵巢排入孵育囊的前数期，外界条件都可能影响未来的胚胎的性别。缺食、低温等可促使夏卵孵出雄体。冬卵也由卵原细胞育成，但其育成经过两次成熟分裂，第一次为减数分裂，第二次为均等分裂，因此育成的冬卵为单倍体。精子的育成也经两次成熟分裂，其中一次为减数分裂，因此精子是单倍体。

受精的冬卵经卵裂形成囊胚，不久就离开母体，在外界经滞育期继续发育，夏卵无需受精，经卵裂形成囊胚后仍留在母体孵育囊中继续胚胎发育，孵出幼溞暂时仍在孵育囊中，待发育到一定程度才从母体壳瓣后缘的开口，借助于后腹部的活动而排出。薄皮溞科和大型眼溞总科的孵育囊是封闭的，是由孵育囊破裂而将幼溞排出。幼溞离母体前这段时间称孵育期。夏卵的孵育期长短与种类和水温有关，春夏两季枝角类的孵育期 1~4d。在夏季足食的条件下，大型溞在其一生的早期和晚期，每 2d 产 1 胎幼溞，中期每天产 1 胎。

枝角类中只有透明薄皮溞的冬卵是间接发育，从这种冬卵孵化出来的是后期无节幼体而非幼溞。在变态过程中经过 3 次蜕皮才变为幼溞。其余的枝角类都不经变态，直接发育。

幼体都要经过一段时间发育才变为成体。其所需的时间随种类而异，在夏天一般为 2~6d。在适温范围内，高温能提早性成熟，而低温推迟性成熟。

4. 枝角类的分类

枝角类属于节肢动物门，甲壳纲，鳃足亚纲，双甲目，枝角亚目。

迄今已有记录的枝角类约 440 多种，11 个目中，除大眼溞目中的圆囊溞科为海产外，其余都分部产在内陆水体中。除羊肢溞科在我国尚未发现外，我国已发现的枝角类隶属于 10 个科，约 130 多种，约占世界总数的 1/3。在这 10 个科中，大眼溞科和棘溞科在我国发现 1 种，只发现于吉林省、黑龙江省和新疆维吾尔自治区三地，各地普遍分布的枝角类隶属于其余的 8 个科。

（1）单足部。体长大，不侧扁。游泳肢圆柱形，6 对，单肢型（无外肢）。冬卵间接发育，先孵出后期无节幼体，仅一科，卵薄皮溞科，仅一属一种。

透明薄皮溞：体长圆筒形，颇透明，分节。壳瓣小，不包被躯干部和胸部（图 3-8-37）。复眼很大，呈球形，除冬卵孵出的第一代外，其余各代个体都无单眼，第一触角能活动，短小不分节。第二触角粗大，游泳肢 6 对，圆柱形，分节，只留内肢，外肢退化，其上有许多粗壮的刚毛，各对游泳肢皆为握肢，缺鳃囊。后腹部有一对大的尾爪。肠管直。无盲囊。

图 3-8-37　透明薄皮溞
（仿蒋燮治等）

体长 3~7.5mm。雄体较小，2~6.85mm，第一触角较大，呈长鞭状，前侧列生嗅毛；壳瓣完全退化，该部位突出呈背盾。

透明薄皮溞为典型的浮游种类，大多分布于大型湖泊、小型湖泊或积水较深的池塘也有发现，为北方种，除华南外，长江流域、东北三省、云南省和内蒙古自治区都有发现，有时数量极多。

（2）真枝角部。体较短，多少侧扁，具 5~6 对叶片状胸肢或 4 对圆柱形的游泳肢，双肢型，冬卵直接发育。

①仙达溞科颈沟明显，第一触角能动。第二触角粗大，双肢型，上具多数（＞10 根）游泳刚毛，肠肢 6 对，常见属有以下几种（图 3-8-38）。

A.肢秀体溞属壳甚薄，无色透明，头部大，复眼大。无单眼和壳弧，有颈沟，第一触角较短，能动，前端有一根长鞭毛和嗅毛，第二触角强大，刚毛或为 4~8（0-1-4）。肠管直，无育囊。后腹部小，锥形，无肛刺，爪刺 3 个。雄体第一触角较长，有一对交媾器，位于 6 对胸肢之后肠管的两侧。主要分布于热带、亚热带或温带地区的湖泊、水库等大型的淡水体中。本属有 20 种，我国有 9 种，常见种有肢秀体溞。

　　B. 尖头溞属体透明，头部小，额角尖细，吻喙状。后腹部狭长，有腹缘短壳刺。尾爪细长，具 2 个基刺。第二触角毛或为 2-16/1-4，分布于海洋水域。

　　C. 仙达溞属头部宽阔，与躯干部分开。第二触角粗大，外肢 3 节，内肢 2 节，刚毛或为 0-3-7/1-4。本属仅有晶莹仙达溞一种。

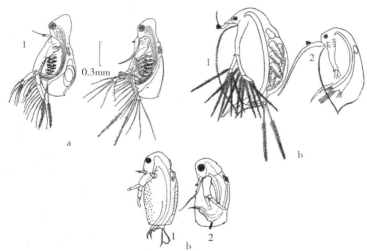

图 3-8-38　仙达溞科部分属常见种（仿蒋燮治、郑重）

a. 长肢秀体溞　b. 鸟喙尖头溞　c. 晶莹仙达溞
1. 雌体　2. 雄体

　　②溞科壳弧发达，壳瓣后背角或后腹角明显，有属后延成壳刺，壳面上多数具网纹。复眼大。第一触角通常短小，不能活动或稍能活动，具有 1 根触毛和 9 根嗅毛。第二触角外肢 4 节，内肢 3 节刚毛 0-0-1-3/1-1-3。肠管不盘曲，前端有 1 对盲囊。雄体较小，第一触角长大。芽胸肢有钩。本科常见的有 4 个属。

　　A. 溞属体呈卵圆形。壳瓣背面具有背棱，后背角延长成壳刺，壳面有菱形的网纹。吻明显而尖，大多数具单眼。通常无颈沟。第一触角小，不能活动；第二触角长具 1 根刚毛。腹突 3~4 个。卵鞍近乎矩形或三角形，内贮冬卵 2 个。雄体较小，背缘平直，前腹突出。吻无或十分短钝。第一触角长大，能活动。前脚有 1 根长刚毛。第一胸肢有一个钩和一根长鞭毛。腹突常退化。输精管开孔于尾爪与肛门之间（图 3-8-39）。

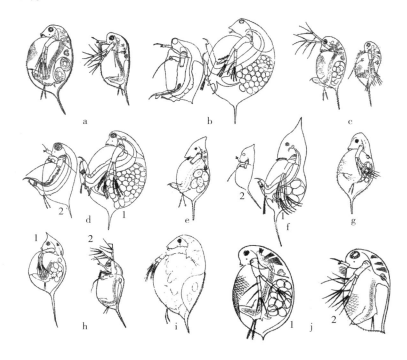

图 3-8-39　溞属（仿各作者）
a. 隆线溞　b. 大型溞　c. 长刺溞　d. 蚤状溞　e. 小栉溞　f. 僧帽溞　g. 透明溞　h. 翼弧溞
i. 鹦鹉溞　j. 短钝溞

1. 雌体　2. 雄体

　　本属种类存在很多地区或季节变异类型，现鉴定无湿的约 30 种，分布于世界各地，尤以湿带最为普遍，我国已发现 10 种多分布于中、小型浅水湖泊、池塘、水沟以及湖叉等有机质丰富的小型水体。最常见的种类有以下 3 种类型。

　　a. 隆线溞。雌体长 1.3~3.7mm。壳刺长可达体长的 1/3。壳面网纹多成菱形。吻尖长。壳弧发达，后端弯曲呈锐角状。单眼小。第一触角短，第二触角刚毛或为 0-0-1/1-1-3。后腹部有肛刺 10 个左右。尾爪基部有两列栉刺。卵鞍内贮冬卵 2 个，其长轴与卵鞍背侧大致平行。该种是淡水池塘、湖泊中最常见的枝角类，特别是育苗池清塘后，继轮虫、裸腹溞繁殖高峰后，常出现大量隆线溞，是鱼苗后期的适口饵料，但因个体较大而不能被较小的育苗取食，是育苗后期的适口饵料。

　　b. 大型溞。雌体长 2~6mm，壳刺短，甚至消失。壳面具有菱形花纹。壳弧发达但其延伸长度不如隆线溞。后腹部在肛门之后的背侧显著凹陷，形成"肛凹陷"。肛刺以此分为前后两组，前 9~12 个（有时 5~6 个），后 6~10 个。卵鞍内冬卵 2 个，斜卧，长轴与卵鞍长轴成一定角度。和线隆溞一样，是池塘和湖泊中的常见种，但出现率较低。在低盐度＜ 5 水体中也有分布。

c. 长刺溞。雌体长 1.2~3.0mm。壳刺长＞ 1/2 体长。壳纹菱形或呈不规则的网状。壳弧较发达，后端弯曲成钝角。后腹部无肛凹陷，肛刺 9~15 个，愈近尾爪者愈长大。冬卵 2 个贮存于近似三角形的卵鞍中，卵长轴与卵鞍背缘垂直。比较广泛的分布于水源、湖泊和江河中，但池塘中出现率不如前述两种。偶尔出现于半咸水体中。

溞属分为栉溞亚属和溞亚属两个亚属。前者头甲背缝短，壳瓣背侧的脊棱伸进头甲，壳弧突出；而后者头甲缝伸进壳瓣背侧，壳弧不突出。

B. 低额溞属。体卵圆形，前狭后宽（图 3-8-40）。头小而低垂，吻短小。有颈沟。单眼较大，纺锤形或点状。无壳刺。壳后半背侧具有锯子状小刺，腹缘内侧列生刚毛。第一颈沟。单眼较大，纺锤形或点状。无壳刺。壳后半背侧具有锯子状小刺，腹缘内侧列生刚毛。第一触角不甚发达，长短雌雄相近。第二触角外肢节末节有一根刚毛。后腹部宽阔，肛门前有一突起，腹突常 2 个，雄体无。肛刺靠近尾爪。主要栖息于水塘、池沼等小型淡水（水体），喜生活于水草茂密的岸边。

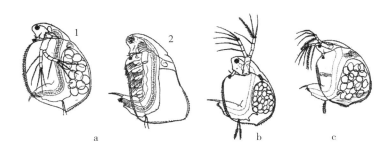

图 3-8-40 低额溞属常见种类
a. 老年低额溞 b. 刺爪低额溞 c. 拟老年低额溞
1. 雌体 2. 雄体

C. 角突网纹溞属。体椭圆形（图 3-8-41），壳瓣具多角形网纹。颈沟渠，头小无吻，向腹侧低垂。复眼大，充满头顶。单眼小，点状。雌体第一触角不甚发达。雄体较发达，均可微动。壳瓣后背角稍突出成一短脚刺。卵鞍贮冬卵 1 个。分布较广，以稻田、水沟和池塘中更为常见。

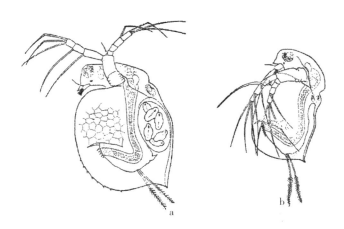

图 3-8-41　角突网纹溞
a. 雌体　b. 雄体

D. 平突船卵溞属。体近长方形，长 1mm 左右（图 3-8-42）。壳瓣腹缘平直，后腹角具有向后延伸的壳刺。颈沟明显。复眼大。卵鞍内贮冬卵 1 个。本属枝角失常利用壳瓣腹缘的刚毛，使腹面向上侧悬而漂浮水面。常见种为实船卵溞广泛分布于湖泊、池塘、沟渠等淡水水体。以多草的沼岸带数量较多。

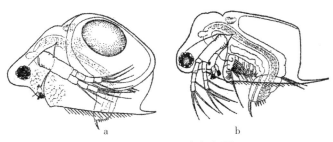

图 3-8-42　平突船卵溞
a. 雌体　b. 雄体

③裸腹溞科。头大，无吻，有颈沟。第一触角长，呈棒状，能活动。后腹具一列刚肛刺，最末一个肛刺分叉，其余的肛刺边缘均有羽状刚毛。雄体较小，壳瓣背侧平直，第一触角远长于雌体的第一触角，常有一弯曲，在弯曲处的前侧着生 2 根触毛，触角末端除嗅毛外，有数根钩状刚毛。第二根触角刚毛式为 0-0-1-3/1-1-3。本科常见浮游种类只一属。

裸腹溞属。体卵圆形，不很侧扁（图 3-8-43）。头部较大，不呈三角形。颈沟深。无吻，壳弧发达，复眼大，通常无单眼。壳瓣近乎圆形，没有完全覆盖躯体部，无壳刺。后腹部露出壳瓣之外，末端呈圆锥状。雄体较小。壳瓣狭长，背缘较平直。复眼通常比雌性的更大。第一触角非常长大，末端有 3~6 根钩状刚毛和一束嗅毛。第一胸肢有钩，有的还有长鞭毛，卵鞍内贮冬卵 1~2 个。多周期性生殖。遇缺氧等不良环境条件时常带红色，在大量繁殖时使水体呈红色，故叫红虫。

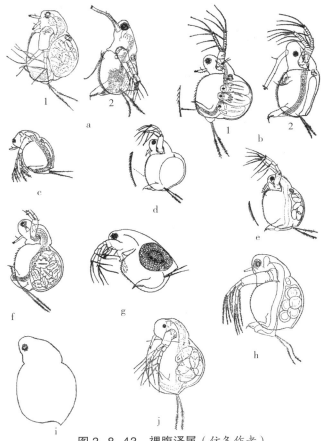

图 3-8-43　裸腹溞属（仿各作者）

a. 多刺裸腹溞　b. 微型裸腹溞　c. 蒙古裸腹溞　d. 直额裸腹溞　e. 发头裸腹溞　f. 短型裸腹溞　g. 近亲裸腹溞　h. 远东裸腹溞　i. 双卵裸腹溞　j. 兴凯裸腹溞
1. 雌体　2. 雄体

a. 多刺裸腹溞．雌体长 0.8~1.2mm。腹缘刚毛 55~65 根，列生于整个腹缘，前长而后短。第一触角长大，呈棒状，雄体更加强大。后腹部具羽状肛刺 7~11 个和末端叉状肛刺 1 个。尾爪基部无栉状刺列而仅有一些微小的梳状毛。卵鞍内贮冬卵 2

个。喜居于小型水域，特别是一些有机质丰富的间歇性水体中，春夏季数量特别大。在清塘不久的鱼苗池中，其密度可达每升水数百个。是育苗的重要活饵料。

b. 微型裸腹溞（模糊裸腹溞）：雌体 0.5~0.8mm，为体形最小的裸腹水蚤，腹缘较长，刚毛只有 11~25 根。后腹部羽状肛刺 3~6 个。叉状肛刺 1 个。尾爪大，基部有 10~12 个栉状刺。卵鞍内贮冬卵 1 个。习居于有机质丰富的湖泊和池塘中，偶见于半咸水体。

c. 蒙古裸腹溞：体较大，雌体长 1~1.4mm 腹缘长，刚毛 22~29 根。壳瓣上具多角形网纹。后背角不形成壳刺。颈沟发达。复眼较小，无单眼。本种与同属的其他种的区别是雌体的第一胸肢第二节上不具前刺。

该种是大陆唯一得到承认的盐水裸腹溞，是中国枝角类的新记录，据报道其分布迄今仅限晋南、内蒙古自治区、新疆维吾尔自治区和银川地区。这些地区的暂时性和永久性水体中都很常见。盐度 10%~23% 出现率最高，曾在一个盐度为 65.2% 的超盐水体中发现少量个体。在室内经短期驯养，能做到在淡水和海水中继续生长繁殖。

④象鼻溞科：体小短而高，壳膜缘平直，后腹角延伸成棘状壳刺（图 3-8-44）。第一触角长，与吻愈合，尖突状，不能活动。嗅毛不生在第一触角末端，而位于靠近基部的前侧。第二触角短，只达壳瓣腹缘，外肢 4 或 3 节，内肢 3 节。雄肢 6 对。壳弧一般短小。肠管不盘曲，无育囊。雄性第一触角更长，不与吻愈合，能活动。第一胸肢有钩及长鞭毛。输精管开孔于左尾爪之间。本科只有 3 个属，都很常见。

A. 象鼻溞属：头部与躯干部无明显界限，体型有点变化，但自头部背侧至壳瓣后背角几乎呈圆弧形，无颈沟、壳瓣后缘平截，壳瓣后腹角向后延伸成壳刺，其前方具有一羽状刚毛，壳瓣后缘平直。第一触角基部不愈合为一。第二触角外肢 4 节，内肢 3 节。

全国各地大、中、小水体都有分布。但主要生活在湖泊中，尤以高营养水域量多。在大型深水湖泊或水源的敞水区多分布于沿岸地区。

B. 基合溞属：有颈沟，头部与躯干部分界明显，后腹角不延伸成壳刺，但后腹缘列生棘刺。雌体第一触角基端左右愈合，末端弯曲，嗅毛生于触角的末端。第二触角内，外肢皆 3 节。雄体第一触角稍微弯曲，左右完全分离，且不与吻愈合，能活动。第一胸肢有钩和长鞭毛。

本属仅一种颈沟基合溞。我国各地都有分布，草丛化的湖泊中分布尤为普遍，大多生活在沿岸区。

⑤盘肠溞科：壳较厚，身体完全包被在头甲和壳瓣内。头甲向前延伸，超过第

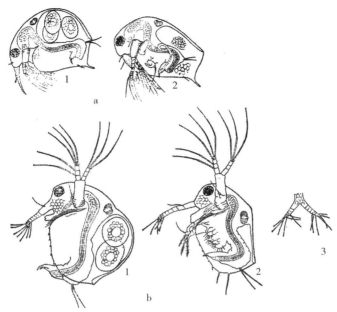

图3-8-44 象鼻溞科常见种（仿蒋燮治等）

a.长额象鼻溞 b.颈沟基合溞

1.雌体 2.雄体 3.侧面观第一触角

一触角基部，构成吻；其两侧往后延伸，超过第二触角基部，构成壳弧。单、复眼变化很大，复眼小，复眼大于单眼，或单眼大于复眼，或两者同大，或缺复眼只有单眼。第一触角短小，一般不超过吻的末端，稍能动。第二触角内，外肢均分3节。胸肢5~6对。肠管盘曲一圈以上，极少数种类胸前都有1对盲囊，大多数种类只在在肠后部有1个盲囊（盲肠）。后腹部极侧扁，无腹突，卵鞍内贮冬卵1个。雄体形态近似雌体，但较小，吻较短，第一触角增生一根特殊的触毛，第一胸肢有状钩。后腹部的刺或棘均较纤弱，或为刚毛所代替。输精管开口于尾爪基部附近（图3-8-44）。

本种类最多，已鉴定的有170多种，我国已发现59种。多营底栖生活。

A.尖额溞属：体卵圆形侧扁，近乎矩形，无隆脊。壳瓣后缘高度大于体高的一半，后腹角一般浑圆，少数种类具齿或成刺壳面大多有纵纹。胸肢通常5对，后腹部短而宽，极侧扁，爪刺1个。雄体吻较短，第一胸肢有长钩。有些种类的雄体无爪刺。

本属种类多，分布广，多生活于湖泊近岸草丛、池塘或沟渠中。常见种有矩形尖额溞。

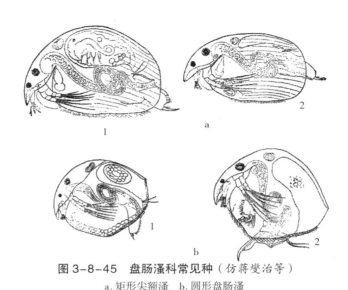

图 3-8-45　盘肠溞科常见种（仿蒋燮治等）

a. 矩形尖额溞　b. 圆形盘肠溞

1. 雌体　2. 雄体

　　B. 盘肠溞属：体稍微侧扁，近乎圆形。壳瓣短，长度与高度略等。腹缘浑圆，其后半部大多内褶。壳瓣后缘高度通常不到壳瓣高度的一半，头部低，吻长而尖，第一、第二触角都较短小，后腹部短而宽，爪刺 2 个，内侧 1 个极小。雄体小吻较短，第一触角稍粗壮，第一触角胸肢有钩，后腹部较细，肛刺微弱（图 3-8-45）。本属种类多，广温性世界种占多数，多分布于小而浅的水坑或湖泊、水库的沿岸区草丛中。

　　C. 锐额溞属：形似尖额溞。吻短而钝。壳瓣后缘较低，高度通常不到最大壳高的一半。后腹角常有锯齿。尾爪基部有 2 个或 1 个爪刺。

　　D. 平直溞属：体卵圆形，侧扁，吻长而尖，内弯。壳瓣后缘很低，不到壳高的一半，不列生锯齿，后腹角常有齿。单眼显著小于复眼，爪刺 2 个。

　　⑥蚤形大眼溞科：体短，壳瓣不包被体屈与胸肢，只能盖体孵育囊。头大，复眼大，填满头顶。无单眼。无壳弧。第一触角小，能动。第二触角小，外肢 4 节，内肢 3 节各有 7 根游泳刚毛。后腹部短，无尾爪。尾突 1 个，棒形（图 3-8-46）。

　　本科仅大眼溞属一个属。

　　大眼溞属：颈沟深而明显，第二触角刚毛为 0-1-2-4/0-1-1-5。后腹突棒状，约与 2 尾毛等长。习见种为蚤形大眼溞为嗜寒性冷水种。分布于我国东北和西北地区湖泊和池塘中，以腐殖质贫营养型水体中最常见。杂食性。捕食小型甲壳动物也吞食较大型藻类和有机碎屑。

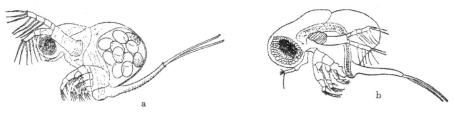

图3-8-46 虱形大眼溞科
a.雌体 b.雄体

⑦圆囊溞科：壳瓣形成孵育囊，不包被头部和胸肢。体短头大，复眼也大，无单眼。第一触角小，不能动。第二触角外肢4节，刚毛6~7根；内肢3节，刚毛6根，我国沿海均有分布（图3-8-47）。

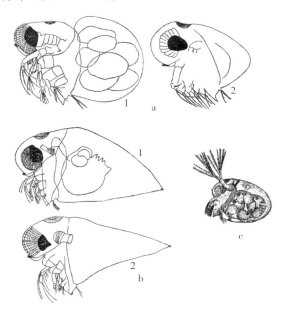

图3-8-47 圆囊溞科常见种（仿各作者）
a.多型圆囊溞 b.诺氏三角溞 c.肥胖三角溞
1.雌体 2.雄体

A.圆囊溞属（短尾溞属）：雌体长0.25~0.95mm具颈沟，壳瓣圆，呈囊形，育室半圆形。第二触角刚毛式0-1-2-4/1-1-4。本种多广泛分布于近海岸，但盐幅极广，可进入半咸水域生活。常见有多型圆囊溞。

B. 三角溞属（僧帽溞属）：雌体长 0.3~0.5mm 体呈三角形。吻短而钝，无颈沟。育室锥形。第二触角刚毛式 0-1-1-4/1-1-4。我国沿海均有分布，常见诺氏三角溞和肥胖三角溞适盐性广，可进入半碱水域生活。

⑧粗毛溞科：个体小，卵圆形，侧扁，躯干及胸肢全为甲壳所包被。后腹部上肛刺周缘无羽状毛，末肛刺不分叉。第一触角发达而能活动，第二触角外肢 4 节，内肢 3 节（图 3-8-48）。胸肢 5~6 对，肠直或盘曲。

A. 泥溞属：体近三角，侧而观壳而高度较大。头很小，额顶呈锐角。壳背缘较短，腹缘及后缘较大。第一触角 2 节，能活动；第二触角较短，基肢粗壮。胸肢 6 对，后腹突 1 个，后腹部宽扁，上有许多长短不一的肛刺。尾爪不长，具 2 个爪刺。常见的有底栖泥溞。

a   b

图 3-8-48　粗毛溞科常见种

a.底栖泥溞　b.粉红粗毛溞

B. 毛溞属：体卵圆形，头较大。第一触角长且能动；第二触角大，外肢 4 节，内肢 3 节，共 9 根游泳刚毛。胸肢 5 对，后腹部常分成 2 叶，尾爪短。常见有粉红粗毛溞。

5. 枝角类的生态分布和意义

（1）习性与分布。枝角类的绝大多数种类栖息于淡水水域。水环境的不同其种、量差异极大。池塘环境与湖泊沿岸区近似，枝角类组成也大致相同。但某些在湖泊中数量不多的种类，如大型溞和蚤状溞等，在池塘中往往大量繁殖。池塘中数量最多的要数锥多刺裸腹溞和隆线溞。该两种枝角类在施肥池塘中，经常形成极大种群。其数量有时可达每升水数百个。且持续时间相当长。

江河因水流动，使枝角类难以浮游生活，同时由于大量的悬浮物，引起滤食条件的恶化，使得枝角类的种类和数量相当稀少，常见种不外长刺溞和长额象鼻溞等几个种类，平均每升水中常不足 1 个。尤其是流速较快的江河中，几乎见不到枝角类。然而，在废旧的河道，闭塞的支流或流速极小的河流下游出口处，其种量相当丰富。

水库一般兼备江河与湖泊两类特性，其上中游区与江河相似，枝角类种量丰富。

间歇性水域生态因子多变，枝角种类不多，仅溞属和裸腹溞属的极少数种类出现。枝角类在各种不同水域中的分布显然受其外界因子的影响：pH 值与枝角类的代谢、生殖与发育有密切关系。如圆形盘肠溞发育的最适 pH 值为 5.0~9.0，分布较广；大型溞在碱性水体（pH 值为 8.7~9.9）较为适应；而透明薄皮溞和短尾秀体溞、长刺溞等喜生活于各类酸性水体中。水体盐度是影响枝角类分布的又一重要因子。枝角类广布于淡水水体，也分布于内陆盐水水体，真正的海洋枝角类不过 10 多种。许多淡水种类如大型溞、多刺裸腹溞、短尾秀体溞、长刺溞、透明薄皮溞等也出现在低盐水体中，另外一些种类可出现于盐度都相当高的内陆盐水中，如蒙古裸腹溞、圆形盘肠溞和内蒙古秀体溞等，可出现在 40‰ 以上的超盐度的水域中。同时，上述的一些种类也很容易在微盐水甚至淡水中找到。可见枝角类对盐度的适应范围是十分广泛的。当然，此种适应必须是逐渐的和长期的。假如把长期生活在淡水中的大型溞突然置于海水中其将会很快死亡，而将之慢慢驯化，则可适应相当高的盐度。我国银川地区的蒙古裸腹溞可生活于 165.2‰ 的超高盐度水体中，应归因于该地区降水量逐年减少，水体盐度逐渐增加。

（2）垂直移动。枝角类生活要求有一定的光照强度，弱光时，向上做趋光移动，到接近水层表面生活：强光时，则被光移动至深处，因此，在同一地方的各水层中，枝角类出现数量上的昼夜变化现象，尤其是晴天，昼夜垂直移动现象更为显著。

（3）摄食。枝角类绝大多数都是滤食性种类，只有薄皮溞和大眼溞等少数种类属猎食性。滤食性种类主要摄食细菌：单细胞藻类和腐殖质，主要靠胸肢的不断拨动，激动水流，从水流中滤得食物颗粒，并把他们集中到胸肢基部和腹沟中，形成食物流向推进入口（图 3-8-49）。猎食性种类要捕食原生动物、轮虫和小型甲壳动物。滤食性种类对食物无选择性，水中的泥沙及食物都会被滤食，因此，泥沙过多会引起枝角类得不到足够的营养，以致逐渐消亡。

（4）季节变异。同一种枝角类的成长个体在一年中不同季节具有不同的外形，这种现象多称季节变异。不注意季节变异，常会将同一种的季节型误认为是不同的种类。具有季节变异的种类主要有溞、船卵溞、网纹溞和象鼻溞等属的一些浮游性种类。主要表现在头顶的形状、壳刺的长短、壳突及壳纹的有无等变异，如象鼻溞冬季的壳瓣低，第一触角短，夏季则壳瓣高，第一触角长。在外界环境因子中，对季节变异起主导作用的是水温，如僧帽溞的头部在晚秋到早春呈圆形，当水温逐步升高到 15~16℃，头部开始变小，7~9 月变得长而尖。

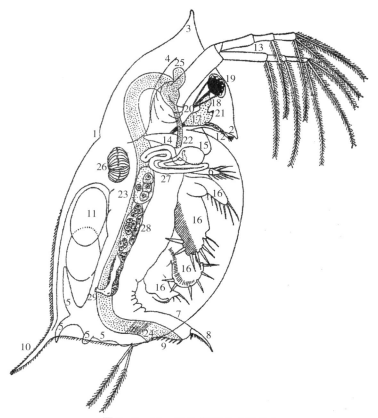

图 3-8-49　枝角类模式（雌体）

1.颈沟　2.吻　3.头盔　4.壳弧　5.腹突　6.尾刚毛　7.后腹部　8.尾爪　9.肛刺　10.壳刺　11.夏卵　12.第一触角　13.第二触角　14.大颚　15.上唇　16.胸肢　17.脑　18.视觉神经　19.复眼　20.动眼肌　21.单眼　22.食道　23.中肠　24.直肠　25.盲囊　26.心脏　27.颚腺　28.卵巢　29.生殖孔

（5）经济意义。枝角类在水域中数量最多，运动缓慢，营养丰富是许多鱼类和甲壳动物的优质饵料。特别是一些水产经济动物的幼体，在取食轮虫和人工（颗粒）饲料的过渡阶段，枝角类更是其难以代替的适口饵料（表3-8-1）。

表 3-8-1　3种枝角类的化学组成　　　　　　　　　　　　（单位：%）

种类	化学组成				
	蛋白质	脂肪	碳水化合物	灰分	其他
大型溞	44.61	5.15	16.75	33.49	0
蚤状溞	46.56	3.90	9.02	25.85	14.67
蚤状溞	7.5	1.4		0.7	
蒙古裸腹溞	6.1	2.1		0.8	

枝角类摄食大量的细菌和腐殖质，对水体自净起重要作用；枝角类对毒物十分敏感，是污水毒性试验的合适动物，同时可作污染水体的监测生物。此外，在药物微量测定、繁殖、育种与变异等科学研究以及生物教学上枝角类也被广为利用。

如上所述，枝角类是营养价值很高的鱼、虾、蟹类的饵料。并且分布广，数量大，生活周期短，繁殖快，便于培养。目前，国内外培养枝角类的方法分室内和室外两种，都取得一定效果。

江苏省溧阳市长荡湖水产良种科技有限公司在繁育、培育鱼类、虾类幼苗时，为了做到降低饲料成本，培育出优质的幼苗，对池塘进行预处理，具体处理办法：①选择养殖面积成鱼 3 年以上池塘，池塘面积达 1 990m^2，池塘中水产品需在 1 月 15 日排水前收获完毕。②1 月 15 日至 3 月 30 日将池塘中的水排出并在池塘底部四周开挖深 30cm，宽 50cm 的环形水沟作为排水系统，将池塘中水全排出(8)使得太阳光暴晒池塘底对池塘底进行消毒杀菌，直到底泥暴晒成开裂缝隙。③池塘内养殖的鱼类、虾类投饵时累计有大量的残饵有机质。这些残饵有机质在光合作用下成为培养浮游动物的有机肥料，该有机肥料灌注清水后能培育出丰满的浮游动物，如轮虫、枝角类（红虫）等，确保鱼的幼苗能得到适口的浮游动物饵料。④做到既降低了饲料成本，又确保了池塘生态环境安全，培育出优质安全苗种，并获得经济数量与生态环境的双赢。

第八节　水域环境与鱼类增殖比率

水域生态系，包括鱼类在内的各生物群体，以及它们和非生物环境之间的协调和平衡等，都离不开人类的影响和作用。维持这种平衡的基础是生态系内部都有规律的物质循环和能量转换。而鱼类作为人类蛋白质食物来源，则正是从这种质能流动中获得了不断补充和再生。如果人类活动破坏了水域环境和鱼类资源的再生，那么也就破坏了水域生态系统的正常功能运转，结果将使人类与自然界之间的平衡关系失调，最终危及人类自身的生存。因此，就必须确立"人—鱼—环境"谐调统一的观点，切实建立保护好水域生态环境和鱼类资源的工程体系。

一、 生态系概述

（一）生态系的基本概念

地球上一切生物，都不能离开他们所要求的特定环境而生存。因此，对于每一个生物来说，它周围的一切都应该是符合它生存和发育所需要的环境。环境因子很多，很复杂，但基本性质分析可以分为两大类：一类是非生物环境因子，或称物理环境因子；另一类是生物环境因子，指生活在它周围的其他有机体。对此，应深刻认识到，虽然一般把人为的环境因子包括在生物环境之内，但随着现代科学技术的发展，人类经济活动的影响已越来越占重要的地位。

以下是表示鱼类及其周围环境基本关系的模型。假定 X 是鱼类，它可以是个体，也可以是群体。箭头所示的至少有 3 种相互关系：物理环境 $\rightleftharpoons$ X；物理环境 $\rightleftharpoons$ 生物环境；生物环境 $\rightleftharpoons$ X。英国的 Ransley（1935）最早应用生态系统（ecosystem）这个词表示并描述了具有 3 种关系的任何一方的自然世界。由此可见，所谓生态系统，就是指一个相互作用着的生物和非生物部分构成的稳定系统。在这个系统内，生物和非生物之间沿着一定的循环途径，进行着物质和能量的交换与流动。遵照生态系统的定义，作为研究对象的生态系统可大可小。小至一个实验室的水族箱，而大的可以是，一个池塘、一个湖泊、一条河流，或者整个海洋也可以作为一个宽阔的生态系来进行研究。如果从宏观角度进一步扩大的话，甚至可以把地球的整个生物层（圈）看作是一个综合的生态系。地球上任何景观实体，如湖泊、河流、城镇、山脉、森林和海洋等是不同类型生态系统的镶嵌体，所有不同类型的镶嵌体（景观）组合起来构成复杂程度最高级别的"生物圈"，也就是说，一个大的、可持续发展的生态系统是由许多小的生态系镶嵌组成。

生态系统的划分，是依照自然环境的性质来划分生态系的。鱼类所生活的水域生态系，被分成海洋水域和内陆水域生态系的两大类：海洋指沿海、内湾、河口、外洋、深海和上升流海域生态系等。内陆水域指静水、流水两类，静水指湖泊、池塘和外荡；流水指江河和溪流。

各种各样的生态系统都具有共同的属性。生态系统的主要属性可归纳为：

（1）空间区域。任一生态系统都与特定的空间相联系，即占有一定的地理位置。

（2）系统动能。指生态系统内部存在着复杂的能量流动与相互交换以及物质转化过程。

（3）资源要求。主要是需要一定的能量输入。

（4）动态平衡调节。包括生物与物理环境间之的平衡，生物与生物种内和种间的平衡。生态系统内部存在一定的调节功能，以保持这种生态平衡。

（5）生态系统随着自然历史的发展而不断演变。

（二）生态系的结构和功能

生态系的结构包括两大组成部分，任何一个生态系也不例外。

1. 非生物组成部分

包括以下3方面。

（1）物质循环中涉及到的无机物和无机化合物，如碳（C）、氢（H）、氧（O）、氮（N）、磷（P）、硫（S）、二氧化碳（CO_2）、水（H_2O）和氧（O_2）等。

（2）联系生物和非生物的有机化合物如蛋白质、碳水化合物、脂肪类和腐殖质等。

（3）温度、光照、溶氧、盐度和pH值等自然现象因子。

非生物环境因子主要从两方面影响鱼类，一方面直接影响鱼类的代谢功能，从而使鱼类的生长、发育和繁育等基本生命机能受到影响；另一方面是通过影响水域的物质循环和鱼类饵料生物、敌害生物消长而间接作用鱼类。

2. 生物组成部分

包括以下3个方面。

（1）生产者。指自养型绿色植物等，包括藻类能通过光合作用把简单的无机物质制造成为复杂的有机物，并将光能转化为生物能贮藏在体内。以湖泊生态系统为例：一类是生活在浅水的根生植物或大型漂浮植物；另一类是很小的浮游植物，如单细胞藻类，凡是透光的水层中都有它们的存在，作为水域生态系的基本食物来源，比大型根生植物更重要。

（2）消费者。指异养动物，以其他生物或颗粒有机物质（如有机碎屑、腐植质等）为食的生物。在湖泊生态系中有浮游动物、底栖动物、昆虫动物、温和鱼类以及凶猛鱼类等。根据这些动物在食物链中所处的地位，又分初级消费者，即草食动物，直接以植物为食；次级消费者，不以初级消费者为食的肉食动物；三级消费者，以次级消费者为食的肉食动物，依此类推。

（3）分解者。也是异养型生物，主要包括细菌和真菌，它们能把死亡的有机体中复杂的有机物重新分解为简单的化合物或无机物，并为绿色植物所利用，从而构成新的生物循环。

自然生态系一般都离不开人类活动的影响，若把人类作为生态系的生物组成部分，它处在顶级消费者的地位。这时，其他一切生物，包括鱼类就成了人类生活所必须所依赖的环境生物，或者说，它们构成人类所需要的生物资源而被人类开发、利用和消耗。所以，就水域生态系来说，虽然表面看起来人类似乎不直接生活在此系统之内，但水域生态系作为人类生活环境的一部分，却无时无刻不在影响着人类；同样，人类活动也每时每刻影响着水域环境，影响着其中的生物（鱼类）资源。所以"人—鱼—环境"构成了一个统一的生态系统。

生态系不仅是自然界的基本结构单位，还是基本动能单位，是维持有机生命所必需的。生态系统中物质和能量的流动，本质上是属于生态系统的功能方面的。构成生态系统的生物和非生物部分相互作用，相互依存，组成了一个有机的统一体。各个部分有各自的功能，但又必须依赖其他部分才能发挥出它特有的功能。生态系统的特点就是各成分之间的有机联系和程序组合，以及在最合适结构基础上形成的最高功能效率。在发育良好的生态系统中，结构和功能是相互协调的，最优化的结构，产生最高的功能效率。

地球表面全部生物所依赖的能源是太阳。太阳的能量通过绿色植物光合作用进入生态系统，然后依次转移到草食动物、肉食动物、生产者和消费者身上，在其死后都被分解者分解，把复杂的有机物重新变成简单的无机物，而贮藏的能量则释放到环境中去。同时，生产者、消费者和分解者由于呼吸作用，在它们的生活过程中，也把一部分能量释放出去。这种能量流动形式在自然界是永恒的，主要看绿色植物固定的量基数，即初级生产者的生产量，从而也就是从一个食物环节转化到另一个食物环节的能量消耗量。决定着下一个食物环节所贮藏的能量和生产量。因此，从人类利用生物资源的角度而言，生物的生产量体现了生态系统的功能。对于以鱼类为食物生产的水域生态来说，鱼类的生产量决定于初级生产者的生产量，也决定于以后每一个食物环节的生产量，以及它们之间的转化效率。由于最佳结构成分具有最大转换效率，因此才能提供最大的鱼类生产量。

生态系生命持续，除依赖能量流转外，还要依赖各种化学物质的循环。组成生物体的化学元素，主要有10多种，其中碳（C）、氢（H）、氧（O）、氮（N）、磷（P）、硫（S）。这6种元素共占原生质部分的97%。多级生物通过摄取营养物，从环境中获得这些物质，而为别的生物重复使用，最后经分解复归于环境。化学无机物质在生态系中的这种流动，称为物质循环。

由于生态系或多或少具有开放的特点，因此，外来物质结构也是能量的物质来源的一部分，这在一流水生态系显得特别重要。例如，美国新罕布什尔州的Bear河的主体河段长约1 700m，根据调查，唯一的初级生产者是地衣（mosses），贡献的内源性能量输入仅是1%；而99%的能量为外源输入，来自周围的森林和上游地区，通常是以动物尸体形式输入。此外，人工控制的池塘生态系，这种能量的外源输入也决定着系统的鱼类生产量。

3. 水域生态系统能量和物质循环模式

生态系通过生产者、消费者分解者与非生物环境相联系，并使能量和物质得以不断流动和循环，从而保持着所谓的生态系统的平衡。生态系的任一生物和非生物结构成分的变动，都会影响到其他成分或环节的变动，从而影响到维持生态平衡的基础，即物质和能量的流动。所以，一个水域的鱼类生产量，体现了维持该水域生态平衡的全部生物和非生物因子的综合作用。如果系统的生态平衡或者质能流动受到阻碍和破坏，那么它的鱼类产量必然受到严重的影响，甚至停止生产。

分析研究一个水域生态系的结构和功能，它的可能的鱼类或其他水生动物的生产量可以从下面 5 个方面研究。

（1）能量路线，注意各结构单位之间的转换效率。

（2）食物链和食物网，依据一个食物环节的生产量估测下一个食物环节的生产量。

（3）物种有时间、空间上的多样性格局，注意结构的优化，物种多样性增大，一般有利于加强系统的稳定性和提高生物生产量。

（4）物质（营养盐类）的循环。

（5）系统可能的发展和演化。

（三）研究生态系的重要意义

自然界存在着许许多多，大大小小的生态系，其中蕴藏着极其丰富的自然资源、水产资源、包括鱼类资源，则是水域生态系所特有的生物资源。在正常情况下，水域生态系的各结构成分保持着相对的稳定关系并不断为人类提供各种水产品。但是，随着现代工农业生产和科学技术的发展，在缺乏科学管理的情况下，这些自然生态系往往受到不正当的干扰。当这些干扰超过了生态系本身的调节能力时，生态系的平衡就会遭到破坏。结果就会造成水产资源的破坏或严重的水域环境污染，不仅影响水生动植物和鱼类的正常生长，也直接影响到人类的生活。所以研究生态系的关系的目的，是为了科学合理开发和利用自然资源，维护或创造新的生态平衡，造福人类。

人类在利用环境方面，一般有两个基本方法，或者使人类的需求适应每一地区的生产能力，或者改变这一地区的生产能力，因此，从应用科学领域着眼研究。

（1）研究生态系的首要目的，是使人类的获取量和种群的生产能力相适应，保护自然资源。

（2）为了要对生态系统持续生产实行科学管理，也只有对种、种群、群落与环境相互作用的全部特点了解之后，才能做到。

（3）研究生态系物质和能量的传递和传换的特点，用以提高人类食物生产的效率，即以最低的消耗获得最大的能量（蛋白质）。众所周知，水域中生产量最大的生物是浮游生物，但要人类直接收获和利用浮游生物是既不现实也不经济的。这时，就得考虑通过生态系的研究与应用，达到最有效、最经济的将存在于浮游生物体内的能量转移到人类食物生产上来。

（4）生物生产力研究，特别是初级生产力是生态系统的主要功能之一。例如，某一水域初级生产力的研究，关系到对这一水域渔业资源蕴藏量及渔获量的估测。

（5）引进新品种放流，增养殖都要考虑到水域的生产力，饵料基础和环境的压力，否则不一定会获得好的效果。

（6）生态系研究和环境保护关系密切。例如，倘若随意将工业三废（废气、废液和废渣）和农业用药化肥排入水域，则水域生态平衡必然遭到严重破坏，就会影响鱼类和其他水生生物的生存。所以，只有重视环境保护，维护自然生态的平衡才能防患于未然。

第四篇 人类活动与鱼类资源

第九章 人类活动与水域环境和鱼类资源的关系

第一节 人类活动对水域环境和鱼类资源的影响

在我国随着工业经济不断发展，现代化进程不断加快，人们现在生活的环境远不是原始的自然环境，尤其城镇化进程不断推进，更是在不断影响和改造着自然环境，社会越是趋向现代化，其所处的环境与自然界环境的差异就越大。国际上从 20 世纪 60 年代开始，出现了五大问题，即食物、人口、能源、自然资源利用和环境保护。这 5 个问题涉及人类生活各个方面，也渗透到生态学的各个领域，预测这些问题的发展趋势并进而找出解决的途径是全球生态学面临的共同问题。尤其是水这生命之源，孕育了人类的文明，滋润着世界万物，是人类社会宝贵的战略和经济资源，湖泊是地球淡水资源的重要载体，也是独特的重要生态系统，就像一个个天然水库，调蓄水量，维持自然生态平衡。而鱼类也属于水域生态学范畴，保护好水域生态环境与保护好渔业再生资源是密不可分的。因此，只有高度重视保护好水域环境才能保护好渔业再生资源。只有这样才能做到人、鱼、环境整体系统的生态化。

一、渔业结构变化与不同水域鱼获物组成特征

随着经济的发展，人们生活质量的提高，食物结构在发生变化，由原来对畜禽动物蛋白质的需求逐步在转变为对鱼类蛋白的需求，因为鱼类蛋白含有人体必需的各种氨基酸、矿物质和维生素等，长期食用鱼类人类健康长寿。正是由于人类对鱼肉蛋白需要的不断增加，才促进渔业发展。从历史上讲，渔业是人类社会形成和发展诸多要素中的一个重要因素。但是，随着人类历史的发展，人口密度的增加，渔业科学的发展和渔业机具的改进，所以，出现了过度捕捞活动，越来越对鱼类资源的再生构成威胁。特别是 20 世纪 50 年代以来，现代技术引进渔业，捕捞量剧增，世界渔业形势日益严峻。目前，淡水渔业资源衰退十分普遍；以太湖为例，根据太湖 3 个湖区的划分范围。即太源湖渔管会提供的沿湖各个区县的渔获量数据，统计

不用区间渔获物的鱼类组成差别明显，1993 年东太湖东部湖区，渔获物的组成以湖鲚和银鱼为主，分别占 18.4% 和 17.5%；北部湖区、湖心区以湖鲚为主，分别占 39.6% 和 43.4%；各湖区鲢、鳙、鲌鱼等其他鱼类也均占较大比例，2008 年太湖各湖区湖鲚产量比例均有提高，其中，北部湖区和湖心区增加明显，分别达到 70.7% 和 80.4%，湖鲚成为这 2 个湖区的绝对优势种，而银鱼、四大家鱼除东部湖区还分别维持在 4.9%~9.7% 的比例，北部湖区和湖心区所占比重仅为 1.2%~3.0%，鱼类组成结构严重失调，同时东部湖区高等水生植物丰富，草食性鱼类分布集中，多数以草为摄食生活场所的小杂鱼及相应的捕食小杂鱼的肉食性鱼类的捕捞量相对较高；而北部湖区和湖心区浮游生物资源丰富，水域开阔。是和湖鲚等浮游食性的群聚性种群生长，不同湖区间捕获物组成的差别一定程度上反映出湖区鱼类组成与其环境特征相适应的特点。

对 1993—2008 年太湖全湖及各湖区主要鱼类的捕获量和水质主要指标进行相关关系分析结果表明，湖鲚与全湖和各个湖区的总氮（TN）含量均表现出显著正相关关系，但与总磷（TP）高锰酸盐指数（COD）和叶绿素 a 含量相关系不显著，其他主要鱼类除银鱼产量与总氮（TN）表现出显著负相关外，均无显著的相关关系（表 4-9-1）。

表 4-9-1　太湖及各湖区主要鱼类渔获量 TN 之间关系

湖区	湖鲚	银鱼	鲢鳙	鲫鱼	鲌鱼	总捕获量
全湖	0.643	−0.5371	0.491	0.291	−0.163	0.598
东部湖区	0.557	−0.686	0.589*	0.042	−0.153	0.180
北部湖区	0.646*	−0.392	0.388	0.219	−0.049	0.585
湖心区	0.515	−0.510	0.317	0.280**	−0.175	0.521

* 表示 $P < 0.05$　　** 表示 $P < 0.01$

二、水体富营养化与湖泊鱼类群落结构的关系

鱼类为湖泊生态系统食物链的顶级消费者，湖泊渔业与富营养化的逐渐增强，引起从事环境保护者的关注。

水体富营养化通常会造成浮游植物迅速增长和湖泊初级生产力的提高，如太湖从 20 世纪 80 年代起富营养化日趋严重，浮游生物食性鱼类的饵料基础也随之改变。湖鲚是浮游生物食性鱼类，其食物种类随着个体大小有一定差异，一龄以下个体幼鱼主食浮游动物，而太湖湖鲚的捕捞个体一龄个体占 82%~98%，太湖水体营养化为浮游生物提供了丰富的营养物质，低龄湖鲚的食物饵料充足，种群迅速增长，对

湖鲚与全湖和各湖区的总氮（TN）进行相关性分析，结果均显著正相关（表4-9-1），太湖湖鲚产量及整体渔业产量的不断增加，与太湖营养水平逐渐上升具有一致性，鲢和鱼鳙鱼也是浮游生物食性鱼类。但其产量受人工放流月数的限制，与总氮（TN）无显著相关关系，太湖湖鲚的渔获量与总氮、叶绿素a等水质因子的关系则不显著（r=-0.008，P<70.05；r=-0.091，P>0.05）。陈宇伟等研究发现适合浮游植物生长的水体总磷（TP）含量基本维持在100mg/L，总磷（TP）水平已经达到藻类最佳生长条件。但总磷（TP）浓度的年际变化相对较小，在磷素不成为限制因子的情况下，浮游植物生物量主要受水体总氮（TN）浓度变化的影响，因此，湖鲚渔获量与总磷（TP）之间没有表现出显著的相关关系。还涉及气候和水温影响，朱广伟发现太湖历年来少雨、高温的异常气候条件导致蓝藻水华现象更趋严重；同时夏季叶绿素a的浓度最高时，微囊藻对叶绿素a值的贡献最高，但鱼类对微囊藻的消化利用率相对其他藻类较低，因此，叶绿素a的浓度也不能很好地代表浮游生物食性鱼类的饵料水平。由此可见，鱼类产量与湖泊富营养化及水环境质量问题主要通过饵料进行联系，而鱼类食物资源的多样性和复杂性需要进一步研究与实践。根据江苏省溧阳市长荡湖水产良种科技有限公司长达12年的研究与生产实践，得出的结论是，只要养殖池塘发生微囊藻，对鱼类的危害较明显。具体表现为，影响池塘水体的光合作用，降低池塘水体溶氧，减少鱼类摄食量，使得鱼体削瘦免疫功能下降，引起鱼类病虫害的发生。

太湖水体富营养化水平的空间差异也是造成不同湖区间水体环境特征差别的原因之一，梅梁湾高富营养化较重的北部湖区已逐步演化为以浮游藻类为主的藻型生态系统，湖心区也处于不断发展阶段，藻型生态系统下蓝藻水华频发，水质恶化，水生植物资源减少或消失，生态系统的环境异质性和生物多样性下降，北部湖区和湖心区的银鱼、草鱼和鲌等主要鱼类资源锐减，鱼类的种群结构变化，群落多样性下降。而富营养化水平较低的东部湖区，银鱼、鲢鱼、鳙鱼、鲤鱼等鱼类均占一定比重，鱼类的组成结构相对合理。东部湖区丰富的水草资源给鱼提供了食物、繁育场所和栖息地等，各类生物之间通过摄食与被食的关系形成一个复杂而稳定的食物网，保证了鱼类群落结构的多样性和稳定性，可见水生植被在湖泊渔业资源的稳定和可持续发展中具有积极作用。

鱼类属于湖泊生态系统中食物网的顶级消费者，鱼类也可通过"下行效应"对水体的富营养化产生影响，草鱼的放养是很多湖泊水生植物植被减少的主要原因之一，并导致草食型湖泊向藻型湖泊演替，加速水体富营养化进程。滤食性鱼类在湖泊富营养化过程中所起的作用在学术界则存在分歧，国内外大部分研究认为，滤食性鱼类大量利用浮游动物和个体较大的浮游植物，导致湖泊中的小型浮游植物快速增殖，加速了湖泊富营养化。而谢平等提出，利用鲢鱼、鳙鱼控制蓝藻的非经典生物操纵技术，并认为我国湖泊中危害性最大的是微囊藻水华，浮游动物。本不能摄食这种微囊藻，尽管在武汉东湖放入适当密度的鲢鱼、鳙鱼后，短期内东湖的蓝藻水华消失。江苏省长荡湖水产良种科技有限公司从实践中归纳一条富有实用的技术经验，在系本培育鲢、鳙 2 000m² 水面积池塘搭配放养系本鲢鱼 25 尾，鳙鱼系本 15 尾，到了夏季高温季节就没有蓝藻出现，而未搭配放养鲢鱼或鳙鱼亲本，则反之出现大量蓝藻。

在太湖渔业资源中，浮游食性的湖鲚种群在鱼类群落中占绝对优势，人工放流的鲢鱼、鳙鱼也有一定数量，浮游食性鱼类种群的数量变动及其对太湖水体富营养化的影响需要尽快地进行深入研究与探索。

三、典型食性鱼类种群间关系及相关影响

鱼类种群之间都存在特定的相互关系，随着外部环境条件和群落内环境的改变。鱼类种群的数量和种群特征也会发生变动。对 1993—2008 年 20 来年太湖主要鱼类获物量进行相关分析，结果显示，湖鲚和鲢鱼、银鱼均呈显著负相关，鲌鱼是太湖鱼类组成中数量最多的肉食性鱼类，其中，主要为翘嘴鲌和红鳍原鲌。研究发现，翘嘴鲌食物中湖鲚占 59.2%，出现率为 95.2%，这表明，湖鲚是翘嘴鲌的主要食物。鲌鱼成体不仅主要以湖鲚为食，在幼鱼阶段还与湖鲚进行食物竞争。但近年来，由于捕捞强度加大和鲌鱼等大中型鱼类种群的环境补偿调节能力相对较低，太湖鲌鱼资源持续下降，2003—2008 年间银鱼渔获量仅占 0.23%~0.79%，失去鲌鱼等肉食性鱼类控制，湖鲚产量进一步增加。

太湖银鱼渔获量中包括大银鱼和陈氏短吻银鱼，目前以陈氏短吻银鱼为主，陈氏短吻银鱼主要摄食浮游动物，生活环境与湖鲚基本相同，两者在食物上存在竞争关系，银鱼为一年生、性成熟而死亡，该鱼类因人为过度捕捞，资源保有量减少，与湖鲚的竞争力下降，利于湖鲚种群的迅速扩张。鲤鱼、鲫鱼捕捞的产量则与湖鲚产量显著正相关关系。鲤鱼、鲫鱼为杂食性鱼类，刘恩生对太湖鲫鱼的食性分析表明，鲫鱼主要以浮游植物以及藻类碎屑物为食物，其中微囊藻在蓝藻发生时期占食物体积的 85%~90%；而大量沉积到湖底的藻类碎屑也成为底栖生物鲤鱼的饵料，水体富营养化为鲤鱼、鲫鱼提供了丰富的食物来源，同时禁渔期、禁渔区等措施的实施，使其繁殖得到保障，而这些条件也是促使湖鲚种群数量提高的因素。

四、过度捕捞及江湖阻隔对鱼类区系的影响

太湖渔业捕捞时间较长，捕捞渔具繁多，捕捞强度高，对太湖鱼类组成产生较大影响。

目前，太湖渔船普遍实现了机动化。机动化渔船比例由 1993 年的 28.5% 增加至 2008 年的 94.4%。另外，在捕捞期间渔民非法下设"地笼"，将大小鱼类全部捕获，太湖目前的捕捞工具对鱼类规模几乎没有选择性，捕捞强度过大影响着鱼类的资源潜力，同时，高强度的捕捞条件下，那些生命周期较长、综合繁殖率相对较低的鱼类，如翘嘴鲌、鳡等肉食性鱼类的数量逐渐减少，而湖鲚等小型鱼类较之大中型鱼类具有较强的补偿调节能力，环境变化和捕捞对其种群产生的伤害较小。

自 1958 年起，太湖沿江沿湖大量兴建闸坝、围湖造田，造成江湖阻隔及沿岸带水生植被破坏，导致湖泊为洄游和半洄游鱼类提供索饵场、繁殖场和洄游通道的功能丧失，洄游和半洄游鱼类基本消失，沿岸一带产卵的定居性鱼类资源减少，鱼类区系向湖泊定居型占主体的方向发展，江湖连通对湖区自然渔业和鱼类多样性有着重要的生态作用，近几年的"引江济太"工程一定程度上沟通和加强了江湖之间的联系，消失多年的生殖洄游性鱼类——鳡再次出现，因此，恢复江湖连通对太湖鱼类区系合理完善及自然鱼类资源的有效保护有着重要意义。

2009—2010 年，在太湖共采集鱼类 47 种隶属 10 目，14 科，37 属，鲤种等定居性鱼类成为太湖鱼类主体。太湖渔业产量近年增长迅速，但鱼类结构的小型化和优势种单一化趋势明显。比较太湖东部湖区，北部湖区和湖心区 3 个湖区间的渔业资源特征，浮游食性的湖鲚在北部湖区和湖心区成为绝对优势种，而东部湖区草食性和肉食性鱼类的比例相对较高，反映出湖区鱼类组成与环境特征相适应的特点。太湖富营养化提高了湖泊初级生产力，为湖鲚等浮游生物食性鱼类提供了充足的食物，但也对部分鱼类的产卵场造成破坏。太湖渔业的发展必须严格控制捕捞强度，保护鱼类产卵场，适当提高肉食性鱼类的比例以控制浮游动物食性的鱼类，同时重视水植被在湖泊渔业的稳定与可持续发展中的重要作用。

第二节　水域综合治理与生态工程

一、流域水环境与水生态情势

随着我国社会经济的快速发展，流域水环境质量不断下降，河流水质普遍下降，蓝藻水华频繁爆发，水污染事故时有发生，饮用水安全频频告急，严峻的水环境形势和水安全危机，已经制约着我国社会经济的可持续发展，威胁着人们的生存安全。

1. 流域河流水污染状况

2005 年环境状况调查报告显示，我国七大水系的 411 个地表水监测断面中，一半以上河段受到不同程度的污染，Ⅰ—Ⅲ类、Ⅳ—Ⅴ类和Ⅴ类水质的断面比例分别为 41%、21% 和 27%。其中，珠江、长江水质较好，辽河、淮河、黄河和松花江水质较差，海河污染严重。

2. 流域湖泊富营养化突出

目前，我国湖泊水体的富营养化严重，发展趋势迅速。对全国 200 多个重点湖泊的监测分析表明，已达富营养化的湖泊占 65%；东部地区的湖泊已有 80% 处于不同程度的富营养化阶段，许多湖泊成为超富养型，超越在湖泊的自然演替过程中所能达到的营养水平。

3. 城市水环境质量还不断下降

2005 年环境状况调查报告显示，各大河流的主要污染河段均集中在城市河段，监测统计的 5 个城市内湖中，昆明湖（北京市）和玄武湖（南京市）为Ⅴ类水质，西湖（杭州市）、东湖（武汉市）和大明湖（济南市）为Ⅴ类水质。

4. 饮用水水质得不到保障

2005 年，环境状况调查报告显示，全国 110 个环保相关城市中有 20 个城市的集中式饮用水水源地的水质达标率达不到 50%；113 个环保重点城市月均监测取水总量为 16.1 亿 t，不达标水量为 3.2 亿 t 占 20%。2005 年初，有关调查显示，调查范围内的 45 个城市饮用水源存在不同程度的有机物污染，其中部分有机物具有"致癌、致畸、致突变"毒性。

5. 水污染事故时有发生

我国流域水污染事故屡屡发生，黄河流域自 1993 年以来，发生较大的污染事故40 多起；而 2005 年，吉林石化发生爆炸事故造成了松花江严重水污染事故；1990年 7 月至 2007 年 5 月，太湖蓝藻水华的大规模爆发事件，极大影响了人们的生活安全，造成了巨大的经济损失，影响特别重大，引起人们的广泛关注。

二、流域水循环过程和污染成因分析

流域是江水和水体运动形成的特定区域，地表经流和河流通道是流域物质输移的主要特征，水体运动是污染物转移的主要载体，污染物从源头到湖泊的主要途径是流域河流系统，掌握流域水动力特性是流域水环境治理的关键，了解流域水环境过程和污染成因是流域水环境治理的基础。

我国实施的"973"计划和"十五"期间通过重大水专项计划对湖泊富营养化发生过程和蓝藻爆发机制、水源机制、水源水质改善、污染控制和重污染湖泊生态重建等方面开展了研究，取得了科学和技术的突破，为河湖水环境治理提供了重要的科技支撑，但缺乏对流域雨水循环过程和污染成因的系统分析，缺少从流域尺度对河湖污染控制的全面研究，没有掌握流域营养物质发生和输移过程与不同界面之间转化调控机理，未能提出流域水环境治理的系统科学方案。

因此，应将流域水循环过程和污染成因分析作为重点基础科学问题开展研究，查明流域点源和面源营养物质发生与入河规律，探讨河流河网营养物质输移过程，揭示陆域与水域、河流与湖泊、地表与地下不同界面之间营养物质的转化机理，掌握流域水动力特性对流域污染物输移转化的影响规律，为建立具有我国特点的流域水环境综合治理论体系与方法，保障流域生态环境安全和社会经济发展提供科学依据。

三、水利工程的环境影响和生态效应

水利工程在社会经济发展中发挥巨大作用，保障了防洪排涝安全，提供了生活生产用水，改变了贫穷落后和靠天吃饭的局面。但传统水利工程确实给生态和环境造成一定的负面影响，阻断了水体自然流动，削弱了生态系统的综合功能，恶化了局部水域环境质量。具体主要有以下几个方面。

1. 河道顺直化工程

加快了行洪流速，增加了行洪量，降低了受淹时间，提高了防洪安全，保障的生命财产，稳定了社会秩序；但同时改变了自然系统，单一的生态结构，减少了生物群落，缩短了滞留时间，消弱了净污能力，降低了环境质量，导致了生态退化。

2. 河道硬质化工程

减少了水体渗漏，提高了水利用率，减少了边坡冲刷维护了增防稳定，简化了河湖管理；但投入了巨大资金，改变了自然系统，单一了河流功能，侵占了溪水湿地，阻断了水路通道，灭绝了河流生境，削弱了净污能力，降低了环境质量，破坏了景观结构，造成了生态退化。

3. 流域系统水库、湖泊调控工程

提高了水资源利用率，改善了局地气候，保障了社会经济快速发展，提升了人们生活水准，实现了丰枯水量调剂。但是，减少了河流基流生态水量，加剧了河道断面萎缩，增加了污水排放总量，改变了农业灌溉系统，提高了面源入河比例，加快了面源入河速度，恶化了下游河泊环境质量。

4. 流域水系闸、坝站控制工程

调控了洪峰洪量过程，控制了水体随意流动，提升了局部水域水位，改善了灌溉用水条件，增加了水体停留时间，抑制了污染物输移扩散，阻止了污染物异地转移。但是，同时也拦截了水体自然流动，阻断了水生生物传输，蓄积了水体污染物质，恶化了当地水环境质量，增加了水污染风险事故。因此，必须深刻变革水利建设理念，充分和全面认识到水利工程的积极作用和负面效应，才能在经济社会发展和生态环境保护的博弈中立于不败之地，实现水利真正全面地为人类生存和发展服务。

四、水利部门在流域水质改善中的关键性工作

1. 流域水系和水环境综合治理规划

流域水系综合治理规划应在"先起连通、等级分明、形态调整、分级定位"的指导思想下重点完成流域水系行洪体系规划、流域水系截污净化体系规划、流域水系生态廊道范围划定、流域水系规划水环境质量影响等方面内容。

流域水环境综合治理规划应在"污染负荷、水体动能、宏观控制、区域协调"的指导思想下，重点完成不同水文尺度条件下河流水动力特征、流域水系河流允许纳污能力、污染物容量总量控制、排放口优化布置与污染物的削减方案等方面内容。

2. 流域污染源综合治理和系统截流

流域污染源综合治理和系统截流重点关注：①节水减污型社会建设构想；②达标尾水深废处理、输导净化和潜设排放技术；③农业系产业结构调整与生态布局；④农田面污染源控制和削减技术；⑤农业节水减污和农田退水循环利用；⑥灌区沟渠排灌系统生态化建设；⑦农村湿地坑塘系统湿地化建设；⑧流域农村与城镇协同控污系统。

3. 流域河流综合治理与水质改善技术

流域河流综合治理与水质改善因在分析流域河流类型及特点（几何尺度、时间尺度、发育程度、功能定位、区域位置、水动力特性、污染程度等）河流水文及水

动力特征、河流生态特性的基础上，着力研发河道土质边坡稳定和截污净化，河道演变水道恢复、河床基质生态系统构建、河道景观廊道系统建设、河道生态流速和水位调控、重污染河道水质强化净化技术、城市河道综合治理与水质改善技术、流域不同尺度河道综合治理与水质改善技术、不同水动力条件下水质净化等关键技术。

4. 流域水利工程的环境影响生态效应

水利工程是流域水利事业的重要组成部分，闸、坝堤防护坡、河道衬砌等水利工程在流域防洪、排涝、抗旱、发电、供水、渔业、航运等方面发挥了巨大作用。然而，水利工程改变了原有的生态系统平衡，对水生态环境产生一定的影响，这些影响既有正面效应，也存在负面效应。正面效应通常有洪泄枯蓄、引水治污、水体流动、蓄浑放清等；负面效应最主要是破坏水体自然循环、占用了生态用水，降低水生态系统的净化能力，破坏了水生生物的生境，造成水生态环境的恶化。流域水利工程的环境影响和生态效应的判定，应以流域水利工程类别和结构特点的分析为基础。

如何减少水利工程对生态环境的负面影响，增大正面效益是当今水利工作者面临的重大问题之一。应重点研究典型水利工程对水生态系统净污能力的影响规律及修复理论，探讨典型水利工程对水生植物的胁迫机理以及水生植物的响应机制，分析水利工程在水生系态中的环境功能，揭示典型水利工程引起自然水流结构变化和水生植物消亡所造成的水体净污能力退化的规律，寻求水利工程与生态工程功能协调技术改善水环境和修复水生态系统。

5. 流域水利调控技术

流域水利调控中应重点解决以下技术问题。

（1）调水改善水环境质量的关键问题和前提条件。

（2）调水水量的确定方法。

（3）水量增加和水体流动的环境效应。

（4）不同空间尺度跨流域调水工程。

（5）不同空间尺度流域跨区域调水工程。

（6）不同时间尺度流域蓄洪济枯工程。

（7）不同时空尺度调水的生态风险。

（8）流域水环境风险应急预案。

五、太湖流域水环境综合治理

1. 太湖流域水系规划

太湖流域具有完整水系系统，主要是由少部分山丘区自然江水河道和大部分复杂河网所构成。长期以来，太湖流域水系规划建设主要是从防洪和航运角度进行的，现在的流域水系对水环境保护和治理有重大影响，高密度河流为污染物输移扩散提供了便捷的通道，增加了治理污染的复杂性和困难性。特别是方便的水资源使用带来大量的污水排放量，甚至连排污口影响范围和程度都难以识别认定。

2. 太湖流域水动能区划和污染物容量总量控制方案

太湖流域主要河流和湖泊已经划定了明确的水动能区，制定了明确的水质保护目标，借助于复杂的河网区水量和水质耦合模型，计算了河湖水域允许纳污能力，确定了污染物容量总量控制方案，提出了污染物削减意见和对策措施。

太湖流域复杂河网及湖泊系统水量水质耦合模拟模型，模拟计算流域系统水动力和水质变化过程，制定了污染源治理，河湖水环境整治和流域系统水力调控方案。

3. 太湖流域面污染源截留控制和去除示范研究

太湖流域同其他流域一样，主要污染源有点污、面源和内源，由于雨水充分、农民生活水准高、农田耕作与池塘养殖污染产量大，产生面污染源的单位面积负荷远大于其他流域。面污染源控制和治理直接关系到太湖富营养化水平，也是我国流域水环境综合治理中控源的重点和难点。

在国家"十五""863"项目的资助下，在西太湖宜兴大浦镇境内进行全面研究和技术开发。在流域的层面上，以区域源头控制为根本，以系统生态截留为重点，以水系水力调控为突破，以沟渠河道水流净化为依托，以流域生态整体修复为目标，实现"区域减源、系统截留、水系调控、水域净化、生态修复"的流域环境综合治理总体战略。构建了"面源污染源头减量和截留、沟渠湿地和河道污染控制、河口区湖滨湿地生态修复"三级系统，实施后主要河道的水质明显改善，示范区整体环境得到明显改善，取得了显著效果和可以广泛推广应用的技术，例如在流域建立循环水养殖工作技术，建立湿地公园配套技术等。

4. 引水改善水环境质量的关键问题

引水改善水环境质量是国内外最常见的方法，引水对污染物的稀释容量将明显提高，水动力条件改变加快了污染物的混合，将提高局部水域净污能力，在我国现阶段经济条件和人们环境意识情况下，采用引水来改善局部水质是经济的。引（调）水改善水质效果好，但备受争议：①在水动力的作用下，水体污染物发生转移，影响其他水域的水环境质量（污染转移问题）；②水体流速加快了容易引起河床底泥浮悬，造成水体二次污染；③引水使水流加快，导致污染物与河湖区水生植物的接触时间缩短，污染物的截留吸附量减少；④引用大量的清洁水去稀释污染，对水资源的优化配置和合理使用是不利的。而且关键性技术问题研究较少，很多问题无法解释、内部机理尚不清楚、综合效应难以评判。

目前，我国实施的"引江济太""引江济巢"等重大工程正在规划和准备实施之中，因此，必须对调水引流的关键性技术问题进行研究，更好的指导引水改善水环境质量工程的实施工作。太湖流域调水引流工程必须要研究解决的主要内容和核心技术主要包括：①平原河网区引水河流系统与原自然河网水系流量、水位和水质协同关系；②引水水位顶托区域水流的水环境质量改善方法；③引水河道水体推流、混合和受纳水域污水云团输移规律；④引水水动力条件变化引起的底泥沉浮规律；⑤引水河道和受水区域环境容量和净污能力变化规律；⑥引水引起水域生物交换的生态效应；⑦受水区生态风险分析方法；⑧区域水量水质联合进行系统；⑨输水河道的污染控制系统；⑩引水与防洪风险评估；⑪输水廊道生态修复原理。

5. 引江济太工程的战略

第一，近期在污染源控制和治理尚未达到要求期间，通过应急调水迅速改善太湖局部区域和部分河网水环境质量。但应注意近期方案仍存在污染物转移，部分河网区污染水体顶托等缺点。第二，远期在污染源控制和治理达到要求期间，通过引水或动力调水实现流域河网和湖泊水体有序流动，提高水体净化能力和增加水环境容量，改变因水利工程闸坝阻断而造成的水体滞留和水质恶化的状况，确保河网和湖泊水体流动和水环境质量。

六、流域水环境综合治理中需要解决的水利科学问题

流域水环境综合治理中存在以下水科学问题：①流域河流、湖泊、水库、湿地系统宏观格局与支撑能力；②河流纵横形态的生态影响规律；③流域不同尺度河流连通和生态基流维持；④不同水动力条件下污染物输移过程和生态效应；⑤流域污染物容量点量控制和科学增容强净；⑥水资源生态配置与节水减污社会建设；⑦农田沟渠生态化与生态型灌区建设；⑧河道硬质化的生态效应及改进和修复技术；⑨防洪堤坝安全稳定与生态协同技术；⑩水利工程与生态工程协同建设、运行和管理；⑪河流水生植物修复对行洪能力影响规律及对策；⑫调水引流和水利调控的科学原理与生态风险。

七、流域水环境综合治必要性与重要性

流域水环境综合治理是我国水利发展与流域、河流、湖泊水域生态环境改善的迫切需要，水利部门在流域水环境综合治理中具有重要地位，但是，也肩负着水环境综合治理的主要责任，在认真研究和回答流域水环境综合治理中存在的基本水利科学问

题的基础上，科学进行流域水资源和水环境综合治理规划，合理构建流域水环境综合治理的技术体系，为改善流域水环境保障社会经济可持续发展发挥出重要作用。

第三节　渔业水域综合治理生态工程

一、渔业经济的有效调控

渔业水域的治理是项综合性生态工程，其目的是使整个水域系达到最适结构和最佳功能效率。在综合调查的基础上提出规划和措施，一般既要注意发挥水体生产力，为人类提供更多的鱼产品，又要优化环境、维护水域生态平衡。主要内容有以下几个方面。

渔业控制和调节控制渔业，避免过度捕捞的两个基本方法如下。

1. 规定捕捞规格

主要是使种群正常生活并抵达生物量高峰的年龄阶段，以提高补充量水平。应采取控制网眼大小来限定其捕鱼的最小规格；同时落实检查措施，包括随机检查网具、渔具。

2. 限制捕捞减少鱼群死亡率

通常有两种方法达到目的：一是限额捕捞控制方法，即每个捕捞季节开始，以相应的科学建议为基础，建立捕捞限额。然后通过向捕捞者发放捕捞许可证，限制捕捞船只、网具和捕捞量来分配这些限额。二是规定禁渔区（生态水域建设区）和禁渔期（生态水域建设期），这是一种有效的辅助控制方法，即在一定时间内对特定水域严禁一切捕捞活动，使鱼群不受干扰的生长和繁殖，以恢复资源（渔业资源和水生植物资源）。有时，就是彻底禁渔进行修复生态水域的资源。

二、资源保护和渔政管理

鱼类等水产资源是国家的基本财富。加强水产资源保护，保护正常繁殖生长，是发展水产资源的重要措施之一。具体内容如下。

1. 改革渔具渔法

主要按种群丰度、衰退程度和经济价值提出保护对象、制度化起捕规格和禁渔区、禁渔期；鱼群分布规律，限定网眼尺寸；改革渔具渔法，包括禁止和淘汰有害渔具渔法，严禁炸鱼、毒鱼和滥用电捕等严重损害水产资源的行为。

2. 保护水域和水生生物免受污染

严格控制和防治各种污染源、污染物和污染途径；应该禁止工矿企业、核电站工业废水及城镇生活污水向渔业水域排放有毒有害水产资源的污染物质；禁止农业和工业卫生防疫用药的残留物排放渔业水域损害水产资源；应当科学论证科学规划做到控制污染物对渔业水域的排放，科学合理保护水产资源繁殖与增殖等。近几年在治理流域与湖泊的富营养化，提出可以利用水生植物，对有机污染物和有毒有害物质的吸收和富集能力来净化水体。例如，江苏溧阳市长荡湖水产良种科技有限公司根据建设循环型渔业经济的要求，根据水域生态学原理，进行池塘标准化改造及排水循环系统等基础配套设施建设，构建生态高效循环、循环低耗的池塘集约化循环水养殖系统。该系统主要由三大部分组成：生态净化区、养殖尾水收集区和养殖区，通过管道式沟渠连结成一个既相互独立，又密切联系、全人工控制的整体。生态净化区以生态学管理为依据，合理选择水生动、植物品种，充分发挥不同生态动、植物的功能，充分利用光、鱼、水、气、土等环境资源，形成疏密有度、错落有致的不同种类的植物群落和水生动物种群，并能发挥最大生态效益的水生态系统。营造养殖水域生态化。

（1）生态效益。采用构建生态高效、循环低耗的池塘集约化循环水养殖系统，使养殖尾水逐级净化、循环利用，耗水量低，营养物质利用率高，节水、减排，实现养殖尾水零排放或少量尾水经净化后达标排放，对减轻太湖流域水体营养化，促进太湖流域水质改善作用明显，从而进一步保护人类生存的环境。水生态沟渠与生态净化区互为补充，形成区域水生、湿生、陆生系统并存的生态系统，保护生物多样性，维护了生态平衡。跟传统的污水处理工艺相比，生态系统的构建和运行不会对环境产生噪音，增添新的污染。通过清除淤泥、杂草，构建丰富的生物群落的措施，不仅能够净化养殖尾水，实践了水产养殖业的安全生产，而且可以进一步净化和美化养殖基地环境，促进太湖流域生态系统的恢复，巩固生态系统的稳定性，提高环境承载能力以推动人与社会和谐发展，实现碧水、蓝天和净土。

（2）经济效益。建设池塘循环水养殖工程区域提高养殖经济效益。2012 年 667m^2 均利润 3 150 元；2013 年 667m^2 均利润 3 600 元，比 2012 年增加了 450 元 /667m^2。同时，实施池塘循环水养殖工程，养殖生产的安全得到充分保证，提升了水产品的品质。首先，杜绝了外源水污染给养殖生产带来不可估量的损失；其次，减少了外源病害的侵袭，从而养殖生产中大幅减少了用药量降低了生产成本；同时优质的水源减少了虫害，相应用药量也得到减少，甚至可杜绝虫害、病害，杜绝药物的使用，确保了水产品品质安全，提升环境效益、质量需求效益和市场需求效益。

3. 兴修水利工程

要注意保护渔业水域环境，在鱼类洄游通道建闸筑坝，通常要有相应的过鱼设施，或与它同期开闸灌江纳苗，以保证洄游性鱼类的繁殖和自然苗种的及时补充，使种群的发展有稳定的生态基础。不轻易改湖造田，必要时应在不损害水产资源的条件下，由国家和地方政府统筹安排，有计划进行。在鱼类繁殖场、仔鱼栖息和索饵场所，应当禁止进行罱泥、捞草和扒螺丝等活动。

为保证各项繁殖保护措施得以贯彻，国家和地方政府除以法律形式制定出若干繁殖保护条例外，还必须切实加强对水产工作的领导，建立健全渔政管理机构，配备渔政检查船只等设备，加强监督检查工作。同时，还要大力开展繁殖保护的科学研究工作和群众性宣传教育活动。对于损害水产资源，造成重大破坏的要严肃处理，严重的要追究刑事责任；而对于贯彻繁殖保护条例有实际行动和取得成绩单位和个人，要给予表彰和物质奖励。

三、放流和资源增鱼

人工放流就是在孵化场人工培育幼仔鱼苗，并将其放入自然水域，是增加鱼类资源的一种方法。这种方法已被用于增殖淡水和洄游性鱼类的资源，并取得一定成效。在我国，人工放流在增加大型湖泊的鱼类资源方面成效较为显著。以太湖为例，由于兴修水利，在河道上建闸，阻断了鱼类从河流洄游入湖通道，使四大家鱼等不能在湖区自行繁殖，鱼类产量自 20 世纪 50 年代后期开始急剧下降；相反，刀鲚和小型杂鱼类的实际产量占全湖总产量的百分比中越来越大，从而改变了太湖鱼类的组成。为此，太湖自 1964 年开始进行人工放流工作，并坚持至今，尤其在近几年，各级政府特别重视，加快了太湖渔业资源的多样化，这对恢复和保持这些重要经济鱼类的种群生产量，充分发挥水域生态资源化，有力促进水域生产力发展，为调整太湖鱼类区系组成和稳定种间关系起到了重要作用。人工放流鱼种主要应当根据水域饵料资源、鱼类区系组成、经济效益以及苗种培育的可能性来选定。放流规格一般应以体型强大一些为好。我国淡水湖泊放流四大家鱼以 13~16cm 大规格鱼种为宜。但在近几年中采用放养一龄大规格鱼种，规格个体重每尾为 150~250g，成活率明显提高，水域生态环境明显改善，为确保放流经济效益，应加强渔政管理和宣传，做好仔鱼防逃和非商品鱼的回放工作。

移植、引种和驯化是调整鱼类区系形成、增殖鱼类资源的又一方法。但是，由于外来物种有时会破坏原有的种间平衡，这项工作应当在全面掌握水域环境条件，特别是水域饵料生物和鱼类资源现状以潜伏在的竞食对象的基础上，认真研究科学探讨，谨慎试行。凶猛鱼类或鱼食性鱼类，一般不应该引入自然水域，而碎屑、腐植质、用从生物上和杂食性鱼类的移植，往往能到充分发挥水体生产力的作用。

同样，也可以通过移植和改造鱼类的饵料生物的组成和丰度，或者通过抑止某种竞争对象或凶猛鱼类来促进某种鱼类资源的增殖。

此外，在淡水湖泊，一些天然产卵场遭到破坏的沿岸区，也可以投放人工鱼巢，为改善和恢复天然产卵场和幼仔鱼的索饵创造条件。例如，在太湖流域的湖泊都习惯在每年5—6月，在湖区人工搭建鱼巢作为鲫鱼、青鱼、草鱼、鲢鱼和鳙鱼等鱼类的产卵繁殖的好去处，增加繁育量，提高授精率、出苗率，有利于湖区各种鱼类增殖量，有利改善湖区生态环境，是一种既节本，又见效快的好方式。

第五篇　良种生态养殖与产品质量安全

第十章　淡水鱼、虾、蟹优良品种

第一节　鱼类

一、草鱼

草鱼属鲤形目，鲤科，雅罗鱼亚科，草鱼属。学名：草鱼，地方名：草鲩、混子、草混、草青、草根（东北地区）（图5-10-1）。

图 5-10-1　草鱼

栖息于平原地区的江河湖泊，一般喜居于水的中下层和近岸多水草区域。性活泼，游泳迅速，常成群觅食，为典型的草食性鱼类。在干流或湖泊的深水处越冬。生殖季节亲鱼有溯游习性。其生长迅速，饲料来源广，是中国淡水养殖的四大家鱼之一，也是中国特有淡水优良品种。现已移殖到亚、欧、美、非各洲的许多国家。

1. 形态特征

背鳍 3.7；臀鳍 3.8；胸鳍 1.16~17；腹鳍 1.8.侧线鳞 42；背鳍前鳞 14~15；鳃耙 14~15，下咽齿 2 行，一般 2.5/4.2。脊椎骨 4+39。

体长为体高的 3.7~3.9 倍，为头长的 4.0~4.1 倍，头长为吻长的 3.4~3.5 倍，为眼径的 7.1~8.6 倍，为眼间距的 0.7~3.5 倍，尾柄长为尾柄高的 1.1~1.3 倍，体躯干略显亚圆筒形，尾部侧偏，无腹棱。头中大，吻宽而平扁。口端位，弧形，上颚稍突出，鳃靶短小呈棒形，排列稀疏。下咽齿为梳状节齿。鳞片颇大，圆形。侧线微弯，向后延至尾柄正中。

背鳍无硬棱，起点与腹鳍起点相对，距吻端较距尾鳍稍远。臀鳍也无硬刺，起点距腹鳍基底较距尾鳍近。

体呈茶黄色，背部起青灰，腹部灰白。胸鳍和腹鳍带灰黄色，其余各鳍较淡。

草鱼外观很像青鱼，但两者体色有别。草鱼体色茶黄带灰，偶鳍灰黄色，而青鱼体呈青黑色，偶鳍在白色腹部的映衬下更加显现青黑。

2. 分布状况

北自东北平原，南到海南岛都产此鱼。在新疆和青藏高原无自然分布，但因技术的不断进步，现在新疆极少数地区在引进养殖。

3. 生活习性

一般栖息于水体中、下层，也时而上层觅食。性活泼，游泳快，草食性。草鱼的食性随各个发育阶段而不同，幼鱼以摄取动物性饵料生活，体长到 10mm 的鱼苗，以小型浮游生物为主要饵料那时肠也相对较长，便逐渐转为摄食软虫、枝角类和摇纹幼虫及其他浮游甲壳类。50g 以上的幼鱼就逐步转变为典型性草食性鱼类，体长 100mm，完全能适应摄食水生植物，像浮萍及其他一些较嫩的水萍式切碎的早草（蛾生素）。草鱼成鱼则以高等水生植物为主要食料，河食料类很广，随水体环境而不同。通常，草鱼喜食苦草，轮叶黑藻、眼子藻以及嫩的蒿草，实际上大多数水生植物都可成为草鱼食料，但随着农业产业结构调整特别是在近几年来种植牧草作为草鱼的优质饲料，如黑麦草、鹅藻和苏丹草等。

草鱼还食各种商品饲料，麦麸糟类、粕类最好投喂熟化优质全价饲料，生长快，养殖水面利用率高，效益好。

4. 繁殖

根据本场从 1981 年记录的结果看，草鱼的生殖群体，主要以 4~5 龄，体长 750~850mm，体重 8~104kg 的个体为主。最小型雌性为 4 龄，体长 500mm，体重 2.55kg。雄性为 3 龄，体长 550mm，体重 2.44g，绝对怀卵差为 14.3~166.4 粒 /g 体重，平均值为 84.1 粒 /g 体重，相对怀卵差为 20.9~162.7 粒 /g 体重，平均值为 88.3 粒 /g 体重。

5. 生殖季节

长江平流的草鱼产卵季节在 10 月下旬到翌年 5 月下旬，盛产期 5 月中旬。草鱼生殖习性和其他家鱼相似，长江干流产卵场以中游宜昌以下江段为主。一般河流汇合处，像江苏省邗江地区，河曲一侧的深槽水域及两岸突然紧缩的江段都适宜于草鱼产卵。目前已建成国家级"四大家鱼"原种场，同时，江苏省在 13 个地级市分别建立了省级"四大家鱼"良种繁育场。保证了"四大家鱼"良种种苗的供应与推广应用，从而提升优质良种群体的优势。

6. 发育

受精卵吸水后膜直径 4.0~6.0mm，卵黄直径 1.5~1.7mm。水温在 19.4~21.2℃条件下，历时 35~40h 即可孵出仔鱼。刚孵出的仔鱼长度为 6.0~7.0mm 无色透明，躯干部肌节数目较其他"家鱼"多，达 28~30 对，尾部短，头占全长的 1/4。孵出后 2~4d，体长 7.5~8.5mm，尾静脉显著，形成所谓的"红筋"，孵出后 6d 左右鳔 1 毫，呈椭圆形，靠近头部；头背部出现较多的花状黑色素，胸鳍褶基部有弧状黑色素。头大略成方形，背面看有呈"V"形图案黑色素，眼间距大，尾鳍下叶有丛黑色素。孵出约两周，体长 12~14mm，鳔形成 2 笔，背鳍、臀鳍、尾鳍褶已明显分化。并开始长出鳍条，第一鳃已有圆锥形鳃靶 4~11 个，腹鳍褶无色素，孵出 25d 左右体长 18~23mm，鳞片开始出现奇、偶的形状已与成鱼相似。

7. 生长

草鱼体长增长最快为 1~2 龄，体重增长以 2~3 龄最迅速，5 龄后增长明显变慢。1~3 龄不同性别增长速度相似，4 龄以后雌性快于雄性。

8. 营养成分

草鱼营养成分分析结果（表 5-10-1）。

表 5-10-1　草鱼营养成分分析

营养元素	含量（每 100g）	营养元素	含量（每 100g）
碳水化合物	0.00（g）	核黄素	0.11（mg）
钙	38.00（mg）	维生素 E	2.03（mg）
脂肪	5.20（g）	铁	0.80（mg）
硫胺素	0.04（mg）	钾	312.00（mg）
烟酸	2.80（mg）	磷	203.00（mg）
锰	0.05（mg）	钠	46.00（mg）
胆固醇	86.00（mg）	维生素 A	11.00（mg）
铜	0.05（mg）	锌	0.87（mg）
蛋白质	16.60（g）	硒	6.66（mg）
镁	31.00（mg）		

9. 草鱼营养价值

草鱼含有丰富的不饱和脂肪酸，对血液循有利，是心血管病人的良好食物；草鱼含有丰富的硒元素，经常食用有抗衰老、养颜的功效而且对肿瘤也有一定的防治作用；对于身体瘦弱、食欲不振的人来说，草鱼肉嫩而不腻，可以开胃、滋补。一般人群均可以食用，尤其适宜疲劳、风虚头痛、肝阳上亢、高血压、头痛、久疟和心血管病人。

10. 经济意义

草鱼草食性，饲料来源广，生长快，肉质品级高，是我国优良传统饲养品种。草鱼还能迅速清除水体中草类，因而被称为"拓荒者"，青草消化吸收后排出的粪便，又是其他鱼类的饲料，又被称为"饲料机"。该品种适合养在水草茂密的浅水湖泊、外荡和洞道。近年来，作为池塘养殖主养鱼品种，采用投草和维生营养平衡饲料相结合的技术方法进行饲养，创造了大面积 $667m^2$ 产成鱼 $800kg$ 以上纪录，有些丘陵山区，中小型水库也把它作为放养的品种，因为草鱼养殖从自然科学的原理推测，就是绿色养殖，发展草鱼能保持人类健康长寿。目前，市场的需求量是供不应求，草鱼的市场价格逐年攀升。因此，养殖草鱼能取得较好的经济效益。

二、鲢鱼

鲢鱼属于鲤形目，鲤科，鲢属。学名：鲢鱼，地方名：白鲢、跳鲢和鲢子等（图 5-10-2）。

图 5-10-2　鲢鱼

1. 形态特征

背鳍 3.7；臀鳍 3.13；侧线鳞 112；下嚼齿 1 行 4/4；鳃耙彼此相连。脊椎骨 39~42。

体长为体高的 3.3~3.9 倍，为头长的 3.2~3.3 倍。头长为吻长的 4.1~4.2 倍，为眼径的 5.3~8.8 倍，为眼间距 2.2 倍。尾柄长为尾柄高的 1.4~1.55 倍。

体侧扁，稍高。腹部狭窄，腹棱自胸鳍基部前方直达肛门。头大吻短，圆而钝。

眼较小，位于头侧中轴下方，口很润，端位。稍向上伸。鳃耙特异，彼此联合呈海绵状硬质片，有鳃上器，鳞小，易脱落，侧线完全，前段微弯腹方，向后延至尾柄正中。

背鳍短，无硬刺。臀鳍中等长，起点在背鳍基底后下方。胸鳍末端伸至或超过腹鳍基部，尾鳍分叉。

腹腔大腹膜黑色，鳔2室，前室长而膨大后室锥形。成熟雄鱼在胸鳍第一鳍条有明显的骨质细栉齿，雌鱼则较光滑。体色银白，背、尾鳍呈黑色。

2. 分布状况

广泛分布于全国各水系，鲢鱼在长江、黄河、珠江、黑龙江等及其连接的江、河、湖、泊都有天然种质。全国各地都作为优良品种养殖对象之一，已被引入国外许多国家。

3. 生活习性

生活在水体上层，性活泼，善跳跃，稍受惊动，即四处逃窜，窜出水面最高达1m多，终身以浮游生物为食。仔鱼以浮游动物，如软虫和枝角类、桡足类的无节幼体为食，人工养殖也可投喂豆浆。鲢鱼的摄食方法是一种特殊的类型，它的鳃耙和鳙鱼不一样。每根鳃耙与相邻鳃耙之间有骨质小格，其外面还要覆盖着海绵状的筛膜。因此，微小的浮游植物（藻类）不能随水滤出体外，而成为食物。鲢鱼是摄藻类类型鱼类，其吞食的主要成分是各种硅藻、旱藻、黄金藻和黄藻等。近年来，关于鲢鱼的食性问题，有一些新的发现，某些浮游植物贫乏的池塘，2龄鲢鱼整个夏季以池底蓝藻腐屑为主，腐屑占其食物重量的90%左右，当水中浮游植物很低，或者小平裂藻之类的蓝藻占优势时，鲢鱼待坐在水层滤食而转以底生藻为生。同时，也兼食浮游生物，腐屑和细菌聚合体等。喜在沿江附属静水水体肥育，冬季回到干流河床或在湖泊冬季越冬。

4. 繁殖

据长江"四大家鱼"产卵场调查材料及人工繁殖场资料总结，鲢的繁殖群体，主要由4~5龄的个体组成，为最佳，最小龄雄体长660mm，体重4.8kg，雌性体长680mm，体重5.3kg，怀卵量在25万~166万粒，不同大小体积怀卵量有很大的变化。长江流域在4月下旬开始产卵到7月止，而以5—6月较集中。长江干流产卵场主要在宜昌到监利江段，其他地段扬州邗江段也有产卵。产卵活动在水的上层进行。发情时，雄鱼追逐雌鱼活跃异常，或雌雄鱼并列露在水面，或雌、雄鱼头部露出水面嬉游，不时地掀起浪花，产卵时雌鱼腹部朝上，胸鳍剧烈抖动，这种产卵通常人们称为自产。随着科学技术不断进步，生产力不断提高，现阶段都采取人工驯养亲鱼，科学合理遵循规律进行人工催产的方法大量繁殖苗种。

5. 发育

产卵受精后，受卵吸水膨胀透明，卵膜径 4.0~6.0mm，卵黄径 1.5~1.7mm，卵黄呈黄色，在静水中慢慢下沉，在水流中随波逐流，具漂流性．多数试验证明，在原肠形成过程中，对外界环境因素变化较为敏感，在水温 20~23℃约经 35 小时即可孵出，刚孵出仔鱼，其体长 6~7mm，没有色素细胞，躯干部肌节数 25~26 对，尾部接近为全长的 1/3。呼吸器官为古维氏管和尾下静脉。孵出后 2~3d，体长 7.0~7.5mm，头部出现较多的黄色素，黑色素也稀疏散布在身体各部。孵出后鳔 1 室，椭圆形，体长 8~9mm，体侧及头背部的黑色素比鳙鱼、青鱼和草鱼的鱼苗黑色素都深，在尾鳍上有两堆较明显的黑色素，脊索末端，在其前下方的尾褶上；右维氏管消失，用鳃呼吸，卵黄素尚残存，即开始进食。此时，仍作直线游动，在江边沿岸随水漂流而下，或倒灌入湖进行肥育。自然身体的发育都是顺应自然界的有关规律来逐步发育生长的与人工繁育的发育阶段有所不同，人工繁育是营造与自然界有关相同规律来完成发育过程。

6. 生长

鲢鱼生成长较快，雌雄无显著差异，池塘中生长良好，个体长达 300mm，重 0.5kg，3 龄体长达到 600mm，重 1kg。体长实际增长以 1 龄、2 龄鱼最大，增重在 1~6 龄鱼期间逐年增加，而以 3~4 龄鱼增重最大，采用"四大家鱼"大规格一龄苗种池塘培育生产工艺，当年鱼可生长到 0.5kg，2 龄鱼可生长到 1.5kg，野生最大个体可达 20kg 以上；池塘养殖最大个体 10~15kg。

7. 鲢鱼营养成分

鲢鱼营养成份分析结果（表 5-10-2）。

表 5-10-2　鲢鱼营养成分

营养元素	含量（每100g）	营养元素	含量（每100g）	营养元素	含量（每100g）
热量	104（kcal）	维生素 B_1	0.03（mg）	钙	53（mg）
蛋白质	17.8（g）	维生素 B_2	0.07（mg）	镁	23（mg）
脂肪	3.6（g）	维生素 B_5	2.5（mg）	铁	1.4（mg）
碳水化合物	0（g）	维生素 C	0（mg）	锰	0.09（mg）
膳食纤维	0（g）	维生素 E	1.23（mg）	锌	1.17（mg）
维生素 A	20（μg）	胆固醇	99（mg）	铜	0.06（mg）
胡萝卜素	1.2（μg）	钾	277（mg）	磷	190（mg）
视黄醇当量	77.4（μg）	钠	57.5（mg）	硒	15.68（mg）

8. 鲢鱼营养价值

鲢鱼能提供丰富的胶质蛋白，既健身，又美容，是女性滋养肌肤的理想食品。它对皮肤粗糙、脱屑、头发干脆易脱落症均有疗效，也是女性美容不可忽视的佳肴。为温中补气、暖胃、泽肌肤的养生食品。适用于脾胃虚寒体质、溏便、皮肤干燥者，也可用于脾胃气虚所致的泌乳少等症。

9. 经济意义

鲢由于食物链短，适应性强，生长快，成为中小湖泊、水库、河道、外荡和池塘饲养不可缺少的对象。华东、华北以及华中产鱼区，鲢是主要养殖鱼类，鲢鱼与鳙鱼量占群养量才能获高产。同时，人们日常生活中鲢鱼是普通群体消费的淡水鱼种，市场需求量大，发展前景好，为当今农业产业结构养殖的当家品种。

三、鳙鱼

鳙鱼属鲤形目，鲤科。鳙鱼地方名：胖头鱼、花鲢、大头鱼、黄鲢（图5-10-3）。

图 5-10-3　鳙鱼

1. 形态特征

背鳍3.7；臀鳍3，12~13；侧线鳞102~104，下咽齿1行，4/4，鳃耙400以上。脊椎骨39~42。

体长为体高的3.2~3.8倍，为头长的2.8~3.0倍。头长为吻长的3.9~4.1倍，为眼径5.8~8.9倍，为眼间距的1.9倍，尾柄长为尾柄高的1.6~1.7倍。

体侧扁，较高，腹鳍基底至肛门有腹棱。头肥大，吻钝，润而圆。眼小，位于头侧中轴之下。眼间距宽。口端位，口裂稍向上倾斜。下咽齿平面而光滑。鳃耙数变幅很大，一般随个体增大而增多，排列紧密状如栅片，但不愈合，有鳃上器。

背鳍短，起点在腹鳍起点之后，至尾鳍基部较至短吻端为近，胸鳍大而延长，末端远超过腹鳍基部。臀鳍起点在背鳍基后下方至腹鳍基底较至短尾鳍基部为近。尾鳍深又状，两叶未端尖。

腹腔大，腹膜深黑色，鳔 2 室，前室大而椭圆，长度约为后室的 1.5 倍；后室呈圆锥形，肠管较长，为体长的 5 倍左右。生殖时期雄鱼胸鳍的前面数根鳍条上具有向后倾斜的骨质棱，雌鱼无此构造。背部及体侧上中部为灰黑色，间有浅黄色，腹部银白色，体侧有许多不规则的黑色点，各鳞主灰白色，并有许多黑斑。

2. 分布状况

广泛分布在全国各大江河、湖泊、人工建造的大中型水库，水库养殖鳙鱼最为适宜，因水库的水源来自丛山峻岭，自然养料丰富，生长快，符合无公害水质环境的要求，养殖的鳙鱼的品质鲜美。

3. 生活习性

鳙鱼生活在水体中上层，性温和，行动迟缓，不善跳跃。在天然的水体中数量较鲢为少。鳙鱼的繁殖习性和洄游规律鳙与鲢相似，产卵后大多进入沿江湖泊摄食肥育。冬季湖泊水位跌落，则在深水区越冬，翌年春暖时节则又上洲繁殖。未成熟个体一般栖息在附属水体内。鳃耙发达，鳃耙排列比鲢鱼稍稀，没有骨质桥也没有筛膜。因此淡水作用快，终身以滤食浮游生物为主，兼食部分浮游植物，鳙鱼和鲢鱼一样，是一种不断摄食的种类，只要鱼不断张嘴进行呼吸，食物就同时随水进入口腔。在人工饲养条件下，鳙鱼除食天然饵料外，也食用人工配合饲料，以及禽类的粪便。摄食强度随季节水温而异，每年 5—11 月摄食强度较大。

4. 繁殖

在长江干流一般 5 龄成熟。生殖群体，年龄序列最短，5~7 龄的个体占总数的 90% 以上，以体长 950~1 050mm，体重 15~19kg。成熟最小型雄性为 6 龄，体长 890mm，体重 11.4kg；雌性为 5 龄，体长 800mm，体重 8.5kg。绝对怀卵量均值为 78 万 ~172 万粒，平均为 129.5 万粒；相对怀卵量在 46.6~92.6 粒 /g 体重，平均值为 74.0 粒 /g 体重。4 月下旬卵巢发育到儿期，卵巢灰白或呈青灰色。最大卵径 1.6~1.7mm，成熟系数 4.6~17.7。生殖季节较鲢鱼稍晚，产卵较集中在 5 月中旬（江苏省、浙江省、安徽省、上海市、江西省、湖北省）等地。长江干流产卵场主要集中在安昌到监利这一江段。促进鳙鱼产卵的外界因素和鲢基本相同。产卵活动大多发生自水位陡涨汛期，水位下跌流速趋于平稳，产卵活动即将停止。

5. 发育

具漂浮性。受精卵吸水膨胀，卵膜透明，膜径 5.0~6.5mm，卵黄径 1.5~1.7mm，卵黄呈篾黄色。水温 19.4~21.2℃，从卵裂至孵出历时约 40h。刚孵出的仔鱼长度为 7~8mm，较鲢粗壮，躯干部肌节为 24~25 对，尾部较长，接近全长 1/3。古维尔氏管和尾下静脉为其最初几天的呼吸器官，此时躺卧少动，有时立跃，随后又恢复平卧状态，孵出后 2~3 天全长 7.5~9.3mm，头圆，眼间距宽，体侧出现稀疏而呈花状的黑色素。尾静脉细小，和青鱼、草鱼鱼苗尾静脉有明显的不同。孵出后 4~6d，鳔1 紧，体长 8.1~10.5mm，卵黄尚未吸尽，即开始摄食。呼吸器官为鳃。腹鳍褶和臀鳍褶均有黑色素，尾鳍下叶弧状黑色素。多在江边近岸处顺水浮动，被水流带入通江小河和通江湖泊。

6. 生长

在江河、湖泊、水库自然环境下生长缓慢，在常规池塘养殖条件下，当年种可达 132mm 以上，2 龄鱼可达 0.5~0.75kg。3 龄鱼可达 1.5~2.5kg，4 龄前雌、雄生长没有什么差别。5 龄后雌鱼快于雄鱼，1~6 龄期，雌、雄鱼体长增长最快，体重则以 3 龄增重最大。在河口、湖泊、水库的天然个体，最大可达 30~40kg，池塘最大个体一般为 15~20kg。

7. 营养成分

鳙鱼营养成分分析结果（表 5-10-3）。

表 5-10-3　鳙鱼营养成分分析

营养元素	含量（每100g）	营养元素	含量（每100g）
热量	100（kcal）	钾	229（mg）
磷	180（mg）	钙	82（mg）
钠	60.6（mg）	维生素 A	34（μg）
镁	26（mg）	硒	19.47（μg）
蛋白质	15.3（g）	碳水化合物	4.7（g）
烟酸	2.8（mg）	维生素 E	2.65（mg）
脂肪	2.2（g）	铁	0.8（mg）
锌	0.76（mg）	维生素 B_2	0.11（mg）
锰	0.08（mg）	铜	0.07（mg）
维生素 B_1	0.04（mg）	维生素 B_{12}	4.3（mg）
维生素 D	18（mg）	维生素 C	2.6（mg）
维生素 B	10.04（mg）		

8. 营养价值

鳙鱼属高蛋白、低脂肪、低胆固醇鱼类。对心血管系统有保护作用；同时，鳙鱼富含磷脂及改善记忆力的脑重体后叶素，特别是脑髓含量很高，长食能暖胃、祛头眩、益智商、助记忆、延缓衰老，还可润泽皮肤。

9. 经济意义

鳙鱼是传统的优质鱼类，肉质鲜嫩，生长快，抗病能力强，适应于各种类型的水面养殖，同时适合我国各区域农业结构的调整，特别是山区水源养殖，是最佳的鱼类渔源。例如，江苏省溧阳市天目湖水库养殖的无公害鳙鱼。江苏省溧阳市天目湖砂锅鱼头是优质食料，在国内大中城市享有盛名，特别是在上海市、苏州市、南京市、北京市等大中城市影响力比较大。因此，鳙鱼的无公害养殖，产业化开发前景良好，附加值高，经济效益好，真正体现实施无公害养殖带来的经济效益、社会效益、生态效益。

四、青鱼

青鱼是鲤形目，属雅多鱼亚科中大型鱼类。学名：青鱼，地方名：螺蛳青、乌青（图 5-10-4）。

图 5-10-4　青鱼

体长一般 600~800mm，体重大个体可达 70kg，常见个体 10~15kg，在池塘、湖泊、水库均可长到 10~15kg。2005 年，在南京六合区金牛湖被当地渔民捕捞上岸的一条青鱼体长 1.86m，重达 109kg。专家根据鳞片鉴定，其在金牛湖生活了 30~40 年，相当于人类 70 岁年龄。这条金牛湖青鱼后制成标本，现放置在六合金牛湖生物馆，供游人观赏。2013 年，金牛湖再现 106kg 级大青鱼。2012 年 1 月 3 日早晨，在浙江省湖州市安吉县高禹镇天子岗水库，捕捞出一条螺蛳青，体长 1.92m 体重 109kg。

1. 形态特征

背鳍 3，7~8，臀鳍 3，8。侧线鳞 41~44。下咽齿 1 行，4/5。鳃耙 18。脊椎骨 36~37。体长为体高的 4.2~46 倍，为眼径的 7.4~7.7 倍，为眼距间的 2.1~2.3 倍。尾柄长为尾柄高的 1.3 倍。体延长，略呈棒状，尾部稍侧扁。头中等大，头顶宽平。口端位，呈弧形。上颌稍长于下颌，向后延长至眼前缘之下方。口角无须。眼位于头的中部。鳃耙稀而短小。下咽齿呈臼齿状，磨面光滑。

背鳍、臀鳍无硬刺。尾鳍深叉形，上下叶等长，鳞片大，圆鳞，鳞略偏于前部，侧线完全。体呈青灰色，背部较深，腹部灰白色。各鳍灰黑色。

2. 分布状况

除新疆和青藏高原无自然分布外，我国各大江河、湖泊和水库水系均有分布。特别是长江流域相交的各大湖泊养殖量较大。

3. 生活习性

青鱼栖息于水体中下层，一般不游到表层。4—10月为摄食季节，常集中在江河弯道。沿江湖泊及其他附属水体中肥育，冬季在河床深处越冬。鱼苗和鱼种阶段，主要摄食浮游动物。体长15mm时即开始摄食小螺蛳和黄蚬，鱼种有时也吃底栖的蜻蜓幼虫、摇纹幼虫以及苔藓植物等。

成鱼以螺蛳、黄蚬和幼蚌为主要食物，而常食淡水青、柔、肩螺、虾和水生长虫。江苏省苏州市、浙江省湖州市两地主养青鱼大规模鱼种，主要投喂轧碎的螺蛳、黄蚬，并辅以豆饼和蚕蛹作为青鱼人工配合饲料。

4. 繁殖

青鱼属1次产卵类型，初次性成熟亲鱼的年龄，最小为3龄，最晚为6龄。据江苏省溧阳市水产良种场"四大家鱼"产卵场有关资料表明：产卵群体中5~7龄的个体占总数88.1% 雄青鱼的生殖群体以体长960~1156mm，体重10.6~21.6kg的个体为主。雄鱼普遍比雌鱼早熟1年。性成熟的小型雄鱼为3龄，体长700mm，体重为5kg；雌鱼为4龄，体长为740mm，体重为6.25kg。

根据湖州鱼场的良种要求，采用低龄鱼占群体数量主导地位。绝对怀卵量为30.9万~212.9万粒，平均值为104.2万粒，相对怀卵量为29.9~100.0粒/g体重，平均值为62.4粒/g体重。在成熟个体卵巢的周年变化中，Ⅲ期阶段为最长，一般从秋季或产卵后直到整个冬季都保持在Ⅲ期状态。到3—4月才陆续发育到儿期并达到成熟产卵。繁殖季节在5—7月，一般比草鱼、鲢鱼稍晚。自然情况下，亲鱼产卵后适宜温度是21~28℃，低于18℃或高于31℃，胚胎发育不正常，畸形率或死亡率增高。产卵所要求的水温条件（江河湖水上涨和流速加大），不需要比其他家鱼严格，除涨水产卵外，平水、微退水时产卵量比草鱼多。与其他3种家鱼比较，青鱼具有产卵活动比较零散、繁殖季节比较迟、延续时间较长等特点，另外，排卵受精活动一般不在表层而在下层进行。

5. 发育

产漂流性卵，卵受精后随水漂流，卵膜透明，卵径5.0~7.0mm，卵黄径

1.5~1.7mm。水温 21~24℃，34~35h，即可孵出。刚孵出仔鱼长为 6.4~7.4mm，躯干部肌节较草鱼少，需 27~28h。孵出 1~2d 眼黄色素出现，眼下缘有 1 黑点，尾静脉粗大。孵出 4~5d，鳔 1 室并已充气，身体各部开始有稀疏的黑色素，在脊背下的白管有 1 行较浓密的黑色素，在鳔鱼处稍弯曲，可称"青筋"，在尾静脉后方的鳍褶上出现 1 条大的花状黑色素。孵出 6~7d，卵黄几乎吸收尽，仔鱼长度为 8.2~9.5mm，背而看，头部眼间有两个倒"八"字形黑色素，作"V"状排列，胸鳍基部无黑色素，这是与草鱼苗的明显区别。孵出约 11d，背鳍褶皱分化，尾鳍褶开始形成骨质褶条，肠管为 1 直管，鳔下缘略弯曲，第一鳃弓长出鳃耙 8~9 个，孵出约 21d，体长 18~24mm，鳞片开始出现奇、偶鳍，也与成鱼相似。

6. 年龄和生长

鳞片"后部"与"侧部"交界处的环片切割现象为年轮特征。年轮出现在 4—6 月。青鱼生长快，1 龄鱼可达 0.5~0.6kg；2 龄鱼可达 2~3kg；3 龄鱼可达 3.5~4.5kg，甚至 5kg 以上。从青鱼的生长特性及年增和量（体长年增长和体重率增重的乘积所得出的值）来看，3 龄鱼生长最快，在进入性成熟的 5 龄后，速度显著下降。江河中大个体可达 70kg，常见个体达 15~60kg。池塘中人工养殖青鱼体重一般为 10 ~ 20kg。

7. 营养成分

青鱼营养成分分析结果（表 5-10-4）。

表 5-10-4　青鱼营养成分分析

营养元素	含量（每100g）	营养元素	含量（每100g）
碳水化合物	0.00（g）	脂肪	4.20（g）
蛋白质	20.10（g）	纤维素	0（g）
维生素 A	42.00（μg）	维生素 C	0（mg）
维生素 E	0.81（mg）	胡萝卜素	0（μg）
硫胺素	0.03（mg）	核黄素	0.07（mg）
烟酸	2.90（mg）	胆固醇	108.00（mg）
镁	32.00（mg）	钙	31.00（mg）
铁	0.90（mg）	锌	0.96（mg）
铜	0.06（mg）	锰	0.04（mg）
钾	325.00（mg）	磷	184.00（mg）
钠	47.40（mg）	硒	37.69（mg）

8. 营养价值

青鱼肉中除含有 20.10% 蛋白质，5.2% 脂肪外，还有钙、磷、铁、维生素 B_1、维生素 B_2 和量元素锌。成人需锌 12~16g，青少年时期的需要量则相应增多。锌是酶蛋白的重要组成部分，性腺、胰腺及脑下垂与之密切相关。人体的含量仅占 $3/10^5$，但一旦出现不足，往往会使嗅觉减低，精神萎靡，"智商"减低。此外，还会出现生长高度不足，创伤难以愈合等病变。还含有丰富硒、碘等微量元素，有抗衰老、抗癌作用；含有核酸，这是人体细胞所必需的物质，核酸食品可延缓衰老，辅助疾病的治疗。

9. 经济意义

青鱼是一种经济价值比较高的鱼类，肉味鲜美，生长快，根据青鱼食性，青鱼常以软体动物的螺蛳（包括湖螺、椎类螺）为生，小青鱼有时也吃底栖蜻蜓幼虫、摇蚊幼虫以及苔藓植物等，随着科技的不断进步和科技创新，食用鱼类在人们饮食中的比重越来越大，青鱼作为鱼类中比较优质的商品鱼，是人们节假日请客餐桌上不可缺少的鱼类之一。

五、鲤鱼

鲤鱼属鲤形目，鲤科，鲤鱼地方名：鲤鱼、鲤拐子（图 5-10-5）。

图 5-10-5　鲤鱼

1. 形态特征

背鳍 4，17~19；臀鳍 3，5；侧线鳞 334~35，下咽齿 3 行，3-1-/1-1-3。鳃耙 20~21。脊椎骨 34~36。

体长为体高 3.1~3.2 倍，为头长 3.4~3.6 倍。头长为吻长 2.5~2.6 倍，为眼径 5.7~5.9 倍，为眼间距 2.5~2.6 倍。尾柄长为尾柄高 2~1.3 倍。

体侧扁，背部隆起，头较小，眼中等大，口下位或两下位，呈马蹄形。须 2 对，吻须长约为颌须长的一半。鳃耙短，呈三角形。下咽齿发达，主行第一枚齿圆锥形，余下的呈白齿状，第二枚齿的齿冠上 2~3 道沟纹。背鳍和臀鳍不分枝鳍条都骨化成硬刺，最后 1 根刺后缘呈锯齿状。鳔 2 室，腹膜白色。

体色随生活水体不同而有较大变异，通常背部暗黑，体侧暗黄，腹部灰白色，尾鳍下叶呈橘红色，胸、腹、臀鳍为金黄色，但不及尾鳍下叶鲜艳。鲤的体色有青黄、红色和褐色的品种。鲤鱼的性状容易受外界各种因素或人为的条件影响而改变。人们在长期的生产实践中，培育出近 20 个鲤鱼品种，例如锐鲤、红鲤、荷包鲤、固鲤等。特别在近几年来，我国鱼类育种科技工作者利用各种杂交方法，又获得了生长快，产量高的许多杂交鲤鱼品种，如丰鲤、建鲤、颖鲤等。这些新品种已被推广养殖，生产效果良好。

2．分布状况

鲤鱼是一种优良养殖鱼类，起源于我国，分布在我国各水系，并且已移养到世界各国，成为世界性的养殖鱼类。适宜各种类型的水体养殖。

3．生活习性

一般活动在水体中下层，喜栖息在底质松软和水草丛生的场所，对环境有很强的适应能力。冬季较迟钝，常在水草丛生的水域或深水槽中越冬。杂食性，体长 15~20mm 的幼鲤，食物大多是轮虫和小型枝角类；30mm 以上的幼鲤食物主要是枝角类、桡足类、摇蚊幼虫和其他的水生昆虫幼虫；100mm 以上的个体开始食水生植物碎体和螺、蚬等软体动物，也食藻类和有机碎。鲤鱼在人工饲养条件下，也喜食各种商品饲料，如米糠、麸皮、饼类全价配合饲料等。

4．繁殖

鲤鱼的生长速度比草鱼、青鱼稍慢，但比鲫鱼快。江苏省常州市长荡湖鲤鱼的生长速度如表 5-10-5 所示。

表 5-10-5　长荡湖冬龄鲤鱼体长、体重统计

测定项目	2 冬龄鱼	3 冬龄鱼	4 冬龄鱼	5 冬龄鱼	6 冬龄鱼
体长（mm）	251	345	435	521	569
体重（g）	186.3	978	1918	2865	3887.5

从表 10-5 看出长荡湖鲤生长迅速。增长的速度随年龄的增加而增大。同时可以看出鲤鱼生长同龄中雌性比雄性生长得快。但不论雌雄都在 1 龄至 2 龄时生长最快，性成熟后，3~6 龄生长平缓，以后就进入生长缓慢的衰老阶段。

5. 营养成分

鲤鱼营养成分分析结果（表5-10-6）。

表 5-10-6　鲤鱼营养成分

营养元素	含量（每100g）	营养元素	含量（每100g）
碳水化合物	0.50（g）	脂肪	4.10（g）
蛋白质	17.60（g）	纤维素	0（g）
维生素A	25.00（μg）	维生素C	0（mg）
维生素E	1.27（mg）	胡萝卜素	0（μg）
硫胺素	0.03（mg）	核黄素	0.09（mg）
烟酸	2.70（mg）	胆固醇	84.00（mg）
镁	33.00（mg）	钙	50.00（mg）
铁	1.00（mg）	锌	2.08（mg）
铜	0.06（mg）	锰	0.05（mg）
钾	334.00（mg）	磷	204.00（mg）
钠	53.70（mg）	硒	15.38（μg）

6. 营养价值

鲤鱼以肉质鲜嫩，营养丰富闻名全国，已列为中国四大名鱼之首；鲤鱼体内含营养素较多，刺少肉多，个体味美，对人体大有益处。鲤鱼全身可入药，长期使用鲤鱼可对治疗肝硬化、腹水、水肿、慢性肾炎、咳嗽气喘、反胃吐食、中耳炎等疾病有辅助作用。

7. 经济意义

从我国古代养鱼史料可看出，鲤鱼是最早被养殖的鱼类之一，适合我国东北、西北的内陆河流以及大、中、小型水库养殖。它既适应深水又适应多种水温，可常年在偏低水系养殖，是适合我国西部和东北地区农业结构调整实施的无公害水产养殖优良品种，并且成为世界性养殖鱼类。鲤鱼抗病能力强，肉质坚实，味鲜美，体型较大，生长快，同时肉质鲜嫩，是人体所需氨基酸含量较高的鱼类。目前，市场需求量大，特别是天津市、北京市、哈尔滨市、吉林省、沈阳市、石家庄市等大中城市需求量大，在中国人民传统节假日时市场需求量更为明显，养殖效益显得更高。

六、团头鲂

团头鲂属鲤形目，鲤科（图5-10-6）。团头鲂地方名：鳊鱼、团头鳊、武昌鱼。

图5-10-6　团头鲂

1. 形态特征

背鳍3，7；臀鳍3，29~39；侧线鳞53。下咽齿3行，5-4-2。鳃耙12。脊椎骨37~39。

体长为体高的2.1~2.2倍，为头长的3.8~4.3倍，头长为吻长的3.9~4.1倍，为眼径的4~4.2倍，为眼间距的2.1~2.4倍。

体高、侧扁、整体轮廓呈菱形。头短小，吻圆钝，口端位线弧形，上下颌等长，臭角质鞘，下咽齿细长，齿端呈钩状。尾柄高。背鳍位于身体的最高处，有强大而光滑的硬刺。臀鳍起点在背鳍基部之后，无硬刺。腹部自复鳍基部至肛门有腹棱。尾鳍深叉形。鳞片中等大小。圆鳞成稍带圆形。侧线直，横贯于体侧中部下方。鳔3室，中室最大，后室最小。肠长为体长的3.5倍，腹膜灰黑色。

体灰黑，体侧鳞基部灰白，边缘灰黑。因此，体侧具数条灰白色纵纹；各鳍呈青灰色。

2. 分布状况

为中国特有。原仅分布于长江中、下游富庶的湖泊，如湖北省梁子湖、东湖、花马湖及江西的鄱阳湖等地。现在我国选育的鱼类品种，迄今，经国家水产原良种审定委员会审（认）定通过的团头鲂浦江1号，成功通过移养试验。目前，已推广到全国各地，包括江苏省、浙江省、上海市、安徽省、山东省、河南省、河北省、湖南省和江西省等地养殖，成为渔农养殖中的优良品种。

3. 生活习性

为适于湖泊静水水体繁殖生长的鱼类之一，平时生活于底质为 10~20cm 深的淤泥。有沉水植物生长的敞水区的中下层，冬季水温在 8℃ 以下时群集于坑中越冬。3月水温为 10~15℃ 开始摄食，一直延续到 11 月水温下降为 8℃ 以下时，停止投喂饲料。其中，6—10 月摄食强度最大。体长 31~35mm 的幼鱼以浮游动物为主，包括轮虫、枝角类及其他小型甲壳动物幼体，及人工投喂的黄豆浆；体长 31~37mm 的幼鱼增加人工投喂的浆糊状豆泊等植物饲料，体长 40~42cm 的幼鱼，开始食轮叶黑藻等水生植物嫩叶，以后逐步大量投喂水草，如苔草、马眼子藻、沮草和大蕨藻等，在人工饲养条件下，也喜食投喂的旱草碎屑以及米糠、麦麸、饼类等精饲料。目前，从养殖实际状况看，都应采用无公害熟化全价饲料投喂，满足生长所需营养。

4. 繁殖

根据江苏省溧阳市水产良种场材料，团头鲂 2 冬龄始达性成熟，雌性体长 255mm，体重 460g 左右，雄性体长 260mm，体重 410g 左右。雌鱼怀卵量随体重和年龄的增长而增加。一般 2 冬龄鱼怀卵量为 3.7 万 ~10.3 万粒；3 冬龄鱼为 12.6 万 ~31.6 万粒；4 冬龄鱼怀卵量为 27.3 万 ~44.8 万粒。生殖季节 5—6 月，性成熟的团头鲂雄、雌两性均有珠星出现，特别是雄鱼，以眼眶、头顶部、尾柄部分的鳞片和胸鳍前数根鳍条的边为最密。雌性个体也长珠星，但不如雄性密集而以尾柄部分较多。此外，雄鱼胸鳍第一根鳍条比较肥厚，略呈"S"形弯曲。

团头鲂在静水湖泊中产卵，产卵场的环境条件要求有一定的流水，生长有茂密的水草，湖底底顶为软泥，水深 0.8~1.3m。水色浑浊，含泥沙，透明度为 8~18cm，水温 20~28℃。春季是 4 月下旬开始，夏季是 6 月上旬，在暴雨后 2~3d 天气晴朗或是接着几天晴天，天气闷热将降暴雨时产卵。产卵活动在 18：00~21：00 或第二天的 4：00~7：00，当太阳从东方升起时，产卵期间，该鱼一般不摄食。这种产卵是根据自然界的规律，形成团头鲂产卵的自然条件后进行产卵，人们通常称为自产，受精率低，出苗率差，成活率更低。现在大多数水产养殖单位，根据团头鲂的生活习性，通过人工原种引进苗种培育、选育和良种繁育的方式、方法进行人工繁殖。

卵黏性，浅黄微带绿色。根据人工授精室内培养，受精卵在水温 23~24℃ 时，经 33~38h 的孵化才能出苗。刚孵出的仔鱼体长 4.1mm，无色透明，常平卧水底。孵化后 5d，仔鱼体长 6.2mm，卵黄囊消失，鳔已充气，水中能保持平衡。体长 6.5mm，肠已形成，可开始摄食。

团头鲂是淡水鱼类生长较快的一个优良品种，一般当年鱼的体长可达 120~132mm，体重 42~48g，冬龄鱼体长为 248~258mm，体重 485~500g；2 冬龄鱼体长 328~338.1mm，体重为 898~905g。以当年至 1 冬龄生长较快，增长倍数为 8~10 倍，1 年中 7—9 月为快速生长季节。

5. 人工繁殖技术

在自然环境条件下，不论水库、湖泊、外荡、河塘、池塘都能自行繁殖，随着科学技术不断进步，全国各地水产生产单位通过一系列实验，都基本掌握一整套的人工繁殖新技术。在进行人工繁殖时，系鱼都要经过选育，选择体型好健康无病的优质亲本，同时亲鱼的年龄以选择 3~5 龄为宜；雌性体重一般在 0.75kg 以上，雄性在 0.48kg 以上，已发育良好，体型较好的鱼作亲本。培育池要每 667m² 深 1.5~1.8m，放 1.2~2.48kg 亲鱼 80~100 尾，并可亩混养 3~4kg 的鲢鱼 4~5 尾，以及 5kg 以上的鳙鱼 1~5 尾。每年冬或开食前，检查性腺发育时把雄、雌分养，至临产前按长相并池或注射催产素后放催产池中。培育亲鱼的饵料，初春以青饲料，幼嫩的旱菌（黑麦芊）及麦芽为主；并辅以少量的豆饼类、谷类。4 月中旬接近产卵季节，可停喂精饲料，投喂青饲料，每千克亲鱼的投饲量为 25kg 左右。

6. 营养成分

团头鲂营养成分分析结果（表 5-10-7）。

表 5-10-7　团头鲂营养成分

营养元素	含量（每 100g）	营养元素	含量（每 100g）
热量	135.00（kcal）	胆固醇	94.00（mg）
碳水化合物	1.20（g）	镁	17.00（mg）
脂肪	6.30（g）	钙	89.00（mg）
蛋白质	18.30（g）	铁	0.70（mg）
维生素 A	28.00（μg）	锌	0.89（mg）
维生素 C	0（mg）	铜	0.07（mg）
维生素 E	0.52（mg）	锰	0.05（mg）
胡萝卜素	0（μg）	钾	215.00（mg）
硫胺素	0.02（mg）	磷	188.00（mg）
核黄素	0.07（mg）	钠	41.10（mg）
烟酸	1.70（mg）	硒	11.59（μg）

7. 营养价值

团头鲂主要是指常见的长春鳊和三角鲂。团头鲂性温，味甘；具有补虚、益脾、养血、祛风、健胃之功效，可以预防平血症、低血糖、高血压和动脉硬化等疾病。一般人都可以食用，更适合贫血、体虚、营养不良、不思饮食之人食用，团头鲂含有丰富的优质蛋白质、不饱和脂肪等营养成分。

8. 经济意义

团头鲂生活在流水或静水的水下层，平时喜栖于水草丛生处，冬季在深水区越冬。食性杂幼鱼主要以浮游动物及枝角类和桡足类甲壳动物为主要食物，也食水生的虫和软体动物的幼体。成鱼主要以苦草、轮虫、黑藻等水生植物和软体动物为食。养殖期间团头鲂疾病少，养殖成本低，团头鲂肉味鲜美脂肪丰富，被认为是上等食用鱼类颇受人们的欢迎。

七、鲫鱼

鲫鱼属鲤形目，鲤科。鲫鱼地方名：河鲫（图5-10-7）。

图5-10-7　异育银鲫

1. 形态特征

背鳍3.17~18；臀鳍3.5；侧线鳞28~30；下咽齿1行，4/4。鳃耙45~47，脊椎骨29~30。

体长为体高的2.3~2.7倍，为头长的3.4~3.6倍，头长为吻长的3.4~3.9倍，为眼径的4.1~4.3倍，为眼间距的2.3~2.4倍。尾柄长为尾柄高的0.90~0.98倍。

体较高，侧扁，腹部圆。头小，眼大。口端位，无须。背鳍和臀鳍最后一根硬刺后缘具锯齿。鳔2室，腹膜黑色。

鱼体活体呈银灰色，背部深灰，腹部灰白色，各鳍灰色。

2. 分布状况

全国除西部高原地区外，各河流水域都有分布。

3. 生活习性

鲫鱼对各种生活环境有很强的适应力，能耐低氧，溶氧量低到 0.1mg/L 时才开始死亡，耐寒，对产卵场的条件不苛求，即使 pH 值为 9 的碱性水域中也能生长繁殖。从亚寒带到亚热带不论深水或浅水，流水或静水，清水或浊水都能适应。但一般喜欢栖息在江河、湖泊、水库、外荡、池塘的水草丛生，水流缓慢的浅水河湾式湖叉中，鲫是杂食性和广食性鱼类，动物性食物有轮虫、苔藓虫、枝角类、桡足类和虾类等。植物以藻类、丝状藻类、水生植物、高等植物种子和腐植殖碎片等。在我国南方全年都摄食，以 7—9 月摄食强度最大。在不同生长阶段，食性略有差异。体长 10~50mm 时，食物藻类为主，其次是浮游动物；体长 50~100mm 时，食物种类增加，除浮游生物外，还有高等植物的幼芽，嫩叶和碎片。长到 100~500mm 时，高等植物的数量明显增加；到 150mm 以上时食底栖生物。

4. 繁殖

鲫鱼可以自然繁殖也可以人工繁殖，目前还是以自然繁殖为主，良种鲫鱼基本是人工繁殖。如彭泽鲫、异育银鲫、异育银鲫"中科 3 号"等。鲫鱼一般 1 冬龄鱼怀卵量为 1 万 ~2.8 万粒；2 冬龄 2 万 ~5.9 万粒；3 冬龄 2.6 万 ~6.8 万粒；5 冬龄可达 11 万粒以上。生殖群体的年龄组成，根据江苏省溧阳市水产良种材料表明；2 龄和 3 龄鱼为主要产卵群体，在生殖季节，从鱼的外形很容易分别雌雄，雄鱼鳃盖骨，下鳃盖骨、眼眶骨和胸鳍在第一鳍条上，分布着白色颗粒状"珠星"，雌鱼不具"珠星"。鲫分期分批产卵。产卵期从农历清明前后开始，可延至 8 月，以 4—5 月最盛。当水温达 17℃时开始产卵，水温 20~26℃时为产卵最盛期。鲫鱼喜在底质软、水草多、水较清的场所产卵。多数在下雨以后，逆水游到产卵场，时间在半夜或早晨。产卵场分布于湖泊沿岸水草丛生的浅水区，水深 1m 左右。鲫鱼能在静水环境中产卵。在天然水域中，产卵在水草上。人工产卵在池塘中，可产于人工放入的鱼巢上，受精卵黏性，略带浅黄色，吸水后卵径为 1.4~1.5mm，卵黄直径 1.1~1.2mm，水温 17~19℃孵化 8 昼夜。仔鱼体长 6.8mm，身体完全覆盖鳞片，形态上已是有成鱼的一切特征。

5. 生长

河鲫生长缓慢，1 冬龄鱼体长 90mm，体重 50g 左右；2 冬龄鱼体长 100~140mm，体重 50~100g 者居多；3 冬龄体长 140~170mm，体重 125~200g；4 冬龄体长 150~210mm，体重 150~350g。一般雌性生长快于雄性，根据长荡湖鲫的群体组成，1 冬龄鱼占 15%；2 冬龄鱼占 48%；3 冬龄鱼占 26%；4 冬龄鱼占 11%。从河鲫生长情况看，只能在自然河流、湖泊中生长，基本不适合人工养殖。人工养殖必须引进新品种（异育银鲫"中科 3 号"），采用新技术，全面提升养殖优质鲫鱼的水平。

6. 营养成分

河鲫营养成分分析结果（表 5-10-8）。

表 5-10-8　鲫鱼的营养成分

营养元素	含量（每100g）	营养元素	含量（每100g）
碳水化合物	3.80（g）	脂肪	2.70（g）
蛋白质	17.10（g）	纤维素	0（g）
维生素 A	17.00（μg）	维生素 C	0（mg）
维生素 E	0.68（mg）	胡萝卜素	0（μg）
硫胺素	0.04（mg）	核黄素	0.09（mg）
烟酸	2.50（mg）	胆固醇	130.00（mg）
镁	41.00（mg）	钙	79.00（mg）
铁	1.30（mg）	锌	1.94（mg）
铜	0.08（mg）	锰	0.06（mg）
钾	290.00（mg）	磷	193.00（mg）
钠	41.20（mg）	硒	14.31（μg）

7. 营养价值

（1）鲫鱼含有的蛋白质质优，氨基酸齐全、易于消化吸收，是肝肾疾病、心脑血管疾病者的良好蛋白质来源，常食可增强抗病能力，肝炎、肾炎、高血压、心脏病、慢性支气管炎疾病患者可经常食用。

（2）鲫鱼有健脾利湿，和中开胃，活血通络、温中下气之功效，对脾胃虚弱、水肿、溃疡、气管炎、哮喘、糖尿病有良好的滋补食疗作用；产后妇女能食鲫鱼汤，可补虚通乳。

（3）鲫鱼肉嫩味鲜，可做粥、做汤、做菜、做小吃等。尤其适于做汤，鲫鱼汤不但味香汤鲜，而且有较强的滋补作用，非常适合中老年人和病后虚弱者食用，也特别适合产妇食用。

8. 经济意义

河鲫适应性强，疾病少，成熟早，鱼群恢复能力快。各地自然水域内河鲫都能养殖，但产量低，河鲫肉质细嫩、味鲜美、营养丰富。50g 以上已可食用，为江苏省、浙江省、安徽省以及上海市一带群众所喜食料，尤其是分娩后的产妇，食用鲫鱼汤能催乳，故价格亦较其他地区为高。因此，河鲫在大水面中养殖也有一定的经济效益。

八、翘嘴鲌

翘嘴鲌属鲤形目，鲤科图（图5-10-8）。翘嘴鲌地方名：翘嘴鲌丝、大白鱼。

图5-10-8　翘嘴红鲌

1. 形态特征

体长121~365mm，背鳍37；臀鳍3，22；侧线鳞82~92。下咽齿3行，5-4-2/2-4-40，鳃耙28。

体长为体高的4.6~5.0倍，为头长的4.4~4.6倍。头长为吻长的3.7~4.3倍，为眼径的3.4~5.0倍，为眼间距的4.5~4.8倍。尾柄长为尾柄高的1.5~1.7倍。体较长，侧扁。头后部隆起，腹部自腹鳍基底至肛门具肉棱。头中大，背面平坦。口大上位，口裂垂直，后端伸至鼻孔前缘下方。下颌肥原，急剧向上翘，突出于上颌之前。眼大。鳞小，侧线比较直，横贯于体侧中部下方。

背鳍具3根不分枝的鳍条，第三不分枝鳍条骨化或硬刺，后缘光滑；至吻端与尾鳍基部约相等。臀鳍较长；起点后于背鳍基底。胸鳍几伸达腹鳍起点。腹鳍不伸达肛门。尾鳍分叉深，上叶较长。

鳔3室，中室最大，后室最小。

背面及体侧上部棕色，下部和腹面白色，各鳍灰色乃至灰黑色。

2. 分布状况

分布于北自黑龙江省，南至珠江各大水系，特别是长江水系的江苏地区太湖流域盛产此鱼。

翘嘴鲌平时多生活在流水及大水体的中上层，游泳迅速，善跳跃。以小鱼为食，是一种凶猛性鱼类。雌鱼3龄达性成熟，雄鱼2龄即达成熟，亲鱼于6—8月在水流缓慢的河湾或湖泊浅水区集群进行繁殖活动。产卵后大多进入湖泊摄食或在江湾缓流区肥育。幼鱼喜栖息于湖泊近岸水域和江河水流较缓的沿岸，以及支流、河道与港湾里。冬季，大小鱼群皆在河床或湖槽中越冬。

翘嘴鲌分布甚广，产于黑龙江省、辽河、黄河、长江、钱塘江、闽江、珠江以及台湾岛内等水系的干、支流及其附属湖泊中。

3. 生活习性

在太湖以近临太湖（苏州市）及太湖东北部（无锡）冬季游往平台山，宜兴滩湖槽地区。产卵则以近靠杭州嘉兴的太湖南湖较集中。成鱼以小型淡水鱼类为食，占食物组成的66.28%。为淡水凶猛性经济鱼类。终年摄食，持续摄食性强，生殖季节也停止摄食。食物组成有浮游生物，以及底栖动物等，太湖、长荡湖、石臼湖、涌湖的翘嘴鲌以食鲚鱼类为主。体长100mm以下，主要以水生昆虫、枝角类、虾和少量的高等植物为食，150mm以上的幼鱼则以小鱼为主，成长中的翘嘴鲌以鲌、鲚、虾等种类为主。人工养殖的翘嘴鲌，现在采用部分人工全价配合饲料。

4. 繁殖

3龄始达性成熟，雄性比雌性早熟一年，性成熟在5—7月，之后的6—7月为产卵盛产期。成熟雌鱼卵巢以二期越冬，5月才渐发育到三期，6月中、下旬卵巢发育到四期，此时精巢也达到五期。生殖期内，阴雨转晴，水温明显上升或有3~4级风时，在下风靠岸处或暴雨后，河岸水位急剧上升造成有流水的湖滩地带及河口处有着大批亲鱼聚集产卵。太湖翘嘴鲌产卵场则多在湖岸浅滩水深不到1m的泥沙质底、水草较少的水域。性成熟雌鱼大多数在头部、上下颌、鳃盖骨及胸鳍上出现自己的珠星。一般怀卵数量数万至几十万粒。卵稍有黏性，可随水漂流，亦可黏附在砂石或水草上。产卵适温22~25℃。受精卵约2d即可孵出仔鱼。全长4.1~4.2mm。当体长达30mm时鳞片形成，形状与成鱼相似是生长体长达40mm左右，已基本具备成鱼性状。

5. 生长

翘嘴鲌在性成熟之前，体长生长较快，在第一次性成熟之后，生长速度明显减慢，生长最快的是1龄和2龄个体。体长在100~300mm以上，食性以摄食浮游动物为主转变成以小型鱼类为主，体重增长明显加快。

6. 营养成分

每百克可食部分含蛋白质18.6g，脂肪4.6g，热量116kcal，钙37mg，磷166mg，铁1.1mg，核黄素0.07mg，烟酸1.3mg等营养价值：翘嘴鲌历来被列为我国淡水"四大家鱼"之一。它肉味鲜美、肉质细嫩、鲜美洁白深受人们欢迎。其肉性味甘、平、入脾、胃、肝经，具有开胃消食、健脾行水等作用，主治消化不良、水肿等症。

7.营养价值

肉白而细嫩，味美而不腥，一贯被视为上等经济鱼类。其营养成分：每百克可食部分含蛋白质18.6g，脂肪4.6g，热量116kcal，钙37mg，磷166mg，铁1.1mg，核黄素0.07mg，烟酸1.3mg。东北兴凯湖产的大白鱼历来被列为我国淡水"四大家鱼"之一。相传，唐代有位皇帝南巡，御舟行至湖北江陵府界内时，忽有一尾大白鱼跃出水面，落在御舟之甲板上，只见鱼儿活蹦乱跳，阳光照射，银光熠熠，逗人喜爱。皇帝令御厨烹饪，品尝之后，对白鱼的美味大为赞美。从此，江陵府产的大白鱼就被列为贡品。大诗人杜甫在其诗中曾形容"白鱼如切玉"，可见白鱼历来就深受人们的喜爱。

8.经济意义

养殖水域生态环境符合无公害养殖条件，养殖的翘嘴红鲌肉味鲜美，目前在大中城市的酒店为主要菜肴，经济价值高，是常规养殖品种的3~5倍，市场需求量供不应求，目前，翘嘴红鲌是国家推广养殖名特优鱼之一。每年的10月至翌年3月捕捞季节，其捕获量江苏省的十大湖泊渔业中占有一定的比重，捕捞以2~3龄鱼为主，个体为1~2kg，最近几年由于市场需求量大，鱼类资源趋向种群组成低龄化，个体小型化，常见个体大多在1kg左右，由于各地政府加强对渔业资源的保护，翘嘴红鲌种源得到有效培养，养殖量不断增加，更加体现翘嘴红鲌的经济价值。

九、鳜鱼

鳜鱼属鲈形目，脂科，鳜鱼地方名：季花鱼、鳌花鱼、肥鳜、桂鱼（图5-10-9）。

图5-10-9　鳜鱼

1.形态特征

背鳍12，14；臀鳍3，10~11；胸鳍14~15；腹鳍1~5。侧线鳞约130，鳃耙7，脊椎骨26，幽门垂120~260。

体长约为体高的2.6~2.9倍，为头长的2.4~2.7倍，头长为吻长的3.8~4.2倍，为眼径的5.6~7.1倍，为眼间距的6.6~7.1倍。尾柄长为尾柄高的1~1.2倍。

体高两侧扁，眼至背鳍起点显著隆起；尾柄短，头中大，吻尖实。眼中大，略大于眼间隔。鼻孔侧 2 个，位于眼前。口大，口裂稍斜。具 1 铺上颌骨，长等于眼径。上颌骨后端伸达式伸越眼后缘下方，下颌突出。上下颌梨骨和腭骨均具绒毛状牙群，上下颌前部数牙扩大成犬牙，下颌前部牙细小而露出，两侧有些牙扩大成犬牙。前鳃量骨后缘有细小的锯齿，下角几下缘各具 2 小棘，问鳃盖骨和鳃盖骨下缘光滑；鳃盖后缘有棘，鳃孔大，鳃盖膜不与峡部相连。鳃盖条 7。最长鳃耙长于鳃丝。头体披小圆鳞，吻部及眼间隔无鳞。侧线完全，伸达尾鳍基。

背鳍连续，始于胸鳍基底上放 6，；鳍基部为鳍条部基底长 2.1~2.3 倍。臀鳍始于背鳍最后鳍棘下方，腹鳍胸径起点位于胸鳍基地下方。吻端径眼至背鳍第一至第三鳍棘基底有 1 条黑色斜带，在第六至第八鳍棘下方有 1 条垂直宽纹。背侧近背鳍基底有 4~5 个斑块。背鳍、臀鳍和尾鳍均具黑色斑点带，排列成行，胸鳍和腹鳍浅色。

2. 分布状况

分布于青藏高原外的全国各地，主要分布在江苏省、浙江省、上海市、安徽省、江西省、湖北省、湖南省和广东省。江苏省的十大淡水湖是盛产区，鳜鱼是江苏省名特优鱼品种之一。

3. 生活习性

鳜鱼一般生活在静水式缓流的水体中，尤以水草茂盛的湖泊中数量最多。在江苏省长荡湖北部，略多于南部。常栖息在水质清澄底质有藻类的底层。冬季不大活动，常在深水处越冬，春季游向浅水区，白天有卧穴的习性，而夜间鳜鱼又喜在水草丛中觅食。产卵场比较集中在南湖。幼鱼常游动在沿岸的水草丛中。

4. 食性

鳜鱼为肉食性凶猛鱼类，以其他鱼类为主要食物。冬季一般停止摄食，春秋捕食最旺盛。食物结构中的主要成分鳑鲏、红鳍、白鲫、虾类等。在鱼苗阶段以吞食其他鱼苗为生；体长 200mm 左右时，主要以虾类、鳑鲏为食；长至 250mm 以上则以鲫、鲤为生。

5. 繁殖

越冬期雌性成熟度为三期，次年 4 月开始转入四期。生殖季节一般 5 月中旬至 7 月分初，其中以农历立夏至端午为产卵最盛时期。长荡湖产卵有两个场所：一是靠湖岸浅滩，水深一般不超过 0.5m，着生有水杨树及芦苇丛生之坚硬底质处。二是在长荡湖自然保护区水深 2m 左右，并生长着繁茂的水生植物和小型软体动物（螺蛳、黄鳝等）之坚硬底质处。产卵时水温在 20℃以上，怀卵量 3.5 万 ~10 万粒左右，随个体大小而有差异，自然产卵一般地说，1~2 龄鳜为主要产卵群体，人工繁殖的产鱼应选择雌性 3 龄，重 1~3kg；雄性 3 龄，重 0.5~1kg 为最佳。

6. 生长

根据江苏省溧阳市水产良种场近几年的资料表明，1 冬龄为 120~145mm，体重为 588 克；2 冬龄为 204~245mm；3 冬龄为 285~335mm；4 冬龄为 448mm。1 龄鳜雄性比雌性生长快，增重量大于雌性。但 1 龄以后体重、体长增长，雌性快于雄性。

7. 营养成分

鳜鱼营养成分分析结果（表 5-10-9）。

表 5-10-9　鳜鱼营养成分

营养元素	含量（每100g）	营养元素	含量（每100g）
碳水化合物	0（g）	脂肪	4.20（g）
蛋白质	19.90（g）	纤维素	0（g）
维生素 A	12.00（μg）	维生素 C	0（mg）
维生素 E	0.87（mg）	胡萝卜素	0（μg）
硫胺素	0.02（mg）	核黄素	0.07（mg）
烟酸	5.90（mg）	胆固醇	124.00（mg）
镁	32.00（mg）	钙	63.00（mg）
铁	1.00（mg）	锌	1.07（mg）
铜	0.10（mg）	锰	0.03（mg）
钾	295.00（mg）	磷	217.00（mg）
钠	68.60（mg）	硒	26.50（mg）

十、银鱼（大银鱼）

银鱼属胡瓜鱼目，银鱼科。地方名：残鱼，长江间银鱼（图 5-10-10）。

图 5-10-10　银鱼

1. 形态特征

背鳍 2.15~17；臀鳍 3.29~30；胸鳍 23~24；腹鳍 7。鳃耙 13~17。脊椎骨 64~69。雄鱼臀鳍上方鳞片 25~34。

体长为体高的 7.6~10 倍，为头长的 4.1~5.5 倍。头长为吻长的 2.7~3.6 倍，为眼径的 5.3~7.2 倍，为眼间距的 2.9~3.8 倍。

体较粗壮，近圆筒形。头部扁平。吻尖呈三角形，吻长通常大于眼前头宽而短于眼后头长。下颌稍长于上颌。上颌末端超过眼前缘。前上颌骨正常。成鱼口腔齿的数量变动较大，排列如下：前上颌骨 1 行 13~14 个；上颌骨 1 行 24~40 个；腭骨 2 行，每行 14~28 个；下颌骨 2 行，每行 13~44 个；舌齿一般 2 行，每行 4~17 个；梨骨具齿 1 束，约 10 个。鳃孔大。鳃盖膜与峡部相连。鳃盖条 4，有假鳃。鳃耙细长。

体无鳞，仅雄鱼臀鳍上方有 1 列鳞片。肠管短而直。

背鳍位于臀鳍前上方，其起点到吻端距离为至尾鳍基部的 1.5~1.8 倍。脂鳍位于臀鳍后部上方，距背鳍末端较距尾鳍基部为远。臀鳍起点紧位于背鳍后（♀）或在背鳍后 1~2 根背鳍条下方（♂）。胸鳍具发达的肌肉基，雄鱼第一鳍条延长。腹鳍起点距胸鳍起点较距臀鳍起点为近。尾鳍叉形。活时体呈半透明，死后发白，每肌节上有 1 行黑色素点，各鳍鳍膜呈灰白色，边缘较深。

（1）洞庭湖银鱼。洞庭湖银鱼古称白鱼、玉簪鱼，又名银条鱼、面条鱼等。银鱼成鱼身长 6~9cm，呈圆柱形，尾部稍侧偏，鱼头扁平，吻尖短，眼睛大，鱼身无鳞，洁白如银，故名。银鱼体柔若无骨无肠，呈半透明状，漫游水中似银梭织锦，快似银箭离弦，所以古人又把它喻为玉簪、银梭。银鱼若是被捕获捞出水面，会立即变成白色，如玉似雪，令人啧啧称奇。据史料记载，银鱼早在春秋战国时就被人们看中，视其为圣鱼、神鱼。有诗云："洞庭枇杷黄，银鱼肥又香。"5 月枇杷黄熟之时，正是银鱼上市之季。每当此时，洞庭湖畔，商贾云集，皆缘于银鱼，已成为洞庭水乡历年的又一风景。洞庭湖银鱼在长期繁衍中，分为好几个品种，其中，以短尾银鱼和寡齿短吻银鱼为上品。这两种银鱼体长 8cm 左右，通体洁白无鳞，若无骨无肠而呈半透明状，既肥嫩，又鲜美。

（2）太湖银鱼。太湖银鱼有 4 个品种：太湖短吻银鱼、寡齿短吻银鱼、大银鱼和雷氏银鱼。产量以大银鱼和太湖短吻银鱼为高。太湖银鱼春季在太湖边芦苇和水草茎上产卵，产期主要集中于每年 5 月中旬至 6 月中下旬，此时也是捕捞银鱼的汛期。苏州东山有"五月枇杷黄，太湖银鱼肥"之说。银鱼营养丰富，肉质细腻，洁白鲜嫩，无鳞无刺，无骨无肠，无腥，含多种营养成分。冰鲜银鱼大部分出口，远销海外，人称"鱼参"。经过曝晒制成的银鱼干，色、香、味，形经久不变。

（3）长江间银鱼。长江间银鱼又称短吻间银鱼，属鲑形目，银鱼科，间银鱼属。俗称：面鱼，面条鱼，鲙残鱼。体细长，略呈圆筒形，后段较侧扁。头部平扁，呈三角形；口大，吻长而尖。在前上颌骨、上颌骨和口盖上都生有一排细齿，下颌骨前部具犬齿一对，下颌前端具一肉质突起。背鳍位于体后 3/4 处，背鳍与尾基的中央有一透明小脂鳍，胸鳍没有肌肉基。体无鳞，雄鱼臀鳍基部两侧各有一行大鳞。生活时体柔软透明，从头背面能清楚地看到脑的形状。浸制标本呈乳白色。体侧各有一排黑点，腹面自胸部起经腹部至臀鳍前有两行平行的小黑点，沿臀鳍基左右分开，后端合而为一，直达尾基。在尾鳍和胸鳍的第一鳍条上也散布有小黑点。平时生活于长江干支流中。以浮游动物为主食。半年达性成熟。1 冬龄鱼于 4—5 月从江河中进入湖泊，在湖边水草丛生地繁殖。亲鱼生殖后个体显著瘦弱，不久便死亡。分布于长江中、下游及其附属湖泊。个体不大，最大个体长约 140mm，重 5g 左右，为一年生鱼类。生殖季节形成渔泛，数量极为可观。银鱼口味鲜美，营养丰富，具有特殊风味，特别是产卵前的银鱼最丰美。除鲜食外，多数晒干外销，商品名为"燕干"。

2. 分布状况

在中国东部近海（包括长江流域）和各大水系的河口共分布世界有 17 种银鱼中的 15 种，分布在山东省至浙江省的沿海地区，尤以安徽省寿县瓦埠湖、鄱阳湖、巢湖、太湖、安徽省明光市的女山湖、安徽省宿松县下仓的大官湖；四川省雷波县的马湖乃至长江口崇明等地为多。我国的太湖、亚湖和马湖是三大银鱼盛产湖。在朝鲜、日本及俄罗斯远东库页岛地区也有少数种类分布。2012 年，我国北方地区各渔业部门加大对银鱼的重视，采取措施从太湖引进银鱼。如河北省各大水库均有养殖。其中，河北省邯郸市磁县岳城水库也出产优质银鱼。

3. 生活习性

原产海洋，现为湖泊（太湖）定居，属淡水鱼类，喜生活于水体的中、上层敞水而静水环境中。它不但可以生活在淡水水域，亦能在一定盐度的半咸水中正常生活生长，对水质的适应能力很强，与太湖新银鱼一样。一生中都以浮游动物中的轮虫、枝角类和桡足类为食。

4. 繁殖

太湖大银鱼 9 月下旬或 10 月上旬出现副性征，性腺逐步发育至成熟，产卵期为 12 月下旬至 3 月中、下旬，盛产期一般在 1 月上旬至 2 月中旬，为一年中最寒冷的季节，水温多在 2~8℃。产卵群体中亲鱼个体全长差异较大，一般在 100~200mm，雌鱼略大于雄鱼，但性比关系则雄鱼多于雌鱼，一般为 2∶1。至产卵后期雌鱼比例有所增加，有时几乎全为雌性。陈宁生（1956）报道，雌雄比例为 46∶10，通常在敞水面和大型湖湾产卵，而以硬底稍有淤泥者为宜。成熟卵近圆形，卵径 0.9~1.06mm，卵膜处有排列致密的卵膜丝。绝对怀卵量为 1 533~22 342 粒，随体长而增加（表 5-10-10）。

大银鱼为多次产卵类型，即在一个周期内可产 2~3 次卵。受精卵沉性，卵膜丝可散开，略具黏性。在水温 2~10℃时，人工授精的受精卵孵化期为 25~30d，温度低时可延长至 40d。初孵化仔鱼全长 4.2~4.9mm、眼色素深黑、胸鳍芽明显，可数脊椎为 66~69。

表 5-10-10　太湖大银鱼怀卵量（第Ⅳ时相卵母细胞）

体长组（mm）	测定尾数	体重（g）		绝对怀卵量（粒）		相对怀卵量（粒/g体重）	
		范围	平均	范围	平均	范围	平均
90~100	13	3.5~5.1	4.39	1533~3735	2851	438~830	649
101~120	13	4.5~7.2	5.74	2282~6954	3857	449~1104	672
121~140	3	9.0~13.5	11.58	6129~9512	7826	643~705	676
141~160	7	13.8~20.5	16.06	8484~14049	11388	615~777	709
161~180	5	22.3~33.1	25.20	14553~22242	17133	613~765	680

5. 生长

大银鱼一生主要以摄食浮游动物为生，但它具有多种口腔齿的存在有利于摄食小型鱼、虾类等。湖泊（太湖）中饵料丰富，大银鱼生长较为迅速，约经 7 个月的生长可达 110mm 的体长度（表 5-10-11），其体长生长指标 5~7 月最大，为 16.6~20.8mm，平均 18.45mm，3 个月的平均日增长为 0.73mm，其相对生长速度则以 4 月为最高，达到 15.9mm。据王玉芳等（1986）对 1982—1984 年太湖大银鱼采集材料，用 VonBer 生长模式计算其生长拐点，年龄为 7.64 月龄，即在 10 月份体重和生长速度曲线均急剧下降。大银鱼寿命 1 年，产卵后的亲鱼极度消瘦，不久死亡。

表 5-10-11　太湖大银鱼的生长测定（1981—1982 年）

测定日期	测定尾数	体长（mm）		体重（g）	
		范围	平均	总重量	平均
2 月 9 日	73	4.8~7.1	6.02	0.0250	0.00034
3 月 20 日	73	6.3~12.5	9.42	0.1215	0.00166
4 月 16 日	73	18~30	24.43	2.1910	0.03
5 月 23 日	75	36~72	48.20	31.85	0.42
6 月 20 日	75	58~105	71.00	102.75	1.37
7 月 22 日	75	68~135	94.20	257.20	3.43
8 月 21 日	75	77~136	103.33	346.00	4.61

（续表）

测定日期	测定尾数	体长（mm）		体重（g）	
		范围	平均	总重量	平均
9 月 21 日	75	85~149	110.00	462.70	6.17
10 月 21 日	75	89~164	116.50	521.90	6.96
11 月 21 日	75	89~170	118.87	571.30	7.62
12 月 20 日	79	93~178	122.72	774.50	9.80
1 月 20 日	79	72~180	124.24	680.70	8.62

6. 营养成分

太湖大银鱼营养成分分析结果（表 5-10-12）。

表 5-10-12　太湖大银鱼营养成分

营养元素	含量（每100g）	营养元素	含量（每100g）
胆固醇	361（mg）	钾	246（mg）
钙	46（mg）	镁	25（mg）
磷	22（mg）	蛋白质	17.20（mg）
硒	9.54（mg）	钠	8.6（mg）
脂肪	4（mg）	维生素 E	1.86（mg）
铁铜	0.90（mg）	烟酸	0.20（mg）
锌	0.16（mg）	锰	0.07（mg）
核黄素	0.05（mg）	硫胺素	0.03（mg）

7. 营养价值

银鱼的营养价值极高，是滋补佳品。中医认为，银鱼味甘、性平、归脾、胃经；有润肺止咳、善补脾胃、宜肺、利水功效；可治脾胃虚弱、肺虚咳嗽、虚劳诸症。尤其适合体质虚弱，营养不足，消化不良者宜食。另外，银鱼属一种高蛋白低脂肪食品，对高脂血症患者食之亦宜。银鱼是一种鱼类珍品，色泽如银，营养丰富，堪称河鲜之首。银鱼作为一种整体性食物应用（即内脏、头、翅均不去掉，整体食用），其养生益寿的功能为国际营养学界确认。银鱼中蛋白质含量较高，氨基酸含量丰富，营养价值极高，具有补肾增阳、祛虚活血，益脾润肺等功效，是上等滋养补品。

8. 经济意义

大银鱼为太湖的主要经济鱼类之一，且为出口创汇产品，价格高，产值大。20世纪50年代初即被列为重点资源保护对象，据20世纪70年代起对太湖银鱼种群数量的调查结果，在春汛捕捞的银鱼中大银鱼的幼鱼约占总产量的一半以上，如以全年50%计算，系捕捞量为356.5t；1989年测得大银鱼的捕捞量占太湖银鱼捕捞量的65.34%，为986.0t。大银鱼不仅是太湖的经济鱼类，而且从1985年开始移养至内蒙古自治区（岱海）、河南省、北京市、海南省三亚市、山东省、黑龙江省、宁夏回族自治区、甘肃省和辽宁省等地区的许多内陆水库和湖泊，取得了明显的经济效益和社会效益。

例如：江苏太湖雪堰水产科技有限公司现有养殖银鱼面积400hm²，捕捞银鱼面积20 000hm²，有标准化冷冻、冷藏库库容达500多t，按国家GMP要求实施的标准化厂房5 000m²，生产能力达到5 000多t，公司的太湖银鱼是首批获得国家"原产地标记"保护注册的产品之一。产品畅销日本、韩国、澳大利亚和新加坡等东南亚国家以及我国台湾省和香港特别行政区，并远销西班牙、荷兰、意大利、加拿大、美国等欧美国家，深受广大消费者的信赖和支持。2013年度，实现销售7 200万元，利润380万元，出口创汇约700万美元。

十一、黄颡鱼

黄颡鱼属于鲇形目、鲿科、黄颡鱼属。共有5种，分别为黄颡鱼、江黄颡鱼（瓦氏黄颡鱼）、光泽黄颡鱼、长须黄颡鱼和中间黄颡鱼（图5-10-11）。

图5-10-11　黄颡鱼

黄颡鱼地方名：嘎牙子、黄腊丁、黄鳍鱼、盎公和盎丝等。

1. 形态特征

背鳍Ⅱ，7；臀鳍鳍条19~24；胸鳍鳍条1，6~7；腹鳍鳍条6~7；鳃耙11-16；脊椎骨36~38。

体长为体高的 3.6~4.4 倍，为头长的 3.3~4.0 倍。头长为吻长的 3.1~3.6 倍，为眼径的 4.2~6.6 倍，为眼间距的 2.1~2.6 倍。尾柄长为尾柄高的 1.1~1.6 倍。体较长。腹面平坦，后部侧扁。头平扁而宽，上枕骨突起裸出而粗糙，呈长方形，长为宽的 2 倍。吻平扁，前缘呈宽弧形。眼中大，眼眶游离；眼间隔宽而隆起，有一浅沟纵贯其中。前后鼻孔间隔颇远。嘴上位，横裂，呈新月形。唇厚，上下唇相连于口间，上下颌和梨骨具绒毛状细牙，在上下颌列成带状，梨骨牙带呈新月形。须 4 对，颌须最长，可伸达胸鳍棘中部；鼻须最短，鳃孔宽大，左右鳃盖膜不相连。

体表裸露无鳞，侧线平直。背鳍和胸鳍均具硬棘。前后缘均具锯齿，后缘锯齿发达。胸鳍鳍短于臀鳍，后端游离。尾鳍分叉，末端钝圆。背鳍苍黑色，体侧黄色，具一断续的苍黑色纵带。各鳍苍黑色。

2. 分布状况

除新疆维吾尔自治区和青藏高原处，我国其他地区各水系均有分布，像黄河流域、黑龙江流域、珠江流域均有 2~3 种，生产于长江流域各大水域，目前以长江中、下游各大湖泊养殖量较大。

3. 繁殖

黄颡鱼一般 2 冬龄鱼性成熟，北方较迟。产卵需较高水温，在 18~30℃均可产卵孵化，4—5 月产卵 1 次，到 8 月间可能再产卵 1 次。每次产卵达千粒左右。受精卵为沉性，圆扁形，卵黏性，淡黄色，卵径 1.7mm。

繁殖时期雄性肛门后有生殖突起，雌鱼无此构造。雌鱼在沿岸浅水淤泥黏土或带黏土的砂质底层建穴——产卵窝，有几个乃至几十个成片的窝，彼此相隔不远而成群窝群，产卵窝建成后，雄鱼摆动胸鳍发出微弱声音，雌鱼则在窝底产卵，雄鱼即授精，产卵后雌鱼即离开窝觅食，雄鱼在窝附近护卵，直到仔鱼能自由觅食为止。护卵时雄鱼几乎不摄食。

4. 生长

黄颡鱼栖息在缓流多水草的湖周浅水区和入湖河流，营底栖生活，尤喜欢生活在静水或缓流的浅滩处，具腐殖质和淤泥地方。白天潜伏水底或石隙中，夜间活动，觅食；冬季则聚集深水处。幼鱼大多生活在沿岸地带。

幼鱼生长摄食浮游植物——浮游动物和原生动物。当幼鱼体长生长为 3cm 时摄食无节幼体和小型枝角类；体长 5cm 多半摄食底栖无脊椎动物，如水生昆虫、软体动物，有时也食漂浮睡眠的陆生昆虫，捕食小型鱼类和吞食鱼卵等。湖泊中最大个体体长近 300mm，重 500~750g，约 4 冬龄，当年鱼不超过 100mm，市场个体一般为 150mm。

5.营养成分

黄颡鱼营养成分分析结果（表5-10-13）。

表5-10-13　黄颡鱼营养成分

营养元素	含量（每100g）	营养元素	含量（每100g）
碳水化合物	7.10（g）	脂肪	2.70（g）
蛋白质	17.80（g）	纤维素	0（g）
维生素A	0（μg）	维生素C	0（mg）
维生素E	1.48（mg）	胡萝卜素	0（μg）
硫胺素	0.01（mg）	核黄素	0.06（mg）
烟酸	3.70（mg）	胆固醇	90.00（mg）
镁	19.00（mg）	钙	59.00（mg）
铁	6.40（mg）	锌	1.48（mg）
铜	0.08（mg）	锰	0.10（mg）
钾	202.00（mg）	磷	166.00（mg）
钠	250.40（mg）	硒	16.09（mg）

6.营养价值

黄颡鱼富含蛋白质，具有维持钾钠平衡，消除水肿，提高免疫力，调低血压，缓冲贫血的功效，有利于生长发育。黄颡鱼体内富含铜元素。铜是人体健康不可缺少的微量营养素，对于血液、中枢神经和免疫系统、头发、皮肤和骨骼组织以及脑子和肝、心等内脏发育和功能有重要作用。对调节渗透压，维持酸碱平衡，维持血压正常，增强神经肌肉兴奋性都起到一定的作用。

适宜消瘦、免疫力低、记忆力下降、贫血、水肿等症状的人群，生长发育停滞的儿童，出现头晕、乏力、易倦、耳鸣、眼花。皮肤黏膜及指甲等颜色苍白，体力活动后感觉气促、骨质疏松、心悸症状的人群。高温、重体力劳动、经常出汗的人需要注意补充含钠较高的食物。

7.经济意义

黄颡鱼虽然是种小型底层鱼类，但广泛分布于我国各流域水系中，在河流、湖泊和水库等水体中能够形成自然种群。黄颡鱼含肉率高，无肌肉刺，肉质细嫩，且肌肉中人体必需氨基酸含量高，味道鲜美。尤其从20世纪90年代以来，随着人们生活水平的提高，对水产品的消费由"数量主导型"向"质量主导型"转变，黄颡鱼已成为人们喜爱的优质水产品之一，特别是各大中城市宾馆、酒店餐桌上也成

为不可缺少的鱼类。市场对黄颡鱼的需求急步提高，价格迅速上升，是常规鱼类的
4~5倍，在渔业经济中是一种特有经济价值的鱼类。

十二、乌鳢

乌鳢属鲈形目，鳢科。品种大约有30种，在我国产有鳢尾共6种，即乌鳢、
斑鳢、纹鳢、宽额鳢、线鳢和月鳢乌鳢。地方名：乌鱼、黑鱼、才鱼和生鱼等
（图5-10-12）。

图5-10-12　乌鳢

1. 形态特征

体呈灰黑色，背部与头背面较暗黑而深，腹部灰白色，体侧有2列大型的不规
则黑色斑块，头侧白眼到鳃盖后缘各有2条纵横的黑色条纹。背鳍、臀鳍、尾鳍上
具有黑色的相间的斑纹，胸鳍、腹鳍呈浅褐色或浅黄色，其间也有不规则的斑点。
腹鳍基部有黑斑。

背鳍47~52，腹鳍31~36，侧线鳞60~69（7~8/15~17），鳃耙10~13。背脊椎
骨52~60。

体长16.7~45cm的乌鳢，体长为体高的5.3~6.2倍，为头长的3~3.3倍，为
尾柄高的10~11倍；头长为吻长的6.1~6.9倍，为眼径的7~9倍，为眼间距的
5.2~6.3倍，尾柄长为尾柄高的0.6倍。

乌鳢体较长，体色较乌黑。背鳍前方隆起。头背面有七星状斑纹。体侧有作八
字形排列的明显的黑色条纹，个体较大，多为5kg以内，大者3.5~4kg，有大生鱼
之称，习惯称为"两湖生鱼"。

2. 地理分布

鳢科鱼类主要分布于亚洲、非洲的热带和亚热带的湖泊、水库、河流、溪流、池塘、沟渠及沼泽地等淡水水域。

鳢科鱼类中的乌鳢在我国除西北高原地区外，自长江流域到黑龙江流域的大部分地区均有乌鳢分布，但主要分布于长江水系水体中，尤以长江中下游多水草的湖泊中分布增多，干流中较少。出产乌鳢最多的省份为湖北省、湖南省、江西省、安徽省、河南省、辽宁省和台湾省等。在长江流域以南的水域这是多见鱼种，但在云南省、广东省也有少量生长。

3. 生活习性

乌鳢为营底栖生活的鱼类，栖息环境极其广泛。通常生活在软泥底质水域、水草繁茂的静水或水流缓慢的湖泊、河口地区也有其踪迹，但在河川水流端急的地方几乎没有栖息。多潜伏在水深约1m的浅水处。可以说，凡是蛙、泥鳅等各种水鱼昆虫群栖的场所，都是乌鳢喜栖息的地方。

乌鳢对水质、温度和其他外养环境变化的适应性特别强，能在其他鱼类不能生活的环境中生活。除严重污染的水体外，一般均可生存，而且能耐低氧。

4. 食性

乌鳢的摄食和消化器官的结构与食性有一定联系，并与其功能相适应。乌鳢的口较大，端位，口裂长为吻长的2.3倍，约为头长的1/3，头宽的2/3。因此，由于捕食体高较大的鲫鱼，乌鳢的口咽腔较宽大，其顶壁近食道口处有两簇较小的齿，称咽上齿。并与下方具有同样齿的下咽骨相吻合。口咽腔在与食道相接处具有呈发射状排列的周折，伸缩性较大，故可吞食整尾较长的饵科鱼。因为乌鳢为凶猛性的肉食性鱼类，主要以小型鱼类、虾类、蛙和蝌蚪、水生昆虫及其他水生动物为食饵。

5. 繁殖

5—6月是盛产期，乌鳢繁殖季节为4—7月，水温为18~28℃，乌鳢为体外受精，体外发育，对后代进行保护的营巢草上产卵的鱼类。在生殖季节，当雌鱼卵巢发育到四期后，在产卵前一周左右，亲鱼开始营巢。鳢属的所有种类都为单配性，即一雌配一雄，成熟的雌雄亲鱼成对活动在水草繁茂的场所，在水中追逐翻滚，甚至跃出水面，十分活跃，雌雄亲鱼都参加活动。亲鱼用口采集产卵场所四周的水草，揽成一个浮于水面上上呈圆形的巢。乌鳢巢的直径为32~50cm。乌鳢巢总选择在静水避风、水生植物繁茂、水浅、无急流的地方，而且水质清新、pH值一般为7.2~7.8中性偏碱。一般认为30~35cm的水深是适合营巢的深度。在同湖区，因每年水位不同，筑巢处的深度有所差异。江苏省长荡湖的乌鳢筑巢处的水深为

25~28cm，也发现汛期湖水上涨，湖边的水生植物被漂浮后，亲鱼到与之相连、灌入湖水的滩涂、外池，水深 30cm 左右处营巢产卵。根据多年观察记录表明，水深在 18cm 以下或 75cm 以上，由于过浅或不适水生植物生长，而不适于营巢。

乌鳢在营巢到产卵之前的过程中，雄性之间有争偶现象。当一对雌雄亲鱼营巢准备产卵时，如有第二尾雄鱼游进巢边，弱者即被强者赶走。当亲鱼在营巢后 2d，即在巢上开始产卵。起初由雄鱼在巢下游动、徘徊。产卵时雌鱼先到巢下近水面处，腹部朝天，成仰卧状，身体缓缓摆动，有规律地将卵徐徐产出。随后，雄鱼同样以仰卧姿势。此时，可见在鱼巢上成草珠状，晶莹的金黄色卵粒浮着，产出的卵密集地浮在水草所围绕的巢的空隙或草垫表面，即使被风吹或水流所激动，亦不至会散去。鱼卵分散成不规则的圆形，其直径一般与巢径相似，乌鳢为 25~30cm，亲鱼产卵时，反应十分灵敏。遇到外界惊扰或人接近时，立即终止产卵，产卵活动一般持续 20~30min。

产卵结束后，成对的亲鱼或仅雄鱼潜伏在巢下面或在巢的附近巡游，守护鱼卵和保护好仔幼鱼的安全。待仔鱼孵出离巢，一直到幼鱼自由游泳与能独立摄食为止。

护卵护幼，可防止敌害生物侵袭鱼卵与幼鱼，同时亲鱼在守护时，巡游巢边，还能起到交流水体增加氧气作用，清新水质，有促进受精卵发育的作用。当幼鱼长到 6.8cm，能独立生活，开始分散活动并逐渐散去时，亲鱼才离开幼鱼群结束护幼工作。

6. 生长

乌鳢在江河、湖泊、水库等自然环境下生长较快，因为在大水体间含有丰富的肉食性饵料。水质清新、含氧量较高，完全能满足生长所需的营养，在常规条件下，当年鱼体能长到 0.3~0.6kg，翌年能长至 0.8~1kg，有的摄食强的个体更大。因市场供不应求，在近几年，采用了人工繁殖、人工养殖。目前，有人工粗放式混养（含套养）与集约化单养两种，粗放式混养或套养是指在鱼塘中与"四大家鱼"等一起养殖；集约化单养则是利用丰富的水资源条件在池塘中进行高密度的单个品种养殖。与"四大家鱼"套样实际是模拟自然生态养殖，这种模式从目前养殖实践表明养殖效果比较好，江苏省溧阳市水产良种场的"四大家鱼"养殖成鱼套养乌鳢的模式，这是在混养成鱼模式中的生态养殖法。每 $667m^2$ 可获取净利润 500 元（$25kg/667m^2$；20 元 /kg）。集约化单养的模式仅是一些科研单位在研究乌鳢快速生长获高产的研究推广中试用。

7. 营养成分

乌鳢营养成分分析结果（表 5-10-14）。

表 5-10-14　乌鳢营养成分

营养元素	含量（每 100g）	营养元素	含量（每 100g）	营养元素	含量（每 100g）
热量	85（kcal）	硫胺素	0.02（mg）	钙	152（mg）
蛋白质	18.5（g）	核黄素	0.14（mg）	镁	33（mg）
脂肪	1.2（g）	烟酸	2.5（mg）	铁	0.7（mg）
碳水化合物	0（g）	维生素 C	0（mg）	锰	0.06（mg）
膳食纤维	0（g）	维生素 E	0.97（mg）	锌	0.8（mg）
维生素 A	26（μg）	胆固醇	91（mg）	铜	0.05（mg）
胡萝卜素	1.6（μg）	钾	313（mg）	磷	232（mg）
视黄醇当量	78.7（μg）	钠	48.8（mg）	硒	24.57（μg）

8. 营养价值

乌鳢的营养价值，乌鳢肉中含蛋白质、脂肪、18 种氨基酸等，还含有人体必需的钙、磷、铁及多种维生素，特别是含有的硒是淡水鱼较高的一种。乌鳢适用于体虚弱、低蛋白血症、脾胃气虚、营养不良、贫血之人食用，乌鳢食用有祛风治疳、补脾益气、利水消肿之效。外科手术创伤后食用乌鳢，有生机补血、收敛促进伤口愈合的作用。乌鳢具有祛瘀生新和滋补的功效。

9. 经济意义

乌鳢作为经济价值较高的淡水名贵鱼类，有"鱼中珍品"之称。其营养十分丰富，内含大量蛋白质。比鸡肉和牛肉的蛋白质含量都高，其蛋白质中含有丰富的氨基酸。鲜味氨基酸占氨基酸总量的 47.36%，必需脂肪酸的含量占脂肪酸总量的 16% 左右，从营养学角度分析，乌鳢具有较高经济价值。特别是在近几年来人民生活水平不断提高，市场出现供不应求的趋势，导致市场价格攀升，因此，"四大家鱼"养殖成鱼套养养殖乌鳢是一项促进渔农民增加收入的有效途径。

十三、加州鲈

加州鲈属鲈形目，棘臀鱼科，黑鲈属，加州鲈种（图 5-10-13）。

1. 形态特征

加州鲈体侧扁，背肉稍圆，呈纺锤形。体披细鳞，头中等大，头骨面较平整，下颌

图 5-10-13　加州鲈

稍突起，口大，牙齿呈绒毛状细齿。背鳍硬棘 1，软条 13~14，硬棘与软条之间有一小缺憾，不完全连接；胸鳍硬棘 1，软条 12~13；腹鳍硬棘 1，软条 5；臀鳍硬棘 3，软条 9；侧线鳞 62~63。侧线不达尾鳍基部，胃成囊状，较发达；肠短小；幽门垂为单枝状，长短不一，有 21~23 条不等。体色为淡金黄色。头部、背部散布密集黑色斑，黑斑排列呈带状，从吻端开始直至尾鳍基部。鳃盖上有 3 条黑斑，呈放射状排列。

2. 分布状况

原产于北美洲美国密西亚比河水系的一种淡水肉食性鱼类。该鱼是一种世界性的游钓鱼类。根据原产地的地理分布和形态学方面的不同，加州鲈被分为两个亚种：一种是分布在美国中东部、墨西哥东北部和加拿大东南部的大口黑鲈北方亚种；另一种是分布在美国佛罗里达州南部的加州鲈佛罗里达亚种。20 世纪中期被引种到世界各地（英国、法国、南非、巴西、菲律宾等国家），我国台湾省于 20 世纪 70 年代末从国外引进此鱼，1983 年广东省的深圳、惠阳、佛山等地引进加州鲈鱼苗开始试养。1985 年，相继人工繁殖成功。繁殖的鱼苗被引种到江苏省、浙江省、上海市、山东省等地养殖。经过多年的养殖发展，已成为国内重要的淡水养殖品种之一。目前，我国大口黑鲈的年产量一直保持在 15 万 t 左右，其中，广东省是大口黑鲈的主要养殖地，年产量占国内总产量的 60% 以上。加州鲈生长快，当年繁殖的鱼苗能长到 0.5kg，达到上市规格。无论在池中单养，还是在鱼塘中混养，都能有效地控制鱼塘中野杂鱼、虾和罗非鱼的大量繁殖，可谓一举多得，所以是值得大力推广的优良养殖品种。

3. 生活习性

加州鲈属温水鱼类，适宜水温为 12~30℃，生存上限为 36℃，下限为 2℃，最适生长温度为 20~25℃。在自然环境中，加州鲈喜栖息于沙质或沙泥质且混浊度低的静水环境，尤喜群栖于清澈的缓流水中。一般活动于中下水层，常藏身于植物丛中。在水温 2~36℃范围内均能生存，10℃以上开始摄食，最适生长温度为 20~25℃。加州鲈为肉食性鱼类，摄食性强，食量惊人，且会相互残杀，特别是在苗种培育期间。人工养殖成鱼可投喂鲜活小杂鱼、切碎的冰鲜鱼，也可投喂人工配合饲料。食欲旺盛，此时生长最快；低于 15℃或高于 28℃时，食欲降低，生长较慢。对水中溶氧量的要求比家鱼高，一般要求在 4mg/L 以上。在自然环境中喜栖于清澈的缓流水域大湖中；经人工繁殖孵化，能适应稍肥沃的水质，但需底质泥沙底，水质清爽，水色淡绿、溶氧量较高的池塘为宜。在水体中的中上层活动，加州鲈因具有适应性强、生长快、易捕捞、上网率达 80% 以上、养殖周期短等优点，加之肉质鲜美细嫩，无肌间刺，外形美观，深受养殖者和消费者欢迎。

4. 繁殖

加州鲈性成熟年龄为2~3龄，繁殖季节在春夏4—6月，繁殖适宜水温为18~25℃，每年繁殖1次。性成熟的雌鱼体型较短粗，雄鱼则较狭长，在自然条件下进入繁殖季节。在繁殖适温时，雄鱼选择水深1米左右清静水域的石砾堆筑巢或池塘适宜地点摆动尾鳍挖坑，然后用嘴砌塘内砖石筑成的巢穴，并引诱雌鱼入巢，不时以头部碰触雌鱼腹部，达到高潮时，雌鱼产卵，雄鱼同时排精，随后休息片刻再次产卵排精，如此反复多次，直至成熟卵全部排出，受精卵黏附于石块、砖瓦式鱼巢上。雌鱼产卵后即被雄鱼驱赶，由雄鱼负责守护受精卵，直至鱼苗孵出，摄食。

5. 生长

加州鲈是以肉食为生的杂食性鱼类，掠食性强。幼鱼时以轮虫、枝角类、桡足类、蝌蚪等为主要食物，饵料不足时会互相残食；长大后捕食小虾、小杂鱼、水生昆虫、蝌蚪等。在幼鱼时经人工喂食后，可摄食颗粒全价饲料。常见个体为0.9~1.8kg，在人工养殖条件下，生长快，养殖一年的个体可直接上市，个体均重为0.6kg左右。

6. 营养成分

加州鲈营养成分分析结果（表5-10-15）。

表5-10-15 加州鲈营养成分

营养元素	含量（每100g）	营养元素	含量（每100g）
热量	100（kcal）	膳食纤维	0（g）
蛋白质	18.6（g）	脂肪	3.4（g）
碳水化合物	4（g）	铁	1.2（mg）
钙	56（mg）	硒	33.1（mg）
锌	2.83（mg）	钾	205（mg）
磷	131（mg）	镁	37（mg）
钠	144.4（mg）	维生素 B_1	0.03（mg）
铜	0.05（mg）	维生素 B_6	0（mg）
维生素 A	19（μg）	维生素 C	0（mg）
维生素 B_2	17（mg）	维生素 E	0.75（mg）
维生素 B_{12}	4.6（μg）	维生素 K	0（μg）
维生素 D	30（μg）	泛酸	0（mg）
维生素 P	0（μg）	胡萝卜素	0（μg）
叶酸	0（μg）		
烟酸	3.1（mg）		

7. 营养价值

鲈鱼富含蛋白质、维生素 A 等 13 种维生素以及钙、镁、锌、硒等营养元素，具有补肝肾、益脾胃、化痰止咳之效，对肝肾不足的人有很好的补益作用。鲈鱼还可治胎动不安、产生少乳等症；妇女多吃鲈鱼是一种既补身又不会造成营养过剩而导致肥胖的营养食物，是健身补血、健脾益气和易体安康的佳品；鲈鱼血中还有较多的铜元素，铜能维持神经系统的正常的功能，并参与数种物质代谢，发挥其功能性关键作用，铜元素缺乏的人可用鲈鱼来补充。

8. 经济意义

加州鲈肉质坚实，肉味清香，随着科学技术的进步，在运输途中确保鲜活货源上市，在酒楼饭店的水族箱里游泳，让就餐者观察挑选，为本地鲈鱼、鳜鱼所不及，可谓是鱼中上品，十分畅销，价格近似我国八大名贵鱼之一的鳜鱼。养殖加州鲈，还可供国内外游客垂钓，发展旅游渔业，吸引游客观赏，从而提高附加值。另外，鲈鱼是我国淡水鱼的出口品种，通过出口创汇，取得更好经济效益，根据《科学养鱼》的资料统计，从 1984 年加州鲈引入我国 5 年间，1990 年全国推广养殖面积达 6 667hm²。由此可见，加州鲈的养殖有着极高经济价值，同样是我国渔民养殖的优良品种。

十四、赤眼鳟

赤眼鳟属鲤科，雅罗鱼亚科，赤眼鳟属。地方名：红眼草鱼、野草鱼、红眼马郎（图 5-10-14）。

1. 形态特征

背鳍 3，7；臀鳍 3，7~9；胸鳍 1，14~15；腹鳍 2，8。侧线鳞 45 [7/（3-3，5-V）] 48，背鳍前鳞 13~15。鳃耙 12~14。下咽齿 3 行，2-4-5/4-4-2 或 2-4-4/4-4-2。脊椎骨 36~39。

图 5-10-14　赤眼鳟

体长为体高的 4.3~4.9 倍，为头长的 4.2~4.7 倍。头长为吻长的 3.6~3.8 倍，为眼径的 4.2~4.8 倍，为眼间距的 2.3~2.6 倍。尾柄长为尾柄高的 1.3~1.5 倍。

体延长，前部亚圆筒状，后部稍侧扁；腹部圆，无腹棱。头宽，中大，圆锥形。吻短钝，长于眼径。口端位，裂斜。上颌略长，上颌骨伸达鼻孔后下方。须 2 对，短小。眼较小，上侧位。眼间隔宽，微凸，其宽约为眼径 2 倍，鳃孔中大，伸达前鳃骨后缘下方。鳃盖膜与峡部相连。

体披较大圆鳞，侧线完全，广弧形下弯，后部行于尾柄正中。背鳍无硬刺，起点稍前于腹鳍起点或相对，短吻端较短尾基为近。臀鳍下侧位，后端不伸达腹鳍起点。腹鳍位于背鳍下方，后端远不达肛门。尾鳍浅分叉，上下叶约等长。鳃耙疏短，鳃丝长。下咽齿3行。主行第一，第二齿圆锥形，其余齿侧扁。鳔2室，前室大，后室圆锥形。腹膜黑色。体银白色，背部较深。眼的上缘有1块红斑。体侧每个鳞片的基部有一黑色斑块，形成纵列条纹，以侧线鳞明显。背鳍、尾鳍深灰色，其余各鳍灰白色。

2. 分布状况

我国除西北、西南地区外，全国各江河湖泊中均有分布。

3. 生活习性

栖息于江河流速较缓的水域式湖泊。是江河中层鱼类，生活适应性强。善跳跃。赤眼鳟性成熟早，2龄鱼即可达性成熟。

4. 繁殖

赤眼鳟2龄个体性成熟。绝对怀卵量因个体大小而异，3万~5万粒不等，繁殖季节一般在6月中旬至8月。盛产期为7月，此时有集群现象。通常在有水草的水域产卵，受精卵为沉性卵，呈浅绿色。从受精卵到出膜的胚胎发育时间也短，仅为14~18h，而从出膜到肠管形成期时间则较长，为72h以上，刚出膜的仔鱼，卵黄囊很大，刚出膜的仔鱼比较家鱼仔鱼要细嫩得多，因此幼鱼只能在沿岸带觅食。

5. 生长

赤眼鳟属杂食性鱼类，幼鱼苗以轮虫、枝角类、桡角类、硅藻以及丝状藻为主要饵料。个体长成10~15cm时，摄食高等水生植物，但也摄食昆虫、小型鱼类。第2龄时能生长成48~50g。

6. 营养成分

赤眼鳟营养成分分析结果（表5-10-16）。

表5-10-16　赤眼鳟营养成分

营养元素	含量（每100g）	营养元素	含量（每100g）	营养元素	含量（每100g）
热量	109（kcal）	维生素 B_1	0.02（mg）	钙	59（mg）
蛋白质	18.10（g）	维生素 B_2	0.08（mg）	镁	2（mg）
脂肪	4.10（g）	烟酸	4.70（mg）	铁	6.40（mg）
碳水化合物	0（g）	维生素 C	0（mg）	锰	0.65（mg）

（续表）

营养元素	含量（每100g）	营养元素	含量（每100g）	营养元素	含量（每100g）
膳食纤维	0（g）	维生素 E	1.7（mg）	锌	0.56（mg）
维生素 A	12（g）	胆固醇	76（mg）	铜	0.02（mg）
胡萝卜素	1.3（μg）	钾	291（mg）	磷	186（mg）
视黄醇当	76.5（μg）	钠	87（mg）	硒	78.76（μg）

7. 营养价值

赤眼鳟含肉率平均为74.64%，肌肉干物质中18种氨基酸总含量为74.89%。其中，10种必需氨基酸的总量为34.54%。赤眼鳟药用，可主治反胃吐食，脾胃虚寒，还有泄泻功效。

8. 经济意义

赤眼鳟鱼食性杂，适应范围广，生长快，肉质好，味道鲜，深受消费者喜爱，而且具有养殖成本低，售价高等优点，是当前淡水养殖的热门经济鱼类，同时也是休闲渔业垂钓的好品种，附加值高。与其他几种经济鱼类比较，赤眼鳟是一种营养价值高的优质淡水鱼类。

十五、黄尾鲴

黄尾鲴，鲴亚科，鲴属。地方名：黄尾、黄娃子、黄尾密鲴（图5-10-15）。

图5-10-15　黄尾鲴

1. 形态特征

背鳍3，7；臀鳍3，9；胸鳍1，15~16；腹鳍1，8。侧线鳞63（10/5V）65，背鳍前鳞26~30，围尾柄鳞25~25。鳃耙44~48。下咽齿3行，2-4-6/6-4-2。脊

椎骨4，36~41。

体长为体高的3.2~3.5倍，为头长的4.5~5.1倍，头长为吻长的2.9~3.4倍，为眼径的3.9~4.4倍，为眼间距的2.3~2.6倍。尾柄长为尾柄高的1.0~1.2倍。

体长两侧扁，较银鲴为厚。腹部圆，肛门前有短的腹棱，长度约为肛门到腹鳍距离的1/4，头小，吻钝，吻长大于眼径。口下齿，近弧形。下颌前缘具薄的角质边缘。无须，眼中大，上侧位，距吻端较近，眼后头长大于吻长。眼间距较宽，大于眼径，鳃盖膜与峡部相连。体被小圆鳞，腹鳍基部具1~2枚长腋鳞。侧线完全，前部未下弯，后部行于尾柄正中。

背鳍第三不分枝，鳍条为硬刺，后缘光滑；起点距吻端较距尾鳍为近。臀鳍中长，起点距尾鳍基部较距腹鳍基部为近，末端不达尾鳍基部。尾鳍分叉。胸鳍下侧位，末端不达腹鳍。腹鳍起点在背鳍起点稍后下方或相对，末端不达肛门，腹鳍基部两侧有1~2枚长形腋鳞。肛门紧靠臀鳍起点。

鳃耙短，三角形，排列紧密。下咽骨近弧形，较窄。下咽齿内行齿侧扁，上端有长的咀嚼面，顶端稍尖；外侧两行咽齿细长。鳔发达，分2室，后室长于前室。成鱼肠为体长的3.8~6.9倍，多为5~6倍。鳃膜灰黑色。背部灰黑色，腹部及体下侧银白色。鳃盖骨后缘有一浅黄色斑条，尾鳍橘黄色。

2. 分布状况

分布于黄河及珠江间的各水系及海南岛，珠江水系分布于西江、北江及东江等，原产地在长江。

3. 生活习性

黄尾鲴为江河、湖泊中下层鱼类，喜栖息于较宽的水域中。最适生长水温22~24℃，以下颌的角质缘刮取食物，以高等植物碎屑及藻类、水草碎片、水生昆虫、甲壳动物（虾类）、浮游动物等为食。性成熟早，一般体长130mm的1冬龄或2冬龄即达性成熟。繁殖季节在4—6月，亲鱼群溯游到浅滩产卵。

4. 生长

黄尾鲴仔幼鱼的食性是随着鳃耙和肠管形态的变化而变化。体长3mm，鳃耙形状开始分化，肠量1~2弯曲，仔鱼吞食小型枝角类，主要是裸腹骚；体长4mm。口端位，鳃耙成筛网，肠量4~8弯曲，前肠膨大，主要食物是腐屑，摇蚊幼虫，"水华"型的裸藻与蓝绿藻。体长18mm的幼鱼，口下位，鳃耙与肠管进一步发育，幼鱼转入底栖，其前肠内食物主要为腐屑、摇蚊幼虫、浮游劲柏与浮游植物。1龄和2龄个体生长快，以后生长缓慢。

5. 繁殖

黄尾鲴体长 130mm 的 1 冬龄或 2 龄即性成熟。产卵期为 5—7 月，6 月中旬、下旬为盛产期。雌性胸鳍硬刺上有珠星排列，雄性没有。怀卵量为 2 万~16 万粒，生殖期为 4—7 月，卵黏性，黏着于散石和水草上发育。出膜时期为 48~49h，25d 后能长成 3.4cm 左右。

6. 营养成分

鱼类的主要营养成分是肌肉中的蛋白，而鱼的营养价值取决于肌肉中的蛋白质和脂肪含量高低。黄尾鲴，含肉量 67.12%，粗蛋白质 17.56%，粗脂肪 1.97%，粗灰粉 1.03%，水分 79.87%。在营养学上，一般认为食品中物质含量越高，其营养成分含量也越高。而蛋白质和脂肪含量是评价鱼类营养价值的重要指标。

7. 营养价值

黄尾鲴与其他各类的鱼类相比，黄尾鲴的蛋白质和脂肪含量较高。脂肪是鱼类能量的主要来源，鱼类脂肪多以不胞和脂肪酸的形式存在，不胞和脂肪酸对人类的心血管疾病和老年性痴呆具有一定的保健作用，摄入适量的鱼类脂肪可以促进人体健康。黄尾鲴的粗蛋白 17.56%，脂肪含量为 1.97%，比大宗养殖的淡水鱼类高，可见黄尾鲴属于营养价值比较高的淡水鱼类。

8. 经济意义

黄尾鲴，是一种含肉量较高的鱼类，食品利用价值较高，具有较好的经济性状和生产必能。是一个具有较高食用价值和保健作用的优良品种，具有广阔的开发前景。人工养殖也具有一定经济意义。

第二节 虾类

一、青虾

青虾学名日本沼虾，属节肢动物门，甲壳纲，十足目，长臂虾科。地方名：河虾、淡水青虾（图 5–10–16）。

1. 形态特征

青虾的体型粗短。头部与胸部完全愈合，称头胸部，腹部与胸部明显分开。全身由 20 个体节组成，其中头部 5 节，胸部 8 节，腹部 7 节。头胸部分节在外形上已分不清，只能从附肢上才能识别。

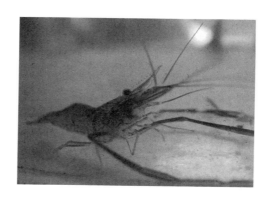

图 5-10-16　青虾

　　青虾全身有几丁质甲壳覆盖，藉以保护内脏，固着肌肉，起骨骼作用，故称"外骨骼"。头胸部的甲壳是一个整体，称头胸甲，其前向前突出成一夹锐角的额角。青虾的额角上缘较平直，上边有 12~15 个齿，下边有 2~4 齿，额角上下缘齿的多少是分类的特征之一。腹甲保持分节状态，各节腹甲之间以及头胸甲与腹甲之间由柔软的几丁质膜相连，可使身体各部自由弯曲。

　　除腹部最后 1 个体节——尾节外，每个体节都有 1 对附肢。身体各部的附肢因功能不同而特化成不同形状。头部各节附肢分别特化为第一、第二对触角，为嗅觉和触觉器官，大颚、第一、第二小颚组成口器。胸部附肢前 3 对颚足，也是口器的组成部分，为摄食器官。后 5 对附肢为步足，第一、第二对步足的末端呈钳形，有摄取食物、攻击敌人的功能。其中第二对步足远大于第一对步足，尤其是体长 5cm以上的大雄虾，其第二对步足长超过体长的 50%。后 3 对步足呈单爪型，具爬行、攀缘之功能。腹部附肢 6 对为双肢型，前 5 对呈扁平桨状，为游泳器官。雌虾在产卵时，第一至第四对游泳足着生出卵刚毛，供卵子黏着用。第六对腹部附肢扁而宽并向后伸展与尾节组成尾扇。当虾在水中游泳时尾扇有平衡身体、决定前进方向的作用。当遇到敌害时，由于腹肌的急剧收缩，尾扇拨水，使整个身体向后跃退逃遁。

　　在头胸部前端，额角的基部两侧有 1 对复眼，横接于眼柄末端，可以自由转动。

　　青虾的体色呈青蓝色并有棕黄色的斑纹。体色的深浅常随所处的环境而起变化。生活在水质清澈透明度大的湖泊、河流中的青虾体色浅而晶莹，而生活在水质肥沃的池塘中的青虾体色深，并有藻类附生于甲壳上。

　　虾类的真皮层有许多色素细胞，色素细胞的伸展与收缩就形成了体色的浅或深。煮熟的青虾会变成诱人的红色，这是色素在高温下分解成虾红素的缘故。

2. 内部结构

（1）消化系统。虾类的消化道成直管状，由口、食道、胃、中肠、后肠及肛门组成。口由大小颚、颚足组成，食物由口器撕碎成小片后，经很短的食道进入胃。胃的前端有贲门，后面有幽门，食物在胃中研磨后送入中肠。中肠为一短管，在头胸部背面，两侧被肝胰脏包围。后肠长，贯穿在整个腹部背面，一直延伸到尾节腹面，通向肛门，食物在后肠被消化吸收。消化道除中肠以外，都有几丁质膜在脱皮时一起脱掉。肝胰脏较大，暗橙色，有胆管开口于中断。肝胰脏分泌的胆汁不透明，带橙色，酸性。肝胰脏有两种细胞：一为长形的脂肪细胞，含脂质；一为短而大的酶细胞，分泌消化酶。肝胰脏除分泌作用外，还有吸收贮藏营养物质的作用。

（2）循环系统。虾类的循环系统为开放式系统，由心脏、血管和白窦组成。心脏位于头胸部背面的围心窦中，由心脏压出的血液经头动脉、背动脉、胸动脉输送到全身各器官和组织中。虾类无细血管，血液由组织间隙经各小窦，最后汇集于胸窦，再由胸窦送入鳃，经净化，吸收氧气后回到围心窦，然后再经过心脏进入下一个循环。虾类的血液由血浆和细胞组成。血液中有白蓝素，其成分中含铜元素，与氧气结合呈浅蓝色。

（3）呼吸系统。虾的呼吸器官位于头胸部两侧，由头胸游离两侧翼所形成的的鳃腔里的8叶状鳃组成。由胸窦来的血液经入鳃血管进入鳃片，进行气体交换，新鲜血液再经出鳃血管回到围心窦。

（4）神经系统。虾类的神经系统由背面的脑神经节、围咽神经环和纵走于腹部的腹神经索组成。腹神经在每个体节中各形成1个神经节。由脑神经节、围咽神经环、腹神经索分生出神经至相应的皮肤、内脏、感觉器官和肌肉组织，从而使虾能正确地感受到外界环境的刺激，并迅速地作出反应。

（5）生殖。虾的生殖腺位于胃和心脏之间，肝胰脏的上方。精巢为白色，表面多皱纹，其前端分为左右两叶，后端愈合。精巢两侧各有1根长而迂曲的输精管，并向外开口于第五对步足基部内侧。卵巢处于精巢的相同位置，椭圆形，前端略狭窄并分成左右两叶，后端不分开。在卵巢前端两侧各有1根短而直的输卵管，通向第三步足基部内侧的生殖孔，未发育的卵巢呈半透明，充分成熟的卵巢体积很大，占头胸部背面的大部分，其前端伸至额角基部，卵巢呈黄绿色或橘黄色。

（6）排泄系统。在新陈代谢过程中动物体不停地吸收外界物质，同时也不断地分解自身物质，从而产生供应自身活动的能量；在这过程中最终产物形成，诸如蛋白质分解后产生的尿酸、尿素等物质，这些物质若停留在体内，则会对动物本身产生毒害作用。因此，需要排泄系统不断加以清除。

甲壳动物的主要排泄器官有触角腺和颚腺，其他具有排泄功能的器官有皮肤、鳃、肝胰脏等；此外，脱皮也可以认为是一种排泄功能。

软甲纲动物（虾）具有触角腺，软甲纲以外的甲壳动物则有颚腺。本来各类群甲壳动物在幼虫期均有触角腺和颚腺的存在，但发育至成体时高等种类保留触角腺，而颚腺消失；低等种类则保留颚腺，而触角腺消失，仅有叶虾类和介形类成体仍两者并存。虾的触角腺，由盲囊、绿腺、排泄管、膀胱及排泄孔等部分组成。

3. 地理分布

青虾是我国淡水虾类中个体较大的一种，青虾广泛分布在日本和我国南北各地的淡水江河湖泊中，也常出现在低盐度的河口或淡水水域。我国主要分布在江苏省、上海市、浙江省、福建省、江西省、广东省、湖南省、湖北省、四川省、河北省、河南省和山东省等地区，且均有较高的产量。

4. 生活习性

就栖息环境而言，青虾具有广泛性，从淡水到低盐度的河流下游都能生存，有时低盐度水中的青虾比淡水中的还大。青虾能适应硬度较高的水质，但是青虾最好生长在硬度适中、中性稍偏碱性的水域中。因为这种水域可以保证有丰富的植物种群和底栖动物，供虾类栖息摄食，同时适度的硬水能充分满足蜕壳后青虾的钙质需要，以便重建新壳，虾类不能直接从水中吸收钙质，只能通过食物摄入。

青虾游泳能力不强，仅能做短距离的游动，一般主要是在水底、水草丛中及其他物体上攀援爬行。虾类都具有夜行性，有避强光趋弱光的特性，人们利用青虾的这一特性，用树枝、竹板扎成捆敷沿在湖泊外滩的水层中诱虾栖息而捕获。也可利用它的夜行性在夜间捕虾。曾有人做过实验，用定置张网在湖中昼夜捕虾，夜间捕获量比白天多得多，渔民用虾笼等捕虾都在夜间进行。

青虾多生活在湖泊沿岸浅水缓流而多水草的区域。在较深的湖泊中青虾有明显的垂直移动，即冬季从沿岸带向湖中央深水区移动，春季水温上升时向沿岸浅水带移动，夏季各区域分布均匀。

5. 繁殖

（1）雌雄特征。青虾雌雄两性在形态上有明显的区别，尤其是成虾更易区别。

① 成体雄虾的第二对步足显著地比雌虾的强大，为体长的 1.5 倍左右。雌虾的第二对步足不超过体长，但这一特点只限于体长超过 4.5cm 的青虾，4.5cm 以下的青虾不论雌雄，其第二对步足长度均小于体长，难以区分雌雄。

② 雄虾第四、第五对步足左右基节之间距离较窄，且为等距离；雌虾第五对步足左右基节之间的距离大于第四对步足左右基节的距离。幼虾体长达 2 厘米以上，

即可凭这一特点来确定雌雄。

③ 雄虾第二腹肢内肢的内缘有一棒状突起的雄性附肢，雌虾则没有这一凸起。

④ 雄虾的生殖孔开口于第五对步足基部；雌虾生殖孔开口于第三步足基部内侧，外观呈一小凸起，生殖孔周围有一大簇刚毛。

（2）性腺发育（卵巢外部特征）

第一期，整个卵巢很小，位于头胸部后端的 1/5 处，除卵巢背面有些色素外，其余部分均为乳白色半透明，卵巢结构紧密。

第二期，卵巢外观呈淡红色，体积扩大，前端伸展到头胸甲的 1/4~1/3 处。

第三期，卵巢外观呈绿色，体积迅速增大，其前端伸展到头胸甲的 1/2 处，肉眼已可分辨出卵细胞。

第四期，卵巢呈暗绿色，充满整个头胸甲背面，前端已伸展至额角基部的肝刺下方。卵巢发育至这一阶段，可预计在 1~2 月内即可产出成熟卵。

第五期，刚产完卵，卵巢已萎缩得很小，变得透明。透过头胸甲，肉眼已不能清晰看到卵巢的轮廓。

（3）性成熟年龄与产卵期

① 成熟年龄：当年 5—6 月孵化的幼苗，经 5 个月左右的生长，一小部分体长达 4cm 左右，11 月可达到性成熟；另一部分在翌年的 4—5 月性成熟，选育亲本青虾应选择翌年 4—5 月性成熟的亲本。

② 产卵期：青虾产卵期各地不同，与水温有关。水温在 18℃以上是青虾产卵的适宜水温，水温 25~28℃是最佳产卵的水温。自 4 月下旬开始，即可看到个别抱卵虾。以后随着水温升高，渔获物中的抱卵虾则逐渐增加。6—7 月为青虾产卵盛期，9 月为产卵终止期，有时 10 月还可在渔获物中偶然见到个别抱卵虾。7 月之前抱卵的雌虾主要是上年繁殖的越冬老龄虾，体长多在 4cm 左右。

（4）交配与产卵

① 性腺成熟的雌虾特征：成熟的性腺可以透过甲壳看到很大的橘黄色卵巢固块，占头胸甲背面的很大部分。原来向腹足方向稍向里弯曲的腹甲变得有些扩大，并向外鼓起，同时前 4 对腹足的基节伸长，在其内缘出现较长的着卵刚毛，为产卵做好准备。

② 交配：性成熟的雄虾随时都可以进行交配。事实上，雄虾只有在雌虾完成交配前的脱皮后才对雌虾进行追逐。在此之前雄虾不会对雌虾感兴趣。

求偶时雄性虾很迅速地爬向脱皮的软皮雌虾，抬起头胸部，竖起身体，摆动触鞭，伸出长大的第二对步足，呈拥抱姿势，然后一下子抱住雌虾，同时用第一对步足清理雌虾头胸部第四对、第五对步足基部间的腹面，完成这一动作后，接着是交配动作。这一动作只持续几秒钟。雌虾腹部向上，而雄虾压在它的上面，将生殖孔紧贴雌虾已被清理过的第四、第五对步足基部间的腹面。腹肢突然有力地震动，整个身体也震动一下，精液排出，并在雌虾已经清扫过的腹面凝结成明胶状的固块，称精荚。至此，整个交配过程结束，雌、雄虾分开。雌虾藏于暗处。

③ 交配后的雌虾，通常在24h内，趁软甲未硬化之前完成产卵。

产卵时，雌虾腹部紧紧弯曲向前，腹肢扩展形成保护卵的通道，而后卵子从生殖孔中产出。通过精荚时，精荚的腹状固块溶解，释放出精子，使卵子受精。通过精荚后的卵子被前两对腹肢上的刚毛移向抱卵室，首先在第四对腹肢的着卵刚毛上黏着，然后顺序在第三、第二、第一对腹肢上黏着。卵子被1层薄而有弹性的胶膜包裹着。卵子之间有丝状物连着呈葡萄状。开始卵子黏着还不牢固，1h后，黏着很牢固，不易分开。在接近孵化时，这种黏连又变得脆弱，易脱落。没有受精的卵子，一般在1~3d内自行脱落。

④ 抱卵数：抱卵数多少是根据青虾个体大小来确定的。当年生长秋季抱卵虾的抱卵数少，越冬后的老龄青虾个体较大，春季抱卵的抱卵数多，最少的为593粒，一般均在5 000粒；当年生长个体较小的秋季抱卵虾抱卵数最少的为195粒，最多的也只有739粒。平均每克体重抱卵500粒左右。

⑤ 孵化：受精卵的孵化是在雌虾身上进行的。雌虾带着卵子，小心地照料到孵化。在水温25℃左右时约需20d才孵出幼体。雌虾在孵化期间一直不停地扇动腹肢，造成卵子周围连续的水流，提供充足的氧气，并用第一对步足不断地剔除死卵和脏物。从孵化的第12d开始，由于卵黄不断地被胚胎消耗，卵由初期的橘黄色变成淡黄色，并逐渐变得更淡，有1个灰色的斑点慢慢发展起来，以后逐步加深呈青灰色。此时透过卵膜已经清楚地见到两个大而黑的眼点。这时幼体即将孵出。

幼体从卵膜中孵出约需1h。整窝全部孵出需4~6h。在蚤状幼体孵出时，雌虾间断而快速地扇动腹肢，释放出幼体，初卵蚤状幼体在水中绕游。

（5）幼体生物学特征。所有幼体都在水中积极游动，以浮游生物为食。幼体有极强的趋光性，但躲避直射阳光和其他强光。幼体在水中腹部向上，尾部向前游动，头部比尾部低。早期幼体有集群性，常在水面密集成大群，有时甚至成千上万尾幼体成团集结，易造成局部缺氧窒息而死。孵出10d左右的幼体集群逐渐消失。

幼体的天然饵料主要是浮游动物，包括轮虫、枝角类、桡足类（俗称红虫）和其他小型甲壳类浮游动物，在缺乏饵料时，有机碎屑，特别是鱼类的肉糜也很喜欢。幼体十分贪吃，常不停地摄食。

青虾的幼体在淡水中度过，也能生活在低盐度的咸淡水中。适当较高育苗水盐度为1‰，可提高幼体的成活率。

（6）幼体发育期。蚤状幼体经过多次脱皮变态，最后才成为外形、体色和习性与成虾相似的幼虾。幼体的脱皮次数并非规定不变，与幼体所处环境的温度、食物、氧气条件有关。幼体体长的增长、形态上的变化基本上都是伴随着脱皮而产生的，因此，幼体的分期，与脱皮次数有关。一般青虾幼体分为如下9个时间阶段。

第一期幼体：体长（自眼眶前缘至末端）2.1mm。复眼一对，无眼柄，与头胸甲联结，不能自由转动。幼体的额角短小。额角与腹甲上没有刺和齿。头胸甲之前侧角有一对颊刺。有明显的趋光性。孵出后头向下，尾朝上倒悬于水中，游动时腹面向上，头仍然稍向下倾斜。以后各期幼体在水中的栖息方式基本同此。但接近后期幼体阶段，有时可短暂地背朝上在水中游动或在水底爬行。

第二期幼体：体长为2.3mm左右。头胸甲有颊刺及眼后刺各一对，第五腹甲出现一对腹刺，复眼有柄，与头胸甲分离，可自由活动。幼体开始摄食。

第三期幼体：体长（自眼眶前缘至尾节末端）2.5mm左右。额角背缘开始出现1个齿及1个凸起。头胸甲上出现1个鳃甲刺。

第四期幼体：体长3mm左右。额角背缘有两齿，皆位于眼柄之后方。

第五期幼体：体长3.7mm左右。第一、第二、第三、第四、第五对腹足出现，尾节狭长。

第六期幼体：体长4mm左右。第一触角内鞭长棒状，外侧凸起粗大，第二触角内鞭肢5节。

第七期幼体：体长4.3mm左右。第一触角外鞭1节。

第八期幼体：体长4.7mm左右。第一触角内鞭3节、外鞭1节。第二触角内肢9节左右。

第九期幼体：体长5.2mm左右。第一触角外鞭3节，第二触角内肢13节。

在此后期幼体：实际上是完成变态的幼体。体长约为5.4mm。后期幼体的游动姿态显著不同于以前各期幼体。它是背向上，腹向下游动和爬行，与成虾的姿态一样。

6. 生长

青虾幼体自孵化出后，其生长发育、形态变化都是随着脱皮而进行的。幼体孵出后，从第一次脱皮到第八九次脱皮的阶段为幼体发育期，总的时间为20~30d（一般在每年5月下旬至6月下旬）平均每1~3d脱皮1次，每脱1次皮，虾体即长大1次。仔虾阶段以后为幼虾阶段（变态结束到性成熟前），生活习性转入底栖。青虾生长较快，通常在5—6月孵出的虾苗，经1个月的饲养即能长到1~1.2mm，重0.3g，到11月雄虾可达到4mm以上，重1.8g左右，雌虾可达3mm以上，1.2g左右。到第二年繁殖季节的5—6月，雄虾可达6~7mm，重2g以上，雌虾达5~6mm，重1.8g以上。青虾从孵出至死亡，总共需脱皮20次。青虾的寿命一般在14~18个月，经过越冬的青虾在第二年的7—8月相继死亡，人工养殖的青虾要采用轮捕的方法，捕大留小，隔年的成虾在6月之前应起捕上市。

7. 营养成分

青虾营养成分分析结果（图5-10-17）。

表5-10-17　青虾营养成分

营养元素	含量(每100g)	营养元素	含量(每100g)	营养元素	含量(每100g)
热量	87.00（kcal）	蛋白质	16.40（g）	脂肪	2.40（g）
碳水化合物	2.20（g）	胆固醇	240.00（mg）	维生素A	48.00（μg）
硫胺素	0.04（mg）	核黄素	0.03（mg）	尼克酸	2.20（mg）
维生素E	5.33（mg）	钙	325.00（mg）	磷	186.00（mg）
钾	329.00（mg）	钠	133.80（mg）	镁	60.00（mg）
铁	4.00（mg）	锌	2.24（mg）	硒	29.65（μg）
铜	0.64（mg）	锰	0.27（mg）		

8. 营养价值

在市场上常见的3种淡水虾中，青虾的营养价值最高，其肌肉中氨基酸的总量（82.36%）要比克氏原螯虾（70.10%）和罗氏沼虾（56.65%）分别高12.26%和25.71%，而且影响虾肉鲜味的氨基酸（谷氨酸等）的含量，青虾也明显地高于克氏原螯虾和罗氏沼虾。因此，在这3种淡水虾中，青虾的品质最佳。

（1）增强个体免疫力。虾的营养价值极高，能增强人体的免疫力和性功能，补肾壮阳，抗早衰，可医治肾虚阳痿、畏寒、体倦、腰膝酸疼等病症。

（2）通乳汁。如果妇女产后乳汁少或无乳汁，鲜虾肉500g研碎，黄酒热服，每日3次，连服几日，可起催乳作用。

（3）缓解神经衰弱。虾皮有镇静作用，常用来治疗神经衰弱，植物神经功能紊乱诸症。虾还可以为大脑提供营养的美味食品。

（4）有利于病后恢复。虾营养丰富，其肉质松软，易消化，对身体虚弱以及病后需要调养的人是极好的食物。

（5）预防动脉硬化。虾中含有丰富的镁，镁对心脏活动具有重要的调节作用，能很好的保护心血管系统，它可减少血液中胆固醇含量，防止动脉硬化，同时还能扩张冠状动脉，有利于预防高血压及心肌梗死。

9. 经济意义

青虾肉质细嫩，肉味鲜美，营养丰富，经济价值较高，是名贵水产品，也是当前出口的重要水产品。青虾既可鲜食，又可进行加工。青虾已成为宴请宾朋的上等菜肴。青虾中的甲壳胺是一种洁白和半透明片状物，其在工业、农业、医药食品、饲料和环保等领域中的应用范围十分广泛，经济价值较高。因此，市场价格连年上升，出现供不应求的局面，固此发展青虾养殖有着发展农村经济的深远意义。

二、小龙虾（克氏原螯虾）

克氏原螯虾，属于节肢动物门，甲壳纲，十足目，蝲蛄科，原螯虾属。地方名：又称淡水小龙虾、克氏螯虾、红色沼泽螯虾（图5-10-17）。

图5-10-17　小龙虾（克氏原螯虾）

1. 形态特征

（1）外部形态。小龙虾体形稍平扁，体表包裹着一层坚厚的几丁质外骨骼，主要起保护内部柔软机体和附着筋肉之用，俗称外壳。身体由头胸部和腹部共20节组成，其中头部5节，胸部8节，腹部有7节。各体节之间以薄而坚韧的膜相联，使体节可以自由活动。胸部具五对足，其中，一或多对常变形为螯，一侧的螯通常大于对侧者。眼位于可活动的眼柄上。有两对长触角。腹部形长，有多对游泳足。尾呈鳍状，用以游泳。尾部和腹部的弯曲活动可推展身体前进。

（2）内部结构。小龙虾整个体内分消化系统、呼吸系统、循环系统、排泄系统、神经系统、生殖系统和肌肉运动系统等七大部分。

小龙虾广泛分布于世界各地。整虾科主要分布于北美洲东部和东西，形体较小，有经济意义的主要是原螯虾属，尤其是其中的克氏原螯虾，产量达到全世界淡水龙虾产量的 70% 到 80%。小龙虾是在 1929 年左右从日本传入我国，现在江苏省南京市、安徽省的滁州市、当涂县一带生长繁殖。20 世纪 80 年代，随着自然种群的扩展和人类养殖活动增多，淡水虾现广泛分布于我国东北、华北、西北、西南、华东、华中、华南及台湾地区，形成可供利用的天然种群。

2. 生态习性

（1）小龙虾对环境的适应。克氏原螯虾在我国主要分布于江苏省、上海市、浙江省、河南省、安徽省、湖北省、山东省、香港特别行政区等地区。生存于淡水河流、湖泊、水渠、池塘和水田，对水环境的适应能力特强，甚至可以在鱼类难以生存的水域中生存。对 pH 值的耐受范围为 5.8~8.5，适宜范围是 7.5~8.5。溶解氧含量要求在 3mg/L 以上。不能低于 1.5mg/L，窒息点为 0.67mg/L。在水中溶解氧不足时会爬至水边或水上，或者爬至水中漂浮植物上，将身体侧卧于水面，利用露在水面外的鳃，吸收空气中的氧气。

小龙虾属温带动物，对高温耐受力差。李铭等（2006）报道了温度对小龙虾从刚脱离母体（平均体长 6.7mm，平均体重 53.6mg）到 1 月龄内稚虾生长影响，在自然水温 9~18℃、22℃、25℃、28℃和 31℃的 5 个温度组的试验中，得出在 9~18℃水温中生长极慢，以 25~28℃组生长最快，31℃组中 3~4 周内全部死亡。2 月龄稚虾在 5~6℃水温中基本不摄食，但活动正常。在水表面结冰，水温 1℃活动不正常，2~5d 相继死亡。但李林春等（2005）报道，小龙虾在水温 10~32℃时均可正常生长发育，最适水温是 20~32℃。再从江苏省溧阳市水产良种场的河蟹生态养殖区来看，在 2013 年高温（水温 38~39℃）季节，河蟹养殖池的龙虾依然捕食，具有代谢功能。

小龙虾对盐分有一定的适应能力，幼虾可在盐度为 3‰ 环境发育中，成虾可在盐度为 5‰ 条件下生存。碱度对克氏原螯虾的安全浓度是 2.15g/L（李洪涛等 2006）。

小龙虾喜栖息于水草、树枝、石隙等隐蔽物中，昼伏夜出，光线微弱或黑暗时爬出洞穴，通常抱住水体中的水草等悬浮物呈"睡觉"状。光线强烈时则沉入水底或躲藏于洞穴中。幼虾多聚集在浅水处爬行觅食或寻偶。栖息地点还有季节性移动现象，春天水温上升，虾多在浅水处活动；盛夏水温较高时，就向深水处移动。在夏季的夜晚或暴雨过后还有攀爬上岸的习性，可越过堤坝进入其他水体。

（2）小龙虾穴居习性。克氏原螯虾具有穴居习性，特别是越冬期及雌虾抱卵期均要在洞穴中度过，以防幼虾仔被伤害。多数在水边堤岸上打洞，在水位升降幅度较大的水体和小龙虾的繁殖期可掘洞穴较深；在水位稳定的水体和虾越冬期，可掘洞穴较浅；在生长期，小龙虾基本不掘洞，掘洞以水面上下 20cm 处洞穴最多，也有在浅水区的水底打洞，打洞还与底质条件有关，在有机质少的砂质土洞穴较多，硬质土较少，也在黏土较多沼泽地带芦草丛生的滩岸地带掘洞，在水质较肥有机质较多的池塘打洞明显减少。洞穴多为圆形，向下倾斜，曲折方向不一，深度不一。据占家智等在滁州市全椒县和天长市进行调查，在对122例的小龙虾洞穴的调查与实地测量中，发现深30~80cm左右的有95处，约占测量洞穴总数的75.8%左右，部分洞穴的深度可超过1m。在天长市龙集乡测量到最长的一处洞穴达1.94m，直径达7.4cm。调查还发现横向平面走向的小龙虾洞穴才有超过1米深度的可能，而垂直纵深向下的洞穴一般都比较浅。洞内有少量积水，以保持温度，洞口一般以泥帽封住，以减少水分散失。小龙虾掘洞的速度较快，将其放矿质土新池塘后，一个夜晚多数可掘洞深30cm左右。

（3）趋水习性。小龙虾具有很强的趋水习性，喜欢新水、活水，在进排水口有活水进入时，它们会成群结队地溯水逃跑。在下雨时，由于受到新水的刺激，它们会集群顺着雨水流入的方向爬到岸边或停留或逃逸。在养殖池中常常会发现成群的小龙虾聚集在进水口周围，因此，养殖小龙虾时一定要有防逃的围栏设施。

3. 繁殖

小龙虾在春季4—5月和秋季9—10月各有1个产卵高峰期，在长江下游地区，9月离开母体的幼虾到第2年的7—8月可性成熟产卵。在自然界，小龙虾的雌雄比例是不同的。根据舒新亚等的研究表明，在全长3.0~8.0cm的小龙虾中，雌性多于雄性。其中，雌性占总体的51.5%，雄性占48.5%，雌雄性比例为1.06∶1。在8.1~13.5cm的小龙虾中，也是雌性多于雄性，其中，雌性占全体的55.9%，雄性占44.1%，雌雄比为1.17∶1。在其他个体大小的小龙虾中则是雄性占大多数。

（1）性腺发育。小龙虾的卵巢发育速度与水温密切相关，在生产上，可从头胸甲与腹部的连接处进行观察，根据卵巢的颜色判断性腺成熟程度，把卵巢发育分为苍白、黄色、橙色、棕色（茶色）和深棕色（豆沙色）等阶段。其中，苍白色是未成熟幼虾的细小性腺；橙色是基本成熟的卵巢；茶色和棕黑色是成熟的卵巢，是选择亲虾的理想类型。精巢较小，在养殖池塘中，一般与卵巢同步成熟。

卵巢的发育除了与水温、光照、营养等外界环境有关外，还与内分泌活动密切相关，眼柄中的大器官、大颚器激素共同调控着小龙虾的卵巢发育甲壳动物的大颚器分泌的早基法泥酯是保幼激素Ⅲ的前体。在十足目甲壳动物的卵黄发生过程中大量存在于血淋巴中，具有促性腺的作用。赵维佳等（1999）采用大颚器活体埋植方法研究激素对小龙虾卵巢发育速度和卵子发育的作用，实验虾和对照虾是体重22~41g的隔年雌虾，每隔5d在处理组雌虾腹部肌肉内植入一对大颚器，每尾虾共埋植7次，大颚器取自卵巢处于恢复期或观察到大颚器激素对卵母细胞卵黄的积累有显著的促进作用期，并证明采用大颚器活体埋植的方法是有效的。大颚器激素的分泌受眼柄内器官的制约，切除眼柄有利于大颚器激素的分泌，从而促进生长期卵母细胞的发育。

（2）交配与产卵。当年早期繁殖的虾至秋季可成熟，成熟后便可交配。交配季节一般在4月下旬到7月，1尾雄虾可先后与1尾以上的雌虾交配，群体交配高峰在5月，水温15℃以上开始交配，当水温升到15℃以上时，性成熟的雌虾开始蜕壳，整个蜕壳约需2min。2012年，溧阳市水产良种场专家在养殖区发现小龙虾蜕壳时，先脱尾鳍部分，后脱头胸部分，头胸部分蜕壳是从头胸背壳向两边分离完成蜕壳的。在蜕壳前，雄虾趁机与雌虾拥抱，以大螯钳住雌虾前螯，步足抱住雌虾，将交接器插入纳精囊，输入精荚，完成交配，交配时间需10~30min。但邱高峰等（1995）的观察，未发现软壳雌虾交配，都是在硬壳期交配，并且观察到雌雄虾均可多次交配，大个体雄虾交配次数多于小个体，而雌性交配次数与个体大小有关。1次交配的精子可在纳精囊内保存2~8个月，可供多次产卵受精。

（3）产卵。发生在交配后7~10d左右开始产卵。体长7~9cm的雌虾，产卵量约为100~180粒，平均抱卵量为134粒；体长9~11cm的雌虾，产卵量约为200~350粒，平均抱卵量为278粒；体长12~15cm的雌虾，产卵量约为375~530粒，平均抱卵量为412粒。产卵时，雌虾的卵子从生殖孔中产出，与精荚释放出的精子结合而使卵受精，受精卵黏附在雌虾的腹部，被形象称为"抱卵"，此时卵子附着在游泳足上，初产的卵为黄色，成熟雌虾1年可产卵3~4次。

（4）孵卵和育仔。抱卵期游泳时不断摆动，形成水流使胚胎得到良好的水质和氧气，并且还常用螯足清洁卵群中的杂质和死卵。卵的孵化与水温、溶氧量、透明度等水质因素相关。孵卵的适宜水温是22~28℃，但在水温35℃仍可孵化，水温越高孵化期越短，一般需11~24d。吕佳等（2004）进行了小龙虾受精卵发育的温度因子数学模型分析，得出结论：小龙虾受精卵孵化后的最适温度30.3℃，最高临界温度40.3℃，最低临界温度4.7℃，平均临界低温5.6℃。孵卵期遇到不良环境，受精卵会大批死亡脱落或被母虾自己摘除。

初孵出的幼体仍附着在母体游泳足上，在母虾的保护下完成幼体的变态发育，幼体经过3次脱皮，变为仔虾，离开母体独立生活。夏季幼体发育较快，约需数日即离开母体，秋季产的卵可在洞内经过1个冬天孵卵抱仔，至翌年春季稚虾才离开母体。小时虾这种保护后代的方式，保证了后代较高的成活率。从卵子孵化到完成幼体发育的成活率10%左右，即一尾雌虾1次繁育仔虾50个左右。

（5）幼体发育。螯虾类刚孵出的幼体体节已分化齐全，仅缺少一些尚未生出的附肢。郭晓鸣等1997年报道了小龙虾三期幼体的形态特征，它经三次脱皮后离开母体，各期特征如下。

第一龄幼体全长约4.6mm，头胸部很庞大，占全长的1/2以上，内含丰富的卵黄。复眼一对，无眼柄，眼不能动。尾节末端有一细丝连接着刚脱下的卵膜。无第一对腹肢和尾肢。

第二龄幼体全长6.7mm，外形基本如成体，头胸部比例减小，但仍有卵黄。复眼具眼柄，能自由活动。尾节末端细丝消失，出现尾肢与尾节构成的尾扇，能爬行和游泳，开始摄食。

第三龄幼体全长9.2mm，外形更像成体，头胸部正常，卵黄消失。出现第一对腹肢，身体各部分的附肢已发育齐全，幼体可以离开母体自由活动，但仍要回到母体怀抱。

第三龄幼体蜕壳后进入仔怀期，脱离母体，独立生活，可以作虾苗放养或经过中间培养成大苗科。

4. 生长

小龙虾是以植物性食物为主的杂食性动物，动物类的小鱼、虾、浮游生物、底栖生物、水生昆虫、动物尸体、有机碎屑以及谷物、饼类、蔬菜、陆生牧草、水体中的水生植物、着生藻类等都可以作为它的食物，也喜食人工配合饲料。小龙虾食性在不同发育阶段稍有差异。刚孵出的幼体以其自身存留的卵黄为营养，幼体第一次蜕壳后开始摄食浮游植物及小型枝角类幼体、轮虫等，随着个体不断增大，摄食较大的浮游动物、动物尸体，也摄食水蚯蚓、摇蚊幼虫、小型甲壳类及一些水生昆虫。小龙虾摄食多在傍晚或黎明，尤以黄昏为多，在确保小龙虾生长的营养需求的情况下，小龙虾才能正常生长发育。但小龙虾在生长发育过程中必须通过脱掉体表的甲壳才能完成其变形生长，在它的一生中，每脱一次壳就能得到一次较大幅度的增长。所以，正常蜕壳意味着正常代谢发育生长。小龙虾的幼体一般4~6d脱皮1次，离开母体进入开放水体的幼虾每5~8d脱皮1次，后期幼虾的脱皮间隔为8~20d，水温高食物充足，发育阶段早，则脱皮间隔短。从幼体到性成熟，小龙虾要进行11次多的脱皮，也就是小龙虾养殖生长成为商品成虾，才完成了生长期。

5. 营养成分

小龙虾营养成分分析结果（表5-10-18）。

表 5-10-18　小龙虾营养成分

营养元素	含量（每100g）	营养元素	含量（每100g）
热量	90（kcal）	钾	257（mg）
磷	221（mg）	钠	190（mg）
胆固醇	121（mg）	硒	39.36（μg）
镁	22（mg）	钙	21（mg）
蛋白质	18.9（g）	烟酸	4.3（mg）
维生素 E	3.58（mg）	锌	2.79（mg）
铁	1.3（mg）	脂肪	1.1（g）
碳水化合物	1（g）	铜	0.54（mg）
核黄素	0.03（mg）		

6．营养价值

（1）蛋白质成分。龙虾的蛋白质含量为 18.9%，高于大多数的淡水和海水鱼虾，其氨基酸组成优于肉类，含有人体所必需的而体内又不能合成或合成量不足的 8 种必需氨基酸，不但包括异亮氨酸、色氨酸、赖氨酸、苯丙氨酸、缬氨酸和苏氨酸，而且还含有脊椎动物体内含量很少的精氨酸．另外，小龙虾还含有对幼儿而言也是必需的组氨酸。

（2）小龙虾的脂肪含量仅为 0.2%，不但比畜禽肉低得多，比青虾、对虾还低许多，而且其脂肪大多由人体所必需的不饱和脂肪酸组成，易被人体消化和吸收，并且具有防止胆固醇在体内蓄积的作用。

（3）小龙虾和其他水产品一样，含有人体所必需的矿物质成分，其中，含量较多的有钙、钠、钾、镁、磷，含量比较重要的有铁、硫、铜等。小龙虾中矿物质总量约为 1.6%，其中，钙、磷、钠及铁的含量都比一般畜禽肉高，也比对虾高。因此，经常食用小龙虾肉可保持神经、肌肉的兴奋性。

（4）从维生素成分来看，小龙虾也是脂溶性维生素的重要来源之一，小龙虾富含维生素 A、维生素 C 和维生素 D，大大超过陆生动物的含量。

（5）龙虾肉的蛋白质中，含有较多的原肌球蛋白和副肌球蛋白。因此，食用龙虾具有补肾、壮阳、滋阴、健胃的功能，对提高运动耐力也很有价值。

（6）小龙虾甲壳比其他虾壳更红。这是由于龙虾比其他虾类含有更多的铁、钙和胡萝卜素。龙虾壳和肉一样对人体健康很有益，它对多种疾病有疗效。将蟹、虾壳和栀子醋成粉末，可治疗神经痛、风湿、小儿麻痹、癫痫、胃病及妇科病等，美国还利用小龙虾壳制造止血药。

小龙虾含有丰富的蛋白质和钙、磷等矿物质，尤其含硒量较高，硒对致病的铅、铊有抗拒作用，并可以提高人体免疫力作用更为显著，全虾性温、味甘咸，有补肾壮阳、健胃补气，祛痰抗病等功效；虾壳性平，味甘咸，归肝、脾、肺经，具有除风、止痒、杀虫、镇惊之功效。主治神经衰弱、疥癣，防治软骨病和佝偻病。

小龙虾含硒量较高，硒对致癌的铅、铊有抗拒作用，可以提高人体免疫力，抑制癌细胞的形成，因而有抗癌作用，其对血浆硒水平低下的肠癌患者，作用更为显著。

7. 经济意义

小龙虾肉细嫩，含人体必需的8种氨基酸，而脂肪含量较低，并含较多的原肌球蛋白和副肌球蛋白，营养价值较高。近年来，小龙虾不仅在国内成为热销水产品，而且其虾仁、虾黄及整体虾出口亦迅速增加。因此，各地区纷纷掀起人工养殖小龙虾，开展人工养殖对满足国内外需求，保护自然资源具有十分重要的意义。它对农村发展渔业经济，是一种优势产业，是农民致富的短而快的好产业。能为农村经济发展，农民增收奠定基础。同时为城镇化实现第三产业提供了优质资源（小龙虾），提供服务业的平台，以增加就业。

三、罗氏沼虾

罗氏沼虾，又名马来西亚大虾、淡水长臂大虾，是一种大型淡水虾，有虾王之称（图 5-10-18）。

图 5-10-18　罗氏沼虾

原产于印度太平洋地区，生活在各种类型的淡水或咸淡水水域，20 世纪 60 年代以来，先后移养于亚洲、欧洲、美洲等一些国家和地区。自 20 世纪 60 年代开始人工养殖罗氏沼虾以来，发展迅速，现东南亚国家和其他一些地区养殖此虾比较普遍。我国自 1976 年引进此虾，现已在广东省、广西壮族自治区、湖南省、湖北省、江苏省、上海市和浙江省等十多个省（自治区、直辖市）进行养殖，取得了明显的经济效益。

1. 形态特征

罗氏沼虾体色呈淡青蓝色并间有棕黄色斑纹。雄性第二对步足呈蔚蓝具有鲜艳的体色和随环境条件变化的特征，水域透明度大，体色较淡；水域透明度小体色较深。每节腹部有附肢 1 对，尾部附肢变化为尾扇。头胸部粗大，腹部起向后逐渐变细。头胸部包括头部 6 节，胸部 8 节，由一个外壳包围。腹部 7 节，每节各有一壳包围。附肢每节 1 对，变化较大，由前向后分别为两对触角，3 对颚，3 对颚足，5 对步足，5 对游泳足，1 对尾扇。成虾个体一般雄性大于雌性。

2. 生态习性

罗氏沼虾营底栖生活，喜栖息在水草丛中或其他固着物上一般白天潜伏在水底或水草丛中，晚上出来觅食，摄食的方式主要用 2 对螯足来捕捉小动物和有机碎屑。罗氏沼虾游泳能力较弱，主要靠腹部的 6 对附肢和尾节划动，但当遇到强敌侵袭时，可使身体速向后弹跳，有时甚至跃到水面，从而辟开敌害。随着不同生长发育阶，它的栖息习性也有所不同，有时甚至相反。幼体发育阶段生活在具有一定盐度的半咸淡水中，若放入纯淡水中，不久就会死亡。仔、幼虾后在淡水中生活，直至成熟产卵。幼体喜集群生活，经常密集于水的上层，有较强的趋光性，白天多呈隐伏状态，活动较少，但在投饵时也会进行觅食。夜间活动较为频繁，觅食、交配、产卵等均在夜间进行。因此，大夜间后捕虾效果比白天效果好。罗氏沼虾原产于热带、亚热带水域中，其适应的生存水温为 15~38℃，最适宜的水温为 25~30℃。当水温下降到 18℃时，活动能力减弱，当水温下降到 16℃时，返应迟钝，行动迟缓，当水温连续几天下降到 14℃时，就会逐步死亡。当水温由常温 25~28℃逐步上升 38℃时，虾体活动正常，当水温上升到 39℃时，虾体停止活动，并呈弯曲和紧张的挣扎状态，很快停止呼吸。

幼虾和成虾均能在淡水半咸水中生活，卵也在淡水和半咸水中孵化。但幼体的变态要在半咸水中进行，适宜盐度范围为 8‰~10‰，最适宜为 12‰~14‰。养殖最适宜盐度为 10‰以下，致死盐度为 32‰。在罗氏沼虾人工养殖过程中以 pH 值为 7~8 微碱性为宜。溶解氧在幼体培育阶段应大于 3mg/L，养殖成虾时大于 5.5mg/L，总硬度适应范围为 100~150mg/L。

3. 繁育

在自然条件下，1冬龄的罗氏沼虾达到性成熟，在人工养殖条下一般经过4~5个月饲养可达到性成熟。性成熟的最小个体体长7cm体重12g左右；雄虾体长10cm，体重25g左右。性成熟的雄虾第二对步足特别发达，粗而长，呈蔚蓝色，生殖孔开口于第五对步足基部，性成熟的雌虾第二对步足咬小，呈浅蓝色，腹部较发达，侧甲延伸形成抱卵腔，用以附着卵，生殖孔开口在第三对步足基部。

性腺位于头胸甲的背部，性成熟时，通过透明的头胸甲背面近胃区可以见到橙黄色的卵巢或乳白色的精巢。雌虾在产卵前要蜕一次壳，称生殖蜕壳。蜕壳前活动减弱，对阳光反应迟钝，摄食明显减少。雄虾蜕壳几小时开始交配，此时，雄虾主动接近雌虾，并守护在雌虾旁边，不让其他虾靠近，雌虾蜕壳后行动迟缓，雄虾兴奋地举头坚身，不停地摆动触须，并伸延伸出强有的大螯，呈拥抱状态，连续跳几分钟后便将雌虾抱住，胸腹紧紧相贴，游泳足不断地拍击，射出的精荚黏着于雌虾皮第四、第五对步足基部之间，由一层薄的胶状物包住，完成交配过程。雌虾在交配后24h内产卵，产卵时对光线反应迟钝，并在水中上下翻动，忽而卷起身体，忽而伸直腹部微微向前游动，产卵过程可持续4~6h。产出的卵粘在第1~4对游泳足的刚毛上，产出的卵与精荚散出的精子结合完成受精过程。腹部铡甲延伸形抱卵腔，用于保护受精卵，未受精卵在1~3d内自行脱落。

罗氏沼虾1年可产卵多次，两次产卵间隔为20~40d。怀卵量随个体大小、营养水平而异，由几千到数万粒不等。

罗氏沼虾的卵为中黄卵，充满着卵黄，随着胚胎发育，卵径由0.5~0.6mm增加到0.6~0.7mm；卵色由橙黄色依次变为浅黄色、淡灰色，最后变为深灰色。水温在27~28℃，经过19~20d即可孵出幼苗，罗氏沼虾幼体共分12期，现将各期幼体和主要形态特征和习性归纳于以下说明：

第一期，幼体培养1~2d，平均体长1.73mm，主要特征：无眼柄，步足3对，触角未分节，尾节与第六腹节未分开。生活习性：浮游生活，游泳时整个身体倒置向后运动，有明显集群的趋光现象，以自身卵黄为营养。

第二期，3~4d，平均体长1.87mm，主要特征：有眼柄，有眼上刺，步足五对，自身卵黄大减，开始摄食丰年虫幼体等。

第三期，5~6d，平均体长2.18mm，主要特征：额角背齿1个，尾节与第六腹节分开，触角鞭2节。生活习性：卵黄消失，大量摄食。

第四期，7~8d，平均体长2.58mm，主要特征：额角背齿2个，触角鞭3节，尾肢内外皆具羽状刚毛。生活习性：集群和趋光现象有所减弱。

第五期，9~10d，平均体长 2.87mm，主要特征：触角鞭 3 节，尾节侧刺 1 对。生活习性：食量增多，除摄食丰年虫幼体外，并喜食肉碎片。

第六期，11~12d，平均体长 3.88mm，主要特征：腹肢芽 5 对，尾节侧刺 2 对，触角鞭 4 节与触角片等长。生活习性：个体差异明显，大量摄食，浮游，较分散。

第七期，13~14d，平均体长 4.29mm，主要特征：腹肢芽延长，并分成内、外肢无刚毛。触角鞭 6 节，并长于触角片。生活习性：与前期基本相似，但个体差异不如前期明显。

第八期，15~16d，平均体长 4.73mm，主要特征：腹肢外肢有刚毛，内肢无刚毛，第一、第二对步足有不完全的螯，触鞭 7 节。生活习性：出现向后倒退呈直线运动，集群现象明显，喜弹跳。

第九期，18~19d，平均体长 5.48mm，主要特征：腹肢内外肢均有刚毛，内肢内侧有棒状附肢，第一、第二对步足有完全的螯，触角鞭 9 节。生活习性：向后倒退呈直线运动更加明显，喜弹跳。

第十期，20~21d，平均体长 6.18mm，主要特征：额角背齿 2 个，偶尔有 3 个，触角鞭 11~12 节。生活习性：个体差异较大，争食现象明显，趋光性强。

第十一期，23~25d，平均体长 6.85mm，主要特征：额角背齿一般为 2 个，整个额角北缘全有齿刻，触角鞭 14~15 个。生活习性：出现垂直旋转运动，将变态成仔虾。

第十二期仔虾，25~27d，平均体长 6.54mm，主要特征：额角背齿 11 个，额角下缘齿 5~6 个，尾节侧刺 2 对，触角鞭 32 节以上。生活习性：水平游泳，底栖生活，杂食性。

4. 食性

罗氏沼虾属杂食性虾类，随着不同的生长发育阶段，其要求的食物组成是不同的。在人工饲养条件下，刚孵出的幼体主要以丰年虫幼体为食，经 4~5 次蜕壳后个体逐渐长大，可以摄食鱼肉碎片、鱼卵、蛋黄以及其他细小的动物性饵料。经过淡水处理后的幼虾则转化为杂食性，在天然水域中，主要以水生昆虫幼体、小型甲壳类、水生蠕虫、其他动物尸体以及有机碎屑、幼嫩植物碎片为食。成虾阶段食性更杂，动物性饵料有水生昆虫、软体动物、蚯蚓、小鱼、小虾以及各种动物尸体；植物饵料有鲜嫩的水生植物、附生藻类、谷物和豆类等。

罗氏沼虾虽食性很广，但其对动物饵料有偏爱，若同时投喂颗粒饵料和蚯蚓则先摄取蚯蚓；在饥饿和放养密度大的情况下，还以同类为食，这对蜕壳虾来说，危害是比较大的。

　　罗氏沼虾的摄食量有着明显的季节变化。主要受水温的变化影响。水温25~32℃，摄食旺盛，水温20℃以下，摄食量减少；当水温降至18℃以下时，基本不进食，这时应采取一定的保温措施，使其安全过冬。

5. 蜕壳和生长

　　蜕壳可分为生长蜕壳、生殖蜕壳和再生蜕壳。幼体每蜕壳1次就进入一个新的发育时期；幼虾和成虾每蜕壳1次，体长、体重都有所增加。蜕壳周期随着个体长大而逐渐延长，在26~28℃时，幼体发育阶段，每2~3d蜕皮1次；幼虾4~6d蜕壳1次；成虾则需10d蜕壳1次，性成熟以后的亲虾，相隔20d左右蜕壳1次。

　　刚孵出的幼体长1.7~2.0mm，营浮游生活，经24~30d培育，蜕皮11次，变态为仔虾，体长可达7~9mm，转向淡水栖息生活。体长达3~4cm的幼虾，经过5个月左右的饲养，一般成活率达60%~70%，平均体长8~9cm，平均体重20~25g。最大个体雌虾体长达12cm，体重50~80g；雄虾体长14~15cm，体重90~100g。若将越冬后的幼虾（体长5~6cm）在春天放养，到年底雌虾可达体长13~14cm，体重60~70g，雄虾可达体长17~18cm，体重180g以上。

6. 罗氏虾营养成分

　　每百克罗氏虾的虾肉里含有蛋白质20.6g，脂肪0.7g，并含有钙、鳞、铁等无机盐和维生素A等多种维生素及人体必需的微量元素，是一种高蛋白、营养丰富的水产品。

7. 罗氏虾营养价值

　　罗氏沼虾营养丰富，且其肉质松软，易消化，对身体虚弱以及病后需要调养的人是极好的食物。罗氏沼虾中含有丰富的镁，镁对心脏活动具有重要的调节作用，能很好的保护心血管系统，它可减少血液中胆固醇含量，防止动脉硬化，同时还能扩张冠状动脉，有利于预防高血压及心肌梗死。罗氏沼虾的通乳作用较强，并且富含磷、钙、对小儿、孕妇尤有补益功效。

　　罗氏沼含有丰富的蛋白质，营养价值很高，其肉质和鱼一样松软，易消化，而且无腥味和骨刺，同时含有丰富的矿物质（如钙、磷、铁等），海虾还富含碘质，对人类的健康极有裨益。罗氏沼虾肉有补肾壮阳，通乳抗毒、养血固精、化瘀解毒、益气滋阳、通络止痛、开胃化痰等功效，适宜于肾虚阳痿、遗精早泄、乳汁不通、筋骨疼痛、手足抽搐、全身瘙痒、皮肤溃疡、身体虚弱和神经衰弱等病人食用。

8. 罗氏虾经济价值

　　罗氏沼虾营养丰富市场需求大。罗氏沼虾食性杂，生长快，易养殖，现已成为我国重点发展的特种水产品之一，不仅池塘养殖有了较大的发展，而且稻田养殖也获得了成功。当前罗氏沼虾的养殖正处在发展阶段，养殖罗氏沼虾有着广阔的前景。养殖罗氏沼虾的产量比较高，正常情况下每667m²的产量为120~150kg。按照市场价格667m²的收入为5 000元左右。罗氏沼虾的生长期比较短，在人工繁殖的条件下，生长4—5月即可达到商品虾的标准。罗氏沼虾的食性杂，饲养成本低，可在池塘、水稻田等多种水面养殖，养殖罗氏沼虾的经济效益比较高。

四、南美白对虾

南美白对虾：学名凡纳对虾，属节肢动物门、甲壳纲、十足目、游泳亚目、对虾科、对虾属、亚属，是广温广盐性热带虾类。俗称白肢虾、白对虾，曾翻译为万氏对虾，外形酷似中国对虾、墨吉对虾，平均寿命至少可以超过32个月。成体最长可达24cm，甲壳较薄，正常体色为浅青灰色，全身不具斑纹。步足常呈白垩状，故有白肢虾之称（图5-10-19）。

图 5-10-19　南美白对虾

1. 种群分布

南美白对虾原产国家厄瓜多尔，原产地中南美太平洋海岸水域，生长气候带有热带、亚热带、暖温带和温带海域，分布于太平洋西海岸至墨西哥湾中部，即主要分布秘鲁北部至墨西哥湾沿岸，以厄瓜多尔沿岸分布最为集中。南美白对虾是当今世界养殖产量最高的三大虾类之一。南美白对虾原产于南美洲太平洋沿岸海域，中国科学院海洋研究所张伟权教授率先由美国引进此虾，并在1992年突破了育苗关，从小试到中试直至在全国各地推广养殖。江苏省、广东省、广西壮族自治区、福建省、海南省、浙江省、山东省、河北省等省（自治区、直辖市）已逐步推广养殖。天津市汉沽区杨家泊镇养殖的南美白对虾世界闻名，有"中国鱼虾之乡"的美称，其所拥有的南美白对虾养殖技术最为成熟。

2. 形态特征

额角尖端的长度不超出第 1 触角柄的第 2 节，其齿式为 7–9/1–2；头胸甲较短，与腹部的比例约为 1：3；额角侧沟短，到胃上刺下方即消失；头胸甲具肝刺及鳃角刺；肝刺明显；第 1 触角具双鞭，内鞭较外鞭纤细，长度大致相等，但皆短小（约为第 1 触角柄长度的 1/3）；第 1 至第 3 对步足的上肢十分发达，第 4~5 对步足无上肢，第 5 对步足具雏形外肢；腹部第 4 至第 6 节具背脊；尾节具中央沟，但不具缘侧刺。

3. 生态习性

（1）生活习性。自然栖息区为泥质海底，水深 1~72m，能在盐度 0.5‰~35‰ 的水域中生长，其盐度允许范围为 2‰~78‰。能在水温为 6~40℃ 的水域中生存，生长水温为 15~38℃，最适生长水温为 22~35℃。对高温忍受极限为 43.5℃（渐变幅度），对低温适应能力较差，水温低于 18℃，其摄食活动受到影响，9℃ 以下时侧卧水底。要求水质清新，溶氧量在 5mg/L 以上，能忍受的最低溶氧量为 1.2mg/L。离水存活时间长，可以长途运输。适应的 pH 值为 7.0~8.5，要求氨氮含量较低。可生活在海水、咸淡水和淡水中。刚孵出的浮游幼体和幼虾在饵料生物丰富的河口附近海区和海岸泻湖软泥底质的浅海中的低盐水域（4‰~30‰）觅食生长，体长平均达到 12cm 时开始向近海回游，大量回游是在 1 个月的最低潮时，与满月和新月的时间相同。养殖条件下，白天一般都静伏池底，入暮后则活动频繁。

（2）对水环境变化的适应能力。

① 耐干力：南美白对虾耐干能力较强，可以较长时间离水而不死，体长 2~7cm 的健康幼虾，在湿毛巾包裹下（气温 27℃，室内相对湿度 80%）24h 的存活率为 100%。

② 耐温性：南美白对虾在温度逐渐变化的条件下可耐受极限为 9~43.5℃，最适生长温度为 25~32℃。由试验数据表明，1g 左右的幼虾在 30℃ 时生长最快，而 12~18g 的大虾在 27℃ 时生长最快。水温低于 18℃ 或高于 33℃ 时。虾处于胁迫状态，其摄食、活动力都受影响，抵抗力下降，容易诱发病害的发生。在水温渐变的条件下，9℃ 虾开始昏厥侧倒，8℃ 全部死亡，但在水温骤降的情况下，12℃ 也可以造成死亡。

③ 耐溶解氧：水体中的溶解氧是维系水生动物生存的重要因子。南美白对虾正常生存需要较高的溶解氧，不同体长的个体对耐受低氧的程度有所差异，个体越大，耐受低氧的能力越差。陈琴等（2001）报道，体长 51.33mm 的幼虾耗氧量是 0.69mg/（尾·h），窒息点为 0.34mg/L，而体长 80.88mm 时，分别为 1.23mg/（尾·h）和 1.018mg/（尾·h）。养殖池中，溶解氧含量切勿低于 2mg/L，特别是对虾蜕壳时，

对溶解氧的需求较高，否则影响对虾不能顺利蜕壳，甚至导至对虾死亡。

④pH 值的适应。南美白对虾适宜在弱碱性水中生活，pH 值以 8±0.3 较为适宜，其耐受程度在 7.0~9.2。pH 值过低或过高都将影响其个体生长。

⑤南美白对虾不同发育阶段对盐度的适应力不同，pH 值为 4 时对低盐度变化较敏感，之后对盐度变化及低盐度的耐爱性随着生长而增强，其对盐度的适应范围为 2‰~50‰，但在缓慢的变化中可适应盐度为 0.5‰~2‰的水域，在盐度 40‰以下均可生长。朱华春（2002）报道了盐度试验的结果，在盐度为 2‰~30‰的 8 个试验梯度中，南美白对虾在 14‰~22‰的范围内生长最快，成活率最高，饵料系数最低，尤以 18‰为最佳。

4. 食性

研究表明，在自然条件下，南美白对虾属杂食性虾类，偏向肉食，以小型甲壳类、贝类及多毛类等小动物为主食，当长至体长 6cm 以后，可摄食部分幼嫩的沉水植物，如浒苔等。南美白对虾具有昼夜摄食的特点，幼虾边吃边排便，且有拖便现象，其拖带粪便长度可达到其体长之 1~2 倍。南美白对虾耐饥饿能力也很强，健康的个体在水质良好的条件下，停食 30d 仍可存活，但体重明显下降。

5. 蜕壳与生长

南美白对虾的变态和生长发育总是伴随幼体的不断蜕皮和幼虾的不断蜕壳而进行的。蜕壳（皮）是对虾生长发育的结果，当机体组织生长及营养物质累积到一定程度的时候必然要进行蜕壳（皮）。正常情况下，每蜕壳（皮）1 次，虾体会明显增长，但是蜕壳不一定都会生长，比如，营养不足时，虾蜕壳反而会出现负增长。蜕壳的同时还可以蜕掉附着在甲壳上的寄生虫和附着物，并且可以使残肢再生。因幼体的壳薄而软，一般多称为皮，幼体期以后虾壳增厚变硬，称之为壳。由于 4 个幼体期（无节幼体、蚤状幼体、糠虾幼体和仔虾）的幼体在形态上存在很大的差异，一般又叫变态蜕皮。对虾蜕壳一般在夜间进行，蜕壳时间很短，几乎是在瞬间完成的。实际上对虾蜕壳前，下面新的软壳已经形成。刚蜕壳的虾体软弱无力，静伏在池底，幼虾经过数小时后，新壳就会逐渐增加硬度，而成虾需要 1~2d 时间，所以蜕壳期时补钙是很重要的，而且如果底部差的话，虾容易感染细菌等疾病。而且在虾蜕壳时，也需要消耗大量氧气，比方说，如果你穿着紧身衣，脱下来后会想要大口呼吸一下。因此蜕壳时，增氧也是需要的。很多人发现虾一蜕壳就死了，也是一个原因。据资料显示，在 28℃时，仔虾、1~5g 幼虾和 15g 以上成虾的蜕壳间隔时间分别是 30~40h、4~6d 和 2 周。而且越接近野性的亲虾产下的幼虾，一般养到成虾后，它的蜕壳周期是农历初一和十五，和潮汐也是有关的，蜕壳虽然说是对虾的个体行为，但是，对群体而言，蜕壳有明显和潮汐相关的周期规律性，大潮期间蜕壳较多。对虾一生中要蜕壳 50 多次，从无节幼体发育到仔虾要蜕皮 12 次，从仔虾到幼虾要蜕壳 14~22 次，幼虾到成虾还要蜕壳 18 次。

南美白对虾生长较快。在盐度 20‰~40‰，水温 30~32℃，不投食的情况下，从虾苗开始到收获终止 180d 内，平均每尾对虾的体重可达 40g，体长由 1cm 左右增加到 14cm 以上。我国台湾有关人员曾在室外作高密度养殖试验，虾苗于 100 只 / m² 的高密度，水温 27~29℃ 时，在 20g 以前，生长速度最快，可达到每星期平均 3g，即约饲养 49d 左右可长成 30 尾 /kg。但 20g 以后，生长速度明显降低，每星期约增重 1g，而雌虾又比雄虾生长快。在生长的最佳盐度 10‰~25‰ 范围内，盐度越低成长越快。但盐度越高则虾体肌肉组织内之自由氨基酸越高，而自由氨基酸正是白对虾吃起来口感香甜的主因。当水温长时间低于 20℃ 或高于 30℃ 时，白对虾开始处于次紧迫状态，生长开始受到影响，抗病力、食欲、生长速度、环境适应力降低。当水温长时间低于 15℃ 或高于 33℃ 时，则处于紧迫状态，抗病力、食欲、生长速度、环境适应力均明显低于临界值，随时有致死的可能性。其最适宜的生长水温为 23~30℃。由实验显示，1g 左右的幼虾在水温 30℃ 时生长最快；而 12~18g 的大虾，则于水温 27℃ 时生长速度最快。南美白对虾在池养条件下卵巢不易成熟。但自然海域内头胸甲长度达到 40mm 左右时，便有怀卵的个体出现。一般雌虾成熟需要 12 周月以上。平均寿命至少可以超过 32 个月。

6. 繁殖习性

南美白对虾繁殖周期较长，怀卵亲虾在主要分布区周年可见，但不同分布区的亲虾其繁殖时期的先后并不完全一致。例如，厄瓜多尔北部沿海的繁殖高峰一般在 4~9 月。每年 3 月开始，虾苗便在沿岸一带大量出现，延续时间可长达 8 个月左右，分布范围有时可延展到南部的圣·帕罗湾，这一时期是当地虾苗捕捞的黄金季节，而南方的秘鲁中部一带，繁殖高峰一般在 12 月至翌年 4 月。南美白对虾属开放型纳精囊类型，其繁殖特点与闭锁性纳精囊类型有很大区别。开放型的繁殖顺序是：蜕皮（雌体）→成熟→交配（受精）→产卵→孵化；而闭锁型（如中国对虾）为：蜕皮（雌体）→交配→成熟→产卵（受精）→孵化。南美白对虾交配都在日落时分。通常发生在雌虾产卵前几个小时或者十几个小时（多数在产卵前 2h 内）。交配前的成熟雌虾并不需要蜕皮。交配过程中先出现求偶行为（雄虾靠近并追逐雌虾，然后居身于雌体下方作同步游泳），继而雄虾转身向上（两性个体腹面相对，头尾一致，但偶尔也见到头尾颠倒的），将雌虾抱住，释放精荚，并将它黏贴到雌体第 3~5 对步足间的位置上。如果交配不成，雄虾会立即转身，并重复上述动作。雄虾也可以追逐卵巢并未成熟的雌虾，但是只有成熟者才能接受交配行为。 新鲜的精荚在海水内具有较强的黏性，因此交配过程中很容易将它们黏贴在雌虾身上。但养殖条件下自然交配成功的几率仍然很低，原因尚不清楚。

（1）育苗设施。人工繁殖南美白对虾，采用日本式育苗设施较普遍，与我国对虾育苗室基本相似。其育苗池一般为玻璃纤维制成的长方形水槽，容积为 $10\sim15m^3$。育苗用水必须经过 $2\sim4$ 次过滤，单胞藻培养用水处理更加严格。加温常用柴油锅炉，用热水循环的方式。用罗茨鼓风机充气。

（2）种虾培育及产卵孵化。

① 种虾培育：中南美洲使用的种虾多数从自然海区采捕。由于捕捞种虾技术的改进，目前精荚已不易脱落，有的在船上即可收到大量的受精卵。种虾体重 $50\sim60g$。挑选健康无损伤的，以雌雄比例 $12:1$ 放入室内蓄养。密度为每平方米 $4\sim5$ 尾。水温 $26\sim27℃$，盐度（$33\sim35$）$\times10^{-9}$。每日蓄养池换水 50% 左右，并进行充气。地面以黑色网布遮盖，池内照明度 $<100lx$，以新鲜牡蛎、乌贼、冷冻沙蚕等作饵料。日投饵量为体重 10% 左右。

② 种虾人工催熟及精荚移植：南美白对虾为开放型纳精囊类型。其生殖习性与中国对虾不同。雌雄虾性腺完全成熟后，才进行交配。交配时，雄虾排出精荚黏附在雌虾胸部第 3 至第 4 对步足之间（纳精囊位置）交配后数小时，雌虾开始产卵，精荚同时释放精子，在水中完成受精。

欧美在中南美洲从事该虾人工育苗，大都采取种虾任其自然交配的方式，然后挑选交配过的雌虾，放入孵化槽内产卵及孵化。此种方式，虽然能够大量生产虾苗，但需要较多的种虾。在中南美洲，有的对虾繁殖场采取种虾人工催熟、精荚人工移植技术进行人工育苗，效果也较好。其操作技术如下：从自然海区采集的种虾，经过一段时间蓄养，待其完全适应池内环境条件以后，即进行人工挤眼球作业。首先将蓄养的种虾捞入充气的黑色桶内。再将雌雄虾皆挤去右眼球，操作宜在水中进行。然后将去眼球的种虾放回原地继续培养。再经一段时间蓄养，去眼球的种虾性腺会陆续成熟。此时进行人工移植精荚。南美白对虾开放型纳精囊位于第 3 对至第 4 对步足之间。性成熟的雄虾，其精囊呈乳白色。人工移植精荚，须选择成熟度高的雄虾，在其第 5 对步足基部以拇指数次轻推，精荚即出。然后将精荚黏附在雌虾纳精囊位置上。再小心将雌虾放入小型黑色桶内，待其产卵、受精。桶内充气量要小，以防精荚脱落。并用黑色网布遮光。

③ 雌虾产卵及孵化：经人工移植精荚的成熟雌虾，一般在半夜产卵、受精。南美白对虾怀卵量较中国对虾少得多。一般雌虾一次产卵只有 5 万 ~20 万粒。但其繁

殖期较长。雌虾产卵后，将其捞出。经洗卵后，再加大充气量，经 12~14h，即可孵出无节幼体。利用幼体趋光特性，将幼体捞入培育池进行培育。

④ 幼体培育：南美白对虾幼体变态发育与中国对虾相似。即同样经过无节幼体、蚤状幼体、糠虾幼体三个幼体期，然后变态到仔虾。幼体培育的适宜水温 28~30℃，盐度（28~35）×10^{-9}，pH 值 =8 左右。

7. 营养成分

南美白对虾肌肉的蛋白质含量为 19.1%~23.3%，平均为 21.2%；脂肪含量为 0.79%~1.14%，平均为 0.97%。肌肉氨基酸组成中，必需氨基酸的含量占氨基酸总量的 35.55%~36.95%；富含谷氨酸 3.20%~3.32%，天门冬氨酸 2.09%~2.16% 等鲜味氨基酸，蛋白质营养价值高，矿物质含量丰富，尤其是钙、鲜、锌、铁和磷；维生素的含量一般 . 海水养殖虾肉与淡水虾肉相比，营养价值相当。

8. 营养价值

南美白对虾，口味鲜美、营养丰富、可制多种佳肴，含有丰富的蛋白质，同时含有丰富的镁、钙、磷、钾、碘微量元素和维生素 A 等成分，是人类的长寿食品，美容食品和益气滋阳的佳品。南美白对虾含有 20% 的蛋白质，是蛋白质含量极高的食品，是鱼、蛋、奶的十几倍。南美白对虾的氨基酸含量高，烹饪时给人带来南美白虾特有鲜美滋味。南美白对虾中含丰富的镁，经常食用可以补充镁的不足。南美白对虾含有镁，对心脏活动具有重要的调节作用，能很好地保护心血管系统。它可降低血清胆固醇值，防止动脉硬化，同时还能扩张冠状动脉，有益于预防高血压及心肌梗塞。南美白对虾中含有钙、磷、纳、锌微量元素、具有强效的通乳作用。对缺钙所致的骨质松症大有好处，南美白对虾还含有丰富的牛磺酸。虾中的牛磺酸式盐能降低人体的血清胆固醇，所以在预防代谢综合症有一定食疗作用，虾中含有丰富的微量元素锌，它可改善人因缺锌所引起的味觉障碍、生长障碍、皮肤不适以及精子畸形等病症。

9. 经济价值

南美白对虾生长快、个体大，产量高。如果每 667m² 放苗 8 万 ~10 万尾，养殖周期为 100~120d 时，收获规格为 70 尾 /kg 左右，那么产量就可以达到每 667m² 产 700~900kg，经济效益很可观。而且南美白对虾具有肉质鲜嫩，味道鲜美，出肉率高，营养丰富等特点，深受国内外市场的欢迎。

随着生活水平的不断提高，人们对于对虾的需求必将日益增长。南美白对虾养殖效益明显超过其他对虾，成为新兴的最具养殖前景的对虾品种。而且通过专家的多年研究和努力南美白对虾已经可以在淡水水域中进行养殖了，这更增加了南美白对虾的养殖价值。目前，我国银川市兴庆区顺天然水产养殖场积极探索小温棚养殖新途径，以工厂化养殖模式养殖南美白对虾获得成功，为兴庆区渔业产业结构调整开辟了一条新路。南美白对虾人工养殖具有生长速度快、适盐范围广（0~40‰）、抗病毒病能力强、适高温、耐低溶氧、经济价值高等诸多突出优点。

第三节　蟹类

中华绒螯蟹

中华绒螯蟹属于节肢动物门、甲壳纲、十足目、方蟹科、弓腿蟹亚科、绒螯蟹属。地方名：大闸蟹、河蟹（图5-10-20）。

图5-10-20　中华绒螯蟹

1. 中华绒螯蟹的形态结构

（1）中华绒螯蟹的外部形态。河蟹身躯扁平宽阔方形，由头胸部和腹部两部分组成。河蟹的头胸部由于进化演变的原因，头部和胸部连在一起，成为蟹的主要部分，上下披上一层坚韧的甲壳。上面为头胸甲，一般呈墨绿色；下面为腹甲，呈白色；5对胸足，伸展于头胸部的两侧，左右对称。

①头胸部：河蟹的头部与胸部是合在一起的，合称为头胸部，是河蟹身体的主要组成部分。因其背面覆盖着一层起伏不平的坚硬背甲，故又名头胸甲，俗称"蟹斗"。头胸甲前缘平直，有4个棘齿，又称额齿，额齿的凹陷以中间一个最深。左右各有4个棘齿（又称侧齿），其中第一侧齿最大。头胸甲中央隆起，表面凹凸不

平，额角后方有 6 个突起，为瘤状脊，左
右各侧又有 3 条龙骨形的突起，又称龙界
脊。头胸甲表面的凹凸与内脏位置相一致，
因此形成 6 个区：胃区、心区、左右肝区、
左右鳃区（图 5-10-21）。

图 5-10-21　头胸甲背面观
1. 胃区　2. 心区　3. 肝区　4. 鳃区
5. 颈沟　6. 第一龙骨脊
7. 额后叶　8. 胃前叶　9. 额齿
10. 第一前侧齿　11. 第四前侧齿

　　头胸部的腹面为腹甲所包被，腹甲一
般呈灰白色，又称胸板。中央有一凹陷的
腹甲沟。腹甲周缘生有绒毛。生殖孔开口
于腹甲上，开口位置因雌雄而异：雌蟹的
一对生殖孔开口在愈合后的第三节处；雄
蟹的一对生殖孔开口在最末节处（图 5-10-22）。腹甲前端正中为口器，口器由 1 对
大颚、2 对小颚、3 对颚足层叠而成。组成口器的六对附肢，都属于头胸附肢。

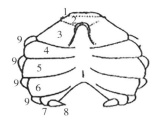 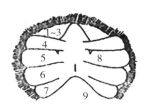

图 5-10-22　腹甲
左：雄蟹　　右：雌蟹
1-7. 节轮　8. 生殖孔　9. 外腹甲

　　②腹部：河蟹的腹部由 7 节组成。腹部已退化成一薄片，紧贴于头胸部之下，
俗称蟹脐。雌蟹脐呈圆形，俗称团脐。雄蟹脐呈
狭长三角形，俗称尖脐。雌雄蟹的明显区别就在
这里。打开腹部可见中线有一条突起的肠子，从
第一期幼蟹开始，可见腹部附肢，即腹肢（图
5-10-23），因性别而异。雌蟹有 4 对双肢型腹
肢，着生于第 2 至第 5 节腹节上。内肢生有长而
规则的刚毛，是河蟹产卵时黏附卵粒之处；外
肢虽有刚毛，但短而分支，与内肢不同，起保护
腹部卵群的作用。雄蟹的腹肢已转化为两对交接
器，外肢消失，呈单肢型。其第一对交接器已骨

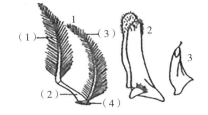

图 5-10-23　河蟹腹肢
1. 雌性：（1）内肢；（2）基节；
　（3）外肢；（4）底节
2. 雄性第一腹肢（交接器）
3. 雄性第二腹肢

质化，形成细管，顶端生有粗短的刚毛，用来输导精液。第二对交接器，形状矫小，长约为第一交对接器的 1/5~1/4，顶端生有细毛，交配时可上下移动，将精液送出来。

③胸足：腹部两侧有左右对称的 5 对胸足，其中第一对胸足特别坚固，呈钳形，具有捕食和防御能力，称螯足。雄蟹的双螯较雌蟹大而强壮有力，并在掌部密生绒毛。第二与第五对胸足结构相似，称步足。第三、四步足扁平，并生有许多刚毛，其结构适于河蟹游泳。步足具有爬行、游泳、掘穴等功能。胸足可分底节、基节、座节、长节、腕节、前节和指节（图 5-10-24）。

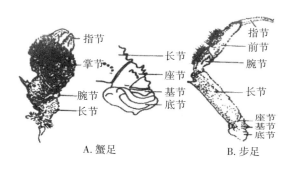

图 5-10-24　河蟹胸足

（2）中华绒螯蟹的内部结构。河蟹体内具有完整的神经、感觉、呼吸、消化、循环、排泄、生殖等系统。

①神经系统：河蟹的中枢神经高度集中。前端的神经节聚合成为脑，从脑神经节共发出 4 对主要的神经。前方一对非常细小，称第一触角神经。第二对神经最为粗大，通到眼睛，称为视神经。第三对为外周神经，分布到头胸部的皮膜上。第四对通至第二触角，称为第二触角神经。

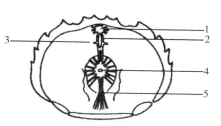

图 5-10-25　河蟹神经系统
1.脑神经节　2.围咽神经　3.交感神经　4.胸神经节　5.腹神经

河蟹的脑神经节由围咽神经和胸神经节相连，由围咽神经发出一对交感神经，通到内脏器官。胸神经节贴近胸板中央，从胸神经节发出的神经，较粗的有 5 对，各对依次分布在螯足和步足中。由胸神经向后延至腹部，为腹神经。河蟹腹部没有神经节，只有一条由胸神经节发出的腹神经，分成许多分支，散布在腹部各处，因而其腹部的感觉也是十分灵敏的（图5-10-25）。

②感觉器官：河蟹对外部世界很敏感，这是由于它具有高级的视觉器官——复眼。复眼位于额部两侧的一对根眼柄的顶端，由数百个甚至上千万个单眼组成。眼柄生在眼眶内，分为两节。第一节细小，隐蔽在触角之下。第二节粗大，以关节与第一节相连，复眼生于第二节的末端。复眼有两个特点：一是它由眼柄举起突出于头胸甲前端，因而视觉较广阔，视角达180°；二是由两节组成的眼柄活动范围较大，眼柄可直立，也可卧倒，灵活自如。最新研究表明，河蟹的眼柄是神经内分泌系统中X器官的所在地，它对蟹的蜕壳和成熟有调节作用，切除单侧眼柄能促进河蟹蜕壳、生长及性腺发育。

平衡囊是转化的触觉器，位于第一触角的亚基节内，囊后皱褶，由几丁质形成，内缺平衡石，开口已经闭塞。囊后内面一簇感觉毛。

③呼吸系统：河蟹的呼吸系统是鳃，俗称"蟹胰子"（图5-10-26）。河蟹头胸部的两侧各有一个藏鳃的空腔，称为鳃腔。鳃腔有一对入水孔和一对出水孔，使鳃腔与外界相通。入水孔在螯足基部上方，孔边缘着生刚毛，可防污物进入鳃腔。出水孔在第二触角基部下方。水由入水孔进入鳃腔，在其中回流一周，然后经出孔而排出体外，这样就进行了氧气和二氧化碳的交换。当河蟹所处环境水质污浊时，第二颚足的上肢可以暂将水孔封闭，防止污水进入鳃腔。当河蟹离水到陆地时，鳃腔中的水

图5-10-26　鳃的结构
1.鳃轴　2.入鳃血管
3.出鳃血管　4.鳃叶

只出不进，逐渐减少。为了保持一定量的水分，第一颚足的内肢将出水孔封闭，防止水分大量流出，以免河蟹因鳃干燥而死亡。

河蟹共有6对鳃，均是颚足及步足的附属物，根据着生部位不同分为4种。

足鳃：在第二、第三对颚足底节上各有一对。

关节鳃：生于第三颚足及螯足底节与体壁间之关节膜上。

侧鳃：又称胸鳃，着生在第一、第二对步足基部的身体侧壁上。

肢鳃：着生于3对颚足底节外侧。

从结构上看，以上4种鳃都属叶鳃，各鳃中央有一扁平的鳃轴，两侧密生鳃叶借以扩大表面积，有利于气体交换。鳃轴上下各有入鳃和出鳃血管。　静脉血由入鳃血管进入鳃叶内腔，透过上层细胞层吸入氧气而排出二氧化碳，变成动脉血，而后流入出鳃血管。

④消化系统：河蟹的消化系统由口、食道、胃、肠、肛门等组成河蟹解剖（图

5-10-27 和图 5-10-28)。

图 5-10-27　雄蟹内部结构

1. 胃　2. 胃前肌　3. 胃后肌　4. 后肠　5. 肝
脏　6. 鳃　7. 触角腺　8. 精巢　9. 贮精囊
10. 副性腺　11. 三角瓣　12. 内骨骼肌

图 5-10-28　雌蟹内部结构

1. 背齿　2. 侧齿　3. 胃前肌　4. 胃后肌　5. 大颚肌
6. 肝脏　7. 心脏　8. 前大动脉　9. 后大动脉
10. 鳃　11. 第一颚足上肢　12. 触角腺　13. 卵巢
14. 内骨骼　15. 三角瓣

口在大颚下面，外围有三片瓣膜，上方一片称上唇，下方左右两片称下唇。上唇粗大，型似鸟喙，下唇较小，各有一枚突起，突起内缘多毛。

口后连一短的食道，内部有 3 条纵褶，此系上下唇的延长物。

胃与食道的末端相接，附着在蟹斗前端中央。胃分成前后两部分，前为贲门胃，后为幽门胃，中间以间板为界。贲门胃较幽门胃大，贲门胃的后半部有一个咀嚼器，称"胃磨"，用来磨碎食物。幽门胃的胃腔很小，从横切面看呈三叶状，幽门胃有机械磨碎和过滤食物的作用（图 5-10-29 ）。

中肠很短，在其背面有细长的突出物，称盲管。消化的食物进入中肠，不能消化的粗大残渣经过漏斗管直接进入后肠。由腹侧又发出一对中肠腺，即肝脏。只要打开河蟹的背甲，就可以看到河蟹的肝脏，体积较大，分成左右两叶，由许多细支组成。各叶以一短的肝管将分泌的消化液输入中肠，最终与食物混合。肝脏还有贮藏养料的机能，以便在食物缺乏或生殖洄游时供给营养。

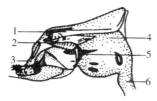

图 5-10-29　胃的内部结构

1. 背齿　2. 侧齿　3. 幽门胃
4. 贲门胃　5. 梳状骨　6. 食道

中肠之后为后肠，很长，在腹部的一段，外围被有厚膜，末端是肛门，周围肌肉特别发达，开口于腹部末节。

⑤ 循环系统：河蟹的循环系统，由一肌肉制的心脏和一部分血管及许多血窦组成，属开放式循环系统。河蟹的心脏位于头胸部的中央，略呈短方形，宽度大于长度，外围一层薄膜，称为围心膜。围心膜与

心脏内的空隙叫作围心腔。心脏有 3 对心孔，即背面两对，复面一对。心脏与围心腔的伸缩相互协调，当围心腔收缩时，心脏舒张，血液经心孔由围心腔流归心脏；当围心腔扩张而心脏收缩时，一面将心脏内的血液压入动脉，一面将鳃静脉中的血液引入围心腔。

　　从心脏发出的动脉共 7 条，其中，5 条向前，还有 2 条自心脏后端通出，一条向后，另一条流向身体腹面。河蟹的循环系统为开管式。也就是说，动脉、静脉并不直接相连。血液从心脏流经动脉，就分散在组织和细胞间隙中，血液到达血腔。与组织进行气体和物质交换，再进入较大的血窦内。静脉血汇集到较大的腹血窦，通过入鳃血管，进入鳃中，气体交换后，变成动脉血，再经出鳃血管和鳃静脉流入围心腔，最后回归心脏。

　　⑥ 排泄系统：河蟹的排泄系统是触角腺，又称缘腺，为两块椭圆形的薄片，被覆在胃的背面，包括海绵组织的腺体部和囊状的膀胱部，开口位于第二对触角腺的基部。

　　触角腺分为球型的末端囊与长而盘曲的排泄管两部分，后者近端部分膨大成为囊，形成肾迷路。末端囊位于肾迷路背侧，并埋入肾迷路内，这两部分内部都有皱褶，将内腔分隔成许多沟道。末端囊与肾迷路的外层也有很多皱褶，这样扩大了其表积，可以加强与循环系统的联系。河蟹血液中的氮废物透过末端囊与肾迷路的壁，积聚在内腔中，最后经排泄孔排出体外。河蟹蛋白质代谢的最终废物主要以氨的形式排出，只有一小部分为尿素和尿酸。有些排泄物还可通过河蟹的鳃排出体外，鳃除具呼吸功能外，还有一定的排泄功能。

　　⑦ 生殖系统：雄蟹生殖器官包括精巢、输精管和副性腺。精巢一对，为白色，位于胃和心脏之间，左右有一横枝相连，后端各与一条输精管连接。输精管分为 3 部分。先为细而盘曲的腺质部，中间为扩大而成的贮精囊，后为射精管。射精管直达三角膜的内侧，与副性腺汇合后，穿过肌肉，开口于腹甲的第七节。

　　雌蟹的生殖器官包括卵巢、输卵管和受精囊。卵巢一对，呈葡萄状，位于头胸部内肠道背侧，左右由一横枝相连。成熟的雌蟹，卵巢非常发达，充满在头胸甲下，

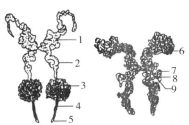

雄蟹（腹面观）　　雌蟹（腹面观）

图 5-10-30　河蟹生殖系统

1.精巢　2.射精管　3.副性腺　4.输精管　5.阴茎
6.卵巢　7.纳精囊　8.输卵管　9.雌孔

并可延伸到腹部前端。卵巢左右两叶各有一短短的输卵管，位于胃的后端，末稍与受精囊汇合，左右分别开口于腹甲的第五节上，开口上有突起，交配时雄蟹将交接器钩在该突起上，以行输精（图5-10-30）。

2. 分布状况

中华绒螯蟹的自然分布较广，北到辽河，南到珠江水系，西到长江三峡，均可看到天然河蟹活动。人工引种养殖就更广，全国各省、自治区、直辖市几乎都有人工养殖，但主要产区是长江中下游各地。如今江苏省、湖北省、安徽省和上海市的一些地区已形成产业化生产。

3. 生态特性与生活习性

（1）栖居习性。河蟹栖居分穴居和隐居两种。在饵料丰盛饱食的情况下，河蟹为躲避敌害而营穴居生活。当不具备穴居条件时，隐居在石砾或水草丛中，河蟹喜欢隐居在水质清净、溶解氧丰富、水草茂盛的江河、湖泊、沟渠的浅水水域。在养殖密度高的水域，相当数量的河蟹隐伏于水底淤泥之中。

河蟹从第三期仔蟹起就有明显的穴居习性。一般来讲，幼蟹的穴居习性较成蟹明显，雌蟹较雄蟹明显。河蟹的洞穴建造得十分科学，洞穴均位于高低水位之间，洞口大于其身，洞身直径与身体大小相当，洞底常比蟹体大2~4倍，这种洞穴结构适合河蟹在洞中穴居（图5-10-31）。河蟹掘穴主要靠一对螯足和步足来完成，一般短则几分钟，长则数小时即可掘成一穴。掘穴时，常先扭动躯体，用头胸部推泥，先造成一凹陷，再用螯足掘深，并用一侧步足扒泥，将泥送出洞外。

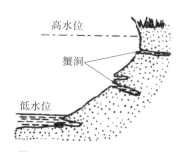

图5-10-31　河蟹的洞穴

长江中下游地区，每年6—9月为河蟹活动盛期，此期间摄食量大，生长也快。当水温降至10℃以下，河蟹的活动减弱；寒流袭击后，河蟹进入越冬阶段。

河蟹有很敏感的视觉、嗅觉和触觉，一旦遇到危险，它的视觉器（复眼）就会立即感觉到，并通过神经节传递给4对步足和1对螯足，迅速抵抗或爬行避敌。河蟹在水中也能依靠步足作短距离的游泳，如有一动物尸体，河蟹依靠嗅觉能较快感觉到，短时间内就会聚集很多河蟹争抢动物尸体。河蟹的刚毛和触角均是触觉器官。

河蟹昼伏夜出，在饵料丰富、环境条件适宜的情况下，安于定居，在幼蟹阶段很少远程迁移。河蟹一旦性成熟，便弃穴离去，千方百计过沟越坝，行动之迅速令人惊讶。

（2）洄游与运动。洄游是河蟹等水生动物的一种主运动形式，它们通过洄游变换栖息场所，扩大对空间环境的利用，最大限度地提高种群存活，摄食、繁殖和避开不良环境的能力。因而洄游是河蟹等水生动物种群获得延续、扩散和生长的行为特性。河蟹一生有 2 次洄游，分别是幼小时的溯河洄游和成熟后的溯河洄游。2 次洄游是天然蟹生长、繁殖的必需过程。河蟹的溯河洄游是指在河口繁殖的蚤状幼体发育到蟹苗或幼蟹阶段，根据其对饵料等条件的需求，借助潮汐的作用，由河口逆江而上，进入湖泊等淡水水体育肥的过程。河蟹的降河洄游也称生殖洄游，是指于遗传特性的原因，河蟹在淡水中完成生长育肥后，从淡水洄游到河口附近的半咸水域中去繁殖后代的过程。

河蟹在不同的生长阶段，运动方式也有所不同。蚤状幼体阶段呈游泳方式运动，依靠附肢尤其是 2 对较大的颚足划动，加之腹部的伸屈运动，形成弹跳式的运动。大眼幼体阶段，螯足和步足均较发达，游泳速度加快，不仅能在水中游泳，还有很强的攀爬能力，还能在潮湿的玻璃板上作垂直爬行呢！

蟹体两侧的各对步足长短不一，关节又向下弯曲，行走时，一侧步足抓住地面，另一侧的步足直伸起来，推送身体向一侧移动，两侧步足的交替活动，使河蟹横行运动。由于步足长短不齐，前进时总向斜上方行动。

河蟹一旦性成熟时，其攀高能力十分惊人，能翻闸越坝，行动速度也是人们所难预料的。人工养殖河蟹一定要有良好的防逃设施，不然河蟹将会逃之夭夭。

河蟹的运动有趋光、趋水流和攀越障碍物的习性，所以人们就编帘、设箭、张灯拦捕河蟹，池塘养蟹，利用其趋弱流顺强流的习性，通过注排水在出、入水口初集中出蟹。另外，河蟹性成熟后在秋末冬初，有降河生殖洄游的需求，此时爬动很多，是捕捞河蟹的最佳季节。

（3）自切再生。人们有时发现河蟹胸足大小差异很大的情况，或有缺肢的地方长着一只柔软的疣状物，这是河蟹折断的足得到再生的结果。河蟹具有自切和再生的习性。捕捉河蟹时，若只抓住一二步足，则它能很快将其受困步足脱落而逃走，这种现象叫自切。河蟹自切是为了防御敌害、保护自己，是河蟹为适应自然环境而长期形成的一种保护性本能。

河蟹自切有固定的部位，折断点总是在附肢基节与座节之间的关节处。这里有特殊构造的"膜"，这种"膜"在断肢时会将神经和血管封起来，同时，肢内另有特别的"门"，断肢时，这个"门"马上"关门大吉"，之后，血液会不断地供应脂蛋白，便可从这里再生新足。科学家们在 1972—1982 年对长江河蟹附肢再生率的统计为 26%，说明河蟹断肢和再生的现象非常普遍。不过，再生的新足在开始时为疣状物，以后新足逐渐长出，但比原来的足要小，经过多次蜕壳，才有可能恢复至原来的大小。

河蟹生命存在就有自切现象，但再生现象一般只有在幼蟹进行生长蜕壳阶段存在，成熟蜕壳后，河蟹的再生功能基本消失。蜕壳停止，再生能力就消失。所以成熟的绿蟹断肢不易再生新足。

（4）食性。一般来说，河蟹属杂食性的甲壳动物。它在食性上具有 5 个方面的特点，即广谱性、暴食性、互残性、耐饥性和阶段性。

①广谱性：河蟹具有广谱食性，是因为它既能摄取附着藻类、有机碎屑，又能摄食多种水生植物和底栖动物，还能摄食人工饲料，如粮食类、饼粕类，以及人工配制的颗粒饲料。从解剖河蟹胃内物组成情况看，一般有水草、腐殖碎屑、底栖螺蚬、蚌及蠕虫和水生昆虫，还有附着的藻类和水生植物的果实等及小鱼、小虾。对于水生植物来说，因为在湖泊中来源较广，摄食也容易，所以往往构成胃内物的主要成分。水草中以眼子菜、苦草和浮萍等为主食，藻类，如喜旱莲子草上附着的丝状藻中的水绵和胶刺藻等、硅藻中的新月藻和异极藻等。原生动物中有钟形虫、聚缩虫、累枝虫以及轮虫中的旋轮虫和巨冠轮虫等，还有小鱼虾和水丝蚓等都是河蟹喜食的对象。从投喂的饵料看，河蟹对螺蚌肉尤为喜食。红苔干、稻谷和麦类利用率也较高。水生植物野菱和家菱对河蟹生长具有较好的作用，河蟹喜欢沿着菱的主茎往返于水底和水表层活动，并且喜食菱的水下叶及附着在叶上的藻类和周围的丛生物等。河蟹尤为喜食沉于水底的菱的果实，10 月前后捕起的成蟹，可在其螯上多次发现紧紧夹住已被撕破的菱角，且菱内的肉已被挖食。

②暴食性：河蟹的暴食性是指在饲料充足且适口的情况下食量很大。在室内观察到，河蟹在不停地摄食的同时，肛门挂着条状粪便。它的消化能力很强，从肛门取出粪便检查，可见到大部分水生维管束植物和碎片能被消化，这是很多其他动物所不能与它相比的。

③互残性：河蟹在蚤状幼体阶段就残食同类，在成蟹养殖阶段，尽管同类具有坚硬的甲壳不能被残食，但在蜕壳后短暂的软壳期为生命中的薄弱环节，易被同类残食，说明河蟹种内的互残性，从蚤状幼体阶段起，就对同类进行残食；在黄蟹期间，刚蜕壳的软壳蟹和附肢严重残缺的个体，更有遭到强者攻击吞食的危险。

④耐饥性：河蟹的耐饥性是指在饵料缺乏和周围条件发生变化的情况下，可在半个月左右甚至更长时间内不摄食也不至于饿死。这是因为河蟹在饱食后，把多余的营养贮存于肝脏之中，在适当时就将贮存于肝脏的营养用于维持生命。有资料介绍，河蟹离水后，在潮湿环境下不摄食可存活 38d 之久。

⑤阶段性：河蟹食性方面具有阶段性的特点，是指它在不同的发育阶段具有不

同的食性。从发育生态学角度看，它在幼体期与成体期的消化器官发育完善程度不同，故幼体期以摄食细小的生物为主，且食量也较小，在成蟹养殖中，也存在着2个摄食高峰阶段，一是放养不久的4—5月，二是养殖后期，也就是青春蜕壳之前，河蟹的食量增加，对营养的需要也增加，并且改变前期主要在傍晚前后摄食为全天候摄食。

（5）生长与年龄。

① 生长与年龄：从生产来说，河蟹一般分"苗、种、成" 3个阶段；从生活周期来说，一般分大眼幼体、蚤状幼体、仔蟹、扣蟹、黄蟹、绿蟹和抱卵蟹等7个阶段；从发育来说，一般分生殖洄游、性腺发育、交配产卵、胚胎发育、幼体发育和成体发育6个阶段（图5-10-32）。这里主在介绍河蟹生长发育及其各个阶段的特点。

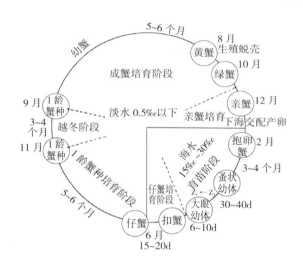

图5-10-32　河蟹生活史模式图

② 蜕壳和生长：河蟹一生要经过很多次蜕皮或蜕壳，每蜕皮、蜕壳1次，个体和重量均有增加。河蟹蜕壳（皮）与变态、自切再生、个体生长有着 非常密切的关系。

河蟹一生可分为蚤状幼体、大眼幼体、仔蟹、幼蟹和成蟹5个阶段。蚤状幼体在海水中生长发育，经过5次蜕皮，变为大眼幼体。大眼幼体开始进入淡水生活，经过5~7蜕皮1次，就成为第一期仔蟹。以后每隔一段时期蜕壳1次，个体不断增大，体形也由圆形逐渐变为近似方形。随着个体增大，头胸甲逐渐变宽，一般到第三期仔蟹阶段，头胸甲壳长度就大于头胸甲长度。第三期仔蟹后称为幼蟹，幼蟹阶段分豆蟹和扣蟹，此阶段生产上称为蟹种阶段。蟹种阶段，雌蟹的腹部周缘和雄蟹的大螯绒毛短而稀少，蟹种在进行成熟蜕壳前，壳呈淡黄或灰黄色，渔民通常称之为"黄蟹"。"黄蟹"阶段性腺始终外于第一期至第二期。

长江下游地区，每年8月上旬至9月下旬先后完成生命中最后1次蜕壳，又称成熟蜕壳。成熟蜕壳后体色发绿称为"绿蟹"，即进入成蟹期。

河蟹蜕壳前，壳呈黄褐色，头胸甲后缘与腹部交界处产生裂缝，裂缝宽度约2~3mm，透过裂口处可见新的透明体膜。另外，在头胸甲的两前侧部分的侧板线处，也出现裂缝，裂缝宽度约2~3mm，此现象可视为河蟹蜕壳的前奏。

河蟹的蜕壳是其生长发育的标志。在仔蟹和蟹种阶段，蜕壳次数多，生长速度快。若生态条件好，饵料丰富，同样蜕壳1次，个体的体重增长幅度应大；反之，就小。选择优良的蟹苗，创造良好的人工饲养条件，使它增加蜕壳次数和增大蜕壳时生长幅度，实在是提高河蟹产量和质量的关键。目前，部分地区养蟹者采购小个体的"绿蟹"进行饲养，结果这部分性成熟的小个体"绿蟹"绝大部分因不能蜕壳而死亡，因而造成了经济上的巨大损失，这是值得河蟹养殖者注意的问题。

河蟹蜕壳时间的长短与个体大小有关，个体大，蜕壳时间长；个体小，蜕壳时间就短。蚤状幼体蜕皮只需几秒钟，蟹种阶段蜕壳，顺利时几分钟，不顺利时，时间更长。

河蟹蜕壳常常隐蔽于水草茂盛的浅水地带。外界惊扰、水温过高、水质不良或缺钙、钾、铁等微量元素，均可使它蜕壳不遂而死亡。

刚蜕壳的"软壳蟹"，甲壳柔软，体弱无力，没有摄食和防御能力，极易遭到同类或其他敌害的伤害。经过1~2d，"软壳"逐渐变硬，并恢复其活动和摄食能力。因此，给予河蟹良好的蜕壳条件是十分重要的。保护刚蜕壳的幼蟹，可以提高河蟹养殖的成活率。

幼蟹的生长速度整体与水温、饵料及其他生态因素有关。水域条件适宜，饵料丰富，幼蟹一般每隔5d左右蜕壳1次。人工养殖河蟹要求蟹种头胸宽度30mm以上，体重10~20g为佳。蟹种规格太小，增重速度太慢，最后收获时成蟹规格小，经济效益差；若蟹种偏大些，增重速度快，收获时成蟹个体大，经济效益也就相应提高。随着头胸甲宽度增长，体重也相应增加。幼蟹早期蜕壳1次，增重倍数大，但绝对增重量小；幼蟹后期蜕壳1次，增重倍数小，而绝对增重量大。

③ 年龄寿命：河蟹的年龄尚无法测定。但通过多年湖泊人工放流及池塘养殖，根据对河蟹的生长速度、生殖洄游的时间及交配后河蟹的死亡等情况的分析，可以掌握河蟹的年龄及寿命。

从天然蟹苗人工放流来看，如长江口区，一般 6 月初将蟹苗投放入湖泊，到第 2 年 10—11 月。二秋龄的成蟹作生殖洄游返回河口浅海水域，到第三年 3 月前后，2 冬龄的雌雄蟹完成交配，雄蟹先死亡，抛开雌蟹，在蚤状幼体孵出后，也陆续死亡，通常，河蟹的生命为 2 龄。实际上，雄蟹的生命仅 21~23 个月，雌蟹的生命约 23~25 个月。

有的蟹苗投放到天然饵料十分丰富的湖泊，当年秋季个体可达 50g 以上，第 2 年继续生长。但个别的达 70~100g，性腺也发育成熟，到 10—11 月开始生殖洄游，并于次年春初交配，4—6 月即死亡，它们的性成熟年龄即为 1 周龄，雄蟹寿命仅 10~11 个月。近年，有的地方蟹苗实行加温早繁，仔蟹、幼蟹利用塑料大棚强化培育，利用池塘当年养成商品蟹，当年性腺发育成熟的也很多，若用于繁殖，其寿命比上述湖泊放流的河蟹略长些，约有 12~14 个月。

蟹苗或仔蟹、幼蟹在人工养殖的情况下，如果投放密度较大，饲料供应不足，生长速度就会放慢，蜕壳间隔时间也延长，其寿命往往可以延长到 3 秋龄，甚至 4 秋龄。这只是个别的情况，一般来说，长江河蟹的寿命为 2 龄，南方品种为 1~2 龄，北方品种可达 2~3 龄。

4. 生殖习性

（1）河蟹的生殖洄游。河蟹一生中的大多数时间是在淡水湖泊、江河中度过的，当其性腺发育成熟后，便会成群结队地降河奔向海淡水交界的浅海地区，在那里交配、产卵、繁殖后代。这种长途跋涉的过程，就是河蟹生活史中的生殖洄游，或称为降河生殖洄游。

河蟹可以在淡水中生长，但其性腺在淡水中只能发育到第四期末达到生长成熟，如继续在淡水中，其性腺发育将受到抑制，不能完成生殖过程。只有在适当的盐度刺激下，河蟹的性腺才能由生长成熟过渡到生理成熟，性腺才能发育到第五期，从而实现雌雄蟹交配、雌蟹怀卵、繁殖后代。因而生殖洄游是河蟹生命周期中的一个必然阶段，对种族延续有重要的生物学意义。

蟹苗在淡水中生长发育，一般经 2 秋龄接近成熟，开始生殖洄游的时间大致在 8—12 月。在长江中下游地区，洄游时间一般在 9—11 月，高峰期集中在寒露（10 月 10 日前后）至霜降（10 月 25 日前后）。这一阶段，有大量发育趋于成熟的河蟹从江河的上游向下游河口迁移，渔民们乘机捕捞，就形成了所谓的"蟹汛"。北方地区，如辽河水系、海河水系以及黄河下游地区，河蟹的生殖洄游要略早些。河北省、山东省等地群众所说的河蟹"七上八下"，指的就是河蟹的洄游，意思是农历 7 月以前，幼蟹向河流的上游移动，主要目的是寻觅食物，农历 8 月开始，成熟的河蟹陆续向下游移动进而到浅海区咸淡水交界处交配产卵。而在长江以南如瓯江水系，河蟹洄游时间则要向后推迟。

河蟹在生殖洄游之前，多隐藏在洞穴、石砾间隙或水草丛中，蟹壳呈浅黄色，被人们称为"黄蟹"。从外部看，雌蟹腹脐尚未充分发育，没有完全覆盖住头胸甲腹面，雄蟹螯足上的绒毛连续分布不完全，步足刚毛短而稀，性腺发育也不完全，生殖腺指数（性腺重量占体重的百分比）较小，因此，黄蟹属于幼蟹阶段。黄壳蟹经成熟蜕壳，性腺发育迅速，体躯增大，蟹壳也由浅黄色变为墨绿色，称为"绿壳蟹"，便开始生殖洄游。也有些黄蟹在洄游的过程中蜕壳而成为绿蟹。河蟹由"黄壳"变为"绿壳"是其性腺发育成熟的一种标志。性腺发育成熟的绿壳蟹，雌性腹脐变宽，可覆盖住头胸部腹面，边缘密生黑色绒毛；雄性螯足绒毛丛生，连续分布完全，显得强健有力，步足刚毛粗长而发达。性腺指数明显提高，可为生殖蜕壳前的数倍。

河蟹在性腺发育接近成熟后，就不再能继续生活在淡水中，必须寻找盐度较高的水域环境，而使其体内外渗透压达到新的平衡。性腺发育是导致河蟹进行生殖洄游的内在因素。而盐度、水温变化、水流方向则是河蟹能顺利完成洄游的外界因素。盐度的变化，可影响河蟹渗透压，并促使其性腺进一步发育，盐度不够，河蟹将继续向河口地区洄游，直至达到适合的盐度才停止洄游。

在封闭的湖泊中，因为没有出水口，河蟹洄游就较困难，必须翻坝越埂，而在能放水的湖泊、水库中，成熟河蟹随着水流的排放，顺水而下，奔向河口，完成降河生殖洄游，水流起着河蟹洄游导航的作用。温度则是影响河蟹洄游的又一个外界因素，俗语说"西风响，蟹脚痒"，当西风吹起、水温开始降到河蟹的生长适温以下时，成熟的河蟹即抓紧时机向河口洄游，并随着水温的下降，河蟹的活动能力也下降。所以在长江流域霜降前后是河蟹降河洄游的最佳时节。

（2）河蟹的性腺发育。河蟹卵巢的发育，按外形、色泽和卵母细胞的生长情况，可以分为 6 个发育期。

第一期：呈乳白色，细小，仅重 0.1~0.4g，这时属幼蟹阶段。尚无副性征，肉眼很难辨雌雄。

第二期：呈淡粉红色或乳白色，体积较前增大，重为 0.4~1g，此时初级卵母细胞直径在 50nm 以下，处于缓慢的小生长期。肉眼已能分辨出雌雄性腺。

第三期：呈棕色或橙黄色，体积增大，重约 1~2.3g，此时卵母细胞已由小生长期进入大生长期，发育速度加快。肉眼能看到细小的卵母细胞，但卵巢较肝脏小得多。

第四期：呈紫褐色或豆沙色，重量和肝脏相当，重约 5.3~9.5g，卵粒清晰可见。卵巢重和体重比（即成熟系数）为 4.1%~6.8%，表明卵巢已发育至成熟。

第五期：体色越来越深，呈紫酱色，体积明显增大，重 10.3~18.3g，重量约为肝脏重的 2~3 倍，卵巢柔软，卵粒可增大至 320~360nm，成熟系数为 8%~18%。卵粒在囊巢内相互游离，易于流动，属产卵前的时期。

第六期：成熟雌蟹若未交配或交配后没有咸水的水环境，成熟卵粒不能排出；待环境水温持续上升，卵粒因不能排出而导致过熟或退化，卵巢进入第六期。本期雌蟹卵巢可出现黄色或橘黄色退化卵粒，卵粒大小不匀，体积反而缩小。此时，交配产卵，卵不易附着在刚毛上而流失，并易形成黄卵（卵在发育中死亡）。随着时间的推移，成熟卵巢的退化日趋严重。

雄蟹的性腺发育也分为 5 个阶段：精原细胞期（5—6 月）；精母细胞期（7—8 月）；精细胞期（8—10 月）；精子期（10 月至翌年 4 月）；休止期（4—5 月）。由于雄蟹精巢在整个发育过程中，只有体积在增大，颜色在变化，故较难从外形特征来区分。绿蟹的精巢呈乳白色。

在自然环境中，当进入春季，水温回升，第一年未达成熟的幼蟹，便加快蜕壳生长，身体生长很快，但此时卵巢多处于第一期。过夏以后，水温逐渐下降，卵巢发育到第二期。8 月下旬起，有的雌蟹行将成熟蜕壳，即卵巢、精巢发育进入快速发育前的蜕壳，蜕壳后河蟹开始生殖洄游，卵巢多处于第三期。随着水温渐低，生殖腺发育加快，至霜降前后（9 月下旬），成蟹性腺多数已发育成熟，处于第四期。此时，性腺、肝脏充满于头胸甲内，体质强健，是食用价值很高的时期。当进入冬季或成熟雌蟹受到水中盐度的刺激，特别是经过交配后，卵巢迅即由第四期发育为第五期，卵巢内分泌大量液体，促使已成熟的卵母细胞游离，即能排卵受精。越冬期内为产卵、繁殖子代的适宜季节，也是食用河蟹的最佳季节。

从 12 月初至翌年 3 月中旬，河蟹处在越冬阶段。由于水温较低（8℃以下），河蟹活动减弱，然而性腺发育已达成熟期，卵巢发育时相处于第五期；精巢也已成熟，射精管和副性腺内充满颗粒状的精细胞。越冬期的亲蟹，如果外界环境适宜，即可交配产卵。如果没有适宜的产卵条件，性腺处于第五期的雌蟹不能产卵，则性腺开始退化，进入第六期，卵巢出现黄色或枯黄色的退化卵球。但性成熟雄蟹的精巢，则没有类似卵巢的退化现象，直至衰老死亡之前，雄蟹所排放的精子均能保证雌蟹卵子的正常受精。

（3）河蟹的交配、产卵。

①交配：每年 12 月至翌年 3 月上、中旬是河蟹交配产卵的盛期。在水温 10℃

左右，凡性成熟的雌雄河蟹，一同放入海水池中，即可发情交配。雄蟹首先"进攻"雌蟹，经过短暂的格斗，雄蟹以强有力的大螯钳住雌蟹步足，雌蟹不再反抗，5对胸足缩拢，任凭雄蟹摆布。雄蟹在寻找到一个"安全"场所后，双方呈现"拥抱"姿态。这一过程，短则数分钟，长则数天，主要视性成熟程度而定。发情"拥抱"的亲蟹，接着开始交配。雄蟹主动将雌蟹"扶立"，让腹面对住自己的腹部，双方略呈直立的位置。此刻，雌蟹便打开腹部，暴露出头胸部腹甲上的一对生殖孔（即雌

图 5-10-33　河蟹交配

孔），雄蟹也趁势打开腹部，并将它按在雌蟹腹部的内侧，使雌蟹腹部不能闭合。与此同时，雄蟹的一对交接器的末端就紧紧贴附着雌孔进行输精。输精时，雄蟹的阴茎伸入第一对交接器基部的外口，通过交接器将精液输入雌孔，贮存于雌蟹两个纳精囊内。河蟹交配情况如图 5-10-33 所示。

河蟹每次交配，历时数分钟至 1h 许。在交配过程中，即使用手捉起雄蟹，交配仍可继续进行。此外，当交配蟹发现不利情况时，例如，又有其他雄蟹接近，那末，交配雌蟹会悄悄移动位置避让。若避不开，交配雄蟹就用大螯与之"格斗"。河蟹还有重复交配的习性，甚至怀卵蟹也不例外。在淡水中偶尔也能捕到正在交配的个体。水体中含盐量只要在 0.17‰以上，性成熟的亲蟹就能频繁交配，这说明河蟹交配对盐度的要求并不苛刻，盐度的下限是极低的。

②产卵：

A.产卵过程：雌蟹交配后，一般在水温 9~12℃，海水盐度 0.8‰~3.3‰时，经7~16h 产卵。产卵时，雌蟹往往用步足爪尖着地，抬高头胸部，腹部有节奏地一开一闭，体内成熟的卵球经输卵管与纳精囊输出的精液汇合，完成受精，然后从雌孔产出受精卵。产出的受精卵开始绝大部分黏附在附肢内肢的刚毛上，故称这种腹部携卵的雌蟹为怀（抱）卵蟹或抱仔蟹。人工畜养越冬的亲蟹，所获怀卵蟹孵出幼体后，不经交配，可继续第二次、第三次产卵，这在人工蟹苗繁殖中有着重要的价值。

蟹卵如何附着到腹部刚毛上去，这是次级卵膜所作的贡献。原来蟹卵在接近排卵前，由于卵巢液的分泌，使原先卵原膜外涂上了第二层卵膜。它们经生殖孔排出体外时蟹卵带有黏性，容易附着于雌蟹腹脐 4 对附肢刚毛上。同时，在卵子和刚毛的接触点上，由于卵球的重力作用，导致蟹卵产生卵柄。卵柄无极性，产生的部位是随机的，并非一定在刚毛顶端，或在卵球动物极上。卵柄的宽度由细线状直至宽带状，有的卵柄甚至还缠绕刚毛一圈后再悬拉在刚毛上。最宽的卵柄宽度可达卵球的 1/3。

河蟹卵黏附于刚毛上的情形如图 5-10-34 所示。

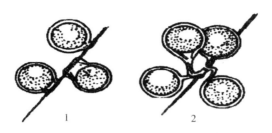

图 5-10-34　卵黏附于刚毛上的情形
1. 刚黏附时的状况　2. 卵外膜拉长成卵柄

B.怀卵量：雌蟹的怀卵量与体重成正比。体重 100~200g 的雌蟹，怀卵量达 30 万~50 万粒，甚至可达 80 万~100 万粒。第二次产卵量仅 10 万粒左右，第三次产卵量仅数千粒。

C.影响产卵的环境因素。

温度：水温低于 5℃，河蟹难以交配；水温高于 8℃，凡达到性成熟的雌雄河蟹，只要一同进入盐度为 0.8‰~3.3‰的海水中即能顺利交配。

盐度：盐度在 0.8‰~3.3‰之间，雌蟹均能顺利交配产卵；低于 0.6‰，则怀卵率和怀卵量均下降，且受精卵易死亡，在淡水中虽能交配，但不能产卵。

其他：如水质恶化，强水流冲击，密度过大等均对雌蟹产卵有不利影响。

（4）河蟹的胚胎发育。河蟹交配产卵，奠定了生命发育的原基。胚胎发育始于卵裂，卵裂首先在动物极出现隘痕，不久即分裂为 2 个大小不等的分裂球。由于分裂是不等分裂，二分裂球后相继呈 3 细胞、4 细胞、6 细胞和 8 细胞期，发育至 64 细胞期后，分裂球的大小已不易区分，胚胎进入多细胞期、囊胚期和原肠期等发育阶段。

胚胎在卵裂前，需排出废物，卵的直径较受精时略有缩小。当胚胎进入 128 细胞期后，胚胎出现一次明显的扩大，原先卵膜和分裂球间的空隙为扩大的胚胎所充满。当胚胎发育至原肠期，可见胚内的原生质流动，在一侧出现新月形的透明部分，从而与黄色的卵巢块区别开来，此时卵黄块占整个胚胎的绝大部分，并伴随着原肠腔的出现，胚体进入中轴器官形成期。在此阶段中，各个器官的形成过程是连续的，通常一个器官的形成尚未完成，随即而来的是另一个器官的出现。在原肠期以后，白色透明区逐渐扩大，经切片观察，头胸部、腹肢及其他的附肢已有雏形，以后这一部分就向原蚤状幼体期发育。此时卵黄呈团块状，占整个胚胎的 3/4~4/5，胚胎无其他色素出现。稍后，进入眼点期。在胚体头胸部前下方的两侧出现橘红的眼点，呈扁条形，但复眼及视网膜色素均未形成，此时其他部分无色素，卵黄占 2/3~1/2。而后，眼点部分色素加深，眼直径扩大，边缘出现星芒状突起，复眼相继形成，卵黄囊的背方开始出现心脏原基，不久心脏开始跳动，此时卵黄呈蝴蝶状一块，胚体进入心跳期。心跳期里，心跳频率逐渐加快，卵黄块缩小；同时，胚体的头脑部的额、背、两侧及口区相继出现色素，此时即着生额刺、侧刺及组成口器甲壳质的原基；胚体头胸部、腹部、体节、附肢、复眼及眼基也业已成形。继续发育，心跳达170~200 次/min。

胚胎发育完全，借尾部的摆动破膜而出。幼体出膜时间多在清晨，此时母体有力扇动脐部，出膜的第一期蚤状幼体随水流离开母体，可独立生活。刚出膜时，幼体各刺尚是瘪的，贴伏在头胸甲上，但很快由体液充满而挺起。若在原蚤状幼体期提前出膜，背刺不能全部挺直，颚足末端没有刚毛，往往拖着不易分离的部分卵膜，不久便会死亡。

河蟹胚胎发育的速度与水温密切相关。在适温范围内，温度越高，发育速度越快。当水温在 10~18℃时，受精卵发育需 30~50d 完成，水温在 20~23℃时，需20~22d，水温在 23~25℃时，幼体孵化出膜只需 18~20d，水温高于 28℃，容易造成胚体死亡；如果水温较低，则要延长幼体出膜时间，10℃以下时，幼体则长期维持在原肠期阶段，此阶段可延长到 5 个多月；当水温低于 8℃时，胚胎发育很慢，呈滞育状态；水温 4℃以下时停止发育。在江河口等水域的自然条件下，母蟹产卵如果水温尚低，往往在原肠前期呈滞育状态，以等待适宜温度的到来。因此，在自然环境中，雌蟹抱卵可长达 3~4 个月。

海水盐度的突变对河蟹胚胎的发育也有显著影响，尤其是新月期前，对盐度骤降比较敏感；但新月期后的胚胎对盐度变化的适应能力则很强。从对盐度的适应性来说，整个胚胎发育期中，新月期是个转折点。

（5）河蟹幼体的生长发育及其特征。河蟹幼体是通过几次显著的变态而发育长大的。幼体个体的增长和形态上的变化，都发生在每次蜕皮之后，因此，蜕皮是发育变态的一个标志。这个幼体期分为蚤状幼体、大眼幼体和幼蟹期 3 个阶段。蚤状幼体分 5 期，经 5 次蜕皮变态为大眼幼体（即蟹苗）；大眼幼体经 1 次蜕皮变成幼蟹；幼蟹再经许多次蜕壳才逐渐长成成体。

① 形态结构：蚤状幼体。蚤状幼体状似水蚤，故而得名。体分头脑部和腹部。头胸部为一圆球状头胸甲所包裹，占身体的大部，前端长有相反方向的两根长刺，和触角同向的称额刺，另一较长的称前刺。头胸甲两侧各有一根侧刺。头胸甲后缘长有锯状细刺，甲表面有细纹，额刺根部两侧有一对复眼，系由数百个六角形晶状

体的单眼组成，复眼中心为色素较深的视网膜部分。口位于头胸腹面，前后排列着触角、颚足、大颚、小颚等附肢。头胸部之后即腹部，腹部细长分节，最后分叉称尾节。腹部体节背面正方形，后侧角呈尖刺状突起，有的节两侧各具一侧刺。每一节后缘都覆盖后一节的前缘，节间有柔软的皮膜连接，和虾体相似，腹部可屈伸摆动。腹部附肢的发育是随蚤状幼体的发育而变化的。尾叉坚挺，各为2节，内面生长数根刚毛，末节内缘具短毛，作栉状排列。肛门开口于尾节和前节交接处腹面正中。蚤状幼体甲壳系几丁质，少钙质沉淀，富弹性，常有黑或红的色素斑块形成体色。

蚤状幼体生长，需蜕去外皮壳，每蜕皮1次，体积增大，形态发生一细微而规则的变化。蚤状幼体需蜕皮5次，故根据蜕皮龄期分成Ⅰ期至Ⅴ期蚤状幼体。各期蚤状幼体形态特征分述如下。

Ⅰ期：蚤状幼体全长1.6~1.79mm；头胸甲长0.7~0.76mm；腹部长1.1~1.18mm；眼径（0.14~0.16）mm×（0.2~0.22）mm；头胸甲后缘具10~12根细刺。尾叉内侧有刚毛3对。头胸部附肢7对，前后次序为第一触角、第二触角、大颚、第一小颚、第二小颚、第一颚足和第二颚足。

第一触角呈一短圆锥状，末端具根鞭状感觉毛。第二触角双肢型，均属基肢部分。外肢剑状，上有两行细刺，每行约有8个钩状刺。内肢细而短，由外肢中段伸出，中部有2刺形成三叉状。大颚由角质化的2个切齿和1个臼齿组成咀嚼器，其中心即为口，切齿左右2个，具5小齿，侧面有3个齿。基部有一韧带状组织，此韧带可牵动大颚使切齿和臼齿磨合，起着切割和咀嚼食物的功能。第一小颚扁平，分内肢、基节及底节等3叶，外肢未见，各叶末端具数根至十余根刚毛，刚毛具滤取水中细小有机体形成食饵团的作用。第二小颚扁平，由外向内，分外肢、内肢、基节及底节等共4叶。各叶末端及侧面各有刚毛数根至数十根，小颚各叶末端刚毛数随蚤状幼体的发育而增加。第一颚足双肢型，长0.5~0.54mm，外侧缘具7~8根刚毛。外肢自基节外侧起共2节，第二节长度超过第一节，此2节长度分别为0.07~0.08mm和0.12~0.13mm。外肢第一节无刚毛，第二节末端具4根羽状刚毛，此刚毛数为分辨蚤状幼体蜕皮龄期的主要依据。内肢自基节内侧分出共5节。总长度超过外肢，为0.27~0.30mm。第二颚足长0.49~0.52mm；外肢自基节内侧分出共2节，长度分别为0.10~0.12mm和0.15~0.16mm。外肢第一节无刚毛，第二节末端具4根羽状刚毛；内肢3节，总长度仅达外肢第二节基部，为0.09~0.10mm。

Ⅱ期：蚤状幼体体长1.72~1.85mm，头胸甲长0.90~0.98mm；腹部长1.33~1.40mm；头胸甲后缘小刺10~12个。内侧缘刚毛2~4根。眼具眼柄，可转动。腹部7节，腹部2~6节具游泳足芽突，尾叉内侧刚毛3对。

第一触角圆锥状，末端生5根刚毛。第二触角无变化，在内外肢间有一手指状芽突，以后即发育成肢的节鞭。大颚切齿具6个小齿。难味仁蕃鲒肢2节，第一节无刚毛，第二节具刚毛5根。基节粗大，末端生粗而短的羽状刚毛8根，底末端羽状刚毛9根，基节外缘具弯曲的长刚毛1根。第二小颚，颚舟叶具9根刚毛；内叶具刚毛4根；基节具刚毛10~11根，底节具短小刚毛8~9根。第一颚足基节内侧具刚毛11根；外肢2节，末端具羽状刚毛6根；内肢5节，其总长度超过外肢。第二颚足基节内侧缘具刚毛4根；外肢2节，第一节长于第二节，末端具羽状刚毛6根；内肢3节，以末节最长。

Ⅲ期：蚤状幼体体长2.31~2.47mm；头胸甲长1.02~1.08mm；腹部长1.48~1.57mm；头胸甲后缘具锯状细刺十余个，细长刚毛15~16根。腹部7节，2~5节每节长度相当，宽略大于长，1节、6两节较小，尾节最小，宽约0.42~0.45mm，尾叉内侧刚毛4对。第一触角无变化，第二触角由基肢分出3支，剑状外肢长，具几行细刺，中间一支粗短，内肢细小，大颚切齿具9个小齿。第一小颚内肢2节，第一节生1根刚毛，第二节生5根刚毛，基节不分叉，上具刚毛9根，底节刚毛7~8根，基节外侧面生弯而细的刚毛1根。第二小颚的颚舟叶有刚毛16~17根，其中侧缘9根，后端指状突起处7~8根；内肢刚毛4根；基节粗大，末端生粗短羽状刚毛13根；底节具刚毛8~10根。第一颚足基节内侧缘具刚毛9~10根；外肢二节自基节外侧伸出，第一节无刚毛，第二节末端具羽状刚毛8根。第二颚足基节内侧缘具刚毛5根。外肢2节，第一节无刚毛，第二节末端有羽状刚毛8根；内肢3节。第二颚足后出现第三颚足和步足的芽状突，腹肢也出现芽状突。

Ⅳ期：蚤状幼体体长3.32~3.40mm；头胸甲长1.40~1.47mm；额刺1mm左右，长度超过背刺。头胸甲后缘具刚毛12根；锯状细刺10~12根。腹部7节，总长2.31~2.56mm。尾叉内侧刚毛4对。

第一触角基部出现一芽状突，即为以后的平衡囊，末端有刚毛5根。第二触角内肢延长呈叶状，与外肢几乎等长。第一小颚扁平，内肢2节，第一节具1根刚毛，第二节具5根刚毛，基节具刚毛13根，底节末端有刚毛9根，基节外侧面有刚毛1根。第二小颚颚舟侧缘及后端着生刚毛26~27根，内叶末端有刚毛4根，基节末端有刚毛16根，底节末端有刚毛11~13根。第一颚足内侧生刚毛11根，外肢2节，第一节无刚毛，第二节末端有羽状刚毛10根，外肢5节。第二颚足基节内端有羽状刚毛10根；内肢3节。第三颚足和步足为短棒状。腹部游泳足也似棒状突起。

Ⅴ期：蚤状幼体体长4.1~4.5mm；头胸甲长1.58~1.7mm。头胸甲后缘有一行较小的锯状刺，具刚毛16根。腹部7节，总长3.4~3.5mm。尾叉内侧有刚毛5对。

第一触角末端有刚毛4根，亚末端也生4根刚毛；基部平稳囊芽突更明显；基部3/4处具一内肢芽突。第二触角分2节，第二节基部分出3节，其中剑状外肢具几行小刺；内肢也分成2节，节间生一刚毛；内外肢之间有拇指状1叶，较四期发达。第一小颚分3叶，内肢2节，第一节较短小，生刚毛1根，第二节末端具刚毛5根；基节粗大，末端刚毛14~15根；底节较小，末端有刚毛9~10根；基节外侧刚毛1根。第二小颚仍分4叶，颚舟叶侧缘及后端着生刚毛37~43根；内肢2节，第一节较小，第二节末端刚毛4根；基节末端刚毛18~19根；底节末端刚毛14~17根。第一颚足基节内侧缘刚毛12根；外肢2节，第一节无刚毛，第二节末端羽状刚毛12根；内肢5节。第二颚足基节侧缘有刚毛3根，外肢2节，第一节无刚毛，第三节末端有羽状刚毛12根，内肢3节。第三颚足已成双肢型，外肢2节，内肢5节，基肢后方具上叶。后胸足5对，已能区别出各节，但甲壳尚未形成；其中，第一对为螯肢，成钳状，钳指内缘具齿突，有坐、长、腕、掌、指5节，基节也较明显；其他4对步足，基节未形成，但5节可区分。第五对步足较黏，指节末端具3根不等长的刚毛。腹肢5对，为游泳足，前4对呈双肢型，自2~6节腹节的2/3处伸出，外肢无刚毛，内肢的内末角也无小钩；后一对为单肢，缺内肢。

② 大眼幼体：V期蚤状幼体蜕皮后变态为大眼幼体。大眼幼体I期，是指从事浮游生活的，只能在咸水环境中存活的蚤状幼体，发育至营底栖生活，适宜于淡水环境的幼蟹阶段的中间过渡期。大眼幼体期在自然条件下将自行索饵洄游，从半咸水水域向淡水水域迁移，这一点对以后的生长发育极为重要。大眼幼体的步足和口器化时发育已趋完善，腹部游泳足也较发达。所以大眼幼体既能在潮汐推动下随波逐流，又能逆流游泳进入淡水水域，并且具有很强的攀附和爬行能力，可以攀附爬行于岸边浅滩和水生植物的茎叶上，而不致被水流再次带入半咸水区。达到4日龄以上的大眼幼体已具备调节体液渗透压的生理功能，故既能在半咸水环境中生活，又能适应淡水环境。大眼幼体的形态也是介于蚤状幼体和幼蟹之间的（图5-10-35）。

大眼幼体体长4~5mm；头胸甲平扁，长2.2~2.3mm，宽1.5~1.6mm。原有属浮游生物特征的背刺、侧刺、尾叉均已消失。复眼生于伸长的眼柄末端，显露于头胸甲前之两端，由于眼大而明显，故名大眼幼体。额刺部弯成一缺刻，两侧成双角状

图5-10-35　大眼幼体

突起，腹部 7 节，第五节后缘两角成尖刺，尾节无尾叉，两侧各有 3 根短毛，后缘中部有 4 根羽状刚毛。第一触角内肢内侧有 1 根刚毛，外肢分为 4 节，后 3 节内侧均有 4 根刚毛，2 节、4 节外侧各有刚毛 1 根。第二触角分 11 节，呈鞭状，末端具 12~13 根刚毛，有感觉功能。第一小颚底节、基节各具约 20 根短粗刚毛；内肢顶端爪状，内侧有 2~3 根长刚毛。第二小颚底节、基节叶甚大，有 12 根刚毛，末叶狭长，具 5 根刚毛；内肢不分节，外侧有 3 根刚毛；颚舟片边缘布满刚毛；第一颚足基节的基叶具 9 根刚毛，末叶具 11 根刚毛；内肢不分节，末端具 2 根刚毛，内末角有一个突起及 1 根刚毛；外肢分 3 节，末节顶端具 5 根刚毛，第一节末外角位有 2 根刚毛；上肢呈三角状，边缘具 13 根细毛。第二颚足内肢 4 节，刚毛簇生于后 2 节；外肢 3 节，末节具 5 根刚毛；上肢细长，外侧和末端约有 10 根细软毛；第三颚足内肢 5 节，均有较多刚毛；外肢 3 节，第一节内侧有刚毛 3 根，末端有刚毛 5 根。上肢发达，长有很多刚毛和细软毛。胸足 5 对，均有 7 节。第一对钳形，为螯足，两指节内侧均生锯齿状突起。第二、第三、第四胸足的指节腹缘各具 3 根、4 根、4 根刺。第五胸足末端具 3 根不等长的细长毛，尖端弯曲呈钩状，内侧具细锯齿，腹缘排列成梳状刚毛，适于钩攀之用。腹肢 5 对，前 4 对由前向后变短，每节有较多的长羽状刚毛，作为游泳之用，也称浆状肢，羽状刚毛数依次为 26 根、23 根、22 根、21 根，均为双肢型，内肢角上具 2~3 个小钩。第五对腹肢之原肢外侧具 2~3 根刚毛，外肢具 14~16 根羽状刚毛，这些刚毛最长。

③幼蟹。大眼幼体 1 次蜕皮为第 I 期幼蟹。幼蟹呈椭圆形，背甲长 2.9mm，宽 2.6mm 左右，额缘呈两个半圆形突起，腹部折贴在头胸部下面，成为俗称的蟹脐。腹肢在雌雄个体已有分化，雌性共 4 对，雄性特化为 2 对交接器。5 对胸足已具备成蟹时的形态。幼蟹用步足爬行和游泳，开始掘洞穴居。

第 I 期幼蟹经 5 d 左右开始第一次蜕壳，此后，随着个体不断增大，幼蟹蜕壳间隔的时间也逐渐拉长，体形逐渐成近方形，宽略大于长，额缘逐渐演变出 4 个额齿而长成大蟹时的外形。幼蟹生长直接与水温、饵料等生态环境因素有关。条件适宜，饵料丰富，生长就快，蜕壳频度就高，反之则慢。

5. 生活习性

（1）蚤状幼体。河蟹一生要经过半咸水（或海水）、淡水两种不同的水环境。半咸水或海水是河蟹交配、抱卵、胚胎孵化和蚤状幼体生活的必要条件，蚤状幼体若进入淡水就会立即麻痹死亡。

蚤状幼体的运动方式有两种，其一是附肢的划动，特别是 2 对较大的颚足的划动，使蚤状幼体具很弱的游泳能力；其二是腹部的屈伸，造成弹跳式的运动。两种运动的定向能力较弱，所以蚤状幼体基本属浮游性生活，后期蚤状幼体还有较强的溯水能力，表明蚤状幼体具有一定的游泳能力。然而，这两种运动方式更重要的意义还在于摄取食物。Ⅰ期、Ⅱ期蚤状幼体多在水表层活动；Ⅲ期、Ⅳ期逐渐转向底层，最后常仰卧底部作倒退游动。Ⅴ期游泳能力较强，经常溯水而上。

蚤状幼体的摄食有滤食和捕食两种方式。滤食主要由于 2 对颚足的不断划动，形成于腹中线由后向前的一般水流，水流夹带着藻类和有机颗粒流经 2 对小颚，在小颚的众多刚毛的滤取下形成食物团，食物团被送入大颚片"咀嚼"后送入口中。有时较大的饵料流经小颚片，便可被抱住而送入大颚。捕食还可靠尾叉的前后摆动来实现，尾叉似一把漏勺不停捞取水中较大的饵料，如轮虫、卤虫无节幼体等很易被其尾叉部带至颚足和大颚处，就被大颚"咬住"而逐渐吃掉。尾叉还时时压住大颚部位，起到将捕获物逐渐压入口中的作用。蚤状幼体食量很大，消化也快，可以清晰地看到食物团在肠道内的运动情况。平时肛门口拖着粪便。

蚤状幼体期尚未发育鳃组织，呼吸作用主要在无甲裸露的附肢进行。颚足的不断颤动，也有满足呼吸的生理活动的意义。蚤状幼体因此需要在溶解氧高的环境中生活。当水中化学耗氧量和生物耗氧量都很高时，水中弥散的有机质时时吸收着水中溶解氧，会使蚤状幼体有效的呼吸作用降低。当环境溶解氧水平还在其窒息点以上时即可能造成缺氧死亡，特别当底部沉积大量有机物时也易造成蚤状幼体的夭折。

蚤状幼体对光照度比较敏感，强光照射时为负向光性，弱光照时却是正向光性。所以在早晚光照较弱时蚤状幼体都在水表活动。这种向光性和其饵料生物的习性相关，也是对食物关系的一种适应性。

（2）大眼幼体。大眼幼体因其一对较大的复眼着生于长长的眼柄末端，显露于眼窝之外而得名。大眼幼体较蚤状幼体在内部器官和外部形态上都发生了很大的变化，使其生活习性也发生大的变化。

大眼幼体具发达的游泳肢，所以游泳速度很快。由于平衡囊的发育，能平衡身体采用直线的定向游动。大眼幼体较蚤状幼体有发达的大螯和步足，故兼有很强的攀、爬能力，不仅可以在水底爬行，还可攀附于水草茎叶上，最后一对步足末端的钩状刚毛，常可用于钩挂于水草和岸边滩砂等处，而不致被水流冲走。

大眼幼体已具有鳃和鳃腔，可以短时离水生活，故常附于水草上、池壁上，不致像蚤状幼体离水后即死亡。因此，运输蟹苗多采取干法运输。大眼幼体较蚤状幼体已具备更强的调节体内渗透压的能力，适应于淡水生活，故表现出明显的趋淡水性。河口水域成群的大眼幼体随海潮而朝淡水进入江河，形成蟹苗汛，如长江口、瓯江口和双台子河口都有一年一度的蟹苗汛。

大眼幼体形态是介于 A 蚤状幼体和蟹形之间的过渡阶段，其后的幼蟹阶段适宜于淡水浅滩环境生活，故大眼幼体表现出向浅水区活动的习性，自然条件下往往群集于江河、湖泊的岸边浅水区。

大眼幼体食性较 A 蚤状幼体更广。它不仅可以滤食水中细小的浮游生物，也可捕食较大的浮游动物，如淡水枝角类、挠足类。强大捕后器——螯足，在游泳或静止时足可轻易地捕捉大于自身体积数倍的卤虫和其他食物。大眼幼体和 A 蚤状体一样都有捕食同类较黏或较弱个性的习性，因而大眼幼体凶猛、敏捷、捕食能力强，更易捕捉到 A 蚤状幼体或较弱的大眼幼体为食。如何防止大眼幼体捕食同类，是提高育苗成活率应重视的技术措施。大眼幼体属杂食性，除喜食动物性饵料外，也能取食水草、商品饵料等。

大眼幼体较 A 蚤状幼体有更强的向光性，除直射光外，都喜在水表面活动。晚上，可以用灯光引诱使其密集。当大眼幼体发育成仔蟹，便不表现这种向光性了，所以要在大眼幼体期利用其向光性从育苗池中收获，因为到仔蟹期就难以集群收获了。

（3）幼蟹。大眼幼体蜕皮后变成第 I 期幼蟹，以后每隔 5d 蜕 1 次壳，经 5~6 次蜕壳后即长成大蟹时的形状。

幼蟹的生长速度与水温、饵料等有关。水域条件适宜，饵料丰富，生长就快，蜕壳的频度就大，每次蜕壳，体形增加幅度较大，反之，蜕壳慢，体形增加幅度小。水质清晰，阳光透底，水草茂盛的浅水湖泊，是河蟹生长的良好环境。

幼蟹为杂食性，主要以水生植物及其碎屑为食，也能采食水生动物尸体和多种水生动物如无节幼体、枝角类和蠕虫等。

（4）仔蟹。仔蟹是大眼幼体经 1 次蜕皮变成外形接近成蟹的 1 期仔蟹；经 3 次蜕壳而成的仔蟹称为 III 期仔蟹；经过 5 次蜕壳即成为 V 期仔蟹；应底栖生活，规格一般为 5 000~6 000 只 /kg。扣蟹是由仔蟹经过 120~150d 饲养，培育成 100~200 只 /kg 左右的性腺未成熟的幼蟹。

① 仔蟹的培育池条件与设施：培育池必须建在靠近水源、水量充沛、水质清新、无污染、进排水方便、黏壤土土质区域的土池为好，独立塘口或在大塘中隔建均可，培育池要除去淤泥，在排水口处挖一集蟹槽大小为 $2m^2$，深为 80cm，塘埂坡比 1：（2~3），塘埂四周用 60cm 高的钙塑板等做防逃设施，并以木、竹桩等做防逃设施的支撑物。池的形状以东西向长、南北向短的长方形为宜，面积以 600~2 000m^2 为最佳，池水深一般以 0.8~1.2m 为正常水位，水质要求应符合 GB11607 和 NY5051 的规定。

② 放苗前准备：

A. 清塘消毒：4月上旬灌足水用密网拉网，地垄捕，捕灭敌害生物；1周后排干池水，4月下旬起加注新水，用生石灰消毒，用量为 $0.2kg/m^2$。

B. 设置水草：蟹苗下塘前用丝网沿塘边处拦圈，投放水草，拦放面至少要为培育池面积的 1/3，为蟹苗蜕壳栖息提供附着物。

C. 增养设施：配 0.75KW 的充氧泵 1 台，泵上分装两条白色塑料通气管于塘内。通气管上扎有均匀的通气孔，安装时离池底约 10cm。

D. 施肥培水：放苗前 7~15d 加注新水 10cm 养殖老池塘，塘底较肥，每 $667m^2$ 施过磷酸钙 2~2.5kg 和水全池泼洒，新开挖塘口，或按每 $667m^2$ 施用腐熟发酵后的有机肥（牛粪、猪粪、鸡粪）150~250kg。

E. 加注新水：放苗前加注经过滤的新水，使培育池水深达 20~30cm，新水占 50%~70%，加水后调节水色至黄褐色或黄绿色，放苗时水位加至 60~80cm，透明度为 50cm。使蟹苗下塘时以藻类为主，同时兼生轮虫、小型枝角类，如有条件放苗前进行 1 次水质化验，测定水中氨态氮（NH_3–N），硝酸态氮（NO_2–N），pH 值，如果超标，应立即将老水抽样，换注新水。

③蟹苗投放：

A. 选购蟹苗标准：日龄 6d 以上，淡化 4d 以上，盐度 3‰以下，体质健壮，手握有硬壳感，活力很强，呈金黄色，个体大小均匀，规格 18×10^4 只 /kg 左右。

B. 蟹苗运输：蟹苗装箱前应在箱底铺一层纱布、毛巾或水草，既保持湿润，又防止局部积水和苗层厚度不同。蟹苗称重后，用手轻轻均匀撒在箱中。运苗过程中，防止风吹、日晒、雨淋和防止温度过高或干燥缺水，也要防止撒水过多，造成局部缺氧。

C. 蟹苗放养：放养密度 1 000 只 /m²，放养时先将蟹苗箱放置池塘埂上，淋洒池塘水，然后将箱放入塘内，倾斜地让蟹苗慢慢地自动散开游走，切忌一倒了之。

④培育管理：

A. 饲料投喂：蟹苗下池后前 3d 以池中的浮游生物为饵料，若池中天然饵料不足可捞取浮游生物或增补人工饲料，直至第 1 次蜕壳结束变为 I 期仔蟹，I 期仔蟹后改喂新鲜的鱼糜加猪血、豆腐渣，日投饵量约为蟹体重的 100%，每天分 6 次投喂，直至出现 Ⅲ 期仔蟹为止。Ⅲ 期后，日投喂量为蟹体重的 50% 左右，1d 分 3 次投喂，至脱变为五期。此后投喂量减少至蟹体重的 20% 以上，同时搭喂浮萍，至投苗后 4 周止。投饵方法为全池均匀泼洒。

B. 水质调控：蟹苗下塘时保持水位 60~80cm，前 3d 不加水，不换水。I 期仔蟹后，逐步加注经过过滤的新水，水深达 100cm 以后开始换水，先排后进，一般日换水量为培育池水量的 1/4 或 1/3，每隔 5d 向培育池中泼洒石灰水上清液。调节池水 pH 值为 7.5~8.0。

C. 充气增氧：蟹苗下塘至第 1 次蜕壳变一期仔蟹期间大气量连续增氧；蜕壳变态后间隔性小气量增氧，确保溶解氧在 5mg/L 以上。

D. 仔蟹分塘：经 4 周培育变成 Ⅴ 期仔蟹后，即可分塘转入扣蟹培育阶段。仔蟹的捕捞以冲水诱集捞取为主，起捕的仔蟹经过筛选、分规格、分级、分塘放养。

⑤ 1 龄扣蟹培育：

A. 育种池条件与设施：水源必须充沛、水质清新、无污染、进排水方便。池塘、稻田为宜。塘埂坡比 1∶（2~3），防逃设施可用钙塑板、石棉板、玻璃钢、白铁皮、尼龙薄膜等材料，防逃墙高 60cm 以上。形状以东西向长，南北向短的长方形为宜。面积以 6 000m² 以下，1 500~3 000m² 为宜。水深：2m 以下，以 1.0~1.5m 为宜。水质应符合 GB11607 和 NY5051 的规定。底质、质泥以黏壤土为宜。

B. 放仔蟹前的准备：首先清塘消毒，老龄池塘应清淤泥晒塘。放仔蟹 15d 进行清池消毒，用生石灰溶水后全池泼洒，生石灰用量为 0.2kg/m²。其次移植水草应在 2—4 月种植水草，栽种水草，种类有：衣绿藻、叶轮黑藻、金鱼藻、苦草、睡莲草和黄丝藻等。

C. 仔蟹放养：仔蟹质量、大小、规格均匀、附肢齐全、无病害、严禁掺杂软壳仔蟹，沿海外购仔蟹，要求无病无伤，体质要健壮。放养密度：Ⅲ 期仔蟹 40~60 只 /m²；Ⅴ 期仔蟹 30~40 只 /m²。放养时间：5 月底至 6 月中旬、下旬。放养方法：沿池四周均匀摊开使仔蟹自行爬走。

D. 饲料投喂：饲料的种类，天然饲料（浮萍、水花生、苦草、野杂鱼、螺蛳和蚬等）。人工饲料：（豆浆、豆渣、豆饼和小麦等）和全价配合饲料。饲料质量应符合 GB13078 和 NY5072 的规定。投喂量：日投喂量为池内蟹体重量的 5% 以内。投喂时间 7 月上旬前早晚各 1 次；7 月中旬至 8 月底隔天投 1 次，傍晚时投最佳；9 月上旬至 11 月上旬每天投 1 次，傍晚时投较好。投饵方法：7 月前至 9 月后，投喂以动物性饵料占 70% 以上；7—9 月期间投饵以动物性饵料占 90% 以上，所投饵料以麦麸制成颗粒状均匀散在池塘的四周浅水草。

E. 水质调控：注水与换水是调控水质关键措施，仔蟹下塘后每周加注新水 1 次，每次 10cm；7 月后保持水深 1.5m 左右，7~10d 换水 1 次，每次换水水深 20~50cm。调节 pH 值可用生石灰，7 月后泼洒生石灰 1 次量，为每次生石灰用量为 10~15g/m²。

F. 扣蟹起捕：可采用地笼张捕，灯光诱捕，水草带上推网推捕、干塘捉捕、挖洞捉捕等多种方法，以求尽量捕尽存塘扣蟹，捕获时必须注意不要伤害扣蟹，造成扣蟹养殖成蟹的成活率。

6. 营养成分

河蟹营养成分分析结果如表5-10-19所示。

表5-10-19 营养素名称和含量（每100g）

名称	单位	名称	单位	名称	单位
热量	103（kcal）	硫胺素	0.06（mg）	钙	126（mg）
蛋白质	17.5（g）	核黄素	0.28（mg）	镁	23（mg）
脂肪	2.6（g）	烟酸	1.7（mg）	铁	2.9（mg）
碳水化合物	2.3（g）	维生素C	0（mg）	锰	0.42（mg）
膳食纤维	0（μg）	维生素E	6.09（mg）	锌	3.68（mg）
维生素A	389（μg）	胆固醇	267（mg）	铜	2.97（mg）
胡萝卜素	1.8（μg）	钾	181（mg）	磷	182（mg）
视黄醇	75.8（μg）	钠	193.5（mg）	硒	56.72（μg）

7. 营养价值

（1）富含蛋白质。具有维持钾钠平衡、消除水肿、提高免疫力的功效，有利于生长发育。

（2）富含钙。钙是骨骼发育的基本原料，直接影响身高；调节酶的活性；参与神经、肌肉的活动和神经递质的释放；调节激素的分泌；调节心律、降低心血管的通透性；控制炎症和水肿；维持酸碱平衡等。

（3）富含铜。铜是人体健康不可缺少的微量营养素，对于血液、中枢神经和免疫系统，头发、皮肤和骨骼组织以及脑子和肝、心等内脏的发育和功能有重要影响。

8. 适宜人群

一般人群均可食用，适宜健康体质，平和体质，湿热体质，阴虚体质。适宜跌打损伤、筋断骨碎、瘀血肿痛、产妇胎盘残留、孕妇临产阵缩无力、胎儿迟迟不下、关节炎、疟疾、外科疾病者食用，尤以蟹爪为好。

9. 经济意义

河蟹是含有高蛋白、低胆固醇的水产品，每100g河蟹肉中含蛋白质14g、水份71g、脂肪5.9g、碳水化合物7g、维生素A389μg。优质河蟹营养丰富，食用河蟹是人们生活质量提高的一种标志，水产食品的质量安全更是人们生活质量提高的一种需求。对提高人民生活质量有着极其重要的意义。

经济的发展，人们生活质量提高，食物结构在发生变化，由原来对畜禽动物蛋白的需求逐步转变为对鱼类动物蛋白的需求。近年来，苏州市、杭州市、上海市、北京市等大中城市消费者对优质河蟹的购买力在增强，优质河蟹在国内大市场有较强的市场竞争能力。我国加入 WTO 后，融入国际消费市场，养殖的河蟹质量符合国家绿色食品标准，国际通行农产品质量安全标准。符合市场经济发展的规律，养殖的优质河蟹具有广阔的市场需求量。

2013 年，公司养殖的大规格优质河蟹，规格：雄蟹个体重量 200g 以上，出口到我国香港和新加坡的价格分别是国内价格的 3~5 倍。市场需求攀升，经济效益提升，显示了养殖河蟹与质量安全对提高经济效益高有着重要意义。

河蟹养殖业可持续发展具有十分重要的意义。2012 年，据江苏省海洋与渔业局有关统计，全省河蟹养殖面积已达 26.5 万 hm^2，是江苏省特种水产养殖主要重点产业，也是本省农民增收的支柱产业。河蟹养殖业实现了科学合理利用水生资源，资源循环利用的最佳效果；养殖水体排放达到了太湖流域排放标准，保护了水域的生态环境；产品质量符合国家绿色食品标准，国际通行农产品质量安全标准；实现了食品安全与生态保护的"双赢"，必将成为我国渔业增效、农民增收一项较为重要的渔业产业，将为农村全面建设小康社会奠定良好物质基础和经济基础发挥积极促进的重要作用。

第十一章　湖泊、水库、河流、池塘生态养殖

第一节　湖泊生态养殖河蟹

湖泊网围生态养殖河蟹，指的是天然生态水域，养殖环境优良，适应于蟹类正常生长、发育的空间环境既大又优，养殖的河蟹个体大，质量好，经济效益高。但必须是遵循湖泊生态功能、采用河蟹养殖的关键技术，对生态环境适应河蟹正常生长、发育的空间环境科学规划，合理设计好湖泊网围生态养殖河蟹的面积，促使湖泊水域生态平衡，实现既要清山绿水，又要养殖绿色大规格优质河蟹，促进农民增收与增效。

一、网围的选址与建造

1. 网围的地址选择

水域选择和设施建造。要求湖底平坦，有微流水，沉水植物茂盛，底栖动物丰富，水质清新，水中溶解氧含量高，pH 值在 7.0 以上，正常水位在 80~150cm 的区域。

2. 网围型状与结构

网围型状：网围长方形为好，南北长 150m，东西宽 133.4m，网围面积以 $1.33~2.00hm^2$ 为宜，网围面积一般不要超过 $3.33hm^2$。

（1）网围结构。采用双层网结构，外层为保护网，内层为养殖区，两层网间距为 5m，并在两层网中间设置"地笼网"，除可检查河蟹逃脱情况外还具有防逃作用。新网围第 1 年养殖河蟹可不设暂养区，但第 2 年开始放养苗种前必须经过暂养，以保证养殖河蟹的回捕率和规格。暂养区为单网结构，上设倒网，下端固定埋入湖底。

（2）内设网围苗种暂养区。暂养区约占网围面积的 30%。同时，要在暂养区以水生植物设置隐蔽处，以增加河蟹栖息、蜕壳的场所。

3. 网围的建造

（1）网片。分水下部分和水上部分（防逃网）。在制作时其高度和宽度都应比实际高度和宽增加 8%~12%，因为网片是聚乙烯网制作所成，经过使用有紧缩的现象。因此，网片柱到支架上后要松紧适度。在设计水下部分网片的高度时应以常年平均水深为基础，

水上部分的高度应以各地区洪水来临时的最高水位为标准，例如太湖流域的最高标准应以吴淞标准7m左右，但可用0.8~10m的活动网片，在汛期来临前做好准备。网片的长度以围栏的围长或总长度为依据，网片的规格为2m×3m或3m×3m，网片的材质为聚乙烯。水下部分内层网目大小可根据放养的蟹种规格来确定。

（2）网围防逃设施。内层网最上端内侧接一个"下"型倒挂网片或接宽为20~30cm的塑料薄膜用于防逃，两层网的最下端固定并埋入湖底。网围用竹桩在外侧固定，竹桩间距为1.5m左右，网围高度为2.5~3m。应以吴淞标准7m左右为好。汛期防止洪水湖水猛涨时发生河蟹逃跑事故，以免造成严重经济损失。

二、保护与营造网围区域生态环境

1. 网围内清野

采用物理方法彻底清除网围中心区的天敌和凶猛鱼类。具体可采用地笼、丝网等各种方法消灭网围中的野杂鱼类，避免发生与幼蟹争夺饵料和侵害蟹体的情况发生。

2. 移植水草

每个网围移植300kg本地 水生植物（金鱼藻、轮叶黑藻、伊乐藻），均被种植在网围内和双层网围夹间内。

3. 投放贝类

螺蛳、蚌、蚬等鲜活贝类具有强大滤水滤食功能，秋季水生植物代谢功能减弱时，当年9—11月分二次向养殖塘内移殖螺蛳、蚌、蚬等鲜活贝类，二次投放的总量为300kg/667m²，在养蟹池塘中投放一定密度的螺蛳、蚌、蚬有利于水体环境的改善。投放贝类时间：第一次投放螺蛳、蚌、蚬等鲜活贝类时间，9月中旬，投放螺蛳、蚌、蚬等鲜活贝类的量为150kg/667m²，主要是用于稳定的水生生态系统功能和增补河蟹食用鲜活动物蛋白饵料，9月中旬是河蟹育肥的关键期。第二次投放螺蛳、蚌、蚬等鲜活贝类时间为11月中旬，投放螺蛳、蚌、蚬等鲜活贝类的量每667m²为150kg，主要是用于翌年夏季5月使其在塘中自然繁殖幼螺，然后生长为成螺，作为长期稳定的水生生态系统功能，河蟹生长发育期内均能食用鲜活动物蛋白饵料（螺蛳蚌、蚬等鲜活贝）。

三、苗种选择与放养

1. 苗种选择

河蟹苗种选用异地长江水系遗转基因好、抗逆性强、个体大的河蟹亲本。亲蟹规格：母蟹个体125g以上，公蟹个体150g以上繁育、培育的苗种；选择时间：2月是选择扣蟹苗种最佳时期；扣蟹规格：130~160只/kg；选择培育扣蟹水系：选择长江水系培养的扣蟹。

2. 蟹种暂养

放养时间在2月中旬前后，放养应选择天气晴暖、水温较高时进行。放养时先将蟹种放在安全药液中浸泡约1min，取出放置5min后再放入水中浸泡2min，再取出放置10min，如此反复进行2~3次，待蟹种吸水后再放入暂养区中。暂养数量：应是网围总面积养殖的数量，以667m²放养500只计算，例如，网围总面积为2hm²，就需在暂养区中暂养15 000只扣蟹，待5下旬放养在2hm²网围面积内养殖成蟹。

3. 蟹种放养

网围中良好的水域环境和丰富的适口天然饵料是生态养殖河蟹成败的关键，在蟹种暂养阶段必须做好其余70%水面的水草及底栖动物的移植和培育工作，直到形成一定的群体规模。一般在5月中下旬至6月初才能将蟹种从暂养区放入网围中，一种方法是用地笼网将蟹种从暂养区捕起，经计数后放入网围中，在基本掌握暂养成活率后拆除暂养区；另一种方法是不经计数直接拆除暂养区，将暂养区并入网围，其优点是操作简便、速度快，缺点是对网围中的蟹种数量难以计数。优点是蟹种不受损伤，生长发育好，成活率高。

四、饲养与管理

1. 饲料投喂

（1）饲料种类。植物性饲料有浮萍、水花生、苦菜、轮叶黑藻、马来眼子菜等等，谷物类、大豆、小麦、玉米和豆饼等；动物性饲料有小鱼、小虾、蚕蛹和螺蚬等。也可在网围中投放怀卵的螺蛳，让其生长繁殖后作为河蟹中后期的动物性饲料。配合饲料是根据河蟹不同生长阶段的营养需求由人工配制而成的专用饲料，应提倡使用。

（2）投喂量。网围水域第1年仅少量投喂就可以满足河蟹的生长需求，从第2年开始则必须有充足的饲料才行。3月底至4月初，水温升高，河蟹开始全面摄食，4—10月是摄食旺季，特别是9月，河蟹摄食强度最大。一般上半年投喂全年总投喂量的35%~40%，7—11月投喂全年总量的60%~65%。投喂量根据河蟹的重量决定，前期投喂河蟹总重量的10%~15%，后期投喂5%~10%，并根据天气、水温、水质状况及摄食情况灵活掌握，合理调整。同时，网围中水草的数量是否保持稳定，也是判断饲料投喂量是否合理的重要指标。

（3）投喂方法。每天2次，投限量分别占1/3和2/3。黄豆、玉米和小麦要煮熟后再投喂。养殖前期，动物性饲料和植物性饲料并重，中期以植物性饲料为主，后期多投喂动物性饲料。

2. 疾病防治

网围养殖是在敞开式水域中进行，一般河蟹发病较难控制。所以，必须坚持预防为主的原则。应做到不从蟹病高发区购买蟹种，有条件的最好自己培育蟹种。蟹种放养前进行 3% 浓度盐水浸浴。每隔 15~30d 用浓度为 15mg/L 的生石灰对水泼洒。同时保证饲料安全质量，合理科学投喂，减少因残饵腐败变质对网围水体环境的不利影响。对网围内的水草进行科学利用，水草覆盖率要保持合理，维护网围水域的生态平衡。

3. 日常管理

坚持早晚巡逻。白天主要观测水温、水质变化情况，傍晚和夜间主要观察河蟹活动、摄食情况，及时调整管理措施。定期检查、维修、加固防逃设施，特别是在汛期要加强检查，发现问题及时解决。加强护理软壳蟹，在河蟹蜕壳高峰，要给予适口高质量的饲料、提供良好的隐蔽环境，谨防敌害的侵袭。在成蟹上市季节加强看管，防逃防盗。10 月后，河蟹逐步达到性成熟，可根据市场行情用地笼网诱捕，适时销售，还可以将成蟹在蟹箱中暂养然后销售。

五、湖泊生态养殖河蟹质量安全

河蟹质量

河蟹质量符合国家绿色食品标准，样品编号 2012-C5339 检测报告，如表 5-11-1 所示。

表 5-11-1　农业部农产品及转基因产品质量安全监督检验测试中心（杭州）检验结果

受检单位	溧阳市长荡湖水产良种科技有限公司				
样品名称	螃蟹		样品编号	2012-C5339	
	检测项目	指标	实测数据	单项判定	检验方法
检验结果	铅（mg/kg）	≤ 0.3	0.0074	符合	GB 5009.12-2010
	镉（mg/kg）	≤ 0.5	0.032	符合	GB-T 5009.15-2003
	氯霉素（μg/kg）	不得检出（0.3）	未检出	符合	SC-T 3018-2004

（续表）

受检单位	溧阳市长荡湖水产良种科技有限公司				
样品名称	螃蟹		样品编号	2012-C5339	
	检测项目	指标	实测数据	单项判定	检验方法
检验结果	呋喃唑酮（μg/kg）	不得检出	未检出	符合	SC-T 3022-2004
	孔雀石绿（μg/kg）	不得检出	未检出	符合	SC-T 3021-2004
	沙门氏菌	不得检出	未检出	符合	GB 4789.4-2010
	致泻大肠埃希氏菌	不得检出	未检出	符合	GB-T 4789.6-2003
	副溶血性弧菌	不得检出	未检出	符合	GB-T 4789.7-2008
	甲基汞（mg/kg）	—	未检出	—	GB-T 5009.45-2003

备注：1. 氯霉素检出限：0.3μg/kg

2. 呋喃唑酮检出限：0.1μg/kg

3. 孔雀石绿（包括隐性孔雀石绿）检出限：0.6μg/kg

4. 甲基汞检出限：0.5 mg/kg

六、湖泊生态养殖河蟹经济效益高

2012年，溧阳市水产良种场湖泊网围养殖示范基地 20hm²，选用长江水系优质河蟹种苗，蟹种规格 130~160 只/kg，投放蟹苗数量为 15 万只，成蟹回捕率 55.63% 以上；规格：雄蟹个体重量 175g 以上的占 75.16%，雌蟹个体重量 125g 以的上占 65.37%；蟹 667m² 产量达 45.89kg，150 元/kg，667m² 均产值 6 883.5 元，667m² 均成本 3 000 元，667m² 均技术经济效益 3 883.50 元；河蟹年总产量 13 767 万 kg，实现总产值 206.51 万元，总利润 116.51 万元，投入产出比 1：1.3。

第二节 湖泊生态养殖鱼类

湖泊围栏生态养殖鱼类是指天然生态水域，养殖环境优良，适应鱼类正常生长、发育，空间生态环境既大又优，养殖的鱼个体大，质量好，经济效益高。但必须是遵循湖泊生态功能、以及鱼适应于正常生长、发育空间环境规律的自然生态习性、食性、生长和发育等生物学特性。科学规划，合理设计好湖泊网围生态养殖鱼的面积，促使湖泊水域生态平衡，围栏的面积不宜超过湖泊总面积的25%，湖区的生态环境应是一处不受围网养殖所影响，天然的无公害养殖基地。实现可持续养殖无公害的商品成鱼既要绿水，又要养殖绿色优质商品鱼，保障食品质量安全与促进农民增加经济收入。

一、网围的选址与建造

1. 围网地点选择

一是远离湖岸和出口处，有利人员管理，网围不易被有害生物破坏，如老鼠等其他天敌生物。因为网围被破坏后鱼易逃，严重影响养殖产量；二是出口处所拦的网围在洪水来临时，排水口的水流湍急，围网底部所用的石笼易被水冲走移位，同样容易逃鱼；三是出口处常年有着水流，投喂的无公害全价配合饲料的碎屑易被水流冲走，增加所喂饲料系数；四是出口处的浮游动物饵料、水草植物、软体水生动物较少，影响底层鱼和滤食性鱼类的生长发育。因此，要求湖底平坦，湖底底泥质软，有微流水，沉水植物茂盛，底栖动物丰富，水质清新，水中溶解氧含量高，pH值在7.0以上，正常水位在120~150cm。

2. 网围型状与结构

（1）围栏面积。围栏的大小差别很大，小的不足6 000m²，大的可达100hm²以上，最好网围型状是长方形，南北长215m，；东西宽155m。通过长期实践证明，围栏的面积一般为3.33~5.33hm²较好。

（2）网围结构。采用双层网结构，外层为保护网，内层为养殖区网，两层网间距为3~5m，并在两层网中间设置"地笼网"，除可检查鱼逃脱情况外还具有防逃作用。内层网最上端内侧接一个"下"型倒挂网片，洪水来临时起防止鱼逃脱的作用。两层网的最下端固定并埋入湖底。网围用竹桩在外侧固定，竹桩间距为1.5m左右，网围高度为2.5~3m。新网围养殖鱼一般周期为5年，但第3年就应认真检查网围。

3. 围栏的建造

（1）网片。分水下部分和水上部分（防逃网）。在制作时其高度和宽度都应比实际高度和宽增加8%~12%，因为网片是聚乙烯网制作所成，经过使用有紧缩的现象。因此，网片柱到支架上后要松紧适度。在设计水下部分网片的高度时应以常年平均水深为基础，水上部分的高度应以各地区洪水来临时的最高水位为标准，例如，太湖流域的最高标准应以吴淞标准7m左右，但可用0.8~10m的活动网片，在汛期来临前做好准备。网片的长度以围栏的围长或总长度为依据，网网片规格为 2m×3m 或 3m×3m，网片材质为聚乙烯。水下部分内层网目大小可根据放养的鱼种规格来确定，如表 5-11-2 所示。

表 5-11-2　不同规格鱼种

鱼种规格（cm）	拦网网目（cm）		栏栅（cm）	
	静水	流水	静水	流水
10	≤ 2.25	1.5	≤ 0.72	≤ 0.6
12	≤ 2.5	1.75	≤ 0.84	≤ 0.7
14	≤ 3.0	2.0	≤ 0.96	≤ 0.8
15	≤ 3.5	2.3	≤ 1.08	≤ 0.9
16	≤ 4.0	2.5	≤ 1.2	≤ 1.0

注：江苏省长荡湖围网

外层网围可稍大于内层网目，网衣按水平缩节系数 0.62，垂直缩节系数 0.74 装在纲绳上。

（2）支架以竹、木或水泥杆为桩柱。现在多使用直径为 9~10cm（高头 1m 处）的楠竹（毛竹）作为桩柱，将楠柱（最好把底部朝下），打入泥中 0.8~1.2m，桩要比最高水位高出 0.8m，桩间距 3~5m，风浪大的水域应为 2~3m（外层围网的桩间距可稍大），在桩的高、低水位线处用毛竹架两道横杆，将桩连为一体，然后再在风和水流较大的地方增加撑桩，每隔 10~15m 增加一撑桩，可防卸风灾和洪水以确保围栏牢固。

（3）底敷网。宽 1m，紧接于内层围网的底纲上平铺于底泥上，起防逃作用。

（4）石笼。湖区的石笼直层网是以 3m×3m 或 3m×4m 聚乙烯网缝成的蛇形网袋，直径为 12cm，袋内装满四六八石子（小块石）要装二条石笼，一条装在内层围网底纲上，另一条装于底敷网的钢绳上，安装时要将石笼踩入泥中 20~25cm。

（5）闸门。门两边用上竹桩、网衣较柱，网衣中间吊一沉子，沉子上连一绳子柱于桩上，在桩子上安装好动滑轮和定滑轮。当有船只进出时，将沉子放下，过后又将沉子提上来。

（6）囊网——地笼梢。由 3×3 股、网目 2cm 的聚乙烯网片缝成，长 5~6m，呈圆锥形，口径 0.5~0.6m，网口处有一倒须网。囊网口缝在外层网的水下部分，尾部向外。经常检查其内是否有鱼，即可判断是否有鱼从内层网逃出。

（7）食台。应根据围栏大小以及鱼的多少放置一定数量的食台和草柜，精料食台离湖底0.5~0.8m，可用水泥板或玻璃钢瓦支撑，四周围上密眼网布，留有台门，湖区到大风时必须防止饵料散失。

（8）居住的活动住房。在湖区养殖还应建造在湖区居住的活动住房以（40~60t）水泥船进行改装完成。厨房间、客厅、卧室和卫生间等可供养殖工居住和看守。配备以水泥船改装的饲料仓库。

二、保护与营造网围区域生态环境

1. 清基除害

放养鱼种前应将围栏区的杂物、芦苇等挺水植物清除，填平沟槽，以便于捕获。同时，还要将凶猛鱼类驱赶、清除出去。可以采取微电捕捞，泼洒石灰水等多种办法，促使养殖区水域环境优良。

2. 移植水生植物

在围栏养殖区的秋季，每年9月下旬移栽菹草、黄丝草、金鱼藻、伊乐藻和睡莲草，冬季11月上旬种植轮叶黑藻草籽和苦草草籽。春、夏、秋三季围栏养殖区底部水生植物光合作用时，水体内水生植物释放氧量增多，养殖水体内溶解氧量增高；水体内水生植物代谢时吸收水体有机物质营养，分解养殖水体中产生的有毒有害物质，可消除水质富营养。同时，水生植物也是鱼类的绿色优质饲料，鱼类大量采食水生植物，可降低饲料成本。

3. 贝类移殖

螺蛳、蚌和蚬等鲜活贝类具有强大滤水滤食功能。每年10月移殖贝类围栏养殖区，每667m²移殖贝类100kg，主要是用于翌年夏季5月使其在围栏养殖区中自然繁殖幼螺，然后生长为成螺。作为长期稳定的水生生态系统功能，青鱼生长发育期内均能食用鲜活动物蛋白饵料，如螺蛳、蚌和蚬等鲜活贝。

三、苗种选择与放养

1. 选择鱼种的质量与规格

（1）"四大家鱼"苗种选择。鱼种的质量，由江苏省省级良种繁育场——溧阳市水产良种场提供国家原种场江苏邗江"四大家鱼"原种场亲本繁育的苗种，培育1龄大规格鱼种。具有遗传性状稳定，抗逆性强、生长快、个体大，产量高的优点。

（2）团头鲂"浦江1号"苗种选择。选择引进经过国家良种审定委员会审定的团头鲂"浦江1号"原种，按照良种生产技术操作规程，应用群体混合选择技术，分阶段（生长阶段），选育良种亲鱼繁育的苗种。例如，江苏省省级良种繁育场，溧阳市水产良种场引进国家原种场团头鲂"浦江1号"原种场亲本繁育的苗种，培育1龄大规格鱼种。该品种具有遗传性状稳定，抗逆性强，生长快，肉质鲜嫩。

（3）异育银鲫"中科3号"苗种选择。选择国家原种场江苏洪泽县良种场的异育银鲫"中科3号"亲本繁育的苗种，异育银鲫"中科3号"是中国科学院水生生物研究所培育出来的异育银鲫新品种。该品种已获全国水产新品种证书，品种登记号为GS01-002-2007。异育银鲫"中科3号"是异育银鲫的第三代新品种。经过生长对比和生产性对比养殖试验表明，与已推广养殖的高体型异育银鲫相比，异育银鲫"中科3号"具有如下优点：①生长速度快，比高背鲫生长快13.7%~34.4%；②出肉率高6%以上；③遗传性状稳定，体色银黑，鳞片紧密，不易脱鳞；④寄生于肝脏造成肝囊肿死亡的碘泡虫病发病率低。

2. 鱼种放养

（1）围栏检查。在每年放养鱼种时彻底全面检查，特别注意水下部分是否有漏洞、损坏。可用绞盘石笼的办法全面检查，直至全部整修、无损，确保所放养的鱼种安全无逃。

（2）放养模式。一是遵循生态准则，生物学准则，经济学准则；二是根据生物学、生态学、环境学原理；三是依据鱼类、适应于正常生长、发育空间环境规律的自然生态习性、食性、生长和发育等生物学特性的规律，确定放养品种与数量。

（3）种类及比例。湖泊围栏养鱼以养殖吃食性鱼类为主，主要靠人工投饵，饵料以就近捞取天然饵料以及一些农副产品为主。因为主要的养殖种类有草鱼、青鱼、鲫鱼、团头鲂、鲢鱼和鳙鱼等鱼类。其搭配比例的原则是水草易得的地方以养殖草鱼为主，目前主要有以下3种搭配比例。

草鱼、团头鲂和浦江1号等草食性鱼类占55%左右，青鱼和异育银鲫等占30%，鲢鱼占10%，鳙鱼占5%，适合放养在水草丰富，底栖贝类也能获得一定数量的地区；而水草稀疏的湖泊水质较瘦，因此，鲢、鳙宜少放养。

青鱼占11.8%，异育银鲫占37%，草鱼、团头鲂、鲢鱼、鳙鱼占51.2%左右，鲢鱼、鳙鱼不能超过15%，适合放养在底栖贝类丰富的水域，将其他水域的贝类移植于围栏区（表5-11-3）。

表 5-11-3　青鱼和异育银鲫为主生态放养模式 667m² 产量

品种 (二龄)	时间 (月/日)	数量 (尾)	放养规格 (g/尾)	放养比例 (%)	成活率 (%)	规格 (g/尾)	产量 (kg)
青鱼	1/10	100	1000~1500	11.8	98	4000~5000	398
异育银鲫	1/10	150	100~150	37.0	97	350~500	84.8
草鱼	1/10	120	500~750	17.8	95	2500~3000	285
团头鲂	1/10	150	150~200	19.3	93	400~600	48.36
鳙鱼	1/10	25	250~300	3.7	96	2500~3000	60
鲢鱼	1/10	50	200~250	7.4	93	1500~2000	69
合计		675					711.86

注：江苏省溧阳市水产良种场长荡湖围网养殖试验

（4）鱼种规格及数量。鱼种规格是 1 龄大规格鱼种，依据养殖条件来具体确定。一般放养 1 龄大规格鱼种的养殖商品鱼捕获季节为元旦、春节。放养 2 龄鱼种的捕获季节为中秋节，国庆节前后。放养 1 龄大规格鱼种：草鱼 ≥ 250g，团头鲂 ≥ 50g，青鱼 ≥ 350g，异育银鲫 ≥ 60g，鳙鱼 ≥ 250g，鲢鱼 ≥ 150g；放养的 2 龄鱼种：草鱼 ≥ 500g，青鱼 ≥ 1 000g，异育银鲫 ≥ 125g，团头鲂浦江 1 号 ≥ 150g，鳙鱼 ≥ 230g（表 5-11-4）。

表 5-11-4　以草食性鱼类为主生态养放模式 667m² 产量

品种 (二龄)	时间 (月/日)	数量 (尾)	放养规格 (g/尾)	放养比例 (%)	成活率 (%)	规格 (g/尾)	产量 (kg)
草鱼	1/5	200	250~400	23.2	95	2000~2500	380
团头鲂	1/5	300	50~60	34.9	93	400~500	111.6
青鱼	1/5	30	350~500	3.5	100	3000~4000	90
异育银鲫	1/5	200	60~80	23.2	98	300~400	58.8
鳙鱼	1/5	30	250~280	3.5	98	2500~3000	72.5
鲢鱼	1/5	100	150~250	11.2	97	1000~1500	97
合计		860					809.5

注：江苏省溧阳市水产良种场长荡湖网围养殖试验

青鱼占 3.5%，异育银鲫占 23.2%，团头鲂占 34.9%，草鱼占 23.2%，鲢鱼和鳙鱼占 15% 左右，适合于底栖贝类丰富的水域，将其他水域的贝类移植于围栏区。见表 7-6，每 667m² 水面鱼种放养及成鱼产量。鲢鱼 ≥ 200g 总产量，根据计划产量、放养 1 龄大规格鱼种增长 8~10 倍，计算投喂饲料放养 2 龄鱼种已增长 4~5 倍。根据江苏省溧阳市水产良种场 1985—1998 年在长荡湖养殖实践表明，养殖 667m² 产量平均为 760.68kg。精饲料投喂系数较低为 1.8~2.2，放养 1 龄大规格鱼种增长倍数是 2 龄大规格鱼种的 2 倍。每 $667m^2$ 单产提高 13.7kg。由此可见，养殖一龄大规格鱼种有 $667m^2$ 产量饲料系数降低。经济效益好的优势。

3. 饲养管理

（1）饲料投喂。投喂原则是尽量多利用水草、螺蚬等天然采集饵料，不足部分由饲料供给精饲料，根据标准化生产要求、鱼的营养需求制造颗粒饲料。饵料的年总需求量应根据下式进行推算：

$$W=（x－y/100+z/40）\times 2-3$$

式中，w——全年精饲料用量（kg）；

x——估计吃食性鱼类净产量（kg）；

y——估计水草采集量（kg）；

z——估计螺蚬采集量（kg）。

然后根据各月天然饵料的供应多少以及各月的水温高低和鱼的总重量将精饲料的大致用量分配到各月，以便有计划地准备和使用饲料。按照定质、定时、定量、定位进行投喂，保证鱼吃匀、吃饱、吃好。长江流域地区 3—4 月，此时水草少，螺蚬易采到，可以精饲料和螺蚬为主；5—9 月时，水草丰富，应投以大量的水草，辅以部分精料和螺蚬；10 月以后，在充分满足水草的情况下，适当增加精料投喂量。投喂精料次数应根据水温的高低以 2~3 次/d 为宜。投喂时间以 9:00—16:00 之间为好，上午投喂量应比下午投喂量要多，可占全天总投饵量的 60%，投喂量在闷热天气，下暴雨前气压较低，应当减量，防止饵料有剩余等情况，避免饲料腐烂变质污染水质，严重影响养殖无公害鱼类。

（2）日常管理。围栏的安全和防逃是管理的核心内容：在鱼种放养后 1 周内，鱼群常集群沿岸边游窜，容易逃鱼；汛期水位上涨时也易逃鱼；集中捕捞时，鱼群受到惊扰，容易逃鱼，应予以特别注意。放养的鲤鱼、青鱼等常在网脚处钻泥，易形成洞穴逃鱼。所以应经常巡查拦网，下水检查。如果发现问题应及时修补。经常除去附在网片周围的杂物，保持湖水交换通畅，并且也得注意防洪、防风、防偷盗破坏。

围栏养鱼还要注意鱼病防治，应以防为主，池塘发病少，但一旦发病治疗困难，养殖区应经常泼洒石灰水和漂白粉。5—8 月应注意预防肠炎和烂鳃病，食场周围经常消毒，并用漂白粉等无公害药物挂袋。如果发现有鱼病现象还可投药饵内服，这样效果比较好。

围栏养鱼的捕捞不太方便，特别是网围区没有起网基地。集中捕捞可采用鱼筛、丝网、大拉网、网箱、荚网以及脉冲电捕捞等工具和手段，可用网或竹箱将它分隔成若干块，分区捕捞。

第三节　湖泊人工放流鱼类

一、苗种选择与人工放流苗种

湖泊是养殖无公害商品成鱼的优质基地。20世纪70年代初由于湖泊自然渔业资源的丰富，就在湖泊逐步开展人工放养鱼种，增加湖泊的渔业资源。万亩以下的小型湖泊，由于水面相对较小，易于控制，一般均以人工放养为主，很多中、大型湖泊也在不同程度的搞人工放养。大量放养鲢鱼和鳙鱼种，是我国湖泊养鱼的特点，对提高湖泊鱼产量起了重要作用。

1. 选择鱼种的质量与规格

（1）鱼种的质量。选择引进经过国家良种审定委员会审定的"原种，按照良种生产技术操作规程，应用群体混合选择技术，分阶段（生长阶段），选育良种亲鱼繁育的苗种。选择个体强壮，具有遗传性状稳定，抗逆性强，生长快等优点的良种苗种。

（2）鱼种规格。大水面鱼种放养一般要求选择个体强壮规格、整齐的鱼种。鲢鱼、鳙鱼、草鱼、青鱼的全长达15.6cm以上，鲤鱼、鲫鱼、鲴鱼、团头鲂等全长达6.8cm以上。

以上是20世纪80年代的常规放养规格。鱼种进入大水面后，面临风浪，凶猛鱼类，饵料等多方面的因素，放养这样规格的鱼种，回捕率低，严重影响产量，经济效益较低。从2002年开始，在湖区放养大规格鱼种后，经养殖试验对比，回捕率高，生长速度快，养殖周期短，经济效益佳，如表5-11-5所示。

表5-11-5　江苏省长荡湖鲢鱼、鳙鱼放养规格鱼种成长回捕率

规格	成长到第二年		回捕率
（cm）	鲢鱼（g）	鳙鱼（g）	（%）
18~25	1200	1400	38
15~18	803	875	5
10~12	475	653	5以下
10以下	400~420		

放养2龄大规格鱼种比放养1龄15cm以上规格鱼种，回捕率更高，因为湖泊的凶猛鱼类较多，如翘嘴红鲌、鳜鱼和乌鱼等凶猛鱼类都是以鲜活鱼为主要饵料。

因此，在近几年湖泊放养鱼种都在推广放养 2 龄大规格鱼种。当年回捕便到当年投入当年收益。但在放养大规格 2 龄鱼种时，还必须注意要求鱼种规格的同时要保证质量，要求鱼种健壮、肥满度好、无损伤和遗传性状好。

2. 放流鱼苗种类与搭配比例

适宜于人工放养的大多数湖泊基本特点是水质较肥，浮游生物丰富，水草和底栖动物亦较多，因而以鲢鱼、鳙鱼放养为主，并搭配青鱼、草鱼、鲤鱼和团头鲂等其他鱼类。

鲢鱼和鳙鱼以浮游生物为食，并能滤食大量腐屑和细菌，对饵料的利用效率很高，生长速度快，栖息于上层水体，容易起捕，苗种也容易获得，因而以它们为主要放养对象，所占比例可高达 60% 左右。在水体较大、水质肥度一般的湖泊，鳙鱼生长优于鲢鱼，因而鳙鱼的放养比例应提高；在水体较小、水质较肥的湖泊则相反。这主要是由于鳙鱼比鲢鱼更适应大面积深水体，性成熟较迟，性情温和，口腔更大，滤水能力更强所致；而且大型浮游动物多栖息于较深水层，在水深且面积大的水域大型浮游生物较多，而水质较肥的湖泊小型生物较多，具体比例指标如表 5-11-6 所示。

表 5-11-6　湖泊放流各种鱼类指标

湖泊类型		搭配比例（%）			放养密度（尾/667m²）	鱼产量（kg/667m²）
		鳙鱼	鲢鱼	搭配鱼类		
小型（≤667hm²）	富	35	45	15	150~100	85~45
	一般	25	35	20		
	贫	15	20	25		
中型（667~6 667hm²）	富	55	65	25	120~80	65~35
	一般	45	55	20		
	贫	35	45	15		
大型（≥6 667hm²）	富	45	55	30	60~40	20~10
	一般	35	45	25		
	贫	25	35	20		

3. 人工放养鱼苗的时间和地点

（1）放养鱼苗的时间。鱼种放养时间应灵活掌握。一般提倡当年成鱼在 10~12 月捕获后就准备开始放养鱼种。西北、东北、华北地区的湖泊应在秋季或 1 月春季放养为好，当时气温仍很低，有利于放养鱼种，华东、华中地区应在当年的春节前做好放养工作，这时水温低，在捕捞和运输过程中鱼种活动能力差，不易受伤；大水体中的凶猛鱼类活动和摄食能力较弱，对鱼种的危害较小；此时放养也使鱼种尽早地适应环境，待到春季水温回升时，即可大量摄食生长，延长育种的生长期。华南地区水温较高，也可提早放养，但一些学者专家认为水温较高，冬季凶猛鱼类活动并不减弱，正好捕食低温中游动缓慢的鱼种，因而春季放养更好。湖泊放养鱼种一般从外地或附近的鱼种场采购，需长途运输，在运输途中，有一定损伤，体质消耗也很大，不能立即放养，应先在湖区建立有一定暂养鱼种的池塘，需暂养一周并进行投喂，使其体质恢复后进行消毒放入湖中。

（2）放养鱼苗地点。放养地点必须选择湖区的中心区域位置。不宜选在沿岸湖区入水口或出水口放养，因为鱼种刚放养湖中鱼种易逃，这样可避免逃跑。另外，还可选择湖区水质中自然饵料丰富的地域放养鱼种，因为饵料丰富区，刚投放的鱼种有丰富饵料，对各种鱼类的生长环境有了可靠保障。这样投放的鱼种，成活率高，回捕率也高。

4. 放流苗种品种的生态习性，食性、生长、发育等生物学特性

草鱼、团头鲂和团头鲂都以水草为食，根据水草的状况可适当搭配放养，在草型湖泊中可占较大比例，但要注意的就是湖泊中的生态环境不能被破坏，对草鱼的放养量要严格控制，因为它对水草资源破坏能力很强。水草资源一旦破坏就很难恢复，而且将导致生态环境的急剧改变，水质恶化，许多经济水生动物的栖息、繁殖，生存将受到影响。特别是长江流域的草型湖泊，在利用水草资源的同时要对其多加保护，使得天然的无公害养殖基地能实现长期养殖更多的无公害鱼类供应市场的目标。

鲤鱼、鲫鱼的饵料较丰富，有较高的经济价值并能形成较大的产量，但捕捞困难。在自然繁殖不足的水体应根据不同地区考虑放养，但必须放养鲫鱼良种，例如异育银鲫、方正鲫、白鲫和湘云鲫等。

青鱼以湖区的贝类量来确定搭配适当放养，水生软体动物（贝类），与水生植物一样是保护湖区生态环境不可缺少的水生动物，因此在搭配放养青鱼时应预测计算好软体动物繁殖量与青鱼摄食量，始终以保持湖区原有的软体动物量不能减少为原则来投放青鱼种。

5. 人工放流鱼苗回捕率

2002年开始放养大规格鱼种，在湖区放养后，经养殖试验对比，回捕率高，生长速度快，养殖周期短，经济效益最佳，如表5-11-7所示。

表 5-11-7　江苏省长荡湖鲢鱼、鳙鱼放养规格鱼种成长回捕率

| 规格 | 成长到第二年 | | 回捕率 |
（cm）	鲢鱼（g）	鳙鱼（g）	（%）
18~25	1200	1400	38
15~18	803	875	5
10~12	475	653	5 以下
10 以下	400	420	

（1）放养 2 龄大规格鱼种比放养 1 龄 15cm 以上规格鱼种，回捕率更高。因为湖泊的凶猛鱼类较多，如翘嘴红鲌、鳜鱼和乌鱼等凶猛鱼类都是以鲜活鱼为主要饵料，所以，在近几年湖泊放养鱼种都在推广放养 2 龄大规格鱼种。当年回捕便在当年投入当年收益。但在放养大规格 2 龄鱼种时，还必须注意要求鱼种规格的同时要保证质量，要求鱼种健壮、肥满度好、无损伤，以及遗传性状好。

（2）鱼种放养密度。合理的密度要求放养群体对饵料的摄食强度尽可能符合天然饵料的供饵能力，也就是既不妨碍天然饵料能够保持在较高的增殖水平，又能最大限度地利用饵料生物的生产量。确保湖泊良好的生态环境，以获得最大持续鱼产量。放养密度的具体确定办法如下。

（3）计算法：$x = \dfrac{rp}{(w_1 - w_2)K}$

式中，x—某种鱼的放养密度，尾 /hm²；

　　　p—该水域的估计鱼产值，kg/hm²；

　　　r—按计划该种鱼在总鱼产量应占百分数；

　　　w_1—该种鱼放养鱼种规格，kg/ 尾；

　　　w_2—该种鱼计划养成规格，kg/ 尾；

　　　K—该种鱼达到计划养成规格，kg/ 尾。

6. 人工放流的经验法则

根据人工放流的养成商品鱼的规格和肥满度判断，若某种商品鱼未达到应有的规格，肥满度较差，说明这种鱼放养量太大，下一年应适当减少放养量，若商品鱼超过了应达到的规格，肥满度太好则相反，也可根据湖泊水质的恶化，调整放养的品种与数量，同样使湖泊的生态环境自然按表 5-11-7 进行放养。

7. 对凶猛鱼类有效控制

大水面放养效果不理想的原因之一，就是凶猛鱼类的危害。我国的凶猛鱼类都是以吞食方式摄食，因此，保证放养鱼种有足够的规格能起到良好的防范作用，但

也应同时对凶猛鱼类进行控制。

鳜鱼、鲇鱼和乌鳢等底层型凶猛鱼类，对鲢鱼和鳙鱼等上层鱼类危害很小，其种群数量不大，经济价值又较高，可以不予以人为控制，特别是鳜鱼这样的名贵鱼还应保护，增加资源量。

翘嘴红鲌和蒙古鲌等上层凶猛鱼类对鲢鱼和鳙鱼的危害性极大，而且可以形成强大的种群，应采取有效措施进行严格控制或清除。

鳡鱼也是上层凶猛鱼，体型很大，捕食凶猛，较大的经济鱼类也难以逃脱它的攻击。可用微电捕鱼的方式进行彻底清除。

清除凶猛鱼类可在其生殖季节时，在产卵洄游通道和产卵场处进行围捕，予以控制。

8. 安全管理

主要是做好防逃、防盗工作。定期检查拦鱼设施，拦鱼设施过船的升降装置应有专人看管。建立健全渔政机构，依法管理水源污染，严禁盗鱼、炸鱼、投毒和毒鱼等违法破坏水资源和渔业资源。

北方冰冻湖泊要做好越冬管理，冰下水体往往出现二氧化碳、硫化氢含量过高，氧气不足以致使大量死亡。常规解决方法是：越冬前保持较高水位，越冬期及时清除冰上积雪，必要时人工在冰上打洞，人工增氧。

二、湖泊人工放流生态效益与经济效益

长期以来，随着湖泊渔业资源的过度利用，加上水利工程建设、环境污染，渔业资源已严重衰退，濒危物种不断增加，生物群落的演替时常造成灾害和破坏，生态系统功能和结构发生了很大变化，而人工增殖放流是恢复湖泊渔业生态系统功能和结构，促进渔业资源再生的重要手段。

1. 以江苏长荡湖为例

长荡湖是江苏省十大淡水湖泊之一，是太湖流域第三大湖，地跨金坛市、溧阳市两地，总面积达 $85hm^2$，是一个集饮用水源、农业灌溉、洪涝调节、渔业生产和观光旅游等多功能于一体的草型浅水湖泊。随着长荡湖流域经济社会的快速发展，一定程度上影响了长荡湖的生态平衡。

（1）大力开展增殖放流，保护生态资源成为当务之急。此次增殖放流活动以"改善水生态保护母亲河"为主题，以长荡湖生态补偿性放鱼为目标，全面推广了"以渔养水"、"以渔活水"健康生态养殖技术和池塘循环水养殖技术模式，促进了渔业资源的好转和生物多样性增加，有效养护了长荡湖的渔业资源。

（2）2012 年 6 月 27 日，金坛市和溧阳市长荡湖管委会举行了"改善水生态保护母亲河——2012 长荡湖增殖放流"活动。此次增殖放流活动共向长荡湖投放了适宜规格的鲢鱼鳙鱼、青虾、黄颡鱼、鲤鲫、翘嘴红鲌和细鳞斜颌鲴等苗种 1 200 余万尾。2013 年，根据长荡湖水环境和渔业资源现状，选择了滤食性鱼类鲢鱼和鳙鱼夏花及冬片作为放流品种，共投入放流资金 50 万元，放流总量达 1 500 万尾。

（3）近年来，随着长荡湖水环境综合整治工程的实施和"以渔活水"增殖放流生态养护工作的持续开展，湖区水质和生态环境明显改善，现湖区水草覆盖率达 40%，水生植物和生物多样性得到了进一步恢复，总体水质达到了三类水标准，局部达到二类水标准。 在取得环境效益的同时，湖区渔业资源量也逐步恢复，增殖渔业效益明显。据统计，2013 年渔业捕捞产量 1 210t，比 2012 年提高 13%，有力促进了渔业资源增殖与渔民增收。

2. 以江苏省滆湖为例

滆湖位于江苏省武进区、宜兴市之间。现有水面 164km²，为浅水草型湖泊。该湖人工放流始于 20 世纪 70 年代，主要放流种类为鲤鱼夏花和蟹苗等，效果比较明显。20 世纪 80 年代以来，随着湖泊渔业生态环境的变化水草日渐增多水质变清，浮游生物量锐减。放流种类以青鱼、草鱼、团头鲂、鲤鱼为主，这些鱼类经济价值高，市场需求量大，深受消费者欢迎。放流方法由原来的湖边低圩塘暂养、内塘暂养和湖中网围暂养改为 1986 年的直接投放到湖中心常年繁保区。据主要下泄河道太滆河拦河联的测试，放流鱼种的初期外逃率仅为 0.5% ~1.0%，提高了放流效果。

3. 以山东省泰安东平湖为例

（1）修复东平湖渔业生态。增加苗种规模，净化改良东平湖水质，合理利用东平湖饵料生物资源，每年 4 月 1~3 日，东平县开展了连续 9 年的增殖放流，向东平湖投放各类优质鱼蟹苗种近亿尾，通过增殖放流，东平湖年增加捕捞产量 2 000 多 t，从事捕捞生产的渔民年增加收入 1 500 多元，实施东平湖增殖放流，经济效益、生态效益和社会效益十分显著。目前，东平湖呈现出水清、草茂、鱼肥的美好景象。

（2）东平湖渔业资源人工增殖放流活动。2013 年，共放流优质鱼蟹苗种 2 044.52 万尾。其中：扣蟹 430.81 万只，平均规格 686 只 /kg；鲢鱼、鳙鱼（5cm 以上）652.59 万尾，体长 7.2~7.5cm；鲢鱼、鳙鱼（10cm 以上）705.6 万尾，平均体长 11.8cm；黄河鲤鱼（5cm 以上）255.52 万尾，平均体长 9.1cm。 确保了东平湖渔业资源增殖的放流效果。

第四节　水库生态养殖鱼类

一、水库类型

1. 平原湖泊型水库

是指在平原、高原台地或低洼区修建的水库。形状与生态环境都类似于浅水湖泊。主要特征为：水面开阔，岸线较平直，库湾少，底部平坦，岸线斜缓，水深一般在 10m 以内，通常无温跃层。渔业性能优良及如山东省的峡山水库和河南省的宿鸭湖水库。

2. 山谷河流水库

是指建造在山谷河流间的水库。主要特征为：库岸陡峭，水面呈狭长形，水体较深但不同部位差异极大，一般水深 20~30m，最大水深可达 30~90m，上下游落差大，夏季常出现温跃层。如重庆市的长寿湖水库和浙江省的新安江水库等。

3. 丘陵湖泊型水库

是指在丘陵地区河流上建造的水库。形态特征介于以上两种水库之间，库岸线较复杂，水面分支很多，库床较复杂，渔业性能良好。如浙江省的青山水库、陕西省的南沙河水库等。

4. 山塘型水库

是指在小溪或洼地上建造的微型水库，主要用于农田灌溉。水位变动很大。江苏省溧阳市山区的塘马水库、宋前水库、句容的白马水库、安徽省广德县、郎溪县这种类型的水库较多，用于灌溉农田。

根据水质的肥度同样可将水库分为贫营养型、中营养型和富营养型。

二、水库生态养殖鱼类的优势

水库是有着自然所造就的无公害养殖基地，无论从库水的理化指标，还是生物状况分析，完全符合养殖无公害鱼类的要求。

1. 水质

通常水库水质都是非常优良的 pH 值在 7.0~8.5，溶解氧含量连续 24h 以上都是 5mg/L。重金属元素、农药残留量汞、铝、镉、铬、铜、锌、镁、砷、氰化物、硫化物、氟化物、非离子氨、凯氏氮挥发性粉、黄磷、石油类、丙烯氰、丙烯醛、六六六（丙体）、敌敌畏、马拉硫磷、无氯酚钠、乐果、甲胺磷、甲基对硫磷和呋喃丹等的含量全部在安全标准之内。其中，有些元素几乎都是未被检出的。

2. 底质

水库底泥的质量比湖泊、外荡池塘的质量标准优越，因为水库都建造在深山之中，或丘陵与山脉横街的底洼之处。水库四周有着绿色丛林和绿色草地，自然生态环境优良，水库位置深山之处，无污染，生物跟随流水流进，因此，水库底泥的质量标准较高。倘有微量底质有害物质，如：汞、镉、铜、锌、铝、铬、砷、敌敌畏以及六六六仍都在安全线标准之内，绝没有超标的。

3. 饲料

水库鱼类的饲料来源，主要是水库浮游生物、浮游植物、底栖动物。加上水库四周山坡上被风所吹入库区中的植物种子，或在夏季下暴雨时，地面上的有机物质被水流带入水库之中成为自然饲料，基本满足了大中型水库养殖的经济鱼类的需要，可以说，一般不需人工投喂饲料。因此，水库养殖的各种鱼类都符合无公害水产品标准而进入市场，深受消费者的欢迎。特别是近几年全国各地有许多水库养殖的鱼类已成为人们餐桌上的必需品，像江苏省溧阳市沙河水库、大溪水库所养殖的鳙鱼，通过初级加工目前已成为全国闻名的天目湖牌"沙锅鱼头"，是附加值特别高的商品。天目湖大酒店在北京市、上海市、南京市等大中城市都有着连锁店。从水库养殖无公害的商品鱼到进入市场、餐桌，全产业链的每一个"五一节"都是可以监控的，都是属于安全食品，这就是水库养殖无公害水产品的最大优势，水库养殖无公害鱼类也是全国最大的无公害养殖基地。

三、苗种选择与生态养殖模式

1. 选择鱼种的质量与规格

（1）"四大家鱼"苗种选择。鱼种的质量。例如，江苏省省级良种繁育基地——溧阳市水产良种场引进国家原种场江苏邗江"四大家鱼"原种场亲本繁育的苗种，具有遗传性状稳定，抗逆性强，生长快，成活率高，个体大，产量高的优点。培育1龄大规格鱼种或2龄大规格鱼种。规格为个体体重150g以上。

（2）团头鲂"浦江1号"苗种选择。引进经过国家良种审定委员会审定的团头鲂"浦江1号"原种，按照良种生产技术操作规程，应用群体混合选择技术，分阶段（生长阶段），选育良种亲鱼繁育的苗种。例如，江苏省省级良种繁育基地——溧阳市水产良种场引进国家原种场团头鲂"浦江1号"原种场亲本繁育的苗种，具有遗传性状稳定，抗逆性强，生长快，成活率高的优点。培育1龄大规格鱼种或2龄大规格鱼种。规格为个体体重在75g以上。

2. 水库生态养殖模式

（1）放养小规格鱼种。水库的人工放养基本上与湖泊的人工放养方法相同。但由于天然饵料相对单一些，主要是浮游生物，水生高等植物和底栖动物特别是贝类很少，因而放养时应以鲢鱼和鳙鱼为主，应把鲢鱼和鳙鱼比例调整在75%以上，其他鱼类放养占25%以内即可。但更重要的应注意放养什么规格的鱼种，这才是在水库养殖各种鱼类的关键。因为水库水面宽、水深一般都在10m左右，除水库的浅水区（平滩）再加之水库建成数年后，库内的凶猛鱼类较多，原来所投放10~15cm、重40g左右规格鱼种，直接影响到捕获率与鱼产量。

（2）放养大规格鱼种。根据江苏省溧阳市沙河水库、大溪水库和唐马水库放养的鱼种规格的经验，应放养1龄大规格鱼种或2龄大规格鱼种，放养具体指标参阅表5-11-8所示。

表5-11-8 水库生态养鱼放养鱼种规格不同捕获率比较

水库名称	养鱼面积（hm²）	放养鱼种规格(cm)	回捕率（%）	统计年份
沙河水库	718	280	87	2011—2013
大溪水库	730	250	85	2011—2013
唐马水库	120	40	46	2011—2013

养殖品种的质量，通常是指规格和体质两个方面，在水库养鱼中，要求投放体质健壮、规格大的优质鱼种，生长速度快，一般放养大规格1龄鱼种增长倍数比放养2龄大规格鱼种增长倍数多2倍。投放大规格鱼种一是回捕率高；二是商品鱼个体大。特别是放养少数草鱼、青鱼个体特别大，一般经20个月养殖放养的100~200g重鱼种，捕获商品鱼体重均达5~10kg放养；100~200g鲢鱼鱼种经20个月养殖也能有着2~3kg重的商品鱼；放养280~350g重鳙鱼鱼种经20个月养殖同样能生长得个大体胖，一般个体重量为8~12kg。

四、日常管理工作

坚持早晚巡逻，调整管理措施。定期检查、维修、加固闸口防逃设施，特别是在汛期要加强检查，发现问题及时解决。看管，防逃防盗。10月后可根据市场行情适时销售，还可以将商品鱼在网箱中暂养然后销售。

五、水库养鱼意义及特点

我国具有这 8 万多个水库，可供养鱼水库面积 200 万 hm^2 左右，占全国淡水可养面积的 40%，近年来，在一水多用、综合利用的原则下，水库养鱼有了较大发展，产量不断高，在淡水中渔业中有极其重要的位置。

1. 水库养鱼意义

开展水库养鱼，就是开展无公害水产养殖基地的建设，因为水库的水质底泥、大气等一系列的环境完全符合养殖无公害水产品要求，同时开展水库养鱼是在不与农业争地、争肥，又不与畜牧业争饲料的情况下，依靠水库中的天然饵料（浮游生物、水草、底栖生物等）来生产淡水鱼产品，具有成本低、水产品质量优、效益佳等优点。

2. 水库养鱼的特点

水库养鱼既不同于湖泊养鱼，又不同于池塘养鱼，有其独自的特点：一是库区广阔，水质肥沃（特别是春、夏两季）有利于饵料生物的生长、繁殖；一般不进行投饲和施肥；二是水体宽敞、阳光充足，加之库水深浅不一，适宜不同栖息习性的鱼类生活，有利于多种鱼类混养；三是水高低幅度较大，因而形成了较大消茫区，可充分利用消落时间，种植饲料，既能喂鱼，又可肥水；（小微型水库）；四是库岸湾区形成各式各样的库湾，可用来培育鱼种或精养成鱼；五是水库沿岸都是发展多种经营的条件，可以发展畜牧业，不仅可以增加畜产品，还可为养鱼开辟肥源，做到渔牧结合、综合开发有利于经济效益的提高。

六、水库生态养殖鱼类质量安全与生态经济效益

1. 质量安全有保证

水库是天然生态水域，养殖环境优良，适应鱼类正常生长、发育，空间环境既大又优，养殖的鱼类个体大、质量好，经济效益高。作者依照江苏省生态养殖标准，实施水库养殖的鱼类是遵循水库生态规律、鱼类生态习性、食性、生长、发育等生物学特性，科学规划、合理设计的生态养殖鱼类的模式，促使水库水域生态平衡，实现既要清山绿水，又要养殖绿色大个体优质商品鱼，质量符合国家绿色食品标准。例如，溧阳市沙河水库、大溪水库和唐马水库水库养殖的草鱼是宾馆鱼制品、酸辣鱼优质原料产地。鳙鱼是天目湖"沙锅鱼头"优质原料。现在，天目湖"沙锅鱼头"在国内大中城市享有盛名。

2. 生态效益显著

江苏省溧阳地区的沙河水库、大溪水库和唐马水库的水质均属国家二类水水质标准，是溧阳全市人民饮用水水源，沙河水库水源是天目镇、戴镇、溧城镇、上黄镇、埭头镇居民和农民的饮水水源；大溪水库水源是上兴镇、南渡镇、社渚镇居民和农民的饮用水水源；唐马水库的水源是竹箦镇、别桥镇居民和农民的饮用水水源。由此可见水库生态养殖鱼类是促使水域水生生物多样性，水生生物系统物质良性循环，合理利用水生资源，资源循环利用，促使水库水域生态平衡，科学地保护了水域生态环境，实现既要清山绿水，又要养殖绿色大个体优质鱼类促进农民增收。

3. 经济效益突出

江苏省溧阳地区大中小水库水产养殖面积达 0.33 万 hm^2，以养殖"四大家鱼"为主，加上近几年丘陵山区开发，中小水库数量增多，水库养殖草鱼是宾馆鱼制品、酸辣鱼优质原料，鳙鱼是天目湖"沙锅鱼头"优质原料。现在天目湖"沙锅鱼头"在国内大中城市享有盛名，特别是在上海市、天目湖 AAAA 级旅游度假区、杭州市等大中城市影响力较为显著。鱼加工产业化开发前景良好，附加值高经济效益好，"一产"带动"三产"，真正体现水库生态养殖鱼类经济效益好的优势。

第五节　河流生态养殖鱼类

河流生态养殖鱼类，一般选择以人工放流的模式，向河流投放不同品种、不同规格的优质种苗，增殖放流能维护水生生物的多样性，促进渔业资源多元化发展；渔业资源人工增殖放流将对修复天然水域渔业资源，改善河流水体的水质状况，保护河流自然生态环境起到积极的推动作用。同时，还可推进渔业资源的可持续发展和河流自然生态环境的平衡，对增加渔民收入具有积极支撑作用。鱼苗放流被认为是目前最经济、最环保和最有效的生态养殖鱼类方法。

一、苗种选择与人工放流苗种

1. 选择品种

主要以草鱼、鲢鱼、鳙鱼、鲤鱼和鲫鱼等苗种为主。草鱼，可谓是水草的"天敌"。放流草鱼可以用来控制城河水草疯长，避免因水草腐烂而形成的二次污染。鳙鱼和鲢鱼有"环保鱼"之称，但在净化水质方面却有着不同分工。鳙鱼以水中的浮游动物为食，而鲢鱼以浮游植物为食。几年前，太湖流域蓝藻泛滥时，为此投放了 2.8

亿尾鲢鱼，有效地控制了蓝藻的进一步爆发。据测算，一条鲢鱼长到 1.5kg 左右，不到两年时间，但能吃掉 50kg 浮游植物。

鲤鱼、鲫鱼活动范围比较小，可以长期放流在城市的湖塘河道中。细鳞斜颌鲴是新品种鱼类。在水中，细鳞斜颌鲴可以其发达的下颌角质边缘在水底刮取藻类、有机碎屑和腐殖质，由此净化水质，因此细鳞斜颌鲴常被称为水中"清道夫"。

2. 鱼种的质量

选择引进经过国家良种审定委员会审定的"原种，按照良种生产技术操作规程，应用群体混合选择技术，分阶段（生长阶段），选育良种亲鱼繁育的苗种。选择个体强壮，具有遗传性状稳定，抗逆性强，生长快良种苗种。

3. 鱼种规格

夏季放流苗种选择大规格夏花鱼种，一般要求选择个体强壮规格整齐苗种。鲢鱼、鳙鱼、草鱼、青鱼的个体长达 5cm 以上，鲤鱼、鲫鱼、团兴鲂等个体长达 3cm 以上。冬季放流苗种：选择一代一龄冬片苗种，一般要求选择个体强壮规格整齐苗种。鲢鱼、鳙鱼、草鱼、青鱼的个体长达 15cm 以上，鲤鱼、鲫鱼、团头鲂等个体长达 10cm 以上。

4. 检验检疫

放流的水生生物种类应是经过检验检疫合格的，禁止使用外来种、杂交种和转基因种等品种。这些物种被投放到河流中，由于没有天敌，会破坏生态平衡。

5. 选择放流苗种时间

（1）放流时间。夏季放流苗种时间选择在每年的 6 月中旬，晴天，风力 2~3 级，河面风平浪静，适宜放流夏花鱼苗。冬季放流苗种时间选择在每年的 12 月上旬，晴天，阳光普照，无霜冬，风力 2~3 级，河面风平浪静，适宜放流一代一龄冬片鱼苗。

（2）选择地点。一般选择河流较宽的地带，水流缓慢，生物饵料丰富，栖息环境好，放流鱼苗体能恢复快，成活率高。

6. 放养数量

（1）确定放养数量三要素。放流的水域是公共天然水域，一是通过增殖放流可以补充和恢复生物资源的群体；二是增殖放流同时可以改善水质和水域的生态环境；三是提高河流鱼类养殖产量，增加渔民的经济收入，促进渔民增收致富。总之，要依据上述的三要素确定放养数量。

（2）城市的河湾处，水质富营养。以放养滤食性鱼类品种为主，如鲢鱼、鳙鱼、银鱼等。藻类地带的河流水生植被茂盛以放养草食性鱼类品种为主，如草鱼、团头鲂、黄尾鲴等；水流流速缓慢的河流以放养杂食性鱼类品种为主，如鲤鱼、鲫鱼等。

二、河流放养鱼苗管理

1. 建立以县级渔政站执法为主体的县级、镇级、村级三级联动机制执法队伍

设立管护牌，为提高全民保护渔业资源和生态环境意识起到良好的宣传效果。渔业水域实行划段管护，落实管护人员并与管护人员签订渔业水域划段管护责任书，做到对渔业水域群管群治，有效遏制了河道电鱼、炸鱼、毒鱼等渔业违法事件的发生，为促进河流域水渔业资源的恢复和水生态环境的保护起到了积极作用。

2. 定期检查

渔业资源种群的数量与分布状况，生长情况，定期检测水质的参数做到确实了解和掌握河流放养鱼类资源种群及水域状况的改善，为翌年的放养鱼类提供可靠科学依据，科学地确定河流放养鱼类的品种。

三、放流的作用和效果

这些年来，我国河流水生生物的资源处于一种衰退的状况，内陆的江河水生生物资源或者叫渔业资源，总体处于衰退的状态，甚至一些水域呈现荒漠化状态，河流的水里面已经没有鱼和水生生物了，就像陆地上的沙漠一样，这么一种状态我们形象地称之为水域生态荒漠化状态。增殖放流可以补充和恢复生物资源的群体是一种养护资源、恢复资源的有效措施，增殖放流的效果应该说是非常好的，从 3 个方面可以体现出来。

1. 恢复生物资源的群体

通过增殖放流可以补充和恢复生物资源的群体，因为刚才说到的水生生物资源下降了，有的资源甚至很少或者没有了，我们通过增殖放流，人工补充这些生物资源到水里去，这样就增加了资源，改善了生物的种群落结构，同时也能够维护生物的多样性。有些濒危的物种通过增殖放流的方式可以增加它的数量，起到了对这些濒危物种的保护作用。

2. 改善水域生态环境

增殖放流可以改善水质和水域的生态环境。根据放流的品种不同，其作用也不同，比如，我们现在放流的一些滤食性的品种，如一些鱼类和贝类，它们可以滤食水中的藻类和浮游生物，通过这种作用可以净化和改善水质。近些年一些湖泊水库，比如太湖前几年爆发蓝藻大家都知道，像北京市密云水库是饮用水源地，通过开展增殖放流，对保证水的品质和质量起到了很好的作用。同时，水生生物还有一种碳汇的作用，可能很多消费者不是特别了解，水里的这些水生生物，包括鱼类、贝类

和藻类，可以吸收水中的二氧化碳，而空气中的二氧化碳可以溶解到水里面去。近年我国提倡节能减排，水生生物就可以间接起到减排的作用，这是水生生物非常独特的作用。

3. 增加水产品产量

近年来，在各级政府主管部门的支持和协助下，大规模各类水生鱼虾蟹贝放流水生生物经济物种。放流之后，过一段时间增加长大之后渔民再去捕捞，渔民捕捞的产量和效益都得到了很大的提高。比如，像对鲢鱼、鳙鱼、草鱼这些品种，增殖放流的效果都是非常明显的，投入和产出比是很高的。既增加了渔民的收入，促进渔民能够关心水生生物资源问题，同是提高了渔民的资源环境保护意识。

第十二章　池塘、外荡生态养殖

第一节　池塘生态养殖蟹类

实施池塘生态养殖蟹类符合 2007 年全国农业工作会议渔业专业会所提出：以保障水产品有效供给和"三大安全"为核心，加快转变渔业发展方式。全面推进水产健康养殖，切实提高水产品质量安全水平，加大水生生物资源与生态环境保护力度，扎实推进现代渔业建设，促进渔业可持续发展和社会主义新农村建设做出更大贡献的精神。

一、网围的建造

1. 网围结构

根据池塘水面大小划分成 2~3.33hm² 的养殖面积为宜，网围结构采用双层网结构，外层为保护网，内层为养殖区，两层网间距为 1m，并在两层网中间设置"地笼网"，除可检查河蟹逃脱情况外还具有防逃作用。内层为养殖区设苗种暂养区，暂养区的面积约占网围面积的 30%。

2. 网围的建造

（1）网片。池塘养殖河蟹网片选用聚乙烯平板网，分水下部分和水上部分（防逃网）。在制作时其高度和宽度都应比实际高度和宽度增加 8%~12%，因为网片是聚乙烯网制作所成，经过使用有紧缩的现象。因此，网片柱到支架上后要松紧适度。在设计水下部分网片的高度时应以常年平均水深为基础，在此基础上另加高 1m 的防逃网就可以。

（2）网围防逃设施。内层网最上端内侧接一个"下"形倒挂网片或接宽为 20~30cm 的塑料薄膜用于防逃，两层网的最下端固定并埋入池塘底部 20cm 深处为好。网围常用竹桩或钢杆在外侧固定，竹桩的间距为 3~5m 左右，在湖区的池塘网围高度为 2.5~3m。在长江中下游地区应以吴淞标准 7m 左右为好。汛期防止洪水湖水猛涨时发生河蟹逃跑事故，避免造成严重经济损失。

二、营造池塘生态环境

1. 养殖塘预处理

（1）光能清塘消毒。在养殖塘中水产品收获后，从 12 月 15 日开始将池塘中的水排干清塘，池塘底泥在太阳光下暴晒，暴晒时间从 12 月 18 日至翌年 2 月 3 日之内，太阳光暴晒能杀灭塘中病原体，有效控制病原体滋生；同时太阳光照有效保护与培养微生物，例如太阳光照培养光合细菌（PSB）为最好；同时，在所有微生物中 95% 左右是有益的，4% 左右是条件致病微生物，仅 1% 是有害微生物。利用有益微生物生理功能营造良好生态水域环境。

（2）茶粕溶血性毒素清塘消毒。茶粕中含有皂角苷 10%~15%，属溶血性毒素，对以血红蛋白为携氧载体的生物有非常强杀灭作用，如鱼类、两栖动物、爬行动物等，但是对白蓝蛋白为携氧载体无效，因此不伤害蟹、虾和生物饵料。①消毒时间：应在河蟹苗种放养前 7d 清塘消毒；②使用剂量：池塘平均水深 0.15m，干净茶粕用量每 $667m^2$ 为 8~10kg。茶粕溶血性毒素浓度达 10mg/L 时，能杀灭血红蛋白为携氧载体的生物；③使用方法：用茶粕 50kg 加食盐 1kg，加水 200kg 浸泡 5~8h 后，晴天将茶粕浆全池泼洒，2d 后成效显著。因此，用茶粕溶血性毒素清塘消毒，可控制化学类药物清塘消毒带来水环境污染源。

2. 水草栽培

在养殖河蟹池塘的秋季，9 月下旬移栽苲草、黄丝草、金鱼藻、伊乐藻、睡莲草，冬季 11 月上旬种植轮叶黑藻草籽、苦草草籽、菱角在秋播种，在翌年春季 3 月实行补栽 8 种沉水水生植物，组成 8 种沉水水生植物群落，此消彼长互为补充，春、夏、秋三季池塘底部水生植物覆盖率达 75%~85%，用物理方法（割草机）和生物方法（控草宝）将水生植物的茎叶面控制在水面以下 30~40cm 之处。水面以下水生植物光合作用时，水体内水生植物释放氧量增多，水体内溶解氧量增高；水体内水生植物新陈代谢功能提高，分解养殖水体中产生的有毒、有害物质功能提高，可消除水质富营养，控制藻类繁殖。

3. 贝类移殖

螺蛳、蚌、蚬等鲜活贝类具有强大滤水滤食功能，秋季水生植物代谢功能减弱时，当年 9 月移殖的螺蛳每 $667m^2$ 为 150kg、主要是用于稳定的水生生态系统功能；11 月向养殖塘内移殖螺蛳、蚌、蚬等鲜活贝类每 $667m^2$ 为 150kg，投放螺蛳、蚌、蚬等鲜活贝类的量每 $667m^2$ 为 150kg，主要是用于翌年夏季 5 月使其在塘中自然繁殖幼螺，然后生长为成螺，作为长期稳定的水生生态系统功能，在养蟹池塘中投放一定密度的铜锈环棱螺有利于水体环境的改善。

三、科学选择苗种与放养

1. 选择河蟹苗种

（1）选择长江水系的遗转基因好、抗逆性强、个体大的河中华绒螯蟹（河蟹）为亲本。亲蟹规格：母本个体重为125g以上，父本个体重为150g以上繁育的苗种；选择淡水水系培养的扣蟹苗种养殖成蟹，它们在长江水系区域养殖成活率高，生长快，规格大。

（2）科学选用优良河蟹苗种。例如产地：上海市崇明、浙江省长兴、横沙；江苏省海门、启东、如东、太仓等地。长江水流与东海交汇处水系繁育的苗种也是一种选择，其水质盐度为0.3‰以内。

（3）选择河蟹苗种注意的事项。

① 非中华绒螯蟹苗种不宜选择。

② 非长江水系苗种不宜选择。

③ 咸水蟹苗种不宜选择。

④ 未经完全淡化的蟹苗种不宜选择。

⑤ 性早熟蟹苗种不宜选择。

⑥ 小老蟹苗种不宜选择。

⑦ 病、残体蟹苗种不宜选择。

⑧ 有药害蟹苗种不宜选择。

⑨ 携带病原体的蟹苗种不宜选择。

（4）选择河蟹苗种规格与时间：选择蟹种规格：130~160只/kg；选择时间：1~2月气温一般在3~5℃，河蟹生理现象处在休眠状态，是选择扣蟹苗种最佳时期，操作时损伤率低，成活率高。因此，2月是选择扣蟹苗种最佳时期。

2. 选择青虾苗种

（1）选用太湖流域水系遗转基因好、抗逆性强、个体大的青虾亲本。亲虾规格：雌虾5cm以上，雄虾5.5cm以上亲虾繁育、培育的苗种。

（2）选择时间与选择规格。选择时间2月下旬或7月中旬，苗种规格：分别为450只/0.5kg，4 500只/0.5kg。

（3）选择青虾苗种注意事项。

① 携带病原体青虾苗种不宜选择。

② 缺氧青虾苗种不宜选择。

③ 非带水捕获青虾苗种不宜选择。

④ 有药害青虾苗种不宜选择。

3. 选择翘嘴鳜苗种

（1）选用太湖流域水系遗转基因好、抗逆性强、个体大的翘嘴鳜亲本。亲鱼规格：雌鱼 2.5kg 以上，雄鱼 3kg 以上亲鱼繁育、培育的苗种。

（2）选择湖泊流域水系培育的翘嘴鳜苗种。产地：江苏省太湖、长荡湖、滆湖、固城湖等；湖北省、安徽省和江西省等地的湖泊。

（3）选择翘嘴鳜苗种注意事项。

① 缺氧翘嘴鳜苗种不宜选择。

② 缺食翘嘴鳜苗种不宜选择。

③ 携带病害、虫害翘嘴鳜苗种不宜选择。

（4）选择翘嘴鳜苗种规格与时间。

① 选择规格：体长 5~8cm 为好；。

② 选择时间：6 月中旬或下旬。

4. 苗种放养

（1）放养品种。按照生态学中各自生态位的特点放养苗种，用质比量比放养技术，确定放养的品种与数量，实现生物多样性。放养性状优良蟹、虾、鱼苗种，用质比表示在同一水体放养不同类水生动物品种的数量，放养河蟹、套养青虾、插养鳜鱼 3 个品种，量比表示在同一水体放养不同类的各个品种数量的占有率。

（2）放养时间与数量。

① 放养河蟹苗种，放养时间 1—2 月，河蟹苗种规格：个体重 130~160 只/kg；每 667m^2 放养量为 800~1 200 只。

② 青虾套养苗种：一是 7 月中旬青虾套养苗种规格：为 450~500 只/0.5kg，每 667m^2 放养量为 2.5~3kg；二是 2 月青虾套养苗种规格：450~500 只/0.5kg，每 667m^2 放养量为 3.5~4.5kg。

③ 插养鳜鱼苗种：插养时间 6 月中下旬均可，鳜鱼苗种规格：个体长为 5~8cm，667m^2 放养 12~15 尾。

四、饲养与管理

1. 饲料的配制与投喂

（1）同类生物作为同类生物饲料的原料能使营养平衡，这是自然属性。河蟹与家蚕都是变温动物。家蚕吃桑叶植物，干蚕蛹的蛋白是植物蛋白转化为动物蛋白原料，运用干蚕蛹研制维生素营养平衡无公害熟化饲料，饲料配方饲料蛋白总含量为38.73。

（2）饲料投喂量。进行适时、适量投喂，提高河蟹对蛋白营养的吸收率，营养平衡增强河蟹的免疫功能，使其种质特征充分表现，生长性能充分发挥。提高生长率，增加肥满度的有效率；促使成蟹阶段第1次蜕壳体重增长15%~20%；以动物性饵料（螺蛳、小杂鱼等）为主，最后1次成熟蜕壳增重达91.7%。适时、适量投喂原则：根据不同生长季节、不同水温和不同体重的饲料投喂率（%）如表5-12-1所示。

表 5-12-1　河蟹不同水温和不同体重饲料投喂率

温度（℃）	体重 50g 以下	体重 50~75g	体重 75~100g	体重 100~125g	体重 125~150g	体重 150~175g
12~16	3.0	2.8	2.8	2.8	2.8	2.5
17~21	3.5	3.8	3.8	3.8	3.8	3.5
22~25	5.0	4.5	4.8	4.8	4.8	4.0
26~30	3.8	4.0	3.5	3.5	3.5	3.0

（3）投喂时间与方法。

① 饲料投喂时间：1d 饲料投喂 2 次，第 1 选次在 8:00~9:00 为好，第 2 次选在太阳要西下的傍晚时，也就是 17:00~18:00，如 1d 只投喂 1 次就选在太阳要西下的傍晚时，也就是 17:00~18:00 为最佳时节。

② 饲料投喂方法。饲料投喂方法有二种方法：一种饲料投喂机投喂，将饲料投喂机安装在小船上，将饲料存放饲料投喂机的存放饲料箱内，起动饲料投喂机的电源，再沿着池塘四周开始投喂饲料。另一种是用传统的人工投喂方法，将饲料存放在饲料小船船仓内，人工直接操作向池塘四周均匀拨撒。

2. 水质调节

河蟹、青虾和鳜鱼对水质要求高，水质要"活、嫩、爽"。养殖期间溶解氧 5.5mg/L 以上，pH 值在 7.5~8.5 范围内，水体透明度在 50~60cm。水质调控有以下方法。

（1）加注新水。加注新水根据养殖池塘水质情况，春季加注新水时将池塘水位控制在 60cm 左右即可，有利于控制水生植被，有利于河蟹正常生长发育。夏季高温加注新水时将池塘水位控制在 120cm 左右即可，有利于控制水温，将池塘的中层水温调控在在 22~28℃。是河蟹最适生长的水温。

（2）调控池水的 pH 值。可用的方法，如 pH 值小于 7.0 时，每 15d 全池均匀拨洒生石灰水 15~20mg/L；如 pH 值大于 8.0 时，每 15d 全池均匀拨洒漂白粉 2~4mg/L；如池塘水质太瘦时每 15d 全池均匀泼洒过磷酸钙 5~8mg/L；如夏季连续高温 30~35℃时，做到合理使用生物制剂，生物制剂使用要根据该产品的说明书的技术指导与池塘水质状况确定使用剂量，防止和克服微生态失调，恢复和维持生态平衡。

（3）水生植被控制。可用割草机修剪方法和用控草宝控制其生长的方法来实现。这样能使水生植物的茎叶面控制在水面以下 30~40cm 之处。是河蟹蜕壳时所需弱光条件的栖息处；水生植物可使河蟹同步蜕壳并保护软壳蟹，是河蟹成活率高的关键条件。沉水水生植物进行光合作用时能将大量氧气释放在水体内，溶解氧可达 5.5mg/L 以上，促使河蟹正常生理代谢。

（4）投喂鲜活贝类。

① 主要是向养殖塘内投喂螺蛳、蚌、蚬等鲜活贝类。第 1 次投喂时间为 9 月中旬。投放量每 667m² 为 150kg。投喂鲜活贝类能获得稳定的水生生态系统功能和为河蟹提供大量的动物蛋白饵料，加速河蟹的生长育肥。

② 第 2 次投喂时间为 11 月中旬。投喂量每 667m² 为 150kg。主要是使其在翌年 5 月之前能在养殖塘中自然繁殖幼螺蛳、蚌和蚬，并生长长大，这样能获得长期稳定的水生生态系统功能。河蟹生长发育期内食用鲜活动物蛋白饵料，可以提高河蟹免疫功能，增强抗病力。鲜活贝类具有强大的滤水滤食功能，在秋季水生植物代谢功能减弱时投喂鲜活贝类能极大地提高水体质量。其中贝壳分泌的微量元素能够分解水体使水体呈微碱性，使其 pH 值保持在 7.5~8.5 范围内。

3. 控制虫害病害

（1）运用水生植物生态功能、营养价值和药理作用。沉水水生植物的新成代谢功能，能大量地分解水中的有毒有害物质，还可消除水体富营养，使藻类不易繁殖，还可防止河蟹丝藻附着病的发生。水生植物含有皂甙、甾醇、黄酮类、生物碱、有机酸、氨基嘌呤和嘧啶等有机物质，水生植物具有抑菌、消炎、解毒、消肿、止血和强壮等药理作用，水生植物的药理作用可使河蟹大量采食水生植物后不生细菌性疾病。

（2）秋季水生植物代谢功能减弱时，投喂鲜活贝类能极大地提高水体质量。其贝壳分泌的微量元素能分解水体使水体呈微碱性，使 pH 值保持 7.5~8.5 范围内。河蟹颤抖疾病的发生是因螺原体病原所造成的，实践中表明螺原体病原最适温度 28~30℃，适宜 pH 值 6.0 以下，而螺原体无细胞壁，所以对青霉素、链霉素等抑制细胞壁合成的多种抗生素药物不敏感。水质 pH 值 7.5~8.5 范围内可控制河蟹颤抖疾病发生。使 pH 值保持在 7.5~8.5 范围内。这样的水体能防止河蟹颤抖疾病的发生。

（3）生物制剂是多种微生物复合培养而成的活菌制剂。夏季连续高温 30~35℃

时，做到合理使用生物制剂：生物制剂使用要根据该产品的说明书的技术指导与池塘水质状况确定使用计量，防止和克服微生态失调，恢复和维持生态平衡。能促使养殖水体改良成为生态资源水质，能有效防止河蟹虫害、病害发生。例如：微生物底泥改良剂（高效浓缩型）主要成分：枯草芽孢杆菌沼泽红假单胞菌等有益微生物及其提高氧化物质，有效活菌数 50 亿 /g。应用范围：各种水产养殖的环境改良处理功能特点。

（4）微生物底泥改良剂作用。本品分解清除淤泥中的排泄物、残饵、动物及藻类残体和其他各种有机污染物，显著改善底部环境。

① 降低水体中氨氮、亚硝酸盐的浓度、调节透明度、稳定 pH 值。

② 抑制有害蓝绿藻的生长，平衡藻相。

③ 可去除池塘水体中产生的泥皮，效果显著。

④ 长期使用本品，可明显减少水产动物应激反应。

（5）用法用量

① 养殖期间，每 $667m^2$ 使用本品 0.5kg，均匀撒布水面，让其自由沉淀，一般每 10d 左右使用 1 次。

② 在池塘水体泥皮较多时，建议每 $667m^2$ 使用本品 1kg。

③ 水质严重恶化时，可以加倍使用本品。

五、河蟹质量安全水质达标

江苏省溧阳市水产良种场所属养殖公司——溧阳市长荡湖水产良种科技有限公司 2013 年 9 月 13 日抽检河蟹样品的检测报告，如表 5-12-2 所示。

江苏省出入境检验检疫局食品实验室

检测报告

报告编号：FJKQ13-01064

第 1 页，共 4 页

发出日期：2013-9-30

委托人：常州局

样品名称：螃蟹

样品描述：1 个样 / 样品编号 E/321600/03/20130912/2

收样日期：2013-9-13

表5-12-2　检验结果

检测项目	检测结果	结果单位	检测依据
呋喃西林及其代谢物	< 0.5	μg/kg	SN/T1627-2005
呋喃它酮及其代谢物	< 0.5	μg/kg	SN/T1627-2005
呋喃妥因及其代谢物	< 0.5	μg/kg	SN/T1627-2005
呋喃唑酮及其代谢物	< 0.5	μg/kg	SN/T1627-2005
四环素	< 50.0	μg/kg	SOP-SP-050
土霉素	< 50.0	μg/kg	SOP-SP-050
金霉素	< 50.0	μg/kg	SOP-SP-050
强力霉素	< 50.0	μg/kg	SOP-SP-050
恩诺沙星	< 1.0	μg/kg	SOP-SP-050
环丙沙星	< 1.0	μg/kg	SOP-SP-050
丹诺沙星	< 1.0	μg/kg	SOP-SP-050
沙拉沙星	< 1.0	μg/kg	SOP-SP-050
诺氟沙星	< 1.0	μg/kg	SOP-SP-050
氧氟沙星	< 1.0	μg/kg	SOP-SP-050
马波沙星	< 1.0	μg/kg	SOP-SP-050
恶喹酸	< 1.0	μg/kg	SOP-SP-050
氟甲喹	< 1.0	μg/kg	SOP-SP-050
双氟沙星	< 1.0	μg/kg	SOP-SP-050
培氟沙星	< 1.0	μg/kg	SOP-SP-050
螺旋霉素	< 10.0	μg/kg	SOP-SP-050
磺胺嘧啶	< 10.0	μg/kg	SOP-SP-050
磺胺二甲基嘧啶	< 10.0	μg/kg	SOP-SP-050
磺胺喹恶啉	< 10.0	μg/kg	SOP-SP-050
磺胺邻二甲氧嘧啶	< 10.0	μg/kg	SOP-SP-050
磺胺间二甲嘧啶	< 10.0	μg/kg	SOP-SP-050
磺胺间甲氧嘧啶	< 10.0	μg/kg	SOP-SP-050
磺胺甲氧哒嗪	< 10.0	μg/kg	SOP-SP-050
磺胺甲恶唑	< 10.0	μg/kg	SOP-SP-050
磺胺噻唑	< 10.0	μg/kg	SOP-SP-050
磺胺氯哒嗪	< 10.0	μg/kg	SOP-SP-050
磺胺吡啶	< 10.0	μg/kg	SOP-SP-050
磺胺甲基嘧啶	< 10.0	μg/kg	SOP-SP-050
三甲氧苄胺嘧啶	< 10.0	μg/kg	SOP-SP-050
磺胺对甲氧嘧啶	< 10.0	μg/kg	SOP-SP-050
孔雀石绿	< 1.0	μg/kg	SOP-SP-050
隐性孔雀石绿	< 1.0	μg/kg	SOP-SP-050
结晶紫	< 1.0	μg/kg	SOP-SP-050

（续表）

检测项目	检测结果	结果单位	检测依据
隐性结晶紫	< 1.0	μg/kg	SOP–SP–050
氯霉素	< 0.1	μg/kg	SOP–SP–050
铅	< 0.1	mg/kg	SN/T0448–2011
镉	0.07	mg/kg	SN/T0448–2011
无机砷	< 0.1	mg/kg	SN/T0448–2011
汞	< 0.01	mg/kg	SN/T0448–2011
铜	11.8	mg/kg	GB/T5009.13–2003
三聚氰胺	< 0.5	mg/kg	GB/T22388–2008
多氯联苯 52	< 0.01	μg/kg	GB/T5009.190–2006
多氯联苯 28	< 0.01	μg/kg	GB/T509.190–2006
多氯联苯 101	< 0.01	μg/kg	GB/T509.190–2006
多氯联苯 138	< 0.01	μg/kg	GB/T509.190–2006
多氯联苯 153	< 0.01	μg/kg	GB/T509.190–2006
多氯联苯 180	< 0.01	μg/kg	GB/T509.190–2006
多氯联苯 118	< 0.01	μg/kg	GB/T509.190–2006
新霉素	< 250.0	μg/kg	SOP–SP–019
阿莫西林	< 10.0	μg/kg	SOP–SP–050
氨苄西林	< 10.0	μg/kg	SOP–SP–050
青霉素 G	< 10.0	μg/kg	SOP–SP–050
双氯青霉素	< 10.0	μg/kg	SOP–SP–050
邻氯青霉素	< 10.0	μg/kg	SOP–SP–050

池塘养殖水质标准

养殖用水检测报告表 5–12–3 所示。

（水）检字第20130590号，共4页 第3页

样品名称	养殖用水		检测类别	委托
商标、编号或批号	见下		采样地点	—
生产单位	溧阳市长荡湖水产良种科技有限公司		包装情况	见下
受检单位	常州出入境检验检疫局		样品数量	见下
单位地址	常州龙锦路1298号		收样日期	2013-9-24

检测依据

表 5-12-3　河蟹池塘养殖用水标准

GB/T5750.12-2006《生活饮用水标准检验方法 微生物指标》

检测项目	标准值	结果
水 20130590001 养殖用水　2500ml/ 桶 ×3 桶 总大肠菌群	MPN/100 ml	2800 MPN/100 ml

以下空白

检测项目	标准值	结果
水 20130589001 养殖用水　2500ml/ 桶 ×3 桶	≤ 0.005mg/L	<0.002mg/L
挥发性酚	≤ 1mg/L	0.68mg/L
氟化物（以 F⁻ 计）砷	≤ 0.05mg/L	<0.001mg/L
悬浮物质		6mg/L
色、臭、味	人为增加的量不得超过 10，而且悬浮物质沉积于底部后，不得对鱼、虾、贝类产生有害的影响 不得使鱼、虾、贝、藻类带有异色、异臭、异味	色度 30 度，臭和味　无
甲胺磷	≤ 1mg/L	<0.0001mg/L
乐果	≤ 0.1mg/L	<0.0001mg/L
滴滴涕	≤ 0.001mg/L	<0.00012mg/L
六六六（丙体）	≤ 0.002mg/L	<0.000008mg/L
pH 值	6.5~8.5	9. 15
呋喃丹	≤ 0.01mg/L	<0.000125mg/L
氰化物	≤ 0.005mg/L	<0.002mg/L
镍	≤ 0.05mg/L	<0.001mg/L
锌	≤ 0.1mg/L	0.04mg/L
铜	≤ 0.01mg/L	<0.01mg/L
铬（六价铬）	≤ 0.1mg/L	<0.004mg/L
铅	≤ 0.05mg/L	0.001mg/L
镉	≤ 0.005mg/L	0.002mg/L
汞	≤ 0.0005mg/L	<0.0001mg/L

以下空白

六、池塘生态养殖河蟹经济效益高

1. 技术普及推广案例

"生态养殖'红膏'河蟹技术研究与推广应用"规模生产示范基地面积为 53.33hm²；2011 年养殖面积为 53.33hm²，养殖的优质"红膏"河蟹达标率为 88.68% 以上，成蟹回捕率 55.90%。规格：雄蟹个体重量 175g 以上占 75.32%，雌蟹个体重量 125g 以上占 65.11%；生态养殖优质"红膏"河蟹 667m² 均产量达 59.486kg，667m² 均产值为 5 851.65 元，667m² 均技术经济效益 3 626.65 元；河蟹年总产量 47.69t，实现总产值 468.13 万元，总利润 290.13 万元，投入产出比 1：1.63。

2. 生态养殖效益

河蟹等水产品生态养殖综合效益（表 5-12-4）。

第二节　池塘生态养殖虾类

一、池塘生态养殖青虾

1. 养殖青虾池塘规格与设施设备

（1）池塘规格。池塘面积为 2001m²，池塘深度为 1.5m、池塘底层平坦，池塘坡比为 1：1.35，池塘池水深保持在 0.8~1.0m。

（2）设备设施。基地建配套进排灌水设施、池塘面积 2 001m²，根据需要配备 2.5kW 的潜水泵 2 只。

2. 营造池塘生态环境

（1）养殖塘预处理。池塘底泥在太阳光下暴晒，暴晒时间：从 12 月 1 日至 2 月 20 日之内；或 6 月 10 日至 7 月 20 日之内；太阳光暴晒能杀灭塘中病原体，有效控制病原体滋生；同时太阳光照有效保护与培养微生物，例如，太阳光照培养光合细菌（PSB）为最好；同时，在所有微生物中，95% 左右是有益的，4% 左右是条件致病微生物，仅 1% 是有害微生物。利用有益微生物生理功能营造良好生态水域环境。

（2）池塘底泥含有的残食有机质暴晒太阳。光合作用促使残食有机质成为培养浮游动物有机肥，或每 667m² 养殖池内可施腐熟的粪肥 300~350kg，7d 后大量轮虫等浮游动物出现，青虾的幼体以轮虫等浮游动物为适口饵料，

表5-12-4 2011年度生态养殖优质"红膏"河蟹产量、产值以及效益表

品种	规格	放养时间	放养量 (667m²)	面积 (hm²)	捕活率 (%)	公蟹规格175g (%)	母蟹规格125g (%)	红膏达标率 (%)	产量 万 (kg)	平均单价 元 (kg)	产值 (万元)	工资 (万元)	水电费 (万元)	塘租费 (万元)	苗种费 (万元)	饲料费 (万元)	成本合计 (万元)	总利润 (万元)	利润 元 (667m²)
蟹种	5~8 g	1~5月	800只	53.33	55.90	75.32	65.11	88.68	4.7589	98.37	468.132	40	17.20	36	28	56.80	178	290.132	3626.65
青虾苗种	1.5~2.5 cm	1~5月	2.5~5 kg	53.33	55				0.68	62	42.16				20.00		20.00	22.16	277
鳜鱼苗种	5~8 cm	1~5月	10~12尾	53.33	82				0.6	41	24.60				2.4		2.40	22.20	277.50
合计											534.892	40.00	17.20	36.00	50.40	56.08	200.40	409.278	4181.15

注：因青虾虾苗种和鳜鱼苗种数据不全，暂未对其进行综合统计

（3）养殖青虾池塘。池塘内种植轮叶黑藻，水草面积占池塘面积30%。水草茎叶面控制在水面以下30cm，或可用网布设置1∶3.5坡度的斜坡面，增加青虾代谢蜕壳的栖息处。

3. 科学选择苗种与放养

（1）选择青虾苗种。

① 选择异地湖泊水流入湖口区域生长的遗传基因好、抗逆性强、个体大的优良青虾亲本，并且要求青虾亲本个体大、虾体健壮、行动活泼、附肢完整、性腺发育成熟，雌虾体长5.5~6cm，雄虾规格要更大一些的亲本繁育的苗种。

② 选择时间与选择规格：选择时间2月下旬或7月中旬。苗种规格：分别为1 000只/kg，10 000只/kg。

③ 选择青虾苗种注意事项。

A. 携带病原体青虾苗种不宜选择。

B. 缺氧青虾苗种不宜选择。

C. 非带水捕获青虾苗种不宜选择。

D. 有药害青虾苗种不宜选择。

（2）放养苗种。

① 按照生态学中各自生态位的特点放养苗种，用质比量比放养技术，确定放养的品种与数量，实现生物多样性。放养性状优良虾、鱼（鳙鱼和鲢鱼）苗种，用质比表示在同一水体放养不同类水生动物品种的数量，放养青虾、插养鳙鱼和鲢鱼3个品种，量比表示在同一水体放养不同类的各个品种数量的占有率。

② 放养时间与数量。

A. 放养青虾苗种的时间：2月下旬，苗种规格：1 000只/kg，667m² 放养青虾苗种量为35kg；插养鳙鱼规格：个体长12cm，667m² 插养鳙鱼15尾；插养鲢鱼规格：个体长10cm，677m² 插养鲢鱼20尾。

B. 放养青虾苗种的时间：7月中旬，苗种规格：10 000只/kg，667m² 放养量5kg；插养鳙鱼规格：个体长5cm，667m² 插养鳙鱼20尾；插养鲢鱼规格：个体长4cm，667m² 插养鲢鱼30尾。

4. 饲养与管理

（1）饲料配制与投喂。

① 饲料成分：以干鱼粉为主、虾壳粉、大豆粕、小麦麸、酵母粉、大豆磷脂、玉米蛋白粉、植物油、磷酸二氢钙、乳酸钙、预混料一起经粉碎、干燥、混和、熟化、造粒而制成饲料，这样的高动物蛋白饲料确保能饲养出生长速度快、质量好、

品位高的优质青虾。

②饲料投喂量：根据不同生长季节的不同水温及青虾体重适时、适量投喂上述配方饲料：具体饲料的饲喂量占青虾体重的比率（%）如表5-12-5所示。

表5-12-5　在不同水温下青虾个体重量与投喂饲料比重

水温度 （℃）	虾个体长 0.5cm 15000只/ kg、每只 0.07g（%）	虾个体长 1cm 10000只/ kg、每只 0.10g（%）	虾个体长 2cm 2000只/ kg、每只 0.5g（%）	虾个体长 3cm 600只/kg 每只 1.67g（%）	虾个体长 4cm 300只/kg、 每只 3.34g（%）	虾个体长 5cm 200只/kg、 每只5g （%）	虾个体长 6cm 130只/kg、 每只 7.7g（%）
12~16	3	3.2	3.2	3	2.8	2.5	2.5
17~21	3.3	3.5	3.5	3.5	3.5	3.3	3.3
22~25	5.5	5	5	5	4.5	4.5	4.5
26~30	6	5.5	5.5	5.5	4.8	4.5	4.5

③投喂时间与方法。

A.饲料投喂时间：1d饲料投喂2次，第1次选在8:00~9:00为好，第2次选在太阳要西下的傍晚时，也就是17:00~18:00，如1d只投喂1次就选在太阳要西下的傍晚时，也就是17:00~18:00为最佳时节。

B.饲料投喂方法：饲料投喂方法有二种方法，一种是用饲料投喂机投喂，将饲料投喂机安装在小船上，将饲料存放在饲料投喂机的饲料箱内，起动饲料投喂机的电源，再沿着池塘四周开始投喂饲料。另一种是用传统的人工投喂方法，将饲料存放袋子内，沿着池塘四周的塘埂，用人工直接向池塘四周均匀拨撒饲料。

（2）水质调控。青虾对水质要求高，水质要"活、嫩、爽"。养殖期间溶解氧在5.5mg/L以上，pH值在7.0~8.2范围内，水体透明度在30~50cm。水质调控有以下方法。

①加注新水：加注新水根据养殖池塘水质情况，春季加注新水时将池塘水位控制在80cm左右即可，有利于青虾正常生长发育。夏季高温加注新水时将池塘水位控制在120cm左右即可，有利于控制水温，将池塘的中层水温调控在22~28℃，是青虾皮最适生长的水温。

②水体替换增氧新技术

A.高温季节池塘面积2hm²，用2.5kW的潜水泵2只，从10:00~15:00时，将池塘底部的水抽向水面，可充分利用太阳光的光合作用分解氨氮、氯化物、氟化物等有毒有害物质，底层水体的水抽向水面促使水面形成冲浪。这样既可以增加水体溶解氧，又可以降低池塘上层水体的温度。

B. 40℃高温季节采用水体替换法，确保青虾养殖池塘水温控制在青虾正常生长发育的水温，确保青虾正常生长发育，在青虾养殖池塘使用效果特别显著。

（3）控制虫害病害。

① EM能调整水域的微生态结构：防止和克服微生态失调，恢复和维持水域生态平衡，提高河蟹免疫功能，增强抗病能力，降低发病率。

② EM有利于水体水质抗腐败：分解转化有害物质的功能，克服养殖水域对周围环境的污染；EM运用能促进养殖水体进一步资源化。同时在微生物代谢过程中产生的氨基酸、维生素等营养物质和生物酶等生理活性物质能够促进青虾的生长发育。

③ 应用EM以后，改善水域生态环境，控制虫害病害发生，杜绝使用抗菌素药物，所以其最终水产品无药物残留，生产绿色安全水产食品。

④ EM菌在水产养殖业的使用方法：根据养殖生产实际的需要，使用时均按产品说明书中所说明方法及具体要求进行使用。例如："蓝藻一次净"、"底生氧"、"底力爽"。

⑤ 以"藻"治"藻"技术控制青虾丝藻附着疾病。

A. 水藻分解精—D"分解精"是从蓝藻里提取的蓝藻素经过生化合成。投放水中3h生成蓝藻酶。蓝藻酶和蓝藻接触后迅速相吸并包裹，经酶化分解、断裂，沉入水底转化为有益微生物。蓝藻在分解过程中不吸入氧离子、不分解其他藻类微生物及水草。以"藻"治"藻"是当前治理蓝藻最环保最科学的方法之一。

B. 用法用量：水产养殖每立方米用0.06~0.08mg/kg，稀释300倍液全池均匀泼洒。

C. 如水体出现蓝藻聚集，应适量增加局部投放量，均匀泼洒。

D. 产品容易沉淀，用塑料容器稀释，边搅边洒。

E. 24~48h可达到最佳分解效果。如出现漏泼，1周后会有少量蓝藻出现，以0.08mg/kg追加泼洒其上。

F. 不受自然环境影响，效果可保持6~10周。用过生物菌后，间隔2周方可用本品，否则影响分解效果。

5. 青虾质量安全与水质达标

（1）青虾质量检验报告表5-12-6（a）和表5-12-6（b）所示。

表 5-12-6（a）　江苏省水产质量检测中心检验报告

No：WT130193 共 2 页第 1 页

产品名称	青虾	型号规格	—
		商标	—
受检单位	溧阳市长荡湖水产良种科技有限公司	检验类别	委托
生产单位	溧阳市长荡湖水产良种科技有限公司	样品等级、状态	活体
抽样地点	常州市溧阳市上黄镇闸头	抽样日期	2013-07-15
样品数量	0.75kg	抽样者	赵徒富、沈峰华
抽样基数	1 000kg	原编号或生产日期	2013 年 2 月 1 日至 2013 年 7 月 15 日
检验依据	农办质 [2013]17 号文	检测项目	孔雀石绿、五氯酚钠、恩诺沙星、呋喃它酮及其代谢物（AMOZ）呋喃妥英及其代谢物（AHD）、呋喃唑酮及其代谢物（AOZ）甲基汞、环丙沙星、磺胺类、金霉素、氯霉素、四环素、土霉素、无机砷
所用主要仪器	Agilent1200 液相色谱仪 Agilent6890N6890N 气质联用仪 Waters2695 液相色谱仪、TSQ QUantUmACCeSS Max 液相色谱 – 串联质谱仪 Agilent7890A/7975C 气质联用仪 Agilent 1100 液相色谱仪 AFS-9700E 原子荧光分光光度计	实验环境条件	温度（℃）20~29 湿度（％）40~71.5
检验结论	该批次产品依据"农办质 [2013]17 号文淡水虾"的要求检验，结果符合规定 签发日期 2013 年 8 月 12 日		

批准：光红
2013 年 8 月 12 日　　审核：张美琴
2013 年 8 月 12 日　　制表　倍琦
2013 年 8 月 12 日

表5-12-6（b） 江苏省水产质量检测中心检验结果报告书　　第2页

样品编号	检验项目	检验结果	标准值	单位	检验方法	单项判定	备注
WT130193	孔雀石绿	未检出	不得检出	μg/kg	GB/T20361-2006	合格	检出限：0.5μg/kg
WT130193	五氯酚钠	未检出	不得检出	μg/kg	SC/T3030-2006	合格	检出限：1μg/kg
WT130193	恩诺沙星	未检出	恩诺沙星、环丙沙星总和≤100	μg/kg	农业部783号公告-2-2006	合格	检出限：5μg/kg
WT130193	呋喃它酮代谢物（AMOZ）	未检出	不得检出	μg/kg	农业部783号公告-1-2006	合格	检出限：0.5μg/kg
WT130193	呋喃妥因代谢物（AHD）	未检出	不得检出	μg/kg	农业部783号公告-1-2006	合格	检出限：0.5μg/kg
WT130193	呋喃唑酮代谢物（AOZ）	未检出	不得检出	μg/kg	农业部783号公告-1-2006	合格	检出限：0.5μg/kg
WT130193	甲基汞	≤0.05	≤0.5	mg/kg	GB/T5009.17-2003	合格	甲基汞检验结果根据总汞检验结果而得。总汞检出限：0.15μg/kg
WT130193	环丙沙星	未检出	恩诺沙星、环丙沙星总和≤100	μg/kg	农业部783号公告-2-2006	合格	检出限：1μg/kg
WT130193	磺胺类	未检出	≤100	μg/kg	农业部958号公告-12-2007	合格	检出限：磺胺喹噁啉为20μg/kg，其余为10μg/kg
WT130193	金霉素	未检出	≤0.2	mg/kg	SC/T3015-2004	合格	检出限：0.05mg/kg
WT130193	氯霉素	未检出	不得检出	μg/kg	SC/T3018-2004	合格	检出限：0.3μg/kg
WT130193	四环素	未检出	≤0.2	mg/kg	SC/T3015-2004	合格	检出限：0.05mg/kg
WT130193	土霉素	未检出	≤0.2	mg/kg	SC/T3015-2004	合格	检出限：0.05mg/kg
WT130193	无机砷	0.05	≤0.5	mg/kg	GB/T5009.11-2003	合格	检出限：0.04mg/kg
以下空白							

（2）水质检测报告［表5-12-7（a）、表5-12-7（b）和表5-12-7（c）］

表5-12-7（a）　水质检测报告

（水）检字第20130589号　　　　　　　　　　　　　　　　　　共3页　第1页

样品名称　养殖用水　　　　　　　　　　　　　　检测类别　委托

商标、编号或批号　见下　　　　　　　　　　　　采样地　—

生产单位　溧阳市长荡湖水产良种科技有限公司　　包装情况　见下

受检单位　常州出入境检验检疫局　　　　　　　　样品数量　见下

单位地址　常州龙锦路1298号　　　　　　　　　收养日期　2013-9-24

检测依据

　　GB/T11901-1989《水质　悬浮物的测定　重量法》

　　GB/T5750.4-2006《生活饮用水标准检验方法　感官性状和物理指标》

　　GB/T5750.5-2006《生活饮用水标准检验方法　无机非金属指标》

　　GB/T5750.6-2006《生活饮用水标准检验方法　金属指标》

　　GB/T5750.9-2006《生活饮用水标准检验方法　农药指标》

表5-12-7（b）　水质检测标准值和结果

（水）检字第20130589号　　　　　　　　　　　　　　　　　　共3页　第2页

检测项目	标准值	结果
水 20130589001 养殖用水 2500ml/桶×3桶 挥发性酚 氟化物（以F⁻计） 砷 悬浮物质	≤ 0.005mg/L ≤ 1mg/L ≤ 0.05mg/L	< 0.002mg/L 0.68 mg/L < 0.001mg/L 6 mg/L
色、臭、味	人为增加的量不得超过10.而且悬浮物质沉积于底部后，不得对鱼、虾、贝类产生有害的影响 不得使鱼、虾、贝、藻类带有异色、异臭、异味	色度30度，臭和味 无

（续表）

检测项目	标准值	结果
甲胺磷	≤ 1mg/L	< 0.0001mg/L
乐果	≤ 0.1/L	< 0.0001mg/L
滴滴涕	≤ 0.001mg/L	< 0.00012mg/L
六六六（丙体）	≤ 0.002mg/L	< 0.000008mg/L
pH 值	6.5~8.5	9.15
呋喃丹	≤ 0.01mg/L	< 0.000125mg/L
氰化物	≤ 0.005mg/L	< 0.002mg/L
镍	≤ 0.05mg/L	< 0.001mg/L
锌	≤ 0.1mg/L	0.04 mg/L
铜	≤ 0.01mg/L	< 0.01mg/L
铬（六价铬）	≤ 0. 1mg/L	< 0. 004mg/L
铅	≤ 0.05mg/L	0.001mg/L
镉	≤ 0. 005mg/L	0.002 mg/L
汞	≤ 0. 0005mg/L	< 0. 0001mg/L
以下空白		

表 5-12-7（c） 水质检测用仪器种类和型号

（水）检字第 20130589 号　　　　　　　　　　　　　　　　共 3 页　第 3 页

检测环境条件

　　相对湿度 48%，温度 26.2℃

编号	名称	型号
005	离子计	PXS-215
90026	分光光度计	722
2061062	离子色谱	DX-660
AA0906M035	原子吸收分光光度仪	Varian AA240Z
360	原子荧光光谱仪	AFS-9230
C11804801597	气相色谱仪	GC-2010Plus

（续表）

检测环境条件 　相对湿度 48%，温度 26.2℃		
B09SM7577A	高效液相色谱仪	Waters E2695
检测说明 　无特殊说明		
编制：任怡 审核： 签发：钱建东		

检测机构检验章

2013 年 10 月 15 日

（3）太湖流域排放标准。针对江苏省溧阳市水产良种场所属养殖公司，即溧阳市长荡湖水产良种科技有限公司，溧阳市环境保护局在该公司生态养殖河蟹池塘抽样水水质检测结果：水质指示 pH 值为 7.39，化学需氧量（COD）为 10.9，氨氮（NH_4-N）为 1.41，总氮（TN）为 2.04，总磷（TP）为 0.264。上述养殖水体排放达到太湖流域排放标准，保护了太湖流域的水域生态环境。

6. 池塘生态养殖青虾经济效益高

（1）饵料系数 2.2 ；饲料单价 7 元 /kg ；青虾规格个体长 4.5~5.5cm, 6.428g/尾；青虾 $667m^2$ 产量为 157.5kg，青虾单价 80 元 /kg，$667m^2$ 产值达 14 379.5 元，$667m^2$ 成本为 6 825.5 元，$667m^2$ 利润为 5 968 元。

（2）江苏省溧阳市水产良种场所属养殖公司。溧阳市长荡湖水产良种科技有限公司青虾等水产品生态养殖综合效益（表 5-12-8）。

表 5-12-8　青虾生态养殖示范基地 3.33hm²，667m² 产量，667m² 产值，667m² 效益计算统计

品种	放养规格（cm）	培育时间	放养数量（kg）	幼苗数量（万尾）	成活率（%）	规格	产量（kg）	单价（元/kg）	产值（元）	合计（元）	人工工资（元）	水电费（元）	塘租费（元）	种苗费（元）	饲料费（元）	利润（元）
青虾幼苗	0.7~0.8	7.10~12	35	3.5	70	4.5~5.5	157.50	80	12600	6825.5	1000	250	360	650	1011.19	3493.48
鳙鱼种鱼	5	8		20尾			11	10	110	6						
鲢鱼鱼种	4	8		30尾			13.5	7	94.5	5						
合计							157.50		12804.5	6836.5						5565.36

注：因鳙鱼鱼种和鲢鱼鱼种数据不全，暂未对其进行综合统计

二、池塘生态养殖小龙虾

1. 池塘条件

选择靠近水源、水量充足、水质清新、无污染源、环境安静、电力配套、交通便利的地方建池。池塘呈长方形，东西走向，光照足，保水性能好，池底平坦，淤泥厚度不超过 10cm。为便于管理，池塘面积一般以 $0.67hm^2$ 左右为佳，池水深度 1.2~1.5m，池坡比 1∶3。池塘中间设置几条泥埂，埂长约为池长的 4/5，两头不与池埂相连，以便于养殖生产用船的航行；埂宽 1m 以上，埂高出水面 5~10cm，为小龙虾创造打洞穴居的场所。池塘还要建有独立的进、排水系统，做到能排能灌。每口塘应配备微孔增氧设施，功率为 $0.2kW/667m^2$，曝气管长度为 $30~40m/667m^2$，以增加养殖产量，提升产品品质。

2. 放养前准备

（1）清塘消毒。冬天排干池水，对池塘进行修整，清除过多的淤泥，保留淤泥厚 10cm 左右，加高、加宽并夯实池埂，修补池坡缺口，整平池底，并暴晒 20d 左右。放苗前 15~20d，注水 5~10cm 深，用生石灰按 $100~150kg/667m^2$ 的量全池均匀泼洒，做到不留死角。选用生石灰清塘，不仅能杀灭敌害生物和病原体，而且还能起到改良水质、增加钙质的作用，有利于小龙虾的蜕壳生长。

（2）围网防逃。小龙虾具有较强的逃逸能力，故池埂四周须用塑料网做防逃墙，网下部埋入土中 10~20cm，上部高出水面 50~60cm。在网外侧每隔 1.5~2m 用木桩或竹竿支撑固定，网上部内侧缝上宽度为 30cm 的钙塑板。排水口用钢丝网或铁栅栏围住，以防小龙虾逃逸。

（3）栽草投螺。小龙虾养殖池塘栽植的水草主要有轮叶黑藻、伊乐藻、苦草、金鱼藻、凤眼莲、水花生、水浮萍等。按照分布均匀的要求，在池中央呈"井"字形栽植水草，池四周距离池边 1m 处呈"口"字形栽植水草。水草栽植不能过密，以满足小龙虾正常游动、生活的需求。水草品种搭配应合理，在池塘四周栽植伊乐藻、苦草，池塘中央栽植轮叶黑藻和水花生。为增加综合经济收益，可在池坡上种植蔬菜、瓜果，在池中间的泥埂上种植水稻、茭白、慈姑等作物供人食用。水草种植结束后，于清明前后投放螺蛳，投放量为 $300~400kg/667m^2$，让其自然繁殖，为小龙虾提供源源不断的动物性饵料；8 月可再补投 1 次，投放量为 $100~200kg/667m^2$。在虾池中适时适量投放螺蛳，这样有利于调节水质、降低成本、改善品质、提高产量。

（4）虾池施肥。施肥的目的是增加池塘水中的营养物质，使浮游生物和水生植物能迅速生长繁殖，抑制青苔发生，促进光合作用，为小龙虾提供充足的天然饵料和溶解氧。种草投螺结束后，向虾池投施经发酵的畜禽粪等有机肥，投施量为300~500kg/667m²。20~30d后可追施氮、磷肥，追肥要掌握"及时、少量、勤施"的原则，施肥量视水质肥瘦情况而定，以保持池水水质稳定。

3. 虾种放养

要求放养的小龙虾规格整齐一致、个体丰满度好、体质健壮、活力强、体表光滑无附着物、附肢齐全无损伤，且同一池塘放养规格要一致，1次性放足。放养方式主要有以下两种：一是新建或初次养殖小龙虾的池塘，在清塘消毒后直接放养亲虾，让其自然繁殖虾苗，再养殖成商品虾出售。亲虾的雌雄比为1.5~2：1，规格为20~40尾/kg，放养密度为8~12kg/667m²。二是已经养殖过小龙虾的池塘，8—9月将小龙虾全部捕出，9月底至10月初清塘消毒，进水后用对甲壳类有杀灭作用的药物杀灭漏捕的存塘虾。选择本地培育和湖区收购的幼虾放养。放养规格为4~5cm，放养密度为1万~1.5万尾/667m²，放养时间在10月中下旬或翌年春季。另外，为了充分利用养殖水体空间，可搭配放养在生态和食性上与小龙虾无冲突的鲢、鳙、鳜鱼鱼种等。鲢鱼鱼种的放养规格为50~100g/尾，放养密度为50~100尾/667m²，放养时间在5月上旬；鲢、鳙鱼夏花的放养密度为3 000~5 000尾/667m²，放养时间在7月上旬；鳜鱼鱼种放养规格为5~6cm，放养密度为20尾/667m²左右，放养时间在5月下旬。上述苗种在放养前应用3%~5%食盐溶液浸洗8~10min，以杀灭有害病菌和寄生虫。

4. 管理技术

（1）饲料投喂。可通过施足基肥、适时追肥，在养殖池内培育大量轮虫、枝角类、桡足类以及水生昆虫幼体等，供稚虾和刚入池的虾种摄食。幼虾和成虾养殖阶段，以投喂配合饲料为主，辅以少量的新鲜动物性饵料。幼虾阶段饲料蛋白含量应大于30%，成虾养殖阶段饲料蛋白含量应在26%以上，并辅以部分动物性饵料。每日投喂2次，早晨、傍晚各投喂1次，早晨于日出前投喂，投喂日投喂量的20%~30%，傍晚于太阳落山后投喂，投喂日投喂量的70%~80%，并根据具体情况及时调整投喂量。

（2）水质管理。①调整好水位：池塘养殖小龙虾通常保持水深1m左右即可，高温季节和越冬期间可稍加大水位。在整个养殖过程中，水位要保持相对稳定，不要忽高忽低，以免影响小龙虾生长；②调控好水质：15~20d换水1次，每次换水30%，保持池水透明度在40cm左右；每20d泼洒1次生石灰，用量为10~15kg/667m²，将水体pH值控制在7.0~8.5之间；经常使用微孔增氧设施增氧，当微孔增氧设施因故障无法使用时，抛撒颗粒氧等化学增氧剂，保持池水溶解氧在

5mg/L 以上。

（3）虾病防治。虾病防治应坚持"无病先防，有病早治，以防为主，防治结合"的原则。小龙虾主要病害的防治方法如下：①水霉病：每立方米水体用食盐、小苏打各 400g 对水全池泼洒；②烂鳃病：每立方米水体用漂白粉 2g 对水全池泼洒；③黑穗病。每立方米水体用亚甲基蓝 10g 对水全池泼洒；④烂尾病。每立方米水体用 15~20g 茶籽粕浸泡液全池泼洒；⑤纤毛虫病。每立方米水体用 1.2g 络合铜全池泼洒；⑥肠炎病。每立方米水体用二溴海因 0.3g 全池泼洒；⑦藻类中毒。每立方米水体用青苔净 0.3g 全池泼洒，3d 后再泼洒 1 次。用药时容易缺氧，必须开启增氧设施，以防小龙虾浮头。

5. 捕捞

经过 2 个月左右的精心饲养，部分小龙虾即可达到商品规格，可将达到商品规格的小龙虾及时捕捞上市销售，以及时降低存塘虾的密度，促进小龙虾快速生长，这也是降低成本、提高规格、增加产量、提高效益的一项重要措施。

三、池塘生态养殖罗氏虾

1. 池塘选择与放养苗种前的准备

（1）虾池选择。成虾池应建在水源充足、排灌方便、水质清新、无污染、旱不干、涝不淹、向阳通风的地方。池底以半泥沙为好，交通、供电方便。可利用荒洼地开挖虾池或利用养过鱼的池塘、河沟等进行养殖，还可能在沿海半咸水和盐度 15‰以下的对虾池养殖。

（2）虾池的面积。精养或主养池面积一般 667~2001m²，池塘面积过大，罗氏沼虾易集中生活在池边，不能充分利用水体空间。如果新挖池以东西为好，长宽 4∶1 或 3∶1，这样便于操作，且日照面大，有利于虾的生长。

（3）虾池水深。根据罗氏沼虾的生活习性，精养池水深为 0.7~1m，精养池最深不超过 1.5m，这样透光层较大，有利于提高水温，增强浮游植物的光合作用，提高水中溶解氧量，同时虾体受到阳光照射，也利于钙质的吸收，促进甲壳生长。

（4）清池消毒。虾池的消毒，一般用生石灰。消毒方法有干法和带水两种。干法消毒是放养虾苗 15~20d 进行的，即 5 月上旬选择晴天的中午进行。先将池水排出，池底留 10cm 左右的水。每 667m² 用生石灰 100~150kg。带水消毒每立方米水体用 250g 生石灰。新挖池塘也应消毒，每亩用生石灰 75~100kg，以增加池塘的含钙量，消毒后的池塘，一般在放虾苗前 5~8d 注水 70~100cm，并在入水处安装过滤网，防止野杂鱼等敌害混入。

（5）施基肥培植水质。尤其是新挖虾池，池底腐质贫乏，水质清瘦，应施足基肥。在虾苗下塘前培养丰富的天然饵料，使虾苗下塘后有足够的饵料，可施用化肥或专用强力生态肥料。

（6）设置隐蔽物。罗氏沼虾的生长需要多次蜕壳，刚蜕壳的虾活动能力弱，易被残食。因此，应在池中放些隐蔽物。例如，在池中或池内种植水草，水草的作用在于，隐蔽、遮荫、净化水质、食物、吸收有害物质，使其覆盖率达到 30% 以上。以上准备工作做好后，当水温稳定在 20℃时，即可放养。

2. 苗种暂养

苗种暂养是指将育苗场培育的全长 1cm 左右的虾苗培育到体长 3cm 左右的大规格虾苗，这种经暂养的虾苗放养后成活率高而稳定。便于估算池内虾数量及准确投饵。

（1）暂养池。可以利用养成池，也可以专门修建塑料大棚，其条件是水深可达 1m，池底坡度大，能顺利地排干池水，排水闸门应安装具有网箱的锥形袖网，便于收捕虾苗。

（2）放苗。放苗前亦应清池和繁殖饵料生物。其方法同前，放苗前应选择天晴水暖，尽量缩小与育苗室内的水温差。每 $667m^2$ 暂养池放养虾苗 10 万 ~15 万尾，在充气条件下，塑料大棚每 $667m^2$ 放苗量可达 80 万尾左右。

（3）管理。根据池中基础饵料生物多少，确定投饵时间和种类。水深保持 0.6~1m，视水质状况，进行换水，使池水溶解氧不低于 4mg/L。

（4）收苗。虾苗长到体长 3cm 左右时，应及时收苗分养。出苗时，排水闸门设锥形袖网，网的末端连接网箱，缓慢放水收苗，大规格虾苗的计数一般可采用带水称重法。

3. 不同养殖方式的放养密度

（1）精养式。每 $667m^2$ 放养体长 3~4cm 虾苗 3 500~10 000 尾，在喂养管理好的条件下，一般当年 $667m^2$ 产 110~140kg。

（2）以虾为主、虾鱼混养式。以养罗氏沼虾为主，混养鲢鱼、鳙鱼，一般每 $667m^2$ 放体长 3~4cm 的虾苗 6 000~8 000 尾。混养体重 50g 左右的鲢鱼和鳙鱼种 30~100 尾。其中，鲢鱼占 80%，鳙鱼占 20%，在正常喂养情况下，$667m^2$ 产虾可达 30~110kg，产鱼 40~50kg。

（3）以鱼为主、鱼虾混养式。每 $667m^2$ 放养体长 3~4cm 虾苗 400~2 500 尾，不须单独投饵，当年秋季每 $667m^2$ 可捕虾 16~22kg。

4. 放养注意事项

（1）看水色。放养前 2~3d，取 pH 值试纸检查池水碱性是否消失。如果偏高，可加水调节，使池水 pH 值达到 7~8 即可放苗。如水色太淡，透明度超过 40cm，说明水中浮游生物少，应适当增施粪肥，把水色调节到茶褐色或黄绿色。

（2）查敌害。放养虾苗季节是青蛙繁殖季节，如池内有青蛙卵、蝌蚪及杂鱼等，应及时捞出或用密网来回拉几次清除。

（3）测水温。装虾苗袋内的水温与池塘中的水温相差应不超过 3℃，下塘前测算一下，如果相差太大，可慢慢地加水调节。

（4）同一池中放养的规格要一致，一个池内须放养出同比育体长相同的虾苗，否则大虾苗争食力强，小虾因争不上食，体弱死亡，并易产生大虾残食小虾的现象。

5. 饲养管理

（1）饲料的投喂。成虾的饲料粗蛋白质含量要求 35% 以上，动物性饲料通常选用鱼粉、小杂鱼、虾、贝、蚯蚓和蚕蛹等，植物性饲料选用米糠、麸皮、豆饼、花生饼、玉米和杂草等。为提高饲料的利用率，降低成本，防止疾病的发生，最好投喂配合颗粒饲料。颗粒饲料应根据虾苗大小和不同生长阶段营养需要配制。一般动物性饲料占 40%，植物性饲料占 60%，投喂方法：幼虾下池后前半月每天每 $100m^2$ 投喂 120g 黄豆磨成的浆，下半月增加到 160g，每天投 2~3 次，同时辅喂豆饼，第 2 个月后投喂配合饲料，采用少量多次的方法，做到"四定"投饵。

（2）日常管理。

①调节水质，加注新水，保持水质清新：定期用氧制剂消毒，使用时，pH 值保持 7~8.5。早春和雨后池水突然增加，应抽掉一部分，保持水深 0.7~1m，水温保持在 28~31℃。

②巡塘：巡塘查看水色，池水以草绿色或油绿色为宜，透明度 30~40cm，如超过 40cm，应施追肥，使池水保持"肥、活、嫩、爽"。特别在虾苗下塘后每天坚持 4:00~5:00 和 20:00~21:00 巡塘，高温季节昼夜巡塘，观察虾生长、吃食、活动情况和有无浮头发生。及时清除蛙卵、残饵和污物等，发现异常及时解决。

6. 收获

虾苗经 3~5 个月的饲养，约在 9 月下旬至 10 月上旬，这时放养当年虾苗体长可达 12~14cm，体重长到每尾 20g 以上，即可上市可采取 1 次捕净或捕大放小的方法，可能捕能放。亦可拉网拖捕，也可以放干池水捕捞，当池水温度降到 18℃时应及时起捕。拉网宜在太阳出来以前完成，有浮头浮头虾不能拉网。同时注意，捕捞时要避开蜕壳期，拉网操作时动作要快，挑选要迅速，拉网结束后应及时开启增氧机。鱼虾混养池通常与鱼一起捕捞上市。

四、池塘生态养殖南美白对虾

1. 池塘处理

养虾池塘可新开发也可利用原池进行改造，养虾池每个池塘的适宜面积为 $0.33 \sim 2hm^2$，长方形或正方形，池深 2.5~3.0m，养殖期可保持水深 2.0~2.5m，池底平整，堤坡完好，保水性能强。养虾池的防渗材料一般选择 HDPE 土工膜。虾池设进排水系统，进排水闸要有过滤网，也可不设进排水系统，用泵提水即可，虾场最好要有蓄水池，以供养虾换水用。

（1）清淤整池。虾池中的残饵、对虾排泄物、动物尸体、死亡的藻类和枯死的水草等是综合形成淤泥的基础，也是造成虾池老化、病害发生和低产的原因之一。清淤的目的，就是要把这些有害的沉积物清除掉。

具体做法：收虾之后，应将池内积水排净，封闸晒池，维修堤坝、闸门，并彻底清除池中污泥与杂草，清淤的深度为 10~20cm，对投饵马道和池塘死角进行重点清理。新建池塘可不清淤，但需药物消毒。

（2）药物清池。

①清池前要尽量排除池水，以节约用药量。

②应选择晴朗天气进行，以提高药效。

③顺风施药，可借助风力泼洒均匀。

④药物下池后要不断搅水，做到边泼洒边搅动，使药物与积水均匀混合。

⑤注意池内死角、积水边缘坑洼处和蟹洞内都应与药液接触。

⑥清池后要全面检查药效，如果施药后仍发现有活鱼，则应再次清池。

⑦各种药物均有一定毒性和腐蚀性，操作时要注意安全，不要和人体皮肤接触，用过的器具应及时清洗。

（3）消毒除害。由于虾苗下塘时仅为 0.7~1.0cm，体质较瘦弱，避敌害能力差，尤其在蜕皮时更易遭袭击，因此，养虾的池塘比养鱼池塘要求条件高，必须做到年年清淤消毒，将池塘内的敌害生物及病原菌杀灭。

（4）清塘药物及使用。

①生石灰：生石灰是广谱性消毒剂，对病毒、细菌、真菌和寄生虫等均有杀灭作用，生石灰还能稳定水质条件，改变土壤结构，增加底质通透性，同时还可起直接施肥的作用，有利基础饵料生物的生长。因此，生石灰是比较理想的清池药物。用法为：在春季放养虾苗以前，每 $667m^2$ 用 75~100kg 生石灰，全池遍撒，然后进水洗池。也可带水清塘，每立方米水体用量为 0.5~1.0kg，用铁锹均匀撒入池中即可。

②漂白粉或漂白精：漂白粉或漂白精是广谱消毒剂，可以全面地杀死鱼类、甲壳类、贝类、藻类及病毒、细菌等各种微生物病原体等。漂白粉进入水中后，能产生具有很强杀菌能力的次氯酸，漂白粉的有效氯越高，杀菌能力越强。用量是：每立方米水体加入含有效氯25%~30%的漂白粉50~70g或含有效氯60%的漂白精25~35g，用水溶解后泼洒全池，并将此液泼洒在干露的池面上。

③茶籽饼：茶籽饼是山茶科植物油茶果实榨油后所剩下来的渣滓，其有效成分是皂角甙。皂角甙是一种溶血性的毒杀剂，能选择性地杀死鱼类和软体动物，但对甲壳类和其他饵料生物的毒害较小。皂角甙对鱼类的毒性要比虾类大50倍。这种药物的药效持续期短，只需几天药性即可因生物降解而消失。因此，茶籽饼对于清除害鱼效果较好，但对病毒、细菌和真菌等病原体无效。使用方法：使用时将茶籽饼烘干粉碎，用水浸泡一昼夜，按每立方米水体15~20g的用量撒入水中，经1~2h即可杀死鱼类和贝类。为了提高池塘消毒除害的效果，有些池塘采用生石灰和茶籽饼相结合的方法，取得了很好的效果。

（5）进水方式。清池之前即应安装滤水网，避免清池后仍有敌害生物从闸门缝隙进入池内。外闸槽应安装网目1cm左右的平板网，阻拦浮草、杂物进入袖网。内闸槽需安装60目锥形袖网。锥形袖网的网长8~10m。滤水网应严密安装，用棕丝、橡胶嵌条或麻片塞严闸槽和闸底的缝隙。

在药物清塘后10d便可进水。进水应缓慢，切勿因水流过急而冲破滤水网。每次进水前应检查滤水网是否破损，并扎紧、扎牢网口，避免滑脱。进水之后应将网袋内的鱼、虾等杂物倒出池外，扎好网口，经清洗后挂于闸框上凉晒。

（6）肥水方式。池塘的肥水工作要在放苗前15d开始进行，为便于繁殖基础饵料生物，前期进水70~80cm，选择晴天施放肥料。新虾池以试用发酵后的有机肥为好，每667m^{2}施用20~25kg，分2~3次投入。老虾池以施化肥为宜，一般667m^{2}施氮肥1kg，磷肥1kg，以后每周施肥1次，用量减半。

2. 投放虾苗

（1）虾苗。选择虾苗首先要注意苗种的遗传因素，注意引进南美白对虾原种或SPF虾苗，多次近亲繁育的苗种、病苗、弱苗、规格不齐的苗种不要引进；其次虾苗要求健壮活泼，体形细长，大小均匀，体表干净，头胸甲边缘不卷起，双眼清澈对称，尾扇张开，肌肉充实，肠胃饱满，对外界刺激反应灵敏，游泳有明显的方向性，且有顶水游动（逆水性）和沾壁行为，放在手掌上会跳动，身躯透明度大，全身无病灶；从育苗池随机取若干尾虾苗，用拧干的湿毛巾包裹，10min后放回原池，如虾苗存活，则是优质虾苗，否则是劣质苗。淡化育苗放养的南美白对虾虾苗规格最好达 0.5cm 以上。个体太小养成的成活率较低。

①虾苗规格尽量均匀。

②体形比较粗壮。

③体色白色透亮。

④规格最好是在 1.0cm 左右。

⑤游动活泼，逆水能力强，易附壁、附底。

⑥胃肠内食物饱满。

⑦无畸形，一般高温育苗或用某些药物就容易造成畸形。

⑧体表光滑，无聚缩虫等附着物、无斑点。

⑨虾苗淡化要求盐度至 2‰ 以下（或根据池塘水质情况而定），淡化全程不少于 7~10d。

⑩有条件的单位最好进行病毒检疫。

（2）记数方法。虾苗计数采用干称量法或杯量法。这两种方法称量，虾苗的数量较为准确，以便养殖期间的管理。

（3）虾苗运输。虾苗运输应根据路程远近、运输时间及运输者所具备条件而定。通常近距离可采用拉鱼箱运输，远距离使用尼龙袋充氧运输。

①拉鱼箱运输：将鱼箱加水 1/3，充氧，在水温 20℃ 以下时，每 0.1m³ 可装全长 1cm 虾苗 40 万尾，可经受 5~8h 运输。运输时避开中午炎热天气，中途不能停车。

②尼龙袋运输：使用容量为 30L 的尼龙袋，装水 1/3，可运输体长为 1cm 虾苗 2 万尾，充入氧气，在 20℃ 左右可经 10~15h 运输。

（4）放苗密度根据。池塘放苗密度应根据虾池条件，水交换条件，饵料供应情况，虾苗的规格和养殖技术，管理水平等来确定养成规格和计划产量，并按照计划产量、规格和预计虾苗成活率确定合理放苗量。

（5）投苗量计算。

每 667m² 放苗量（尾 /667m²）= 计划产虾量（kg/667m² × 要求出池时每 kg 尾数 ÷ 预计成活率。

一般情况下，未经中间培养的虾苗一般成活率为 30%~50%，经过中间培养的虾苗一般成活率为 70%~80%。

（6）投放条件。

①养殖池水深应达 70~80cm，水质肥沃，水色为黄绿色、黄褐色、绿色，透明度在 30~40cm。

②池水温度恒温在 18℃ 以上，放苗时温差不超过 ±2℃。

③虾池盐度不得低于 0.5‰，育苗池水与养虾池水的盐度差不应超过 2‰，否则应采取逐步过渡法，使虾苗逐步适应池水盐度后再放苗。

④养殖池水 pH 值在 7.8~8.7。

⑤大风暴雨天气，不宜放苗。

（7）放苗注意事项。

①放苗前要对池水进行分析，确认符合养殖水质条件后方可放苗。必须采用虾苗试水后未发现死苗再大批放苗。

②一个养虾池的虾苗应 1 次放足，避免多次放苗，否则容易造成虾苗体长大小不一，在缺饵料的情况下会出现大虾吃小虾的现象。

③放苗地点要选择虾池避风的一边，切忌在迎风处或浅滩处放苗，以免虾苗被风直接吹到滩面死亡。

④虾苗计数要准确，放养时最好重新计数。

⑤长途运输苗种而不进行中间培育的单位，在放苗时，可取出 0.5%~1% 苗样置于该养殖池中的网箱中，正常管理 1d 后，再次计数，借以估计放苗成活率。

3. 养殖水质要求

南美白对虾体型与中国对虾酷似，在人工养殖条件下，一般可达 11~13cm。南美白对虾为广盐性热带虾类，常栖息在泥质海底，白昼多匍匐爬行或潜伏在海底表层，夜间活动频繁，喜静怕惊。养虾用水为无污染的河水或与经曝晒过的井水混合后使用，水质的主要技术指标为：pH 值为 7.6~8.6，水温为 16~35℃（渐变幅度），盐度 0.5‰~40‰（渐变幅度），氨氮为 1，溶解氧 >5mg/L，其他指标应不超过国家规定的渔业水质标准。

（1）水质处理。

①水色急剧变化：理想水色应为绿藻或硅藻所形成的黄绿色或茶褐色。养殖前期，由于池水中浮游动物过多远超过虾苗所能利用的数量，且大量摄食进行光合作用的单胞藻类，导致池水造氧功能降低，水色变浑浊和清白，影响对虾的正常生长。

②处理方法。

A. 适当补水和施肥，以调节池水中藻类的组成，使绿藻或硅藻成为优势种群，并形成一定的数量。

B. 如果是纯淡水养殖，还可以施用适量的粗制海盐或海水晶，以维持水体微量的盐度，满足南美白对虾的生理需要。

C. 施用生石灰加沸石粉，以调节水色，使水体 pH 值在 7.5~8.8 范围内，水体透明度维持在 30~40cm。

（2）地衣过度生长。

①在天气炎热季节放苗，一次注足池水 1.2~1.5m，并且尽快施肥，将池水水质控制好，抑制池底地衣的生长。

②采取人力捞出，一般在晴天中午进行，否则容易造成池中虾体缺氧浮头。

③使用粒状的含氯消毒剂，在地衣生长区域投撒，当药物沉降到池底后慢慢溶解而发挥药效，使地衣的基部枯死腐烂，约 1d 后，成团的地衣将浮上水面，在用人力将其捞出。

（3）有害物质超标。养殖南美白对虾的池水水质要求是氨态氮 0.3~1.9mg/L，亚硝酸盐 0.02~0.09 mg/L。如果水质严重恶化，处理方法有以下 3 方面。

①用枯草杆菌或芽孢杆菌等微生态制剂全池泼洒。

②使用水质改良剂，如沸石粉、活性炭、陶土等。

③合理补水或换水，最好直接将较差的池水放掉，再注入新鲜水体入池，并正确使用增氧机。

（4）蓝藻泛滥成灾。养殖后期，在虾池下风口处的水面上漂浮着一层翠绿色的"水华"，这些"水华"是由于饲料投喂量过大，在池水中的残饵及虾体排泄物降解转化过程中，而使池水有机质含氮量升高，水体 pH 值一般达到 8.0~9.5，偏碱性，导致虾体不易消化的蓝藻大量繁殖，并最终成为池水中浮游植物的优势种群。当池水中溶解氧含量不足时，很快导致蓝藻大量死亡，藻体死亡后的蛋白质容易分解而产生大量的有毒羟胺、硫化氢，引起严重的"泛池"事故。处理方法有以下 3 方面。

①经常加注清水，并注意调节好水质，可以控制蓝藻的繁殖。

②当池塘有蓝藻大量繁殖时，选择在晴天的中午于下风口处排放池水，尽可能降至最低水位，一般可以排放到池水 1/3 左右，然后用硫酸铜和硫酸亚铁合剂全池泼洒，以杀灭蓝藻，但要注意观察，随时能够采取加水、增氧等抢救措施，否则不宜使用。

③在池塘下风口处的水面用密眼筛绢网捞取蓝藻，也可以局部泼洒硫酸铜和硫酸亚铁合剂，以杀灭蓝藻。

（5）水质改良。定期定量使用水质改良剂，目的是为提高溶解氧，稳定藻相的波动，减少 pH 值的波动、降低氨氮、降低有机物及其分解产生的有害物质。正确使用生物制剂，如光合细菌等，调整和保持水体稳定的微生态环境，以减少环境变化对虾的影响，达到生态养殖的目的。

具体做法：每半月加麦饭石、沸石粉或以沸石粉、过氧化钙为主要成分的水质改良剂。沸石粉的使用量，正常情况下，每半月至 20d 每 667m² 加 20~30kg，或按产品销售使用说明使用。水质改良剂除沸石粉、麦饭石外，还有微生物制剂。

微生物制剂又称益生菌、利生菌和益生素，主要包括光合细菌、芽孢杆菌、硝化细菌和 EM 原露等，微生物制剂能降低水体中的氨氮、亚硝酸盐、有机污染物及其分解产生的有害物质等，稳定 pH 值，提高水中的 COD 及水体生态环境中微生物和浮游生物的生物多样性。

另外，有些微生物制剂如芽孢杆菌还能利用其分泌的多种酶类及抗生素，抑制其他细菌的生长，减少甚至消灭病原体的影响来改善水质，达到防病的目的。据有关研究检测表明，一定的微生物制剂可以大幅度减低病毒的感染能力，其机理和这些微生物在水体增殖过程中分泌的胞外物质有关，这种物质对白斑病毒等的感染性有抑制作用。因此，为保证水产品质量安全，要大力提倡使用微生物制剂，进行无公害健康养殖，在养殖过程中做到少用药或不用药。

4. 养殖模式

根据养殖条件的不同，在养殖模式上可采用主养、混养和套养等不同的养殖模式，目的是在不同养殖环境条件下既不浪费水体资源又能取得更高产量和效益。

（1）3 种混养模式。

①南美白对虾与河蟹混养，不但充分利用水体饵料资源（水草、残饵等），还具有防虾病的作用，河蟹可将体弱多病的虾或死虾吃掉，减少病原的传播。

②南美白对虾与刀额新对虾、罗氏沼虾混养，以增加虾的养殖品种和产量效益。

③南美白对虾与花白鲢混养，在养殖期间，淡水池塘藻类易繁殖过盛，造成"转水"，利用花白鲢以浮游生物为食的习性，控制水中藻类数量，以调节改善水质。

（2）3 种套养模式。

①草鱼池套养南美白对虾。

②鲤鱼池套养南美白对虾。

③鲫鱼池套养南美白对虾，这三种养殖模式都是利用了水体的养殖空间及水体饵料资源，可以很好地控制水体中轮虫的数量，调节改善水质。但是，需要注意的是在 10 月要出池，否则水温低于 14℃南美白对虾就会死亡，影响虾的产量，从而影响到池塘的经济效益。

5. 养殖管理

（1）巡池观察。

①观察池水状况，溶解氧等水质要素，每日日出前及 16:00 测量池内溶解氧、pH 值等。最好每日测 1 次透明度，经常检测池内浮游生物种类及数量变化，有条件者可检测氨氮等其他水质要素的变化。

②观察对虾活动及分布。

③要定期对虾体进行检查，注意发现病虾及死虾，及时捞出病、死虾，检查死因。

④每 10d 测量 1 次对虾生长情况。可测量对虾体长，也可测量体重。对虾体长是指从对虾眼柄基部到尾节末端的长度，每次测量随机取样不得少于 50 尾。测量体重可捞取不少于 50 尾的对虾，一次称总量，再计算平均尾重。

⑤观察对虾摄食及饲料利用情况。

⑥定期估测池内对虾尾数，体长 3~6cm 的小虾可使用已知面积的小抬网，在池内多次多处抬虾、凭经验估测存池尾数，体长 6cm 以上的对虾，可用旋网定量。在池内多点打网，按池内对虾分布抽样。根据捕到的虾数，利用公式，求出全池的虾数。

⑦注意闸门、沟渠、池坝安全、增氧机运转是否正常，雷雨天注意用电安全。

（2）盐度控制：池水盐度的控制海虾虽说可以在淡水中进行养殖，但也不是纯淡水，应还要有一些盐度，水中盐度控制在 1‰~3‰为最佳，如果低于 0.5‰，虾的抵抗力减弱，容易患病，养殖效果差。如果盐度低于 0.5‰以下，可用卤水、海水精、工业用盐等进行调节。

（3）池水增氧。采用封闭半封闭养虾方式必须使用增氧机。增氧机的作用有：增加池水溶解氧含量，将池水表层高溶氧水和底层低溶氧水混合，提高池水整体溶解氧水平，避免池水分层现象加速水中有机物的分解，降低有毒物的毒性，减少水中有害物质，改善水质，促进虾的新陈代谢，使虾摄食旺盛，增强抗病力。因此，增氧机的使用已不单纯为解救浮头，而且成为改善水质的重要的有效措施。池塘可用叶轮式或水车式增氧机，增氧机数量根据养殖方式而定，主养池塘一般每千瓦负荷 667~1 334m² 水面。

增氧机的开机时间可根据溶解氧需要，但在正常情况下，到 6 月下旬，水温达到 25℃以上时开始启动增氧机，以调活水质，增加池中溶解氧量。前期一般每天中午开机，7—8 月高温季节，坚持全天定时开机，

必需时使用增氧剂。此外，在阴天、下雨均应增加开机时间和次数，使水中的溶解氧始终维持在 5mg/L 以上。注意：对虾投饲时应停机 0.5~1h，以利对虾摄食。

由于增氧机的使用已做为改善水质的重要手段来运用，为了使其作用更加明显，我们在使用传统的叶轮式增氧机的同时，对新的增氧方式进行了探索，取得了较好的效果。具体做法如下：每 2~2.67hm² 水面配备一台功率为 2.2kW 的充气泵，同 6.4cm 的主管道相连，然后用 1.0cm 的分管道通到各个养虾池塘，再同充气管相连

分布到距池岸 1.5m 处，池中设置 1.5kW 叶轮式增养机 1~2 台。在使用时，管道充气全天进行，叶轮式增养机在夜间和白天必要时开启。利用充气管道式增氧设施进行养虾的示范场，在养殖过程中，无疾病发生，虾苗成活率达 83%，最高单产达到10 000kg，南美白对虾规格在 56~60 尾/kg。

（4）调控水质。

①投放虾苗前的水质培养：养虾池清池消毒后注入经过滤的海水，使虾池水位达 1~1.2m 左右，然后封闸消毒。可用"鱼安"或"强氯精"2~3mg/kg 或漂白粉20mg/kg 进行消毒。如果池水夜间出现发光，可用"虾苗清"，或"灭光保水灵"处理。消毒 3~4d 后，施肥培水。培水可选择浮游生物生长素、"肥水王"等，也可用尿素、磷肥。肥料用量多少应视虾池的底质和水深情况而定。投苗前水质培养的标准要使水色达到茶褐色、黄绿色，透明度在 40cm 左右，pH 值 8.5~9.0，晚间或早上可以看到成群的浮游动物活动。达到以上标准后可以投放虾苗。投苗前可用少量虾苗先行试水，2d 后观察虾苗活动正常后再投苗。

②投苗后中期水质调控：投放虾苗 1 个月后，随着虾苗的生长，其食性转向摄食人工配合饲料为主。而浮游生物在虾池的作用，主要是调节水体的环境，调控透明度等，因此必须控制浮游动物的生长。由于投喂人工饲料不断增加，池内残饵相应增多，加上虾的排泄物和池内浮游生物死亡形成有机物的沉积，使虾池变"肥"，此时要设法减"肥"。调控的方法：一是观察到水色较深、透明度过低时，可向池内泼洒一些氧化消毒剂，把池底沉积的有毒物质氧化，降低毒性。同时可杀死一些藻类，降低池水"肥"度。二是添加新水，最好是加注清洁的淡水。

③后期水质调控：对虾养殖进入后期（60d 以后），一要准确掌握和控制投饵量，不要超量投饵。二要清底排污，有中间排污的池塘要勤排污。没有中间排污的池塘，可安装吸污泵，把池底污物吸抽出池外。但要注意吸污方法，不要把池水搞成"翻底"。三要在清污后泼洒一些池底净、沸石粉、白石粉等改善池底环境的物质并泼洒氧化消毒剂。四要在消毒 3~4d 后投放一些有益活菌，净化水质。肉眼观察，后期的水质的标准达到：水深褐色而不浊、不浑，闻到藻味而不臭，手感较清爽而不黏稠。经实践证明，目前增氧效果最好、耗能最低的增氧机和增氧方式是鼓风机管道式底部充气增氧和水面水车式增氧机结合，形成立体增氧，此种方法使池中溶氧均匀充足，可促进对虾健康生长。

（5）饵料要求。南美白对虾食性广而杂，对食物的要求低，饵料中只要含有25%~30% 的蛋白质成分，即可正常生长。但在人工高密度养殖条件下，饵料中蛋白质成分应在 40% 左右，以利于虾的快速生长。

（6）投饵事项。

①腐败变质或有毒的饵料不喂，效价不高的植物性饵料少喂。

②池水较肥，饵料生物丰富的池塘少喂，池水清瘦、饵料生物不多的池塘适当多喂。

③水温高于30℃以上应少喂、勤投；风和日暖时多喂；大风暴雨、寒流侵袭时应少喂或暂时不喂。

④对虾大量蜕皮的当天少喂（可减少20%左右），蜕皮2d后适当多喂。

⑤池内竞争生物较多时应适当多喂。

⑥池塘内对虾大小分化严重，参差不齐，这可能意味着长期缺饵，应适当多喂。

⑦水质变坏或发生缺氧浮头时应少喂，甚至暂时停喂，采取措施改善水质后再正常投喂。

⑧分散投喂比集中投喂效果好；多种饵料交替投喂比长期投喂单一饵料效果好。

（7）投饵管理。南美白对虾养殖采用天然饵料和全价人工配合饲料相结合的投喂方法。虾苗前期以池中天然饵料主要是轮虫和枝角类为食，以后逐渐添加人工配合饵料，养殖中后期以人工配合饵料为主，人工配合饵料应为营养全面、黏合度好、粒径适当的颗粒饵料，粗蛋白含量36%以上。在投喂管理上，由于虾类和鱼类不同，胃小、肠道短、每次摄食量小，但消化排泄快，因此在投喂上要少量多次，随时检查虾的摄食情况，及时调整投喂量。

另外，虾同鱼的摄食方法也不同，鱼多为吞食，饵料的黏合度不需太强，而虾的摄食方式为抱食，要求饵料的黏合度要好，否则饵料入水虾一抱就散，不但虾吃不饱影响生长，造成饵料的浪费，提高养殖成本，而且容易败坏水质，诱发疾病。

饵料投喂方法为人工投饵，将人工配合饵料沿池边均匀投喂，要坚持勤投少喂的原则，每天投饵4~6次。放苗后的第1个月，通常日投喂次数可安排4次，分别为每日6:00~7:00、10:00~11:00、15:00~16:00和20:00~21:00。以后随着对虾的增长，投饵量加大，可以增加投喂次数，每日投喂6次，从6:00~22:00，大约3h投喂1次，下午以后的投喂约占全天投喂量的60%。投喂量为池虾总重量的3%~5%，并随天气、温度、水质、虾的活动情况而增减。

为观察虾的摄食情况，可在池内设几个投饵盘，投上饵料，观察虾对饵料的吃食和饱食情况，如投饵后很快被吃光，就应增加投饵量，如果在下次投饵之前仍有余饵，就应减少投饵量。也可在投饵1h后，检查虾胃的饱满度，如果有2/3以上的虾为饱胃，说明投饵充足，如果饱胃和半胃的虾不足1/2，则是投饵不足，应当增加投饵量。

（8）常见病及防治。

①白斑综合症的病因及防治方法。

病原：白斑综合症病毒（WSSV）或称皮下及造血组织坏死杆状病毒（HHNBV）。

症状：不摄食，空胃；游泳无力，反应迟钝；甲壳内表面有白色或淡黄色斑点，头胸甲尤其明显，有的呈花斑状，甲壳易剥离；体色呈红色。

防治：对虾病毒病尚无有效的防治药物，海水虾放入淡水中养殖也同样有可能发生病毒病。主要是加强健康管理，切断病原传播途径和进行综合预防。

A. 彻底清污消除：清污后每 667m² 用生石灰 120~150kg 或漂白粉 25kg（含有效氯 30%）进行消毒。

B. 放养无特定病原感染的高健康虾苗（SPF）并控制放养密度。

C. 使用无污染和不带病毒的水源，传染性流行病发生时，养殖池不应大量交换水。

D. 如发现虾池带病毒但尚未发病，应采取增氧措施，保证溶解氧不底于 5mg/L；在饲料中添加 0.1%~0.2% 稳定性好的维生素 C 及免疫增强药物；全池泼洒强克 101（即超碘季铵盐）药物，对消除红体症状效果较好。

E. 保持虾池环境因素稳定，池内藻相稳定，减少惊扰。

F. 使用药饵，防止出现细菌、寄生虫等并发疾病。

②桃拉综合症的病因及防治方法。

病原：桃拉病毒（TSV）。

症状：病虾红须、红尾，体色变为茶红色；胃肠道红肿，不摄食或少摄食，空胃；活动能力明显减弱，反应迟钝，在水面缓慢游动，捞离水体后即死亡；部分病虾甲壳与肌肉易分离，久病不愈的病虾甲壳上出现不规则的黑斑。该病发病迅速，死亡率高，一般虾池发病后 10d 左右大部分虾出现死亡，发病虾规格以 6~9cm 居多，发病时间一般在养殖后的 30~60d，环境剧变更易发生此病。

防治：同白斑综合症。

③对虾红体症病因及防治方法：引起南美白对虾的红体症有很多方面的原因，对虾感染白斑综合症病毒、托拉综合症病毒、细菌等都有可能出现体色变红的症状，但当养殖环境恶化时也会引起南美白对虾的体色变红。所以，当虾池中个别虾体出现红体症状时，应从多方面寻找原因，再针对主要原因对症下药或采取综合处理措施来控制病情的发展。一般情况下，如果南美白对虾摄食、游动正常，只是附肢发红，可以考虑是否由水质发生变化而造成；如果对虾虾体发红，不摄食、游动缓慢，就有可能是病毒或细菌性疾病感染。养殖生产中，对红体症的治疗通常是采用水体

消毒、改善水质和内服抗生素、抗病毒药物的综合治疗方法。实践证明：虽然南美白对虾红体症对养殖生产危害很大，但只要能及时发现，及早采取综合的处理方法，病情大多可以得到有效的控制

④固着类纤毛虫病症状及防治。

症状：鳃区黑色，附肢、眼及体表全身各处呈灰黑色的绒毛状。取鳃丝或从体表附着物做浸片，在显微镜下观察可见纤毛虫类附着。虾浮游于水面，离群独游，反映迟钝，食欲不振，以至停止吃食，不能蜕皮；午夜后至天亮前夕，当池水溶解氧低于 3mg/L 时，常因呼吸困难而死亡。

防治：A.养殖中后期适量换水，合理投饵，降低虾池内有机质含量；B.采取增氧措施，保持池水溶解氧不低于 5mg/L；C.检查诊断虾体是否有细菌或病毒感染，以便对症治疗；D.茶籽饼全池泼洒，浓度为 10~15mg/kg，促使对虾蜕皮，然后换水；E.选用杀灭纤毛虫类药物治疗。

⑤空肠空胃偷死病：副溶血性弧菌引起的南美白对虾偷死病与虾塘的盐度、pH值、水质的肥瘦、有机质以及无机质的含量有关，不同条件的虾塘对虾发病时间、速度、程度不同：池塘盐度越低，放苗后初次发病的时间越推后，如比重 1.005 以下的池塘，发病时间在放苗后 30~40d，每天都有少量的烂红死虾浮起，停料后会减少死虾，养至 60d 抓虾时发现死掉的病虾不多；池塘盐度越高，放苗后初次发病的时间越快，如比重 1.020 以上的池塘，发病时间最短在放苗后的 6~7d，最长的不超过 20d，当发现有少量的烂红死虾浮起时，3~5d 内大部分虾会死亡在塘底。pH 值低于 7~8，养成活率较高；pH 值高于 8~9，养成活率较低。水温越低，放苗后初次发病的时间越推后；水温越高，放苗后初次发病的时间越快。水色瘦、有机悬浮物含量低的虾塘，养成活率较高；水肥浓、有机质含量高的池塘，养成活率较低。

6. 收捕方法

（1）虾陷网（或地笼网）。一般傍晚下网，第二天早晨收网。可以根据第二天的需要量决定当天的下网数量，此种方法可以做到陆续供应市场，均衡上市。

（2）放水收虾。根据虾在黄昏或黎明前后活动能力强的习性，在 17:00~18:00 点或 4:00~5:00 时开启闸门放水收虾，先缓慢放水，当形成水流后再加大放水量，一般需要干塘时用此法。

（3）拉网。底部平坦的池塘，在傍晚或黎明用拉网收虾，一般拉网起捕率能达 70%。不论利用哪种方法收虾，网捕的虾应全部出售，不能返池，否则会造成大量损失。

第三节 池塘生态养殖鱼类

池塘生态养殖鱼类主要目标是为养殖质量安全优质的水产品。要养殖质量安全优质的水产品。必须营造优良水域生态环境，，按照鱼类各自生态位的特点确定来放养鱼类的密度，根据鱼类适应于正常生长、发育空间环境规律的自然生态习性、食性、生长和发育等生物学特性的规律科学养殖、精心管理。

一、地域选择与池塘规格

1. 基地区域位置

池塘应选择黏性有机质丰富的土壤开挖池塘　四周傍湖依水，环境优美，水质清澈，要求水源丰富、排灌方便、交通便捷，供电设施配套，有利于实施生态养殖鱼类。

2. 池塘规格

池塘长方形，长为350m，宽为155m，东西方向；面积一般为 $0.53\sim0.67hm^2$ 为好，池塘深度 $2.5\sim3m$。池塘坡比为 $1:3$，池形整齐、池埂平宽，便于管理和操作；还要留出一定土地面积用于种植青饲料作物（鹅菜、黑麦草等）。

二、营造池塘生态环境

养殖塘预处理相关技术介绍。

（1）光能清塘消毒。在养殖塘中水产品收获后，从1月1日开始将池塘中的水排干清塘，池塘底泥在太阳光下暴晒，暴晒时间：从1月5日至2月5日之内，太阳光暴晒能杀灭塘中病原体，有效控制病原体滋生。同时，太阳光照有效保护与培养微生物，例如，太阳光照培养光合细菌（PSB）为最好，同时，在所有微生物中95%左右是有益的，4%左右是条件致病微生物，仅1%是有害微生物。利用有益微生物生理功能营造良好生态水域环境。

（2）生石灰清塘。首先，在所有清塘中以生石灰的效果最好，也最安全可靠，同时还有相当的生态效果。其次，是漂白粉，使用漂白粉清塘的效果与生石灰相同，但漂白粉没有相应的生态效果。

生石灰清塘有3个主要优点是其他清塘药物所不具备的。第一，能改良水质，增加水的缓冲性能。清塘后水的 pH 值升高可以中和底泥有机酸。生石灰遇水所产生的氢氧化钙可以吸收二氧化碳生成碳酸钙沉淀。第二，碳酸钙有疏松淤泥的作用，能改善底泥的通气条件，加速细菌分解有机质，释放出被淤泥吸附的氮、磷、钾等营养盐，增加水肥度。第三，钙本身是绿色植物及动物不可缺少的营养元素。

①一般淤泥清塘方法与用量：有干塘清塘和带水清塘两种方法：干塘清塘先排干池水，仅留 5~10cm 水深，在池底四周挖几个小坑，将生石灰倒入坑内，使之化开，冷却之前向四周均匀泼洒，边缘和池中心都要泼洒。第二天用铁耙等工具将淤泥耙动一下，使生石灰充分与淤泥混合，石灰用量每 667m² 为 100~120kg。从实际操作施用生石灰的用量有很大变化，生石灰的质量，池水深度和水的化学成分及淤泥多少都会影响单位面积的用灰量。如果水的硬度大，即钙离子和镁离子含量多。因为池水中的钙、镁离子会与氢氧根离子产生反应生成沉淀，从而降低生石灰的有效作用。

②淤泥较厚清塘方法与用量：淤泥超过 30cm 以上，那么石灰的使用量应相应提高 10%~15%。同时清塘用的生石灰质量对清塘的效果也有很大影响。质量好的生石灰呈块状形，较轻，无杂质，遇水反应剧烈，体积变得膨大。因此，清塘时最好直接从石灰窑取来，防止经过长期存放的生石灰吸潮失效，使用后效果不佳。

（3）含氯石灰清塘。含氯石灰一般用含有效氯 30% 左右，遇水很快分解成次氯酸和氯化钙，次氯酸又立刻产生原子态氧，有很强的灭菌和杀死敌害的作用。

①清塘方法与用量：干塘清塘的用量每 667m² 为 5~8kg。带水清塘时，水深 1m 以下，每 667m² 用量 13.5kg，相当于每吨水 20g。清塘时把含氯石灰加水溶解，然后立即向池中泼洒。含氯石灰清塘的药性消失很快，清塘后 48h 便可养鱼。

②注意事项：用含氯石灰清塘时必须注意含氯石灰容易挥发，分解。放出的初生态氧易与金属起化学反应，所以要密封在陶瓷的容器中，放在阴凉干燥的地方存放，以防失效。操作时，工作人员必须带上口罩，在上风处泼洒药剂以防止中毒，避免腐蚀衣物。

无论何种清池消毒方法，放养幼苗前都应先"试水"防止池水有毒，造成不必要的损失，确保安全有效生产。

三、选择苗种、养殖周期与放养模式

1. 选择良种鱼苗

（1）鱼种的质量。选择引进经过国家良种审定委员会审定的"原种，按照良种生产技术操作规程，应用群体混合选择技术，分阶段（生长阶段），选育良种亲鱼繁育的苗种。选择个体强壮，具有遗传性状稳定，抗逆性强，生长快良种鱼苗。

①"四大家鱼"苗种选择：鱼种的质量很重要。例如，江苏省省级良种繁育场，溧阳市水产良种场引进国家原种场江苏邗江"四大家鱼"原种场亲本繁育的苗种，

培育一龄大规格鱼种。具有遗传性状稳定、抗逆性强、生长快、个体大、产量高等优点。

②团头鲂"浦江1号"苗种选择：选择引进经过国家良种审定委员会审定的团头鲂"浦江1号"原种，按照良种生产技术操作规程，应用群体混合选择技术，分阶段（生长阶段），选育良种亲鱼繁育的苗种。例如，江苏省省级良种繁育场，溧阳市水产良种场引进国家原种场江苏湖团头鲂"浦江1号"原种场亲本繁育的苗种，培育一龄大规格鱼种。具有遗传性状稳定、抗逆性强、生长快、肉质鲜嫩等优点。

③异育银鲫"中科3号"苗种选择：选择国家原种场江苏洪泽县良种场的异育银鲫"中科3号"亲本繁育的苗种，培育异育银鲫"中科3号"一龄大规格鱼种。异育银鲫"中科3号"具有如下优点：生长速度快，比高背鲫生长快13.7%~34.4%，出肉率高6%以上；遗传性状稳定，体色银黑，鳞片紧密，不易脱鳞；寄生于肝脏造成肝囊肿死亡的碘泡虫病发病率低。

（2）鱼种的规格

①"四大家鱼"一龄大规格鱼种规格：青鱼个体重为300~500g；草鱼个体重为250~400g；鳙鱼个体重为250~280g；鲢鱼个体重为200~250g。

②团头鲂"浦江1号"与异育银鲫"中科3号"一龄大规格鱼种规格。团头鲂"浦江1号"个体重为40~60g；异育银鲫"中科3号"个体重为50~80g。

2. 一龄与二龄鱼种养殖成鱼的周期

确定所放养鱼种的规格时，主要考虑成鱼生产周期和各地消费者喜欢上市规格。如果上市销售的成鱼个体要求较大，那么必须放养较大规格的鱼种才能在一定周期内完成生产任务。长江三角洲地区和珠江三角洲地区是我国淡水养殖业较发达的地区，他们的放养模式能很好说明放养规格与养鱼周期的关系。确定所放养鱼种的规格时，主要考虑成鱼生产周期和各地消费者喜欢上市规格。如果上市销售的成鱼个体要求较大，那么必须放养较大规格的鱼种才能在一定周期内完成生产任务。长江三角洲地区和珠江三角洲地区是我国淡水养殖业较发达的地区，他们的放养模式能很好说明放养规格与养鱼周期的关系。

（1）一龄大规格鱼种养殖成鱼的周期。江苏省、浙江省、上海市一带的居民普遍喜食1.5~3kg的草鱼和1.25~1.5kg的鲢鱼，以及0.4~0.5kg的团头鲂和0.3~0.4kg的鲫鱼。放养一龄大规格鱼种的周期短，从苗种到成鱼只需养殖2周年。生长速度快、抗病能力强、增长倍数高、投喂的饵料系数低。特别草鱼、团头鲂、鲢鱼和鲫鱼不易生暴发病出血病。

（2）二龄大规格鱼种养殖成鱼的周期。二龄大规格鱼种是从夏花→一龄鱼种→二龄大规格鱼种→成鱼，二龄大规格鱼种养殖成鱼是养殖各种鱼类、苗种场接传统养殖模式的方法、方式，用夏花片是当年培育养殖一龄鱼种。$667m^2$ 放养量为 13 000 尾，成活率为 85%（11 050 尾）；一龄鱼种规格每千克 50~56 尾，$667m^2$ 产量为 198.9kg，第二年用每千克 50~56 尾规格一龄鱼种培育大规格二龄鱼种，$667m^2$ 放养量为 5 040 尾，鱼种放养规格每千克 50~56 尾，成活率均为 85%，捕获量为 4 284 尾，$667m^2$ 产量达 458kg，大规格二龄苗种规格每千克 6~8 尾。第三年再养殖商品成鱼，从长期养殖的实践结果来看：采用二龄大规格鱼种养殖成鱼，从夏花→一龄鱼种→二龄鱼大规格种→成鱼，需要 3 年为一周期。从生产管理中来看，养殖成本高、饲料系数均为 2.5~2.8，抗病能力弱，特别是鲢鱼、团头鲂容易感染真菌发生出血病，养殖无公害成鱼、商品鱼，增加了一定难度。部分成鱼仍不能上市，成为老口鱼，必须再饲养 3~6 个月才能上市。这样的养殖模式只适合在华北、西北、东北等地区使用，其原因是这些地区气温和水温偏低，鱼类年生长期短。

3. 放养模式

（1）放养模式基本上可分 4 种放养模式。①草鱼为主的生态混养模式；②团头鲂为主的生态混养模式；③ 异育银鲫为主的生态混养模式；④以鲤为主的生态混养模式。例如，江苏省溧阳市水产良种场"四大家鱼"大规格优质一龄鱼种养殖成鱼模式，放养模式养殖结果如表 5-12-9 所示。

表 5-12-9　以青鱼为主养的淡水鱼类生态混养模式统计

品种 一龄	时间 （月／日）	数量 （尾／667m²）	放养规格 （g／尾）	放养比例 （%）	成活率 （%）	规格 （g）	产量 （kg）
青鱼	1/20~25	6	350~500	0.6	100	4 000~5 000	25
草鱼	1/20~25	120	250~400	12.6	93	2 500~3 000	295
鳙鱼	1/20~25	40	250~280	4.1	100	2 500~3 000	100
鲢鱼	1/20~25	60	200~250	6.1	92	1 500~2 000	82.5
团头鲂	1/20~25	360	40~60	36.5	93	500~600	167.5
鲫鱼	1/20~25	400	50~80	40.5	97	400~500	155.5
合计		986					825.2

2000 年，许多地方同样也密度过大，鱼种规格小和暴发性出血病的发生，养殖经济效益直线下滑，江苏省溧阳市水产良种场由于实施培育 1 龄优质鱼种养殖成鱼，经过养殖实践表明：一龄大规格优质鱼种养成鱼饲料系数从 2.5 减至 2.2，个体倍数 8~10 倍，上市率达百分之百。而 2 龄大规格鱼种养殖成鱼个体增长倍数为 4~5 倍。

从增长倍数比较，1龄大规格优质鱼种养殖成鱼个体增长倍数是2龄大规格优质鱼种养成鱼的2倍。

从养殖周期分析比较，2龄大规格鱼种养殖：夏花→鱼种→二龄鱼种→成鱼，养殖周期为3年。一龄大规格优质鱼种养殖：夏花→一龄鱼种→成鱼，养殖周期为2年。可缩短1年养殖周期，实施两个周期（4年）可增加一个养殖周期，实际池塘利用率提高了30%，是一项对农业增效、农民增收、致富于广大渔农民，也是一项可持续发展的实用新技术。

（2）混养模式的原则。在成鱼生产中，要根据各种鱼类各自占有生态位原理，按质比、量比确定的放养模式往往将多达7~10种鱼类混养在一起。有时也把同种类不同年龄的鱼混养在同一池塘，此称套养鱼种。一般把一龄鱼种与二龄鱼种套养在一起。这种混养模式早在20世纪70年代末80年代初、90年代开始从养殖实践中总结出来，不同种类的同龄鱼混养，也就1龄鱼种，青鱼、草鱼、鲢鱼、鳙鱼、鲫鱼和鲤进行混养；2龄鱼种，青鱼、草鱼、鲢鱼、鳙鱼、团头鲂、鲫鱼和鲤鱼进行混养。

①注意混养种类的搭配：混养在同一池塘中的鱼必须是能够和平共处不同种类，不会相互残食咬斗，它们对环境因子（水质、水温等）的适应性要相似，各种鱼的栖息水层和食性各异，并相互有利，一般不能混养凶猛的肉食性鱼类。

②根据池塘的水源和饵肥条件决定混养密养水平，水源充足、优质，池塘面积大而深的池塘可以多放，混养程度可以提高；浅水池塘中产鱼量小、水域空间小，混养的优势发挥不出来，所以水源池塘条件和产鱼能力决定了放养量和混养的水平。

饲料结构不同也影响混养方式。如果是用人工无公害维生素营养平衡熟化饲料，几种主要养殖鱼类都很爱吃，也就不存在食性的分化了。所谓不同的食性，主要是指鱼类摄食天然饵料时的选择性，如草鱼和团头鲂喜吃绿色青饲料，鳙鱼喜吃浮游生物，异育银鲫同样喜吃浮游生物等。这样就会引起不同种类的鱼之间和同种鱼不同龄级的鱼之间竞争摄食，最终会相互影响，使鱼的生长速度和鱼产量都下降。现在采用先进的科学的合理的无公害维生素营养平衡熟化饲料，适时、适量投喂，可以有效地解决不同种类鱼的相互竞争摄食，确保池塘的各种鱼类吃饱，满足各种鱼类正常生长发育所需的营养成分。

③混养搭配数量必须主次分明，混养的主要做法是：养好"吃食鱼"——青鱼、团头鲂、草鱼等，带动"肥水鱼"——鲢鱼、鳙鱼、异育银鲫等。生产实践中往往以一种、两种鱼为主养鱼，他们在放养量上占有比较大的比例。配养鱼是利用残饵和天然饵料生长的。当时，鲢鱼、鳙鱼作为配养鱼时，其产量可以占总产量的20%~30%。鲢鱼、鳙鱼是非常优良的配养品种，不论以哪种鱼作主养鱼，都应该重

视以鲢鱼、鳙鱼作配养鱼。鲢鱼、鳙鱼的比例以 3∶1 较为合适。除主养团头鲂对应的鲢鱼的配养比例降低，以防影响团头鲂的生长规格达标及产量。

（3）混养模式与主养模式。主要模式从近年长江中下游地区来看，有以草鱼主养、团头鲂主养、异育银鲫主养三大模式。根据江苏省溧阳市水产良种场提供的资料表明，从混养中产生的主混养模式综合效益显著。

①草鱼为主生态混养模式（一龄大规格鱼种）如表 5-12-10 所示。

表 5-12-10　以草鱼为主的淡水鱼类生态混养模式统计

品种 一龄	时间 （月/日）	数量 （尾/667m²）	放养规格 （g/尾）	放养比例 （%）	成活率 （%）	规格 （g）	产量 （kg）
草鱼	1/20	150	250~400	25.88	91	2 500~3 000	341.25
鳙鱼	1/20	30	250~280	5.8	93	2 500~3 000	73.5
鲢鱼	1/20	90	150~200	17.3	96	1 500~2 000	129.6
青鱼	1/20	10	350~500	1.93	100	4 000~5 000	40
异育银鲫	1/20	100	50~80	19.23	97	400~500	46.5
团头鲂	1/20	120	50~60	23	93	400~500	44.8
合计		520					675.65

这是以草鱼为主的高产模式，主要依靠种草或收集草类作为草鱼和团头鲂的饲料，输以青饲料中的维生素营养平衡饲料，使之投喂的精料得到有效的利用，肥料主要依靠有机基肥。鲢鱼、鳙鱼的生长主要靠草食性鱼类所排泄的粪便培育的浮游生物。此模式必须水源充足、水质优良，依靠灌新水来调控水体溶解氧、pH 值。

②团头鲂为主生态混养模式（1 龄大规格鱼种）如表 5-12-11 所示。

表 5-12-11　以团头鲂为主的淡水鱼类生态混养模式统计

品种 一龄	时间 （月/日）	数量 （尾/667m²）	放养规格 （g/尾）	放养比例 （%）	成活率 （%）	规格 （g）	产量 （kg）
团头鲂	1/20	700	50~60	50.8	93	400~500	264.8
鳙鱼	1/20	50	250~280	3.53	98	2 500~3 000	122.5
鲢鱼	1/20	80	150~200	5.7	91	1 500~2 000	109.2
异育银鲫	1/20	500	60~80	35.3	95	400~500	190
青鱼	1/20	15	350~500	1.1	100	3 000~4 000	45
草鱼	1.20	50	250~400	3.53	93	2500~3 000	116.25
合计		1 415					847.75

以团头鲂为主的混养模式，这是以团头鲂为主的高产模式：主要依靠投喂无公

害维生素营养平衡饲料，就是按照鱼类营养的需求，以及单一饲料（动物性、植物性）蛋白质、脂肪、碳水化合物的含量，调节氨基酸、无机盐微量元素和维生素的添加量（维生素 A、维生素 E、维生素 B_1、维生素 B_2、维生素 C 等），加入黏合剂等辅助原料，精细的调制配成的优质饲料。适量投喂水生植物青饲料及陆生旱草、水生植物、苦草、轮叶黑藻和马来眼子菜等，陆生旱草以鹅菜为主、黑麦草等。肥料一般追施有机肥，以蚕沙为好。增加有机肥后加之团头鲂排出的粪便，促使池塘浮游生物的培育，满足鲢鱼、鳙鱼的饵料，其他鱼类依靠精饲料的投喂，满足正常发育所需的营养成分。在此，必须在池塘建设供氧设备（增氧机），进、排水设施以防止池塘缺氧所造成严重损失。

③异育银鲫主养的生态混养模式（一龄大规格鱼种）表 5-12-12 所示。

表 5-12-12　以异育银鲫为主的淡水鱼类生态混养模式统计

品种 一龄	时间 （月／日）	数量 （尾／667m²）	放养规格 （g／尾）	放养比例 （%）	成活率 （%）	规格 （g）	产量 （kg）
异育银鲫	1/20	680	50~80	63	96	350~500	228.48
草鱼	1/20	100	250~500	9.25	93	2 500~3 000	232.5
鳙鱼	1/20	30	250~280	2.8	98	2 500~3 000	72.5
鲢鱼	1/20	60	150~200	5.5	92	1 500~2 000	82.5
青鱼	1/20	10	350~500	0.9	100	3 000~4 000	30
团头鲂	1/20	200	40~60	2.5	91	400~500	72.8
合计		1 080					718.48

养殖异育银鲫，主要因为异育银鲫对水体环境有较强的适应性，耗氧量低等优点，饲料投喂，常规饲料可投喂饼，以豆粉、豆饼、菜籽饼、麦麸、次粉和米糖等为原料，添加矿物质、维生素以及诱食剂等制成，粗蛋白含量可为28%~32%，直径大小与异育银鲫的口裂相适应。全价无公害维生素营养平衡的熟化饲料。肥料以投足基肥，以腐熟粪肥为主，培育的浮游生物用来供给所搭配养殖的鲢鱼和鳙鱼作为饵料。所搭配草鱼和团头鲂可适时、适量投喂水生植物、陆生旱草，以达到降低饲料系数的一种高效模式。但以异育银鲫为主的混养模式，同样也不能没有进排水的设备，有保障增氧的配套增氧设备，只有这样，才能使池塘高产和稳产，达到高效的目的。

④以鲤鱼为主的生态混养模式。鲤鱼主养的培育一龄大规格鱼种放养模式如表 5-12-13 所示。

生态水域与生态养殖

表 5-12-13　以鲤鱼为主的淡水鱼类生态混养模式统计

品种 夏花 / 鱼种	时间 （月 / 日）	数量 （尾 / 667m²）	放养规格 （cm）	放养比例 （%）	成活率 （%）	规格 （g）	产量 （kg）
鲤鱼	5/20	480	5~6	40.3	98	350~500	164.5
鳊鱼	5/28	60	5~6	5	98	600~750	20.18
鲢鱼	5/28	150	5~6	12.6	93	500~750	70
草鱼	5/28	200	5~6	16.8	95	300~500	57
团头鲂	5/28	300	5~6	25.2	93	250~300	75
合计		1190					386.68

鲤鱼为主的生态混养模式，是我国东北、华北等较寒冷地区普遍采用的模式。同样在华南、华中和华东地区该模式也是一种高产、高效的养殖模式。当年养殖产量基本在每 667m² 达 400~500kg，这种养殖模式同样是采用施足基肥，培养水质来培育浮游生物，投喂青饲料与精饲料相结合的有效方法。池内养殖的各种鱼类都能得到所需营养成分；促使各种鱼类不同季节在不同水温的条件下，正常生长发育。在 12 个月的养殖周期中，从当年 5 月至翌年 5 月，各种鱼类都均衡上市，都能达到最低的食用规格。

4. 主养与生态混养优点

在一定的池塘条件和相应的饲养方式条件下，混养有下列优点。

（1）生态混养和主养模式。分别是按质比、量比确定放养密度实施生态养殖。能合理利用水体综合提高饵料利用率。所混养的每一种鱼都有自己的栖息水层，如主食浮游生物的鲢鱼和鳊鱼等生活在水体上层，草鱼、团头鲂、异育银鲫、鲤鱼等喜欢在中底层活动。这些鱼混养于同一池塘中时，充分利用了池塘的各个水层，使整个水体的放养密度得以增加，从而提高了池塘的鱼产量。混养的鱼类对天然饵料的选择都有独特个性，但对无公害维生素营养平衡熟化饲料都有喜食的共同性，草鱼和青鱼取食大量的商品饵料，一些较小的颗粒则被鲫鱼、团头鲂和其他鱼类利用，因此所有的商品饵料均能得到有效直接利用，极小浪费。"吃食鱼"的粪便能肥水，为鲢鱼、鳊鱼提供了大量的浮游生物和有机碎屑。

（2）生态混养。能发挥各种养殖鱼类之间的互利作用，如草鱼、青鱼和团头鲂等因摄食量大，其残饵和粪便是培育浮游生物的良好肥料，又能提供大量的有机碎屑，为鲢鱼和鳊鱼等滤食性鱼类提供饵料条件。相反，鲢鱼和鳊鱼的滤食性活动，又减少了水体中的浮游生物和有机碎屑，以免导致水质过肥，为青鱼、草鱼和团头鲂等维持了一个良好的生活环境。底层鱼类异育银鲫等都是杂食性，它们的活动清除了残饵，改善了池塘的水质条件，又能通过设施活动搅动池水，有助于上下层的良性循环，使底层溶解氧条件得到改善，加速池塘中有机物质的分解和营养盐的循环利用。

（3）生态、混养与主养模式的形成。这是根据市场变化而决定的。如草鱼和鲫鱼在市场饲料价格上涨时供应上市的主要是草鱼，这样可节约精饲料，降低生产成本。草鱼商品价格近年来又呈上涨趋势，餐馆、酒店和旅游度假区大市场需要量大。

5. 四季上市生态养殖模式

四季上市生态养殖模式，实际上就是在密养的鱼塘中，根据鱼类生长情况，到一定时间之后捕出一部分达到商品规格的食用鱼，再适当补放一些鱼种，以提高池塘单位面积的产量。四季上市模式是混养密养发挥效益的重要措施，也是实施休闲渔业的有效途径。实施该养殖模式前提条件如下。

第一，鱼池鱼类总重量接近或超过了最大容纳量（即每 $667m^2$ 水体鱼类能较好生长的总重量）之后才有必要进行捕大补小。一个鱼池的最大容纳量受到多种因素的影响，包括饲养管理水平和技术条件，肥料饲料的质量，以及自然条件等都会影响最大容纳量。一般情况的静水鱼池的最大容纳量每 $667m^2$ 在 300~400kg，在注排水条件或有增氧设施的鱼池最大容纳量每 $667m^2$ 可达 600~800kg。

第二，要具备数量充足，不同规格的育种以供轮放。

第三，有着不损害池塘生长的鱼类的捕捞技术，鱼货能够及时销售，务必做到产销一条龙。

不具备上述条件的，轮捕轮放就失去其价值。轮捕的对象是放养密度比较上层的鲢鱼、鳙鱼和草鱼。达到商品规格的白鲫也是轮捕的对象。鲤鱼、鲫鱼、青鱼等底层鱼是休闲渔业供应垂钓轮捕轮放的对象。实施轮捕轮放的时间和地区有所不同，主要根据水温高低决定的各种鱼类在不同季节生长情况。在长江流域地区集中有6—9月水温较高的时期，其他地区可根据池鱼的浮头情况，摄食和生长情况以及不同水温条件各养殖鱼类的净产量，各饲养阶段的增重比例来推算池塘中鱼类的最大容纳量出现的时间，以此决定适时轮捕。

轮捕轮放的主要作用就是能在饲养过程中始终保持水体间按质比与量比的关系有合适的密度，按照无公害鱼类的养殖操作规程进行生产出优质高产的各种鱼类。如果在每年初放养1次，年底捕捞上市，势必造成前期鱼体小，水体宽，水体空间不能充分利用，后期又由于鱼体长大，鱼的活动空间相对缩小，生长受到抑制。通过轮捕轮放就可以加大放养密度生态养殖和混养种类，把已养殖达到上市规格的鱼类及时捕出，稀疏密度，使池塘的鱼类容纳量始终在最大容纳量以下，从而充分发挥池塘的产鱼潜能，获得高产。除此之外，轮捕轮放还有利于培育量多优质的一龄规格鱼种。因为通过轮捕减少了达到商品规格食用鱼的数量，使套养的鱼种能迅速生长。同时，在经济效益上有利鲜活食用鱼的均衡上市，有着好价格，使得 $667m^2$ 经济效益有着明显的提高。并有利于资金加速周转。

轮捕轮放有二种方式：一是捕大留小，即放养不同规格或相同规格的鱼种，饲养一段时间之后分批捕出达到食用规格的鱼，不再补放鱼种，让较小的鱼留在池中急需饲养；二是捕大补小，分批捕出食用规格的鱼之后，同时补放鱼种。这种方法的产量更高，所补充的鱼种根据需要或养成食用鱼或培育成大规格鱼种。

轮捕轮放的操作要求比较严格，其原因是轮捕的实施季节多在气温、水温较差的时候，鱼类出现摄食量大、生长快、耗氧量大、活动能力强等特点，在拉网捕捞时，不能忍受长时间的密集。长时间密集容易缺氧，鱼体受伤，鱼鳞脱落，易感染细菌性疾病，特别是团头鲂和鲢鱼易染疾病，易发出血病，使池塘内的其他鱼类感染。所以当拉网起捕时，要细致、熟练拉网。

捕捞前几天，应适当减少施肥投饵，以确保水质良好，具体的捕捞时间最好选在 1d 水温较低，一般多在下半夜黎明或早晨溶解氧较高时间，拉网捕鱼，或在拉网时开始注新水入池，起网的位置应选在注新水的渠道口，可防止鱼类缺氧。

若池塘有鱼浮头的征兆或正在浮头，则严禁拉网捕鱼；傍晚时分避免捕鱼，否则造成上、下层提前对流，会加速溶解氧的消耗引起池鱼浮头。捕鱼之后，由于鱼分泌了大量黏液，池水往往变混浊，耗氧增加，必须立即开动增氧机或加注新水，使鱼有一段冲水的时间，冲洗鱼体上过多的黏液，增加溶解氧，预防浮头。捕鱼之后应注新水 6~8h，使池水形成微流状；不宜开增氧机，排出浊水，要做到轮捕轮放，培育好鱼种，同样是关键。在食用鱼池塘中套养鱼种是为食用鱼高产提供量足质优的大规格鱼种的有效措施。

通过套养鱼种技术，每年只需在食用鱼池增放部分草鱼、青鱼、团头鲂的当年鱼种以及鲤鱼、鲫鱼、鲢鱼、鳙鱼的夏花，就能做到大规格鱼种基本自给。另外套养鱼种之后，1~2 龄鱼种池的面积可以相应减少，只需占到鱼池总面积的 15%~20%，这样就增加了食用鱼池的养殖面积。

如何才能做好套养工作呢？首先，切实培育好鱼苗和一龄鱼种。套养在食用鱼池的草鱼、青鱼的规格应达到 18~20cm 以上（尾重约 60g），团头鲂应达到 12cm 以上（尾量 40g）。其次，放养的鱼种在 1 年的饲养期之内，其中，80% 左右鱼类长成食用鱼上市。再次，要捕出已达到食用鱼规格的鱼，以稀疏池鱼密度，保证鱼类正常生长。最后，要对套养的夏花、鱼种进行科学合理的饲养，加强管理，以达到 1 年内培育的规格为翌年的生产做好准备，奠定基础。形成良性循环，使轮捕轮放的生态养殖模式，在水产养殖中成为四季供应市场所需的食用鱼的最佳模式。

四、饲养管理

1. 池塘水质环境保护

在生态养殖高产的鱼池中，池塘水域生态环境是第一要素。获取养鱼高产的过程就是不断地解决水质条件，特别是养殖无公害鱼类，对水质要求就更高，淡水养殖水源应符合 GB-11-607 规定和 NY5051-2001 标准。淡水养殖用水水质应符合表 5-12-14 要求。

表 5-12-14　淡水养殖用水质要求

序　号	项　目	标　准　值
1	色、臭、味	不得使养殖水体带有异色、异臭、异味
2	总大肠菌群（个/L）	≤ 5 000
3	汞（mg/L）	≤ 0.000 5
4	镉（mg/L）	≤ 0.005
5	铅（mg/L）	≤ 0.05
6	铬（mg/L）	≤ 0.1
7	铜（mg/L）	≤ 0.01
8	锌（mg/L）	≤ 0.1
9	砷（mg/L）	≤ 0.05
10	氯化物（mg/L）	≤ 1
11	石油类（mg/L）	≤ 0.05
12	挥发性酚（mg/L）	≤ 0.005
13	甲基对硫磷（mg/L）	≤ 0.000 5
14	马拉硫磷（mg/L）	≤ 0.005
15	乐果（mg/L）	≤ 0.1
16	六六六（丙体）（mg/L）	≤ 0.002
17	DDT（mg/L）	0.001

为鱼类正常生长发育创造一个良好的水体环境，同时又要使鱼类不断得到量多、质优的饵料（无公害饵料标准），而这两者往往不能兼取。在生态养殖池塘中，在温度较高的主要生产季节里，大量的投饵会引起水质过肥，极易恶化；若少投饵施肥，则不会取得养鱼高产。所以，在成鱼的饲养过程中，这对主要矛盾。生产实践中水质环

保是关键的关键，必须做到水质清新、卫生、预防疾病发生。具体措施：第一，坚持采取投饵"四定"制度，保证适量、适时投饵肥水；第二，适时注入新水改善水质，还必须随时捞除水中污物、残饵，清除池边多余的杂草，以减少污染水质，影响 pH 值溶解氧的因素；第三，在高温炎热的季节，可适用生物制剂、EM 菌制剂，防止和克服微生态失调，恢复和维持生态平衡。生物制剂使用要根据该产品的说明书的技术指导与池塘水质状况确定使用剂量。

2. 饲料的配制

（1）饲料的质量。饲料的质量是生态养殖第二要素。养殖无公害水产品的鱼的营养需要是饲料配方设计的依据和基础，营养需要包括能量、蛋白质、脂肪、碳水化合物、维生素和矿物质元素等。这些营养需求对鱼的正常生长、发育、免疫力以及繁殖性能有决定性的影响作用，其含量不足或过量都可能导致水生动物新陈代谢紊乱，生长发育缓慢，疾病的发生与死亡。目前，我国还没有制订水生动物的营养需求量标准，全国各饲料厂家都是根据实际应用饲料的要求参考美国 NBC（国家研究委员会）标准，或其他一些大专院校科研机构研究的饲料配方数据进行饲料生产。因此，饲料的营养成分各有不同，有的是草鱼、鳊鱼饲料、鲫鱼饲料和鲤鱼饲料等。但总体应按照 NY5072-2002 无公害食品、渔用配合饲料安全限量、安全卫生指标执行，渔用配合饲料的安全限量应符合表 5-12-15 规定。

表 5-12-15　渔用配合饲料的安全指标限量

项目	限量	适用范围
铅（以 Pb 计）（mg/kg）	≤ 5.0	各类渔用饲料
汞（以 Hg 计）（mg/kg）	≤ 0.5	各类渔用饲料
无机砷（以 As 计）（mg/kg）	≤ 3	各类渔用饲料
镉（以 Cd 计）（mg/kg）	≤ 3	海水鱼类、虾类配合饲料
	≤ 0.5	其他渔用配合饲料
铬（以 Cr 计）（mg/kg）	≤ 10	各类渔用饲料
氟（以 F 计）（mg/kg）	≤ 350	各类渔用饲料
游离棉酚（mg/kg）	≤ 300	温水杂食性鱼类、虾类配合饲料
	≤ 150	冷水性鱼类、海水鱼类配合饲料
氰化物（mg/kg）	≤ 50	各类渔用饲料
多氯联苯（mg/kg）	≤ 0.3	各类渔用饲料
异硫氰酸酯（mg/kg）	≤ 500	各类渔用饲料

（续表）

项 目	限 量	适 用 范 围
恶唑烷硫酮（mg/kg）	≤ 500	各类渔用饲料
油脂酸价（KOH）（mg/g）	≤ 2	渔用育苗饲料
	≤ 6	渔用育苗饲料
	≤ 3	鳗鲡育成饲料
黄曲霉毒素 B_1（mg/kg）	≤ 0.01	各类渔用饲料
六六六（mg/kg）	≤ 0.3	各类渔用饲料
滴滴涕（mg/kg）	≤ 0.2	各类渔用饲料
沙门氏菌（cfu/25g）	不得检出	各类渔用饲料
霉菌（不含酵母菌）（cfu/g）	≤ 3×10^4	各类渔用饲料

（2）能量。能量不是营养物质，它是由碳水化合物、蛋白质和脂肪在体内氧化释放的，能量的摄入是一个基本的需求。因此，在设计鱼饲料配方时，既要考虑蛋白质的需要，又要考虑能量需要，使之保持平衡。如果饲料能量相对于蛋白质来源不足时，则饲料蛋白质不是用于鱼的生长，而是被转化成能量来维持鱼的生存；如果能量过高会降低鱼的摄食量，因而减少了最佳生长所必需的蛋白质和其他重要营养物质的摄入。因此，能量与蛋白质营养物质要保持一个较佳的比例，才能最大限度地提高营养物质的利用率。如果能量与蛋白质的比例过高，则能造成鱼体内的脂肪大量沉积，会降低产品的品质，影响食用价值。

（3）蛋白质。蛋白质是水生动物生命活动的基本物质，是鱼饲料配方设计主要的营养指标。因此，饲料配方的设计必须首先了解鱼的蛋白质需求量，水生动物的蛋白质需求量明显高于畜禽动物，一般随着鱼的生长发育，其蛋白质需求量降低。因此，幼鱼的蛋白质需求量要高于中成鱼，表5-12-16为部分鱼的蛋白质需求量。

表5-12-16 部分鱼的蛋白质需求量

种类	幼小阶段蛋白质需求量（%）	中成阶段蛋白质需求量（%）
草鱼	26~30	20~26
团头鲂	28~30	20~25
鲤鱼	30~35	25~30
斑点叉尾鲖	33~36	28~30
大马哈鱼	35~38	30~34
虹鳟鱼	38~40	35~36

设计饲料配方时，除了考虑蛋白质的需求量外，还应考虑氨基酸的组成和平衡，特别是必需氨基酸要有足够的比例和相互之间要合理平衡，一般鱼的必需氨基酸依次为：精氨酸、组氨酸、氨酸、异亮氨酸、亮氨酸、赖氨酸、蛋氨酸、苯丙氨酸、苏氨酸、色氨酸和缬氨酸。

（4）脂类。脂类是能量和生长发育所需的必需脂肪酸的重要来源。并能促进脂溶性维生素吸收。如果鱼类等水生动物缺乏必需脂肪酸，其症状可表现为皮肤病、休克综合症、心肌炎、生长缓慢，饲料效率降低以及死亡率上升等。总之，脂类是水生动物重要的能量来源，特别是对糖类利用能力有限的冷水鱼类，其能量作用更为明显。一般的鱼饲料应适量添加 2%~8% 脂类，可有效地满足水生动物对脂肪酸的需求和节约部分蛋白质。一般应用鱼油和植物油较为适宜，并应注意使用适量的抗氧化剂。

（5）糖类。饲料中的糖类主要指的是淀粉、纤维素、半纤维素和木质素。虽然糖类产生的热能远比同量脂肪产生的热能低，但含糖类丰富的饲料较为低廉，且糖类能较快地放出热能，提供能量。糖类还是构成动物肌体的一种重要物质，参与许多生命过程，如糖蛋白是细胞膜的组成成分之一，神经组织中含有糖脂。糖类对蛋白质在体内的代谢过程也很重要，动物摄入蛋白质并同时适量的糖类，可增加腺苷三磷酸酶形成，有利于氨基酸的活化以及合成蛋白质，使氮在体内的贮留量增加，此种作用称为糖节约蛋白质的作用。由于糖类结构的复杂性和多样性，不同水生动物对饲料中糖类的消化和利用率表现出较大的差距。一般情况下，草食性和杂食性鱼类能较好地利用饲料中的糖类。而肉食性鱼类则对糖类的消化和利用较差。一般的鱼饲料中要使用 15%~45% 的糖类饲料原料。在多数的水生动物中，对蔗糖、淀粉和糊精的利用率相对较高，而对于葡萄糖等单糖的利用率却较差，这与畜禽类有较大的差别。一般认为，水生动物多数是不能消化纤维素的，但一定量的粗纤维能促进肠道蠕动，有助于其他营养物质的消化吸收。例如，粗纤维对草食性鱼类就更为重要，草鱼和鳊鱼长期投喂高蛋白饲料，肝脏内、肠道内容易沉积脂肪，形成高胆固醇，导致鱼类肝脏中毒死亡。饲料中含有食粮粗纤维，还有利于减少肝脏等器官中胆固醇和脂肪的沉积，有利于促进鱼体生长和提高肉质。

（6）维生素和矿物质。维生素和矿物质元素是维持动物正常生理机能，参与体内新陈代谢和多种生化反应不可缺少的一种营养物质。为了保证动物摄食到足量的维生素，一般都应超量添加，即有维生素的添加保险系数。在鱼类饲料中各种维生素的作用如下。

①维生素 A：维生素 A 有保护皮肤和黏膜的作用，是构成视紫质色素的原料，

能促进鱼类正常生长、发育和繁殖。常用的维生素 A 添加剂多为化学合成的产品，有维生素 A 醇、维生素 A 乙酸脂和维生素 A 棕榈酸脂等，其中以维生素 A 棕榈酸脂较为稳定和常用。

②维生素 D：维生素 D 又称骨化醇或抗枸偻病维生素，是一类与动物内钙、磷代谢相关的活性物质，能促进鱼类对钙、磷的吸收，与形成骨质和钙化密切相关。维生素 D 有多种形式，对水生动物有作用的只有维生素 D_2、维生素 D_3，以维生素 D_3 的生物学效价较高，饲料添加剂多使用维生素 D_3。

③维生素 E：维生素 E 又称生育酚，是一类有生物活性酚类化合物，其中以 α-生育酚效价最高和最为常用。维生素 E 能调节细胞核的代谢功能，促进性腺发育和提高生殖能力。维生素 E 还是一种天然抗氧化剂，有保护维生素 A 和胡萝卜素的作用，并可阻止体内脂肪的过氧化降解作用，减少过氧化物的产生。常用的维生素 E 添加剂为维生素 E 乙酸脂。

④维生素 K：维生素 K 又称抗出血维生素，是一类甲萘醌衍生物。维生素 K 能促进合成凝血酶原，达到正常凝血。维生素 K 又有维生素 K_1，维生素 K_2，维生素 K_3 和维生素 K_4 等，饲料添加剂多使用维生素 K_3，一般维生素 K 商品制剂多采用维生素 K_3 与亚硫酸氢钠的合成物，即亚硫酸氢钠甲萘醌。

⑤维生素 B_1：维生素 B_1 又称硫胺素，也称抗神经炎素。维生素 B_1 在体内可促进糖类和脂肪的代谢。维生素 B_1 主要以盐的形式存在，一般以盐酸硫胺素较为常用。

⑥维生素 B_2：维生素 B_2 又称核黄素或卵黄素。维生素 B_2 在体内参与蛋白质、碳水化合物和核酸的代谢，是体内生化反应多种酶的组成成分。

⑦维生素 B_3：维生素 B_3 通称为烟酸或尼克酸，也称烟酸胺或尼克酰胺，维生素 B_3 是辅酶Ⅰ和辅酶Ⅱ的组成成分，参与生物体内的氧化还原反应。

⑧胆碱：胆碱是磷脂、乙酰胆碱的组成成分，也是甲基的供体，参与氨基酸和脂肪的代谢，能有效地防止脂肪肝的产生。饲料添加剂多使用氯化胆碱。

⑨维生素 B_5：维生素 B_5 通称为泛酸，又叫抗皮炎维生素。维生素 B_5 是辅酶 A 的组成部分。在物质代谢中起着重要作用。饲料添加剂多采用泛酸钙。

⑩维生素 B_6：维生素 B_6 是吡哆醇、吡哆醛和吡哆胺三种吡哆衍生物的总称。维生素 B_6 是氨基酸代谢中的辅酶，参与蛋白质、糖和脂肪的代谢。维生素 B_6 的商品形式多为吡哆醇盐酸盐，饲料添加剂多使用盐酸吡哆醇。

⑪维生素 B_{11}：维生素 B_{11} 也称为叶酸和维生素 M，是蝶酸和谷氨酸结合而成的。维生素 B_{11} 参与蛋白质和核酸的代谢，可与维生素 B_{12} 和维生素 C 共同促进红血球、血红蛋白和抗体的形成。

⑫ 维生素 B_{12}：维生素 B_{12} 也称为钴胺素，是一种含有钴原子和氰基团的螯合物。维生素 B_{12} 参与机体蛋白质代谢，提高植物性蛋白质的利用率，也是正常血细胞生成的必需物质。

⑬ 生物素：又叫维生素 H，生物素是一种辅酶 R，参与蛋白质、脂肪等的代谢，商品化的生物素为 D- 生物素，饲料添加剂常用的生物素 H-2 为含有 2% 的 D- 生物素。

⑭ 维生素 C：又叫抗坏血酸，多数动物可以通过 D 葡萄糖合成维生素 C，但多数鱼类的体内却不能合成维生素 C，因此，维生素 C 是水生动物的一种重要维生素饲料添加剂。维生素 C 参与糖、蛋白质和矿物质的代谢过程，增强机体免疫力，提高消化酶的活性，维生素 C 还能有效防治鱼类的免疫病，提高消化酶的活性，维生素 C 还能有效防治鱼类的贫血症和减少鱼类组织中的脂类过氧化作用。饲料添加剂常用的维生素 C 为 L- 抗坏血酸及稳定性较好的维生素 C 多聚磷酸酯。

⑮ 肌醇：肌醇是一种具生物活性的环己六醇，它以磷脂酰肌醇的形式构成生物膜。多数鱼类体内不能合成肌醇，因此，肌醇也是一种重要的鱼类添加剂。肌醇能有效降低鱼类体内脂肪的沉积，有抗脂肪肝的作用。

（7）维生素添加保险系数。保持维生素营养平衡一般都应按照无公害饲料的加工工艺确定维生素的保险系数。表 5-12-17 为各种维生素在同种饲料类型中的添加保险系数。

表 5-12-17　鱼类无公害饲料中维生素的添加保险系数

品名	粉状饲料（%）	颗粒饲料（%）	膨化饲料（%）
维生素 A	1~2	3~4	5~6
维生素 D	3~4	5~7	8~12
维生素 E	1~2	2~4	5~7
维生素 K	3~4	5~8	10~14
维生素 B_1	3~5	5~10	8~15
维生素 B_2	1~2	2~4	5~8
维生素 B_3	3~4	5~10	10~16
维生素 B_{12}	4~6	5~10	8~16
叶酸	6~10	10~15	12~20
烟酸	1~2	3~4	5~7
泛酸钙	2~3	2~5	5~8
维生素 C	5~10	20~30	70~160

　　饲料中含有矿物元素也同样与维生素的重要，也是水生动物生命活动和生产过程不可缺少的一类营养物质。水生动物必需的矿物元素有10多种，一般把占体重0.01%以上的矿物元素称为常量元素，有钙、磷、钾和钠等；占体重0.01%以下的矿物元素称为微量元素，有铁、铜、碘、锰、锌、硒和钴等。矿物元素不同种类对鱼类正常生长发育有不同的促进作用。

　　①钙（Ca）：钙是鱼类骨骼的主要成分并与血液的凝固以及肌肉的收缩有关。

　　②磷（P）：磷也是鱼类骨骼构成物质，并是鱼种中磷脂和其他有机磷化合物的构成原料。

　　③镁（Mg）：镁是鱼体中脂肪、碳水化合物和蛋白质代谢中大多数酶的辅助因子。

　　④钠（Na）：钠是细胞间血液的主要单价阳离子，参与神经作用和渗透压的调节作用。

　　⑤铜（Cu）：铜是鱼类的白红蛋白的重要组成部分，铜还是酪氨酸酶和抗坏血酸氧化酶中的辅助因子。

　　⑥硒（Se）：硒是谷胱苷过氧化酶的辅助因子，与维生素E密切相关，能维持鱼类细胞的正常功能和细胞膜的完整性。

　　⑦锌（Zn）：锌是炭酸酐酶和羧肽酶的辅助因子，参与蛋白质和碳水化合物的代谢过程。

　　⑧锰（Mn）：锰是精氨酸酶等代谢酶的辅助因子，并参与骨骼的形成和血细胞的生成。

　　⑨钴（Co）：钴是维生素B_{12}的构成成分，能影响多种酶的活性，参与多种生化反应。

　　⑩铁（Fe）：铁是鱼类中血红蛋白、细胞色素和过氧化物的必要成分。

　　⑪碘（I）：碘是甲状腺素的成分，能调节鱼类体内的代谢。

　　饲料所含的维生素元素，矿物质元素是饲料中不可缺少的元素，但饲料还应添加大蒜素。以及氨基酸、微生态制剂、酶制剂类作为无公害饲料的添加剂。尤其是酸性蛋白酶、中性蛋白酶、淀粉酶、糖化酶、纤维分解酶和植酸酶，它们能够促进饲料中各类营养物消化吸收提高饲料利用率，降低饲料稀疏，分解营养因子，提高内质，使体色漂亮，提供未知促生长因子；提高免疫力及抗病能力，改善机体状态，延缓水质的败坏速度。

　　养殖无公害商品成鱼投喂的饲料根据鱼类所需营养成分加工，渔用饲料所用原料应符合各类原料标准的规定，不得使用受潮、发霉、腐败变质及受到石油、农药、有害金属等污染的原料。皮革粉因经过脱铬、脱毒处理，大量原料应经过破坏蛋白酶抑制因子的处理。鱼粉蛋白质质量应符合SC3501的规定，NY5072—

2001 鱼油的质量应符合 SC/T3502 中二级精制鱼油的要求，使用的药物添加剂中累计用量应符合农业部《允许作饲料药物添加剂的兽药品种及使用规定》安全卫生指标。渔用配合饲料的安全指标限量应符合表 5-12-15 规定。例如，江苏正昌集团直属科技企业中外合资正昌饲料科技有限公司是一家专业生产添加剂的公司。生产的水产用微生态制剂：由地衣芽孢杆菌、枯草芽孢杆菌、丁酸梭菌、屎肠球菌、酿酒酵母菌等各种有益菌的合理组合而成。生产的福乐兴免疫促长剂（天然植物提取物）：福乐兴 FL213（Ⅰ型）为普通水产动物专用型、福乐兴 FL213（Ⅱ型）为特种水产动物专用型。生产的发酵蛋白系列：益肽宝水产型 EP50B、益肽宝水产型 EP60B、益肽宝水产型 EP60D。生产的复合预混料系列（水产）：F01CF 1% 鱼苗开口料用复合预混料；F02CF1% 精养鱼用复合预混料；F03CF1% 混养鱼用复合预混料；F04CF1% 混养鱼用复合预混料；F05CF1% 鲤鱼用复合预混料；F06CF1% 鲫鱼用复合预混料；F07CF1% 梭鱼用复合预混料；F09CF 1% 鮰鱼用复合预混料；NQ01CF1% 泥鳅用复合预混料；X01CF1% 淡水虾用复合预混料；X02CF1% 对虾用复合预混料；X08CF1% 南美白对虾用复合预混料；H01CF1% 河蟹用复合预混料；FV88 鱼用维生素预混料；FM88 鱼用复合微量元素预混料；X08VN 南美白对虾用复合多维预混料；X08ML 南美白对虾用复合多矿预混料；TS02CF1% 幼甲鱼用复合预混料；TS03CF1% 成甲鱼用复合预混料；S01CF 海水鱼用复合预混料等复合预混料质量都是安全的。

3. 饲料投喂的方法

饲料投喂首先确定池塘养殖鱼类的品种总重量。例如草鱼、青鱼、团头鲂、鲫鱼、鲤鱼、鲢鱼、鳙鱼等计算每天需要的饲料总量，适时、适量分批投喂。

（1）饲料投喂坚持"四定"。所谓"四定"是指投饵时要定时、定点、定质、定量，即每天在固定的时间投饵。使鱼按时摄食，形成条件反射，提高饲料的利用率。要在每天水温较高、溶解氧丰富的时间投饵。一般天气正常时可在 8：00~9：00，14：00~15：00 两次投饵较为合适。随着季节变化，下午投饵的时间适当推迟。若投喂人工配合饲料为主，投喂次数可以相应增加。定点或称定位，是要求投饵必须有固定的食台或食场，使鱼集中于固定位置摄食，能减少饵料浪费。便于观察摄食情况，还有利于对鱼体进行消毒防病。在食场附近悬挂药袋进行防病是减少鱼病的重要措施之一。定质即要求饵料质量优良，新鲜无腐败变质；最关键的是符合无公害食品，渔用配合饲料安全限量。定量，以保证鱼类生长所需营养又不过剩为度。若每天投饵两次，每次 2~3h 吃完合适。一般在傍晚巡塘检查食台时不应有剩饵，否则第二天应减少投饵量。

（2）投饵量的确定。　事先根据生产需要做出饵料数量的计划是养鱼生产非常重要的一环。养鱼之前，应该计划好全年的饵料量及各月份的饵料分配。一般是根据预计的净产量，结合饵料系数，计算出全年的总饵量，然后依据各月的水温和鱼生长规律制订出各月的饵料量。例如，某渔场有 $4hm^2$ 池塘，平均 $667m^2$ 放养草鱼种 58kg，计划净产量 360kg。已知人工配合饲料系数 2.2，旱草饵料系数 38，并规定旱草应占 2/5 计算：全年需草量 $360 \times 2/5 \times 38 \times 60 = 28\,320kg$；人工配合饲料饵料需要量 $360 \times 3/5 \times 2.2 \times 60 = 28\,512kg$。表 5-12-18 是江苏省溧阳市水产良种场高产鱼池的各月投饵比例，可供参考。

表 5-12-18　江苏省溧阳市水产良种场按月平均投饵量及日投饵百分数

（单位：kg/667m²）

品名	分类	2~3月	4月	5月	6月	7月	8月	9月	10月	11月	全年总数系数(%)	备注
贝类	月投	39.6	142.7	194.7	420	622.5	804.8	1011	729.5		3964.8	青鱼667m²净产量118kg
	日投	8	9.5	9.7	19.1	22.2	28.7	33.7	29.18		33.6	
	日投次数（按月）	5	15	20	22	28	28	30	25		137	
	占年投%	1	3.6	4.9	10.6	15.7	20.3	25.5	18.4		100	
草类	月投	72.6	725.7	798.2	1427.3	2612.6	2467.5	2685.1	1306.3		1295.4	草鱼、38尾团头鲂667m²净产318.3kg
	日投	14.52	403	39.9	50.9	87.1	82.2	89.5	50.2			
	日投次数（按月）	5	18	20	28	30	30	30	26		187	
	占年投%	0.6	6	6.6	11.8	21.6	20.4	22.2	10.8		100	
精料	月投	65.8	86.12	89.38	98.3	112.1	102.38	87.75	105.6	65	812.5	鱼类总667m²产738.6kg
	日投	4.38	3.45	3.58	3.93	4.48	4.1	3.5	4.23	3.6		
	日投次数（按月）	5	25	25	25	25	25	25	25	18	205	
	占年投%	8.1	10.6	11	12.1	13.8	12.6	10.8	13	8	100	
	水温	3~10							20~10			

注：①精料4月前主要投喂下层鱼类，5月开始水温升高根据鱼类生长摄食情况、天气变化，逐月增加月投量；②草类为旱草为主，以鹅草、黑麦草，其他青草为主，水草以苦草、黑叶轮藻，按3kg水草折1kg旱草计算，精料以全价配合饲料为主；③3~10月贝类和草类有一定量投放量，这样可节约精料

（3）不同季节投饵的技术要求。冬春季节，水温低，鱼类的代谢缓慢，摄食量不大，但在冬春季节的晴好天气当温度稍有回升时，也需要投给少量精饲料，使鱼不导致落膘。此时，投喂些糟麸类饵料较好，这些饵料易被鱼类消化，有利于刚开始摄食的鱼类吃食。春季开始稳定升温后，要避免给刚开食的鱼类大量投饵，防止空腹鱼暴食而亡。特别是草食性鱼类，易患肠炎，尤其要控制投饵。4月中旬至5月上旬必须多投青饲料，并保证饲料新鲜、适口、均匀，达到控制疾病的作用。水温升至25~30℃时，鱼类食欲大增，鱼类的危险期已过，保持池塘水质新、清、活、肥，逐渐提高投喂量，力求使大部分草食性鱼类在9月食用规格，轮捕上市。9月下旬之后，水温在25~28℃，此时由于上半年大量投饵、水质变肥，有利于异育银鲫、鲢鱼、鳙鱼等的生长，应抓住时机，尽量满足异育银鲫的精料投喂。10月上旬，气候正常，鱼病减少，各种鱼类都应加大投饵量，日夜摄食均无妨，以促进所有的养殖鱼类增重，这对提高产量非常有利。11月下旬，水温逐渐回落，要控制投饵量，以保持鱼类膘肥体壮为目的，根据气温变化，科学合理的投饵。一年中投饵的量可用"早开食，晚停食，抓中间，带两头"来概括。青饲料与精饲料的头尾的要求基本相同。

4. 鱼池缺氧的预防及措施

鱼池缺氧直接原因是水中溶解氧降低，引起溶解氧降低的原因很多，如上下水层对流、阴雨连绵、光照不足，藻类光合作用强度减弱；水质过肥甚至败坏；浮游动物大量繁殖耗氧增加等。精养的高产鱼池放养密度大，投饵施肥量多，使水中有机物含量高，更容易引起缺氧。鱼类缺氧轻者生长速度和成活率下降，重则引起泛池、池底污泥多，造成大量死亡。根据近几年来有些养殖专业户不重视对池底淤泥清理，又不重视灌新水，不安装增氧机，由于3:00~5:00造成鱼池缺氧死亡的鱼（团头鲂、鲢鱼、草鱼）占池塘鱼总数的60%，鱼池产量大幅度降低，造成严重经济损失。因此，注意防止鱼缺氧，泛池是提高生产效率的重要的日常工作。

（1）池塘淤泥处理。在饲养管理中，池塘淤泥深度超过30cm后就容易泛塘，那么就必须清淤，又因为养殖无公害鱼类对底泥（淤泥）的有害有毒物质是有一定的要求，底质有害有毒物质最高限量应符合表5-12-19的规定。

表5-12-19　鱼池底质有害物质最高限量

项目		指标 mg/kg（湿重）
总汞（Hg）	≤	0.2
镉（Cd）	≤	0.5

（续表）

项目		指标 mg/kg（湿重）
铜（Cu）	≤	30
锌（Zn）	≤	150
铅（Pb）	≤	50
铬（Cr）	≤	50
砷（As）	≤	20
滴滴涕（DDT）	≤	0.02
六六六（666）	≤	0.5

土壤环境质量标准分析依据（GB15618—1995）进行分析：底泥的各项指标符合标准，底泥的深度保持在 10~20cm 内，水质清晰度比较高，光合作用强，这样的池塘就很少能出现缺氧的现象。由于天气变化 7—9 月突然降下暴雨后，当水质变浊时，就应预防池塘缺氧，及时加注新水，提高透明度，改善水质，增加溶解氧量；或在雷雨前开增氧机，事先减小上下水层的溶解氧差，及早偿还氧债，使雷雨来临后上下水层的对流不导致溶氧急剧下降，阴雨连绵时，要经常开动增氧机增氧；估计到池鱼可能缺氧浮头，要停止施肥，减少精饲料的投喂量。一般 9:00~10:00 投饲料二次即可。

（2）鱼类的浮头轻重的鉴别。在日常管理中可预防池塘缺氧的措施：就在每天对池塘的水质变化，池内的水生动物的异常反应的观察，也能知道池塘开始缺氧鱼类有浮头的可能。若有出现浮头，鱼类的浮头轻重的鉴别如表 5-12-20 所示。

表 5-12-20　鱼类浮头轻重的鉴别

时 间	池内位置	鱼 类 动 态	浮头程度
早上	中央、上风	鱼在水上层游动，可见阵阵水花	暗浮头
黎明	中央、上风	非鲫、团头鲂浮头，野杂鱼在岸边浮头	轻
黎明前后	中央、上风	非鲫、团头鲂、鲢鱼、鳙鱼浮头，稍有惊动即下沉	一般
2:00~3:00 以后	中央	非鲫、团头鲂、鲢鱼、鳙鱼、草鱼或青鱼（如果螺蚬吃得多）浮头，稍受惊即下沉	较重
午夜	由中央扩大到岸边	非鲫、团头鲂、鲢鱼、鳙鱼、草鱼、青鱼、鲤鱼浮头，但青鱼和草鱼体色未变，受惊不下沉	重
午夜至前半夜	青鱼、草鱼集中在岸边	池鱼全部浮头，呼吸急促，游动无力，青鱼体色发白，草鱼体色发黄，并开始死亡	泛池

鱼类的暗浮头常出现在饲养的前期（5—6月）这是初次浮头，若不解救，则鱼类会因为尚未适应缺氧环境而陆续死亡，千万要引起重视，及时采取增氧措施。鱼类从开始浮头到严重浮头有一段时间，这段时间的长短与水温的高低、气压的高低都有密切关系，水温在25~30℃时，夜间从出现浮头现象后，3h之内不会有大的危险，而水温在30℃以上，天气闷热，气压较低，开始大批鲢鱼、鳙鱼、草鱼死亡，发现严重浮头时，可适用开增氧机和灌清水方法同时进行予以解救。直接在池塘内形成一个高溶解氧的区域。让浮头的鱼聚集于此区域而获救，冲水也要在日出之后才能停止。

（3）灌新水与增氧机合理使用。江苏省溧阳市水产良种场在近几年高产鱼池的饲养管理中，池水质量优良，溶解氧充足。关键措施是采用灌新水为主，使用增氧机为辅。

灌新水的方法是根据四季的水温变化、气压的变化进行。从5月中旬开始就把池塘的水深控制在1~1.2m、6—7月，水深控制在2m左右，水温在15~20℃时，5d灌新水1次（3~5h）；20~25℃时，3d灌新水2次（3~5h）；25~30℃时，2d灌1次清水（4~6h）。这样始终保持持着水体清新透明，光合作用强，有利池水的溶解氧长期保持在5mg/L以上，水质pH值为6.5~7.0以上。将水体调节在各种鱼类发育生长的最佳状态（水新、活、清、肥），水体间不能出现小瓜虫、中华鳋等一些有害病虫。促进各种鱼类正常生长，提高抗病能力，能控制团头鲂为主的出血病的发生，减少药物预防疾病，提高生长速度，增大个体，提高产量，提高品质，达到养殖无公害水产品质量的标准。

增氧机的使用只能在池塘水质变瘦或有缺氧现象时使用。开增氧机的效果比较好，同样能达到保持池内的水质有充足的溶解氧、pH值在正常值的指标范围之内。池塘的生态环境能使各种鱼类生长在最适的环境内，同样能达到所投喂的精饲料，鱼则摄食后，容易消化吸收，饲料利用率高的目的。

增氧的使用还可有效解救池内鱼出现浮头造成死亡的作用，因为当池内鱼出现浮头时，灌新水只能解救水流冲击的部分浮头鱼，在1~1.33hm²的商品成鱼养殖池塘内就必须增设2台增氧机和安装1台27cm水泵，在池内有缺氧现象时，就需灌新水与使用增氧机同时进行，使池内的溶解氧充足，池内鱼不因缺氧而死亡，造成经济损失。

五、池塘生态养殖鱼类质量安全达标

江苏省区域性农畜产品质量监督检验测试常州中心

常州市农畜水产品质量监督检测测试中心 / 常州市农（渔）业生态环境保护监测站

检验报告

NO.RD09—11

共 2 页 第 1 页

受（样）品名称	鳙 鱼	型号规格	—
		商 标	可鲜可康
受（送）检单位	溧阳市长荡湖水产良种科技有限公司	检验类别	无公害水产品认证申报
生产单位	溧阳市长荡湖水产良种科技有限公司	样品状态	新鲜
抽样地点	溧阳市上黄镇闸头养殖场	抽样日期	2009 年 3 月 27 日
样品数量	3kg	抽样者	江卫华、景茜
该产品生产规模	5.8hm^2、年产量 9.5t	原编号	C/20090327-1
检验依据	NY5053-2005 NY5073-2006 NY5070-2002 苏海认办（2007）7 号 农质安发（2009）3 号	检验项目	见检验结果报告书
所用主要仪器	电子天平、原子吸收、原子荧光、酶标仪、高效液相色谱等	实验环境条件	温度 20~25℃ 湿度 50%~60%
检验结论	样品经检验，所检项目符合《NY 5053~2005 无公害食品 普通淡水鱼》《NY 5073-2006 无公害食品 水产品中有毒有害物质限量》《NY 5070-2002 水产品中渔药残留限量 》和《苏海认办（2007）7 号》《农质安发（2009）3 号》文件规定的要求。 检验报告专用章 签发日期：2009 年 5 月 18 日		
备注	检测结果详见检验结果报告书		

批准：

2009 年 5 月 18 日

审核：

2009 年 5 月 18 日

制表：景茜

2009 年 5 月 18 日

检验结果报告书

检验项目	标准值	检验值	单项结论	检验方法
1.感官要求				
形态	形态正常，无畸形	形态正常，无畸形	符合规定	NY 5053−2005
体表	具有正常的体色和光泽，鳞片完整紧密，不易脱落，无病灶鳃丝清晰，呈鲜红或紫红色，无异味	有正常的体色和光泽，鳞片完整紧密，不易脱落，无病灶	符合规定	NY 5053−2005
鳃		鳃丝清晰，呈鲜红或紫红色，无异味	符合规定	NY 5053−2005
眼球	眼球饱满，角膜清晰	眼球饱满，角膜清晰	符合规定	NY 5053−2005
气味	具有鲜鱼固有的腥气味，无异味	有鳙鱼固有的腥气	符合规定	NY 5053−2005
组织	肌肉紧密，有弹性	有鳙鱼特有的鲜味和口感	符合规定	NY 5053−2005
水煮试验	具有淡水鱼特有的鲜味和口感，无异味	无异味	符合规定	NY 5053−2005
2.安全指标	≤ 0.5	0.03 未检出（0.04）		
甲基汞, mg/kg	≤ 0.1	0.03	符合规定	GB/T5009.17−2003
无机砷, mg/kg	≤ 0.5	未检出（0.00001）	符合规定	GB/T5009.11−2003
铅, mg/kg	≤ 0.1	0.4	符合规定	GB/T5009.12−2003
镉, mg/kg	≤ 2.0	未检出（0.05）	符合规定	GB/T5009.15−2003
氟, mg/kg	不得检出	未检出（0.5）	符合规定	GB/T5009.18−2003
喹乙醇, mg/kg	≤ 0.5		符合规定	SC/T3019−2004
孔雀石绿, μg/kg	不得检出	未检出（0.01） 未检出（0.15）	符合规定	GB/T20361−2006
氯霉素, μg/kg	≤ 1.0		符合规定	酶联免疫试剂盒法
硝基呋喃类代谢物, μg/kg		以下空白	符合规定	酶联免疫试剂盒法

备注：未检出后括号内数据为方法最低检出限

六、池塘生态养殖鱼类经济效益高

江苏省溧阳市水产良种场"四大家鱼"大规格优质一龄鱼种养殖成鱼模式（表5-12-21），放养模式养殖结果如表5-12-22所示。

表5-12-21　"四大家鱼"大规格优质一龄鱼种养殖成鱼模式

品种一龄	时间（月/日）	数量（尾/667m²）	放养规格（g/尾）	放养比例（%）	成活率（%）	规格（g）	产量（kg）
青鱼	1/20~25	6	350~500	0.6	100	4000~5000	25
草鱼	1/20~25	120	250~400	12.6	93	2500~3000	295
鳊鱼	1/20~25	40	250~280	4.1	100	2500~3000	100
鲢鱼	1/20~25	60	200~250	6.1	92	1500~2000	82.5
团头鲂	1/20~25	360	40~60	36.5	93	500~600	167.5
鲫鱼	1/20~25	400	50~80	40.5	97	400~500	155.5
合计		986					825.2

表5-12-22　"四大家鱼"大规格优质一龄鱼种养殖成鱼模式，产量、产值、效益

品种	成鱼规格（g）	667m²产量（kg）	单价（元）	产值（元）	667m²成本	工资费	电费	塘租费	苗种费	饲料费	667m²利润
青鱼	4000~5000	25	26	650					51	246.9	
草鱼	2500~3000	295	13	3835					585	2252.8	
鳊鱼	2500~3000	100	15	1500					106	393.36	
鲢鱼	1500~2000	82.5	7	577.5					108	303.6	
团头鲂	500~600	167.5	12	2010					243	1315.6	
鲫鱼	400~500	155.5	16	2488					338	1139.6	
合计		825.5		11060.50	7351.91	800	300	600	1431	5651.91	3708.59

1. 鱼种成本

根据长期生产实际总结，我们得出了常见池塘鱼类鱼种成本计算结果（以667m²为单位）。

青鱼种2.55kg，单价20元/kg；草鱼种39kg，单价15元/kg；鳊鱼种10.6kg，单价10元/kg；鲢鱼种13.5kg，单价8元/kg；团头鲂种18kg，单价13元/kg；鲫鱼

种 26kg，单价 13 元 /kg。

2. 饲料成本

根据长期生产实际总结，我们得出了常见池塘鱼类饲料成本计算结果（以 $667m^2$ 为单位）。

青鱼精饲料系数 2.2，精饲料 49.39kg，单价 5 元 /kg；草鱼精饲料系数 2.2，精饲料 563.20kg，单价 4 元 /kg；鳙鱼精饲料系数 1.1，精饲料 98.34kg，单价 4 元 /kg；鲢鱼精饲料系数 1.1，精饲料 75.9kg，单价 4 元 /kg；团头鲂精饲料系数 2.2，精饲料 328.9kg，单价 4 元 /kg；鲫鱼精饲料系数 2.2，精饲料 284.9kg，单价 4 元 /kg。

第四节　外荡生态养殖河蟹

一、外荡概况

我国东部季风影响地区外荡河型分布频度随纬度的变化而变化。外荡河地域分布与特征是游荡型宽带河流径流深；像长江中下游地区安徽省马鞍山市当涂县分布比较集中，外荡河型面积有 2 万 hm^2 左右；外荡河型是我国北方地区习见的一种河型，其平面形态散乱多汊河沟，黄河流域外荡河型的分布主要集中在宁夏回族自治区与山东省。辽河流域外荡河型的分布在盘锦等地区。特征是湖泊型和河道型组合形成的宽广水域面积称之为外荡。该类型水域生态环境优美，水生植物和挺水植物丰茂，软体水生动物充足，其外荡是养蟹天然的宝库。

二、选择外荡生态养河蟹地域

选择外荡生态养河蟹地域基本要求

（1）选择长江或黄河、辽河流域的外荡较好区域。但又必须选择外荡荡底平坦，外荡岸坡坡度不陡，岸坡底平，外荡边连接汊河少，其作用便于设置网围防逃设施。

（2）选择湖泊型外荡生态水域区。首先，要选择无工业、生活污染区域。其次，该区域水流形成微流状态，水底水草丰茂（沉水植物），荡河四周挺水植物生长较好，以菱、喜旱莲子草等水生植物水面覆盖率应不大于 20% 为宜。

三、网围的选址与建造

1. 网围的地址选择

选择湖泊型外荡。要求湖底平坦，有微流水，沉水植物茂盛，底栖动物丰富，水质清新，水中溶解氧含量高，pH 值在 7.0 以上，正常水位在 80~150cm 的区域。网围设置区底部不能有暗沟，外荡水深超过 1.5m 以上不宜，网围设置有风险，更不适宜生态养殖河蟹。

2. 网围型状与结构

网围型状要求。网围长方形为好，南北长 150m，东西宽 133.4m；网围面积以 1.33~2hm^2 为宜，网围面积一般不要超 3.33hm^2。

（1）网围结构。采用双层网结构，外层为保护网，内层为养殖区，两层网间距为 5m，并在两层网中间设置"地笼网"，除可检查河蟹逃脱情况外还具有防逃作用，以保证养殖河蟹的回捕率和规格。暂养区为单网结构，上设倒网，下端固定埋入河荡底部。

（2）内设网围苗种暂养区。暂养区约占网围面积的 30%。同时，要在暂养区以水生植物设置隐蔽处，以增加河蟹栖息、蜕壳的场所。

3. 围栏的建造

（1）网片。分水下部分和水上部分（防逃网）。在制作时其高度和宽度都应比实际高度和宽增加 8%~12%，因为网片是聚乙烯网制作所成，经过使用有紧缩的现象。因此，网片柱到支架上后要松紧适度。在设计水下部分网片的高度时应以常年平均水深为基础，水上部分的高度应以各地区洪水来临时的最高水位为标准，例如，长江中下游区域的最高标准应以吴淞标准 7m 左右，但可用 0.8~10m 的活动网片，在汛期来临前做好准备。网片的长度以围栏的围长或总长度为依据，用 2×3 或 3×3 的聚乙烯网片。水下部分内层网目大小可根据放养的鱼种规格来确定，如表 5-12-23 所示。

表 5-12-23　不同规格鱼种

鱼种规格（cm）	拦网网目（cm）		栏栅（cm）	
	静水	流水	静水	流水
10	≤ 2.25	1.5	≤ 0.72	≤ 0.6
12	≤ 2.5	1.75	≤ 0.84	≤ 0.7
14	≤ 3.0	2.0	≤ 0.96	≤ 0.8
15	≤ 3.5	2.3	≤ 1.08	≤ 0.9
16	≤ 4.0	2.5	≤ 1.2	≤ 1.0

注：可参照湖泊网围结构设置

外层网围网目可稍大于内层网目，网衣按水平缩节系数 0.62，垂直缩节系数 0.74 装在纲绳上。

（2）支架以竹、木或水泥杆为桩柱。现在多使用直径为 9~10cm（高头 1m 处）的楠竹（毛竹）作为桩柱，将楠柱（最好把底部朝下），打入泥中 0.8~1.2m，桩要比最高水位高出 0.8m，桩间距 3~5m，风浪大的水域应为 2~3m（外层围网的桩间距可稍大），在桩的高、低水位线处用毛竹架两道横杆，将桩连为一体，然后再将风和水流较大的地方还应加撑桩，每隔 10~15m 增加一撑桩，可防卸风灾和洪水以确保围栏牢固。

（3）底敷网。宽 1m，紧接于内层围网的底纲上平铺于底泥上，有防逃作用。

（4）石笼。湖区的石笼直层网应以 3×3 或 3×4 聚乙烯网缝成的蛇形网袋，直径为 12cm，袋内装满四六八石子（小块石）。要装二条石笼，一条装在内层围网底纲上，一条装于底敷网的钢绳上，安装时要将石笼踩入泥中 20~25cm。

（5）闸门。门两边用上竹桩、网衣绞柱，网衣中间吊一沉子，沉子上连一绳子柱于桩上，在桩子安好动、定滑轮，当有船只进出时，将沉子放下，过后又将沉子提上来。

（6）囊网—地笼梢。由 3×3 股网目 2cm 的聚乙烯网片缝成，长 5~6m，呈圆锥形，口径 0.5~0.6m，网口处有一倒须网。囊网口缝在外层网的水下部分，尾部向外。经常检查其内是否有鱼，即可判断是否有鱼从内层网逃出。

四、保护与营造网围区域生态环境

1. 清基除害

放养鱼种前应将围栏区的杂物、芦苇等挺水植物清除，填平沟槽，以利于捕获。还要想尽一切办法将凶猛鱼类驱赶，清除出去，可以采取微电捕捞，泼洒石灰水等多种办法，促使养殖区水域环境优良。

2. 移植水生植物

在围栏养殖区的秋季，每年 9 月下旬移栽茳草、黄丝草、金鱼藻、伊乐藻和睡莲草，冬季 11 月上旬种植轮叶黑藻草籽和苦草草籽，春、夏、秋三季围栏养殖区底部水生植物光合作用时，水体内水生植物释放氧量增多，养殖水体内溶氧量增高；水体内水生植物新成代谢时，吸收水体有机物质营养并有富集作用，加速分解养殖水体中产生的有毒、有害物质，促进其功能提高，可消除水质富营养，同时，水生植物也是鱼类的绿色优质饲料，鱼类大量采食水生植物，可降低饲料成本。

3. 贝类移殖

螺蛳、蚌、蚬等鲜活贝类具有强大滤水滤食功能。每年10月移殖贝类于围栏养殖区，每667m²移殖贝类150kg。主要是用于翌年夏季5月使其在围栏养殖区中自然繁殖幼螺，然后生长为成螺，作为长期稳定的水生生态系统功能，使河蟹生长发育期内均能食用鲜活动物蛋白饵料（螺蛳、蚌、蚬等鲜活贝类）。

五、苗种选择与放养

1. 苗种选择

河蟹苗种选用异地长江水系遗转基因好、抗逆性强、个体大的河蟹亲本。①亲蟹规格：母蟹个体125g以上，公蟹个体150g以上繁育、培育的苗种；②选择时间：2月是选择扣蟹苗种最佳时期；③扣蟹规格：130~160只/kg；选择培育扣蟹水系：选择长江水系培养的扣蟹。

2. 蟹种暂养

放养时间在2月中旬前后，放养应选择天气晴暖、水温较高时进行。放养时先将蟹种放在安全药液中浸泡约1min，取出放置5min后再放入水中浸泡2min，再取出放置10min，如此反复进行2~3次，待蟹种吸水后再放入暂养区中。暂养数量：应是网围总面积养殖的数量，以667m²放养1 000只计算。例如，网围总面积为2hm²，就需在暂养区中暂养30 000只扣蟹，待5月下旬放养在2hm²网围面积养殖成蟹。

3. 蟹种放养

网围中良好的水域环境和丰富的适口天然饵料是生态养殖河蟹成败的关键，在蟹种暂养阶段必须做好其余70%水面的水草及底栖动物的移植和培育工作，直到形成一定的群体规模。一般在5月中下旬至6月初才能将蟹种从暂养区放入网围中，一种方法是用地笼网将蟹种从暂养区捕起，经计数后放入网围中，在基本掌握暂养成活率后拆除暂养区；另一种方法是不经计数直接拆除暂养区，将暂养区并入网围，其优点是操作简便、速度快，蟹种不受损伤，生长发育好，成活率高；缺点是对网围中的蟹种数量难以计数。

六、饲养与管理

1. 饲料投喂

（1）饲料种类。植物性饲料有浮萍、水花生、苦菜、轮叶黑藻和马来眼子菜等，谷物类有大豆、小麦、玉米和豆饼等；动物性饲料有小鱼、小虾、蚕蛹和螺蚬等。也可在网围中投放怀卵的螺蛳，让其生长繁殖后作为河蟹中后期的动物性饲料。配合饲料是根据河蟹不同生长阶段的营养需求由人工配制而成的专用饲料，应提倡使用。

（2）投喂量。网围水域第1年仅少量投喂就可以满足河蟹的生长需求，从第2年开始则必须有充足的饲料才行。3月底至4月初，水温升高，河蟹开始全面摄食，4—10月是摄食旺季，特别是9月，河蟹摄食强度最大。一般上半年投喂全年总投喂量的35%~40%，7—11月投喂全年总的60%~65%。投喂量根据河蟹的重量决定，前期投喂河蟹总重量的10%~15%，后期投喂5%~10%，并根据天气、水温、水质状况及摄食情况灵活掌握，合理调整。同时，网围中水草的数量是否保持稳定，也是判断饲料投喂量是否合理的重要指标。

（3）投喂方法。每天2次，投喂量分别占1/3和2/3。黄豆、玉米、小麦要煮熟后再投喂。养殖前期，动物性饲料和植物性饲料并重，中期以植物性饲料为主，后期多投喂动物性饲料。

2. 疾病防治

网围养殖是在敞开式水域中进行，一般河蟹发病较难控制。所以必须坚持以防为主的原则。应做到不从蟹病高发区购买蟹种，有条件的最好自己培育蟹种。蟹种放养前进行3‰浓度盐水浸浴。每隔15~30d用浓度为15mg/L的生石灰对水泼洒。同时保证饲料安质量，合理科学投喂，减少因残饵腐败变质对网围水体环境的不利影响。对网围内的水草进行科学利用，水草覆盖率要保持合理，维护网围水域的生态平衡。

3. 日常管理

（1）坚持早晚巡逻。发水季节防逃网和"地笼"的位置或增加设施。勤检查竹箔，网断等设施，严防河蟹外逃；勤清理拦网，竹箔上水草杂物，保持水体正常流动交换，勤巡荡，做到早、中、晚巡荡检查观察河蟹活动情况，有无死蟹、病蟹，是否有河蟹逃逸的迹象并做好防偷工作。

（2）观察水质。6—7月水质容易发臭变坏，面积较小的外荡，可用适量的生石灰调节水质，促使河蟹蜕壳生长。白天主要观测水温、水质变化情况，傍晚和夜间主要观察河蟹活动、摄食情况，及时调整管理措施。定期检查、维修、加固防逃设施，防逃的重点在蟹种刚放养半个月内，发水季节和寒潮来临后3个时期。特别是在汛期要加强检查，发现问题及时解决。加强护理软壳蟹，在河蟹蜕壳高峰，要给予适口高质量的饲料、提供良好的隐蔽环境，谨防敌害的侵袭。在成蟹上市季节加强看管，防逃防盗。

（3）及时捕捞。10月后，河蟹逐步达到性成熟，及时捕捞。采用捕蟹专用工具车箱式地笼网捕捞。地笼网数量应根据水域形状及面积合理设置。一般在进出口设置较多，河蟹捕捞时间应从 9 月下旬起到 10 月底基本结束。可根据市场行情适时销售，还可以将成蟹在蟹箱中暂养然后销售。安徽省马鞍山市当涂县湖阳镇是长江中下游湖泊型外荡生态养殖河蟹地区。以上的外荡生态养殖河蟹模式适合全国外荡生态养殖河蟹。

七、河蟹品质与水域生态

1. 河蟹质量

安徽省马鞍山市当涂县湖泊型外荡养殖的金脚红毛螃蟹是优质特色产品，尤其是金脚红毛蟹曾是中国历史上皇室贡品淡水蟹之一，与河北省白洋淀胜芳蟹、江苏省阳澄湖大闸蟹齐名。湖泊型外荡养殖的金脚红毛螃蟹的其他螃蟹不同与特征是：螃蟹的背壳是青铜色，光泽发亮，底壳为白色，又像一块洁白无瑕的碧玉，爪为金黄色，足毛为棕红色。统其称为金脚红毛蟹，它体大肥美，每只小则 150~200g，大则 300~350g，爬行极快，在平滑的玻璃板上也照样爬行自如。它的肉质细嫩，肉脂丰盈，黄满油足，营养丰富，奇鲜无比。富含人体必需的氨基酸、尤以谷氨酸、甘氨酸、精氨酸和脯氨酸为最，以及丰富的蛋白质而深受人们青睐。在当今国内市场上身价很高，它可同海参、鲍鱼相媲美，素有"水产三珍"之美誉而驰名中外。

2. 水域生态

作者 2002 年在中国农业科学技术出版社出版《中华绒螯蟹生态养殖》一书，2003 年 2 月，安徽省当涂县水产局特邀作者本人帮助培训各乡镇淡水水产养殖农户，因此，曾多次去安徽省当涂县授课，并熟知当地的地形、地貌及水域生态环境。当涂县水网密布、湖泊型外荡水域宽广，无公害、无污染源，夏涨冬落，贯注长江。水质明净清澈，微甜呈中性；水草丰美，鱼、虾、螺、蚯蚓众多，十分适宜水产养殖。放养河蟹，养殖收获的"红膏"河蟹含有丰富的蛋白质及人体所需的多种微量元素，凡是能养殖"红膏"河蟹的水质均已达到国家三类或二类水的质量标准。

八、外荡生态养殖河蟹成本低经济效益高

第一，为了保护外荡的生态环境，在网围养殖区采用轮牧式生态养殖方式，即养殖区每年 1/2 的水面用于网围养蟹，1/2 的水面休养，相互交替轮作。网围轮休区进行优质水草，如苦草、轮叶黑藻和伊乐藻等的人工栽培、人工移植和自然恢复，同时，进行螺蚬等底栖生物的移植，加速资源的恢复和再生，恢复外荡水体生态环境。充分利用自然生物资源作为河蟹天然饵料，从而达到降低饲料成本，增加经济效益。

第二，利用外荡所具有的生态水域环境优势，网围生态养殖大规格河蟹具有规格大、品质佳、效益好、回捕率高等优点，网围生态养殖大规格河蟹是切实可行的，对传统网围养蟹技术进行了集成优化与创新，可满足国内外市场对优质大规格河蟹日益增长的需求，大幅提高网围养殖的经济效益，促进外荡渔业经济持续快速健康发展，具有极大的推广价值。

第三，加强外荡水草的合理种植和管理、活螺蛳的合理投放和增殖等措施，促进了外荡网围内生态环境的改善，实施生态养殖，为河蟹健康生长创造了良好环境，整个养殖期间未使用任何药物，减少药物成本，养殖的河蟹为无公害绿色食品，因此外荡网围生态养殖大规格河蟹可全面提高河蟹的质量安全水平，增强河蟹的市场竞争力。提高绿色食品河蟹价格，增加利润率。

第四，采用外荡轮牧式生态养殖，是根据生态学原理、生物学原理和经济学原理，使网围轮休区的生物多样性得以及时恢复和重建，达到净化水质的目的，从而使外荡网围养殖对外荡水体富营养化的总体影响明显降低，养殖污染实现负增长，全面改善外荡生态环境。促进养殖水体生态资源化，实现了生态资源效益化。

第五节 外荡生态养殖鱼类

一、选择外荡生态殖鱼类地域

1. 选择外荡生态殖鱼类地域基本要求

（1）选择长江或黄河、辽河流域的外荡较好。但又必须选择外荡荡底平坦，外荡岸坡坡度不陡，岸坡底平，外荡边连接汊河少，其作用是便于减少防逃设施的建设。

（2）选择水库型外荡生态水域区。首先要选择、无工业、生活污染区域，同时，该区域水流形成微流状态，荡河四周有挺水植物较好，菱、喜旱莲子草等水面覆盖率应小于20%为好。可降低饲料成本。

2. 汊河防逃网围结构设置

（1）外层网围可稍大于内层网目。网衣按水平缩节系数0.62，垂直缩节系数0.74装在纲绳上。

（2）支架以竹、木或水泥杆为桩柱。现在多使用直径为9~10cm（高头1m处）的楠竹（毛竹）作为桩柱，将楠柱（最好把底部朝下），打入泥中0.8~1.2m，桩要比最高水位高出0.8m，桩间距3~5m，风浪大的水域应为2~3m（外层围网的桩间距可稍大），在桩的高、低水位线处用毛竹架两道横杆，将桩连为一体，然后再将风和水流较大的地方还应加撑桩，每隔 10~15m 增加一撑桩，可防卸风灾和洪水以确保围栏牢固。

（3）底敷网。宽 1m，紧接于内层围网的底纲上平铺于底泥上，以防其逃逸。

（4）石笼。湖区的石笼直层网应以 3×3 或 3×4 聚乙烯网缝成的蛇形网袋，直径为 12cm，袋内装满四六八石子（小块石）。要装二条石笼，一条装在内层围网底纲上，一条装于底敷网的钢绳上，安装时要将石笼踩入泥中 20~25cm。

（5）闸门。门两边用上竹桩、网衣绞柱，网衣中间吊一沉子，沉子上连一绳子柱于桩上，在桩子安好动、定滑轮，当有船只进出时，将沉子放下，过后又将沉子提上来。

（6）囊网—地笼梢。由 3×3 股网目 2cm 的聚乙烯网片缝成，长 5~6m，呈圆锥形，口径 0.5~0.6m，网口处有一倒须网。囊网口缝在外层网的水下部分，尾部向外。经常检查其内是否有鱼，即可判断是否有鱼从内层网逃出。

（7）食台。应根据外荡养殖面积的大小以及鱼的多少设置一定数量的食台和草柜，精料食台离荡底 0.5~0.8m，可用水泥板或玻璃钢瓦支撑，四周围上密眼网布，留有台门，外荡养殖区到大风时必须防止饵料散失。

（8）居住的活动住房。在外荡养殖区还应建造居住的活动住房（以 40~60t）水泥船进行改装完成。厨房间、客厅、卧室、卫生间等可供养殖工居住和看守，配备以水泥船改装的饲料仓库。

二、保护与营造外荡养殖区域生态环境

1. 清基除害

放养鱼种前应将围栏区的杂物、芦苇等挺水植物清除，填平沟槽，以利于捕获。还要想尽一切办法将凶猛鱼类驱赶，清除出去，可以采取微电捕捞，泼洒石灰水等多种办法，促使养殖区水域环境优良。

2. 移植水生植物

在围栏养殖区的秋季，每年 9 月下旬移栽莶草、黄丝草、金鱼藻、伊乐藻和睡莲草，冬季 11 月上旬种植轮叶黑藻草籽和苦草草籽，春、夏、秋三季围栏养殖区底部水生植物光合作用时，水体内水生植物释放氧量增多，养殖水体内溶氧量增高；水体内水生植物新成代谢时，吸收水体有机物质营养并有富集作用，分解养殖水体中产生的有毒、有害物质的功能提高，可消除水质富营养，同时，水生植物也是鱼类的绿色优质饲料，鱼类大量采食水生植物，可降低饲料成本。

3. 贝类移殖

螺蛳、蚌、蚬等鲜活贝类具有强大滤水滤食功能。每年10月移殖贝类于围栏养殖区，每667m² 移殖贝类100kg；主要是用于翌年夏季5月使其在围栏养殖区中自然繁殖幼螺，然后生长为成螺，作为长期稳定的水生生态系统功能，青鱼生长发育期内均能食用鲜活动物蛋白饵料像螺蛳、蚌、蚬等鲜活贝类。

三、苗种选择与生态养殖模式

1. 选择鱼种的质量与规格

（1）"四大家鱼"苗种选择。鱼种的质量要有保证。例如，江苏省省级良种繁育场溧阳市水产良种场引进国家原种场江苏邗江"四大家鱼"原种场亲本繁育的苗种，具有遗传性状稳定，抗逆性强，生长快，成活率高，个体大，产量高的优点。培育一龄大规格鱼种或二龄大规格鱼种。规格：个体体重为150g以上。

（2）团头鲂和"浦江1号"苗种的选择要有标准。选择引进经过国家良种审定委员会审定的团头鲂"浦江1号"原种，按照良种生产技术操作规程，应用群体混合选择技术，分阶段（生长阶段），选育良种亲鱼繁育的苗种。例如，江苏省省级良种繁育场溧阳市水产良种场引进国家原种场江苏团头鲂"浦江1号"原种场亲本繁育的苗种，具有遗传性状稳定，抗逆性强，生长快，成活率高的优点。培育一龄大规格鱼种或二龄大规格鱼种。规格：个体体重为75g以上。

2. 外荡的生态养殖模式

（1）鱼种类别及比例。外荡围栏养鱼以养吃食性鱼类为主，主要靠人工投饵，饵料以就地捞取天然饵料以及一些农副产品为主，因为主要的养殖种类有草鱼、鲤鱼、青鱼、鲫鱼、团头鲂、鲢鱼、鳙鱼和鳜鱼等鱼类。其搭配比例的原则是水草易得的地方以养殖草鱼为主，目前主要有以下3种搭配比例。

草鱼、团头鲂和浦江1号等草食性鱼类占55%左右，青鱼、异育银鲫等占30%，鲢鱼占10%，鳙鱼占5%，这适合水草丰富，底栖贝类也能获得一定数量的地区；相反水草少的湖泊水质较瘦，因而鲢鱼、鳙鱼宜少放养。

青鱼占11.8%，异育银鲫占37%，草鱼、团头鲂、鲢鱼和鳙鱼占51.2%左右，鲢鱼和鳙鱼不能超过15%，适合于底栖贝类丰富的水域，将其他水域的贝类移植于围栏区

（2）放养小规格鱼种。外荡的人工放养基本上与湖泊的人工放养方法相同。但由于天然饵料相对单一些，主要是浮游生物。水生高等植物和底栖动物特别是贝类很少，因而放养时应以鲢鱼、鳙鱼为主，这个为主与其他区域养殖为主有所不同，

应把鲢鱼、鳙鱼比例调整在75%以上，其他鱼类放养占25%以内即可。但更重要的应注意放养什么规格的鱼种，同样在外荡养殖各种鱼类的关键。因为外荡水面宽、水深一般都在3~5m左右，除外荡的浅水区（平滩）再加之外荡是地质构造发生变化时自然形成的，外荡的凶猛鱼类较多，原来所投放10~15cm、重40g左右规格鱼种，直接影响捕获率与鱼产量。

（3）放养一龄大规格鱼种数量（表5-12-24）。鱼种规格是由一龄大规格鱼种和养殖条件来具体确定，一般放养一龄大规格鱼种的养殖商品鱼捕获季节为元旦、春节。放养二龄鱼种的捕获季节为中秋节和国庆节前后。放养一龄大规格鱼种：草鱼≥250g，团头鲂≥50g，青鱼≥350g，异育银鲫≥60g，鳙鱼≥250g，鲢鱼≥150g；放养二龄鱼种：草鱼≥500g，青鱼≥1000g，异育银鲫≥125g，团头鲂浦江1号≥150g，鳙鱼≥230g。

表5-12-24　以草食性鱼类为主667m² 放养量及产量

品　种 （二龄）	时间 （月/日）	数量 （尾）	放养规格 （g/尾）	放养比例 （%）	成活率 （%）	规格 （g/尾）	产量 （kg）
草鱼	1/5	180	250~400	23.1	93	2000~2500	375.75
团头鲂	1/5	220	50~60	28.20	91	400~500	90
青鱼	1/5	30	350~500	3.8	98	3500~5000	123.25
异育银鲫	1/5	200	60~80	25.6	95	300~400	66.5
鳙鱼	1/5	50	250~280	6.5	96	2500~3000	132
鲢鱼	1/5	100	150~250	12.8	92	1000~1500	115
合计		780					902.5

3. 饲养管理

（1）饲料投喂，投喂原则是尽量多利用水草、螺蚬等天然采集饵料，不足部分由饲料供给精饲料，根据标准化生产要求，鱼的营养需求制造颗粒饲料。饵料的年总需求量应进行推算：

$$w=(x-y/100+z/40) \times 2/3。$$

式中，w —全年精饲料用量（kg）；

x —估计吃食性鱼类净产量（kg）；

y —估计水草采集量（kg）；

z —估计螺蚬采集量（kg）。

然后，根据各月天然饵料的供应多少以及各月的水温高低和鱼的总重量将精饲料的大致用量分配到各月，以便有计划地准备和使用饲料。按照定质、定时、定量、定位进行投喂，保证鱼吃匀、吃饱、吃好。长江流域地区3—4月，此时水草少，螺蚬易采到，可以精饲料和螺蚬为主；5—9月时，水草丰富，应投以大量的水草为主，辅以部分精料和螺蚬；10月以后，在充分满足水草的情况下，适当增加精料投喂量。投喂精料次数应根据水温的高低2~3次/d为宜。投喂时间以9:00~16:00之间为好，上午投喂量应比下午投喂量要多，可占全天总投饵量的60%，投喂量应在闷热天气，下暴雨前气压较低，应当减量，防止饵料有剩余等情况，腐烂变质污染水质，严重影响养殖无公害鱼类。

（2）日常管理。河叉围栏的安全和防逃是管理的核心内容，在鱼种放养后一星期内，鱼群常集群沿岸边游窜，容易逃鱼；汛期水位上涨时也易逃鱼；集中捕捞时，鱼群受到惊扰，容易逃鱼，应予以特别注意。放养的鲤鱼、青鱼等常在网脚处钻泥，易形成洞穴容易逃鱼。所以应经常巡查拦网，下水检查。如果发现问题应及时修补。经常清除附着在网片周围的杂物，保持水流交换通畅，并且也得注意防洪、防风、防偷盗破坏等意外发生。

围栏养鱼还要注意鱼病防治，应以防为主，池塘少，但一旦发病治疗困难，养殖区经常泼洒石灰水和漂白粉。5—8月应注意防肠炎和烂鳃病，食场周围经常消毒，并用漂白粉等无公害药物挂袋。如果有发现鱼群出现上述发病现象还可投药饵内服，这样效果比较显著。

围栏养鱼的捕捞不太方便，特别是网围区没有起网基地。集中捕捞可采用鱼筛、丝网、大拉网、网箱、菱网以及脉冲电捕捞等工具和手段，可用网或竹箱将它分隔成若干块，分区捕捞。

四、鱼类品质与水域生态

1. 鱼类质量

安徽省马鞍山市当涂县水库型外荡养殖的无公害优质鱼产品，尤其是草鱼、青鱼、鳙鱼都是高档酒店的优质原料，它的肉质细嫩，肉脂丰盈，营养丰富，奇鲜无比。富含人体必需的氨基酸，尤以谷氨酸、甘氨酸、精氨酸和脯氨酸的占比重为先，以及丰富的蛋白质而受消费者喜爱。在当今国内市场上其身价很高，素有优质水产之美誉。

2. 水域生态

安徽省当涂县的地形地貌及水域生态环境。当涂县水网密布、水库型外荡水域宽广，无公害，无污染源，夏涨冬落，贯注长江。水质明净清澈，微甜呈中性；水草丰美，鱼、虾、螺、蚯蚓众多，水产养殖环境非常适宜。放养的鱼类品种繁多，养殖收获的草鱼、青鱼、鳙鱼、鲢鱼、鲫鱼和团头鲂含有丰富的蛋白质及人体所需的多种微量元素。这就证明该地区能养殖鱼的水质达国家三类质量标准。

五、外荡生态养殖鱼类成本低经济效益高

1. 鱼种成本

根据长期生产实际总结，我们得出外荡鱼类养殖成本计算结果（以 $667m^2$ 为单位）。

草鱼种 58.5kg，单价 15 元 /kg；团头鲂种 12.1kg，单价 13 元 /kg；青鱼种 12.75kg，单价 20 元 /kg；鲫鱼种 14kg，单价 13 元 /kg；鳙鱼种 13.25kg，单价 10 元 / kg；鲢鱼种 20kg，单价 8 元 /kg。

2. 饲料成本

根据长期生产实际总结，我们得出外荡饲料养殖成本计算结果（以 $667m^2$ 为单位）。

草鱼精饲料系数 2，精饲料 634kg，单价 4 元 /kg；团头鲂精饲料系数 2.2，精饲料 171.38kg，单价 4 元 /kg；青鱼精饲料系数 2.2，精饲料 243.1kg，单价 5 元 /kg；鲫鱼精饲料系数 2.2，精饲料 115.kg，单价 4 元 /kg；鳙鱼精饲料系数 1.1，精饲料 130.63kg，单价 4 元 /kg；鲢鱼精饲料系数 1.1，精饲料 104.5kg，单价 4 元 /kg。

第十三章 渔场生态养殖条件与成败关键因素

第一节 建立生态养殖渔场的条件要求

一、场置条件

建立生态养殖渔场场地应选择土壤湿润、无工业和生活污染，生态水源优良，交通方便畅通，电力供应足，鱼池建设要科学规划合理布局。

二、水源条件

渔场的生态水源必须充足、鱼池进排水畅通、基地内水循环净化系统完善等。水是养殖无公害苗种、商品鱼的重要因素之一，水源选择不达标，水质污染严重，供水不足，年平均水温偏低，夏季水温偏高，洪灾频繁，均可能导致生态养殖经营失败。因水发生变化导致国内许多生态养殖渔场遭受惨重损失甚至倒闭。江苏省溧阳市水产良种场的良种繁育基地建在四周傍水，土壤肥沃的湿地地域。目前，该场已建成 33hm² 良种种苗生态繁培、育种基地，400hm² 生态养殖河蟹套养青虾基地，其中有 133hm² 河蟹出口基地。

三、资本条件

资本运行不正常是渔场生态养殖生产失败的诱因。有人有钱建立生态养殖渔场，建好场后立即出现资金严重不足，甚至场建到一半就出现资金不足的情形也有发生。此外，在生产营运中的资金不足导致渔场经营困难，甚至出现提前卖鱼、降价销售等局面，对此应引起充分重视，尤其是渔场生产季节性很强，当鱼类生长发育季节需要充足饵料时，就必须备足资金，保障供应所需的饲料，真正能够确保不同季节所需不同资金量。江苏省溧阳市水产良种场实行股份制改造后，国家控股，职工配股，社会参股，筹集资本渠道拓宽，资本量充盈，确保不同季节所需不同资金量。自 1994—2014 年间没有向银行借款。企业的利润率增高，职工受益明显。

四、品种条件

鱼、蟹、虾品种是生态养殖的对象，饲养品种的不同与优良品种直接相关，并决定着繁殖能否成功。同时，也决定着养殖产量的高低、价值高低、产值和利润的大小。选择优良品种，具有遗传性状稳定，抗逆性强，生长快，成活率高，个体大，产量高等优点。同时，也要用适合当地生态养殖条件的品种，选择质量好、价值高的品种，进行恰当的品种搭配，才能取得较好的生态养殖收益。有的渔场因养殖品种不符合市场消费需求，而使产品滞销、价格下滑，造成生产经营严重亏损。例如，江苏省溧阳市水产良种场建成了江苏省省级良种繁育场。每年坚持从国家级原种场引进"四大家鱼"原种，"团头鲂浦江1号"原种，异育银鲫"中科3号"原种，长江水系的中华绒螯蟹原种和太湖水系青虾原种。鱼、蟹、虾原种都具备着抗逆性强的优越性能，生长快、个体大、肉质好和抗逆性强等优良经济性状。其中，"四大家鱼"原种是我国特产的淡水经济鱼类，具有生产快、个体大、肉质好和抗逆性强等优良经济性状。"四大家鱼"——鲢鱼、鳙鱼、草鱼、青鱼的养殖在我国有较长的历史，是我国水产养殖中的"当家品种"，养殖产量占全国淡水养殖总产量的70%，已被许多国家列为世界性的养殖种类。良种种苗推广应用于养殖生产领域，可增加产量，节约生产成本，提高经济效益。

第二节　建立生态养殖场的关键因素

一、技术因素

无论是优良品种鱼类、虾类和蟹类的人工繁殖，苗种培育无公害商品鱼养殖，还是鱼病防治和活鱼运输等，都是有着技术性要求比较高的生产规程。必须要有素质较高专业技术人员及技术工人进行生产管理，如果没有专业技术人员的指导和科研人员根据环境变化的不断研究总结，养殖无公害的商品鱼是很难成功的。此外，生产场长、组长一定要选懂技术、有敬业精神的人员来任职。否则生产过程中很易出现风险。

例如，江苏省溧阳市水产良种场研究的生态养殖关键技术包括：①科学选种技术，选择异地亲本；②自然生物技术，培养浮游生物；③溢水选育技术，筛选幼苗规格；④质比量比技术，确定品种数量；⑤人力生物技术，环境防控病害；⑥营养平衡技术，同类生物原料；⑦生态平衡技术，运用生物功能和⑧生态立体技术，遵循生物规律，运用这八项生态养殖关键技术，才能保证科学利用水生资源，保护水环境，取得资源循环利用的最佳效果。使得养殖的产品质量、水域环境安全指数均符合国家水产养殖标准，实现资源节约型、环境友好型、低碳渔业产业。

二、管理因素

渔场是一个经济实体，要实现管理机制创新：确定以充分发挥共产党员积极作用为先导，选择动态管理战略。公司的运行机制，选择股份制市场化运作管理机制、产品质量管理，选择 HACCP 和 GAP 质量管理体系，是国内先进的生产单位等与国际接轨的具体体现。实施优质安全、标准化生产，管理是一个至实重要的环节，管理不规范就会出现职工思想混乱，工作不勤恳，事故频繁，偷盗严重，浪费损失巨大，资产被侵占，资金被挪用，物资供应不配套，技术管理不协调等等，许多渔场倒闭都起因于此。因此，要搞好渔场经营必须注重管理，采用科学的人性化的管理，促使企业（渔业）员工具有共同的企业文化，以追求更高利润为目标。

三、饵料因素

饵料是养鱼的物质基础，可以说所有鱼的质量、产量是用饵料换来的，它包括天然饵料和人工饵料，饵料的数量和质量决定着鱼的质量与产量。只有优质的饵料（无公害熟化维生素营养平衡技术研制的饵料），才能养殖既优质又高产的各种鱼类。因此，对饵料的选择调配、加工和投饵技术的好坏直接决定着养鱼的成本和收益的大小。

在优质高产养鱼中饵料费通常要占整个养鱼成本的 60% 以上，有的甚至可以高达 70%，所以饵料因素对渔场经营的成败至关重要。例如，江苏省溧阳市水产良种场研究养殖鱼类、蟹类、虾类绿色的饲料，运用同类生物作为生物饲料的原料都具有营养平衡自然属性，即鱼类、蟹类、虾类与家蚕都是变温动物。家蚕吃桑叶植物，干蚕蛹的蛋白是植物蛋白转化为动物蛋白的原料，干蚕蛹营养成分，包括水分 7.30%，粗蛋白 56.90%，粗脂肪 24.90%，粗纤维 3.30%，无氮浸出物 4.00%，粗灰分 3.60%。蚕体内的激素也极少，1t 重干蚕蛹可提纯 350mg 蜕皮激素。蚕蛹又是氨基酸营养剂，将氨基酸营养剂添加到鱼类、河蟹、虾类饲料中，可提高鱼类、河蟹、青虾对蛋白营养的吸收率；家蚕成蛹后含有生物保幼激素，可增强鱼类、河蟹、青虾的免疫功能；蚕成蛹含有生物蜕皮激素，可提高河蟹、青虾蜕壳率。

饲料投喂量：要根据不同生长季节的不同水温及河蟹体重确定投喂量。特别是江苏省溧阳市水产良种场研究《干蚕蛹河蟹饲料及其制备方法和饲喂量》配方于

2012年3月14日被授予发明专利权，专利号：ZL2009 10027652.3。《干蚕蛹青虾饲料及其制备方法和饲喂量》配方于2014年10月4日申请国家发明专利，申请号201410489426.8。运用优质高效安全饲料可降低饲料系数，节约饲料，降低饲料成本。

四、疾病因素

疾病是渔场养鱼生产突出的制约性因素之一。随着养殖对象的扩大，养殖密度大幅度增加。水环境污染严重，受养殖技术要素（防病技术）和水环境因素约束，对苗种活体在地区间流动频繁，使养殖鱼类的疾病保持日益加剧，直接影响生产无公害水产的质量标准，有的疾病已经给部分渔场带来了灾难性的后果，造成严重的经济损失，直接影响水产品销售与养殖生产的效益。如近几年，在全国最流行的主要淡水养殖鱼类爆发性流行病（细菌性败血症），使不少国有集体渔场因此而受到毁灭性损失。当时江苏省溧阳市水产良种场，由于外荡大水面养殖区出现该病流行，造成严重亏损，几乎面临破产的危险。因此，渔场应重视防病、治病，运用科学合理的生态养殖技术，大力搞好鱼的健康养殖势在必行。近年来，江苏溧阳市水产良种场研究"一种防止河蟹虫害、病害发生的生态养殖方法"。该方法能提供优质的河蟹养殖生态水域关键技术，能有效控制河蟹养殖中虫害、病害发生和养殖出高质量、高品位的优质河蟹。同时，极大地提高蟹农的经济效益，极大地提高养蟹业的可持续发展和养蟹业的整体经济效益和社会效益。2014年7月30日获得国家发明专利，申请号201410373060.8。因此，实现生态养殖控制鱼类、蟹类、虾类的虫害、病害发生，提高成活率，增加养殖产量，降低药物成本。

五、成本因素

影响渔场生产成本的常见因素有以下几方面。饲料成本，包括饲料价格、饲料系数、饲料运输加工成本和水电费成本等；人工成本，包括管理人员的多少，支出大小，工资比例等；鱼种成本，包括购买价格、成活率、鱼种质量等；资金利息与设备折旧费分摊成本，包括投资额利息高低，折旧期长短等；池塘租赁费成本，包括销售成本，亏损资金、物品及鱼产品流失的附加成本等；生产成本的高低直接关系到渔场经营的成败，必须努力降低各种成本消耗，才能获取更高的效益。

江苏省溧阳市水产良种场为例。为了节约生成本自1996年开始调整产业结构，将原来的常规大宗淡水鱼养殖为主调整为特种水产养殖，实施生态养殖河蟹套养大规格青虾苗种。养殖青虾时间是当年1~5月，放养规格900只/kg。饲料系数：1.6，养殖成虾生产成本22.31元/kg，利润37.689元/kg，投入产出比为1：1.69。河蟹养殖时间是当年1—12月，饲料系数：1.752，单价：7元/kg，养殖成蟹生产成本35.17元/kg。利润61.63元/kg，投入产出比为1：1.73。养殖的青虾规格大、品质优、效益好。由于水域环境、产品质量安全指数均符合国家水产养殖标准，加之科学合理利用水生资源，保护水环境，取得资源循环利用的最佳效果。

六、市场因素

市场需求的变化是不以人们的意志为转移的。目前，水产品市场受国际、国内两个市场的影响，特别在我国人口众多，地域宽广，地区之间贫富差别依然存在的影响，实际上是受宏观经济与微观经济的调控的因素影响较强。因为养鱼生产是一个相对周期较长的过程，必然受市场因素所波动，影响是巨大的。辛勤劳动养出的优质鱼，也许因为受市场需求量影响，价格同样受影响。当需求大出现供不应求时，价格上涨而获得较高的利润；当需求小出现供大于求时，鱼类价格下滑，利润降低甚至亏本。但市场变化是有经济规律可循的，只要认真调研市场，决策正确，经营有方，因势利导，掌握主动，就能站稳市场。

江苏省溧阳市水产良种场根据国内国际两个市场的需求，建立了133hm²生态养殖河蟹出口基地，实现了养殖大规格优质河蟹标准与质量，同时这两项指标均达国家水产食品安全的标准。

河蟹是含有高蛋白、低胆固醇的水产品，每100g中含蛋白质14g、水份71g、脂肪5.9g、碳水化合物7g和维生素A5960国际单位。大规格优质河蟹营养丰富，食用大规格优质河蟹是人们生活质量提高的一种标志，水产食品的质量安全更是人们生活质量提高的一种需求。

随着经济的发展，人们生活质量提高，食物结构在发生变化，由原来对畜禽动物蛋白的需求逐步转变为对鱼类动物蛋白的需求。近年来，苏州市、杭州市、上海市、北京市等大中城市消费者对大规格优质河蟹的购买力在增强，大规格优质河蟹在国内大市场有较强的市场竞争能力，我国加入WTO后，融入国际消费市场，养殖的大规格优质河蟹质量符合国家绿色食品标准，国际通行农产品质量安全标准。因此，研究实施"大规格优质河蟹养殖关键技术集成创新与应用"课题，符合市场经济发展的规律，养殖的大规格优质河蟹具有广阔的市场需求量。例如，2013年，江苏省溧阳市水产良种场养殖的大规格优质河蟹，规格要求是雄蟹个体重量达200g以上，出口到我国香港特别行政区、新加坡的价格分别是国内的3~5倍。市场需求的增长，经济效益则明显提升。这就充说明市需求因素为企业实现利润最大化起着重要的推动作用。

第十四章　绿色食品鱼类、蟹类、虾类食疗价值

第一节　绿色食品鱼类食疗价值

食用优质鱼类是人体进补最佳的食品之一，不仅味道鲜美，而且营养价值极高，其蛋白质含量为猪肉的两倍，且属于优质蛋白，人体吸收率高。鱼中富含丰富的硫胺素、核黄素、尼克酸、维生素 D 和一定量的钙、磷、铁等矿物质。鱼肉中脂肪含量虽然较低，但其中的脂肪酸被证实有降血糖、护心脏和防癌的作用。鱼肉中的维生素 D、钙、磷能有效地预防人体骨质疏松症。下面就给读者介绍一下各种鱼的营养价值。

一、草鱼的食疗价值

1. 草鱼适宜食用人群

一般人群均可食用，尤其适宜虚劳、风虚头痛、肝阳上亢、高血压、头痛、久疟、心血管、风湿病人。

2. 草鱼食疗功效

（1）草鱼肉质富含蛋白质，具有维持钾、钠平衡，消除水肿，降低血压，有利于人体生长发育功效。富含磷质，促进骨骼和牙齿构成，有利于身体组织器官的修复，供给能量与活力，参与酸碱平衡的调节。富含铜元素，铜是人体健康不可缺少的微量营养素之一，对于血液、中枢神经和免疫系统，头发、皮肤和骨骼组织以及脑子和肝、心等内脏的发育和功能有重要影响。

（2）促进血液循环。草鱼含有丰富的不饱和脂肪酸，对血液循环有利，是心血管病人的良好食物。

（3）防癌抗癌。草鱼含有丰富的硒元素，对肿瘤有一定的防控作用。

（4）滋补开胃。对于身体瘦弱、食欲不振的人来说，草鱼肉嫩而不腻，可以开胃、滋补。

（5）养胃。暖胃，治疗胃寒症。中和胃酸，缓解胃痛。

（6）明目。维生素 A 对眼睛的发育有十分重要的作用，合成视网膜视杆细胞感光物质。可以提高眼睛的抗病能力和预防夜盲。维生素 A 对治疗某些眼病有一定辅

助作用，如用于各种白内障、糖尿病视网膜病变、各种脉络膜、视网膜病变和视神经萎缩等。

（7）养阴补虚。补虚损，益精气，润肺补肾，用于肺肾阴虚。适宜虚劳的补益。

（8）养颜护肤。含有丰富的硒元素，经常食用有抗衰老、养颜的功效。

（9）护发。富含蛋白质，经胃肠的消化吸收形成各种氨基酸。

（10）其他功效。治风虚头痛、肝阳上亢、高血压、头痛、久疟、祛风、治痹。

二、鳙鱼的食疗价值

鳙鱼属于高蛋白、低脂肪、低胆固醇的鱼类，每100g鳙鱼中含蛋白质15.3g、脂肪0.9g。另外，鳙鱼还含有维生素B_2、维生素C、钙、磷、铁等营养物质。鳙鱼对心血管系统有保护作用。富含磷脂及改善记忆力的脑垂体后叶素，特别是脑髓含量很高，常吃能暖胃、祛眩晕、益智商、助记忆、延缓衰老、润泽皮肤。

1. 鳙鱼适宜食用人群

（1）适宜体质虚弱、脾胃虚寒、营养不良之人食用；特别适宜咳嗽、水肿、肝炎、眩晕、肾炎和身体虚弱者食用。

（2）上火的人群宜食用。

（3）一般人群均能食用。

2. 忌食人群

（1）鳙鱼不宜食用过多，否则容易引发疮疖。此外，患有瘙痒性皮肤病、内热、荨麻疹、癣病等病症者不宜食用。而且，鱼胆有毒不要食用。鳙鱼性偏温凉，热病及有内热者、荨麻疹、癣病者、瘙痒性皮肤病应忌食。

（2）鳙鱼胆性味苦、寒，有毒，用以静脉注射有短暂降压作用，但降压有效剂量与中毒剂量非常接近，故临床上使用需要慎重。

3. 食疗功效

（1）鳙鱼味甘，性平，无毒。它的作用是温补脾胃强身，消除赘疣。鳙鱼属高蛋白、低脂肪、低胆固醇鱼类，对心血管系统有保护作用，起到治疗耳鸣、头晕目眩的作用。

（2）鳙鱼有一定的药用价值，可与其他食品搭配用来治疗鼻窦炎、牙龈肿痛：鳙鱼头500g，川芎5g，白芷3g，葱、姜、胡椒粉、盐各适量。川芎、白芷水煎10min，去渣取汁；鱼头去鳃，洗净，连同葱、姜、胡椒粉放入砂锅内，加水适量，先用武火烧沸，再以文火炖半小时，和入药汁，加盐调味，稍煮。分早、晚2次吃鱼肉喝鱼汤。

三、鲢鱼的食疗价值

1. 鲢鱼适宜食用人群

小孩、青中年、老年人均可食用。

2. 鲢鱼的食疗价值

（1）鲢鱼能提供丰富的胶质蛋白，既能健身，又能美容，是女性滋养肌肤的理想食品。它对皮肤粗糙、脱屑、头发干脆易脱落等症均有疗效，是女性美容不可忽视的佳肴。鲢鱼为温中补气、暖胃、泽肌肤的养生食品，适用于脾胃虚寒体质、溏便、皮肤干燥者，也可用于脾胃气虚所致的乳少等症。

（2）鱼头肉质细嫩、营养丰富，除了含蛋白质、脂肪、钙、磷、铁、维生素 B_1，它还含有鱼肉中所缺乏的卵磷脂，该物质被机体代谢后能分解出胆碱，最后合成乙酰胆碱，乙酰胆碱是神经元之间化学物质传送信息的一种最重要的"神经递质"，可增强记忆、思维和分析能力，让人变得聪明。

（3）鱼头还含丰富的不饱和脂肪酸，它对脑的发育尤为重要，可使大脑细胞异常活跃，故使推理、判断力极大增强。因此，常吃鱼头不仅可以健脑，而且还可延缓脑力衰退。

（4）鱼鳃下边的肉呈透明的胶状，里面富含胶原蛋白，能够对抗人体老化及修补身体细胞组织。

（5）养胃、亮发和养颜护肤。

3. 鱼头火锅

相传乾隆年间，在成都清白江边一无名小镇上，住着一户渔家，老两口和三个孝顺的儿子，终日以打鱼为生，他们在盛世中，衣食无缺，其乐融融，于是机灵的老三开始想些新花样：把通常扔掉的花莲鱼头用来煮汤，没想到越熬越香浓，一尝惊喜不已，连忙给老父老母及二位兄长一人一碗，乐得一家人直夸老三能干，老三想，家乡人爱吃辣味，以驱潮气，把这鲜汤做成带辣味的一定好吃，于是他按照传统工艺，把料炒制之后与白糖一起调制成红辣的鱼汤，吃饭时喝上几口，又香又辣，又不失鱼的鲜味。这种烹饪方法很快传遍小镇，慢慢地被人带出小镇，经过百年流传，演变成现在的鱼头火锅。

四、青鱼的食疗价值

1. 青鱼适宜食用人群

小孩、青中年、老年人均可食用；青鱼富含蛋白质、脂肪、灰分、钙、磷、铁、

维生素 B_1、维生素 B_2、烟酸等，还含丰富的硒、碘等微量元素 适宜患有各类水肿、肝炎、肾炎、脚气、脾胃虚弱、气血不足、营养不良、高脂血症、高胆固醇血症和动脉硬化等病症者食用。

2. 忌食人群

青鱼甘平补虚，但是，患有癌症、红斑狼疮、淋巴结核、支气管哮喘、痈疖疔疮、皮肤湿疹、瘙痒性皮肤病、内热、荨麻疹、疥疮瘙痒等病症者不宜食用。

3. 青鱼的食疗价值

（1）青鱼肉厚且嫩，味鲜美，富含脂肪，刺大而少，是淡水鱼中的上品。适宜幼小孩子食用。青鱼中除含有蛋白质、脂肪外，还有钙、磷、铁、维生素 B_1、维生素 B_2 和微量元素锌，成人每日需锌 12~16g，青少年时期的需要量则相应增多。锌是酶蛋白的重要组成部分，性腺、胰腺及脑下垂与之密切相关。人体锌的含量仅占 $3/10^5$，但一旦出现不足，往往会使嗅觉减低、精神萎靡、智商减低。此外，还会出现生长高度不足、创伤难以愈合等病变。

（2）鱼中除含有丰富蛋白质、脂肪外，还含丰富的硒、碘等微量元素，故有抗衰老、抗癌作用。

（3）鱼肉中富含核酸。这是人体细胞所必须的物质，核酸食品可延缓衰老，核酸食品可使人年轻，还可医治许多种疾病。具有益气、补虚、健脾、养胃、化湿、祛风、利水之功效，还可防妊娠水肿。

五、鲤鱼的食疗价值

1. 鲤鱼适宜食用人群

一般人群均可食用，适宜肾炎水肿、黄疸肝炎、肝硬化腹水、心脏性水肿、营养不良性水肿、脚气浮肿、咳喘之人食用；同时适宜妇女妊娠水肿、胎动不安、产后乳汁缺少之人食用。

2. 慎食人群

凡患有恶性肿瘤、淋巴结核、红斑狼疮、支气管哮喘、小儿痄腮、血栓闭塞性脉管炎、痈疽疔疮、荨麻疹、皮肤湿疹等疾病之人均忌食；同时鲤鱼是发物，素体阳亢及疮疡者慎食。

3. 鲤鱼的食疗功效

（1）鲤鱼味甘、性平，入脾、肾、肺经；有补脾健胃、利水消肿、通乳、清热解毒、止号嗽下气；对各种水肿、浮肿、腹胀、少尿、黄疸、乳汁不通皆有益。鲤鱼对孕妇胎动不安、妊娠性水肿有很好的食疗效果。中医学认为，鲤鱼各部位均可入药。鲤鱼皮可治疗鱼梗；鲤鱼血可治疗口眼歪斜；鲤鱼汤可治疗小儿身疮；用鲤鱼治疗怀孕妇女的浮肿，胎动不安有特别疗效。

（2）鲤鱼的蛋白质不但含量高，而且质量也佳，人体消化吸收率可达96%，并能供给人体必需的氨基酸、矿物质、维生素A和维生素D；鲤鱼的脂肪多为不饱和脂肪酸，能很好地降低胆固醇，可以防治动脉硬化、冠心病。因此，多吃鱼可以健康长寿。

（3）营养学认为，鲤鱼肉中含钾离子丰富，每百克肉中含钾334mg，可防治低钾血症，增加肌肉强度，与中医的"脾主肌肉四肢"的健脾作用一致；每百克鲤鱼肉中，含视黄醇25μg、维生素A25μg，这对提高视力有益；鲤鱼鱼头中含丰富的卵磷脂，对维护大脑营养，增强记忆颇有好处。

六、团头鲂的食疗价值

1. 团头鲂适宜食用人群
一般人都可食用，适宜贫血，体虚，营养不良，不思饮食之人食用。

2. 忌食人群
凡患有慢性痢疾之人忌食。

3. 食疗功效
团头鲂肉细嫩肥美，团头鲂性温，味甘；具有补虚，益脾，养血，祛风，健胃之功效；可以预防贫血症、低血糖、高血压和动脉血管硬化等疾病。

七、鲫鱼的食疗价值

1. 鲫鱼适宜食用人群
（1）适宜慢性肾炎水肿，肝硬化腹水，营养不良性浮肿之人食用。

（2）适宜孕妇产后乳汁缺少之人食用。

（3）适宜脾胃虚弱，饮食不香之人食用。

（4）适宜小儿麻疹初期，或麻疹透发不快者食用。

（5）适宜痔疮出血，慢性久痢者食用。

2. 食疗功效
（1）鲫肉味鲜美，肉质细嫩，营养全面，含蛋白质多，脂肪少，鲫鱼含有少量的脂肪，多由不饱和脂肪酸组成。食之鲜而不腻，略感甜味。尤其钙、铁、磷、钾、镁含量较高。鲫鱼的头含有丰富的卵磷脂。其营养成分也很丰富，含蛋白质、脂肪、维生素A、B族维生素、尼克酸等。鲫鱼和其他淡水鱼比较，含糖量较高，多由多糖组成。鲫鱼含有丰富的微量元素，尤其适于做汤，鲫鱼汤不但味香汤鲜，而且具有较强的滋补作用，非常适合中老年人和病后虚弱者食用，也特别适合产妇食用，鲫鱼汤对孕妇的好处也非常多，有催乳、下乳的作用，对母体身体恢复也有很好的补益作用。鲫鱼含脂肪少，所以吃起来鲜嫩又不肥腻，非常适合既想美容又怕肥腻的女性食用。鲫鱼含有全面而优质的蛋白质，对肌肤的弹力纤维构成能起到很好的强化作用。

（2）现代研究表明，鲫鱼肉中含有很多水溶性蛋白质、蛋白酶和人体所需的各种氨基酸。鱼油中含有大量维生素 A 和不饱和脂肪酸等，这些物质均可影响心血管功能，降低血液黏稠度，促进血液循环、常食鲫鱼对心血管疾病患者有一定辅助治疗作用。鲫鱼含动物蛋白和不饱和脂肪酸，常吃鲫鱼不仅能健身，还能减少肥胖，有助于降血压和降血脂，使人延年益寿。

（3）鲫鱼所含的蛋白质质优、齐全、易于消化吸收，是肝肾疾病，心脑血管疾病患者的良好蛋白质来源，常食可增强抗病能力，肝炎、肾炎、高血压、心脏病、慢性支气管炎等疾病患者可经常食用。加葱白、生姜辛温解表，通阳散寒和胃，又配薄荷可疏风解表。全方剂有扶正祛邪、疏风散寒、健脾止咳之功，用以治疗宝宝体弱长期慢性咳嗽。

（4）鲫鱼含有丰富的蛋白质，鲫鱼含有全面而优质的蛋白质，对肌肤的弹力纤维构成能起到很好的强化作用。尤其对压力、睡眠不足等精神因素导致的早期皱纹，有奇特的缓解功效。鲫鱼子能补肝养目；鲫鱼胆有健脑益智的作用。

（5）鲫鱼肉质细嫩，肉味甜美，营养价值很高；其性味甘、平、温，入胃、肾，具有和中补虚、除湿利水、补虚羸、温胃进食、补中生气之功效。尤其是活鲫鱼汆汤在通乳方面有其他药物不可比拟的作用。鲫鱼汆冬瓜和鲫鱼熬萝卜，不仅味道鲜美，而且可以祛病益寿。

（6）中医学认为，鲫鱼能利水消肿、益气健脾，解毒，下乳。适用于脾胃虚弱，少食乏力，呕吐或腹泻；脾虚水肿，小便不利；气血虚弱，乳汁不通；便血，痔疮出血，痈肿，溃疡等病症。

八、翘嘴红鲌食疗价值

1．翘嘴红鲌适宜食用人群
一般人均可食，同时适宜营养不良，肾炎水肿，病后体虚，消化不良之人食用。

2．忌食人群
支气管哮喘之人、癌症患者、红斑狼疮患者、荨麻疹和淋巴结核以及患有疮疖者忌食。

3. 食疗功效

（1）翘嘴红鲌肉质白而细嫩，味美而不腥，一贯被视为上等经济鱼类。其营养成分为：每百克可食部分含蛋白质 18.6g，脂肪 4.6g，热量 116kcal，钙 37mg，磷 166mg，铁 1.1mg，核黄素 0.07mg，烟酸 1.3mg。东北兴凯湖产的大白鱼历来被列为我国淡水"四大名鱼"之一。相传唐代有位皇帝南巡，御舟行至湖北江陵府界内时，忽有一尾大白鱼跃出水面，落在御舟之甲板上，只见鱼儿活蹦乱跳，阳光照射，银光熠熠，逗人喜爱。皇帝令御厨烹饪，品尝之后，对白鱼的美味大为赞美，从此，江陵府产的大白鱼就被列为贡品。大诗人杜甫在其诗中曾形容"白鱼如切玉"，可见白鱼历来就深受人们的喜爱。春夏季捕获之白鱼，全鱼可入药，其肉性味甘、温，有开胃、健脾、利水、消水肿之功效，治疗消瘦浮肿和产后抽筋等症有一定疗效。

（2）食用翘嘴红鲌功效主治：调整五脏，理十二经路。可治肝气不足，补肝耳聪明目、轻身，使人肌肤润泽，精力充沛，不易衰老，助血脉。患疮疖、痤疮的人食后，可促使其成熟，加快脓液排出而愈。宜用新鲜的豆豉一起煮汤，虽可免于发病，食用开胃下食，祛下气，令人肥健。故仍为益脾开胃，去水除湿之品。

（3）翘嘴红鲌除味道鲜美外，还有较高的药用价值，具有补肾益脑，开窍利尿等作用。尤其鱼脑，是不可多得的强壮滋补品。久食之，对性功能衰退、失调有特殊疗效。

九、鳜鱼食疗价值

1. 鳜鱼适宜食用人群

一般人均可食用。吃鳜鱼说有利于肺结核病人的康复。鳜鱼肉的热量不高，而且富含抗氧化成分，怕肥胖的女士极佳的选择是多吃鳜鱼。

2. 忌食人群

有哮喘、咯血的病人不宜食用。寒湿盛者不宜食用。

3. 鳜鱼是我国"四大淡水名鱼"之一

鳜鱼肉质丰厚坚实，肉质细嫩，刺少而肉多，富含蛋白质，其肉呈瓣状，味道鲜美，实为鱼中之佳品。鳜鱼是世界上一种名贵淡水鱼类。人群食用可补五脏、益脾胃、充气胃、疗虚损，适用于气血虚弱体质，可治虚劳体弱、肠风下血等症。明代医学家李时珍将鳜鱼誉为"水豚"，意指其味鲜美如河豚。另有人将其比成天上的龙肉，说明鳜鱼的风味的确不凡。鳜鱼含有蛋白质、脂肪、少量维生素、钙、钾、镁、硒等营养元素，肉质细嫩，极易消化，对儿童、老人及体弱、脾胃消化功能不佳的人来说，吃鳜鱼既能补虚，又不必担心消化困难。鳜鱼肉的热量不高，而且富含抗氧化成分，对于贪恋美味、想美容又怕肥胖的女士是极佳的鱼类食品。

4. 鳜鱼的药膳功效

（1）肺结核、咳嗽、贫血。用鳜鱼1条（500g以上），去肠杂、鱼鳞，百合20g，贝母5g，冰糖适量，隔水蒸熟后，去药渣，鱼肉及百合共食。也可用鳜鱼煮的汤，加入大枣和糯米熬粥食用。

（2）虚劳羸瘦，肠风便血。取鳜鱼1条去肠杂、鱼鳞，单独清蒸或与豆腐共煮食用。

（3）目刺梗喉。用鳜鱼胆汁加入米酒中化温呷下，可使卡入咽喉的骨刺、异物随涎而出。

（4）老年体弱无力。取鳜鱼1条，黄芪、党参各15g，淮山药30g，当归头12克。把药物煎后取汁，再放入鳜鱼共煮熟食用，可调补气血。

（5）肠风泻血。取鳜鱼肉100g，猪肉50g，切丝后入油锅，加适量生姜、蒜、盐、料酒、味精炒一下，再把浸泡6h的糯米100g加入煮成粥，撒些胡椒粉即可食用。鳜鱼为虚劳食疗补品，患寒湿病者不宜食用。

5. 食用鳜鱼主治功效

主治腹内恶血，杀肠道寄生虫，益气力，健身强体魄，补虚劳，另可益胃固脾，治疗肠风泻血。治骨鲠竹木刺咽喉：不论深浅用在腊月收获阴干的鳜鱼胆研末冲服。每次用皂荚子大小的鱼胆粉煎后用酒趁热含咽。能吐则鲠随涎沫流出，不吐再服，以吐出为限度。酒随各人的酒量服用，没有不出来的。鲤鱼、鲩鱼、鲫鱼的胆都可以这样使用。

李时珍说：张杲在《医说》中曾记有，"越州有一姓邵的女子，18岁时就已患瘵病多年，偶尔喝了鳜鱼汤病就好了"。由此看来，正与它的能补虚劳、益脾胃的说法相吻合。

十、银鱼（大银鱼）食疗价值

1. 银鱼适宜食用人群

银鱼尤适宜体质虚弱、营养不足、消化不良者、高脂血症患者、脾胃虚弱者、有肺虚咳嗽、虚劳等症者食用。

2. 忌食人群

银鱼味美，性味平和，无忌者。

3. 食疗的功效

（1）每百克银鱼可供给热量407kcal，几乎是普通食用鱼的5~6倍；其含钙量高达 761mg，为群鱼之冠。银鱼含蛋白质、脂肪、钙、磷、铁、维生素 B_1、维生素 B_2 和烟酸等成分。性能味甘，性平。宜用于体质虚弱，营养不足，脾胃虚弱，消化不良；小儿疳积，营养不良；虚劳咳嗽，干咳无痰。消化不良者宜食。润肺止咳：银鱼有润肺止咳、善补脾胃、宜肺、利水的功效，可治脾胃虚弱、肺虚咳嗽、虚劳诸疾。

（2）银鱼是极富钙质、高蛋白、低脂肪食的鱼类，基本没有大鱼刺。据现代营养学分析，银鱼营养丰富，具有高蛋白、低脂肪之特点，可增强人体增强免疫力并认为银鱼不去鳍、骨，属"整体性食物"，营养完全，利于人体增进免疫功能和长寿。

十一、黄颡鱼食疗价值

1. 适宜食用人群

适宜消瘦，免疫力低，记忆力下降，贫血，以及水肿等症状的人群，生长发育停滞的儿童。出现头晕、乏力、易倦、耳鸣、眼花。皮肤黏膜及指甲等颜色苍白，体力活动后感觉气促、骨质疏松、心悸症状的人群。

2. 忌食人群

根据前人经验，黄颡鱼为"发物"食品，故有痼疾宿病之人，诸如支气管哮喘、淋巴结核、癌肿、红斑狼疮以及顽固瘙痒性皮肤病者，忌食或谨慎食用。忌与中药荆芥同食。

3. 食疗功效

（1）黄颡鱼富含蛋白质，具有维持钾钠平衡，消除水肿的功效。提高免疫力，调低血压，缓冲贫血，有利于生长发育。富含铜元素，铜是人体健康不可缺少的微量营养素之一，对于血液、中枢神经和免疫系统，头发、皮肤和骨骼组织以及大脑和肝脏、心脏等内脏器官的发育和功能有重要影响。调节渗透压，维持酸碱平衡。维持血压正常。增强神经肌肉兴奋性。

（2）养胃。暖胃，治疗胃寒症。

（3）通乳生乳。有补气血、生乳作用，对产妇有通乳汁、补身体、促康复的功效。有开胃健脾、消除寒气、催生乳汁之功效。

（4）清热除火。味苦，能清心泻火，清热除烦，能够消除血液中的热毒。适宜于容易上火的人士食用。

（5）化痰止咳。适宜多痰，痰粘稠，咳嗽等症状。

（6）黄颡鱼鱼肉含有叶酸、维生素 B_2 和维生素 B_{12} 等维生素，有滋补健胃、利水消肿、通乳、清热解毒、止嗽下气的功效，对各种水肿、浮肿、腹胀、少尿、黄疽、乳汁不通皆有效。

十二、乌鳢食疗价值

1. 适宜食用人群

哺乳的母亲，久病体虚人群，健康体质，气虚体质，湿热体质，痰湿体质，阴虚体质。

2. 忌食人群

有疮者不可食，令人瘢白。有些人会对乌鳢过敏，发生症状通常为腹泻、呕吐、皮肤起疹，伴随腰酸背痛等症状。一般刚吃的时候不会有什么不适，往往在吃后5~6h发作。因此，小孩、老人等抵抗力差的人群应当注意。如果出现过敏症状，可以服用扑尔敏等抗过敏药来缓解，通常24h内会缓解；若症状较为严重，请去医院就诊，遵医嘱。

3. 食疗功效

（1）乌鳢肉中含蛋白质、脂肪、18种氨基酸等，还含有人体必需的钙、磷、铁及多种维生素。

（2）适用于身体虚弱，低蛋白血症、脾胃气虚、营养不良，贫血之人食用，广西一带民间常视乌鳢为珍贵补品，用以催乳、补血。

（3）乌鳢有祛风治疳、补脾益气、利水消肿之效，因此，三北地区常有产妇、风湿病患者、小儿疳病者觅乌鳢食之，作为一种辅助食疗法。

十三、加州鲈食疗价值

1. 适宜食用人群

一般人群均可食用。鲈鱼性味，性平，味甘，适宜贫血头晕，妇女妊娠水肿，胎动不安之人食用；患有皮肤病疮肿者忌食。

2. 忌食人群

食物相克。鲈鱼忌与牛羊油、奶酪和中药荆芥同食。

3. 食疗功效

（1）鲈鱼富含蛋白质、维生素A、B族维生素、钙、镁、锌、硒等营养元素；具有补肝肾、益脾胃、化痰止咳之效，对肝肾不足的人有很好的补益作用；鲈鱼还可治胎动不安、产生少乳等症，准妈妈和产后妇女吃鲈鱼是一种既补身、又不会造成营养过剩而导致肥胖的营养食物，是健身补血、健脾益气和益体安康的佳品；鲈鱼血中还有较多的铜元素，铜能维持神经系统的正常的功能并参与数种物质代谢的关键酶的功能发挥，铜元素缺乏的人可食用鲈鱼来补充。

（2）鲈鱼健脾汤。鲈鱼50g，白术10g，陈皮5g，胡椒0.5g，煎汤服。鲈鱼益脾健胃，犹嫌力量不足，故加用白术健运脾胃，辅以陈皮理气健胃，胡椒温中健胃。用于脾胃虚弱，消化不良，少食腹泻，或胃脘隐隐作痛或冷痛者。

（3）黄芪炖鲈鱼。鲈鱼1尾（250~500g），黄芪60g。隔水炖熟，饮汤食肉。黄芪、鲈鱼同用，能补气益血，生肌收口。用于手术后，可促进伤口愈合。

（4）清蒸砂仁鲈鱼。鲈鱼250g，将砂仁6g捣碎、生姜10g切成细粒，装入鱼腹，放碗中，加水和食盐少许，置锅内蒸熟。食肉饮汤。本方取鲈鱼安胎、补中，砂仁理气安胎，生姜和胃止呕。用于脾虚气滞，脘闷呕逆，胎动不安。

十四、赤眼鳟食疗价值

1. 适宜食用人群

鳟鱼含有二十二碳六烯酸（DHA）983mg、二十碳五烯酸（EPA）247mg、脂肪酸总量6.34g。后者比前者分别高3.41倍、1.55倍、1.28倍。其肉质鲜嫩、味美、无腥味，口感好，尤其是无小骨刺（即肌间刺），更适合老人和孩子食用。健康体质，阳虚体质。

2. 忌食人群

皮肤性病。

3. 赤眼鳟的食疗价值

（1）所谓食疗就是用人们日常生活中的食物来治疗疾病的一种方法。其特点是价格便宜，取材方便，容易掌握，使用安全，无副作用。赤鳟鱼归胃经，具有暖胃和中，止泻功效。

（2）研究证实，EPA能加速病人伤口愈合，对孕妇、老年人、幼童及术后病患者的身体健康有极大的帮助，DHA则有多方面的独特功效。英国脑营养化学研究专家克罗夫特教授研究证实，人类大脑中的脂肪大约10%左右是DHA。DHA有增强大脑功能的作用，它能降低胆固醇、血脂和血糖，从而改善人体心脑血管、防止血栓形成，并能提高机体免疫力。

十五、黄尾鲴食疗价值

黄尾鲴鲜肉美，营养价值极高。

功用主治：性味"甘，温，无毒。"白煮汁饮，止胃寒泄泻。宜忌："多食令人发热作渴。"

第二节　绿色食品中华绒螯蟹的食疗价值

中华绒螯蟹的食疗价值

1. 适宜食用中华绒螯蟹人群

（1）一般人群均可食用，适宜跌打损伤、筋断骨碎、瘀血肿痛、产妇胎盘残留、孕妇临产阵缩无力、胎儿迟迟不下者食用，尤以蟹爪为好。

（2）适宜平素脾胃虚寒、大便溏薄、腹痛隐隐、风寒感冒未愈、宿患风疾、顽固性皮肤瘙痒疾患之人忌食。

（3）适宜月经过多、痛经、怀孕妇女忌食螃蟹，尤忌食蟹爪。性味：咸、寒、有小毒。归经：入肝、胃。

2. 不适宜人群

（1）伤风、发热胃痛以及腹泻的病人，虚寒人士不宜吃蟹。

（2）冠心病、高血压、动脉硬化、高血脂、胆固醇过高人士不宜吃蟹。

（3）孕妇不宜吃蟹。

（4）切忌半生半熟吃蟹。

（5）吃螃蟹时应注意，有四部分不要吃。一是胃，即背壳前缘中央似三角形的骨质小包；二是肠，即由蟹胃到蟹脐的黑线；三是心，即蟹黄下的六角形小片；四是腮，即长在蟹腹部如眉毛状的两排软绵绵的东西。

3. 中华绒螯蟹食疗功效

（1）蟹肉含有丰富的蛋白质，同时含有丰富的多不饱和脂肪酸，矿物质，如锌、铁、铜和磷等，其营养价值和食疗价值非常高。其蛋白质的含量是猪肉和鱼肉的几倍，是一种高蛋白的补品，螃蟹的脂肪和碳水化合物含量非常少，对人体有很好的滋补作用。螃蟹还有抗结核作用，吃蟹对结核病的康复大有补益。

（2）螃蟹含有丰富的钙、磷、钾、钠、镁、硒等微量元素和维生素A。根据国内权威机构测定，每100g可食螃蟹肉中含钙126mg、磷182mg、钾181mg、钠193.5mg、镁23mg、铁2.9mg、锌3.68mg、硒56.72μg、铜2.97mg和锰0.42mg。河蟹体内的维生素A和核黄素的含量也是首屈一指的。众所周知，维生素A在人体内是不可缺少的物质，它能促进生长、延寿、维持上皮细胞的健康，增强人体对传染病的抵抗力。同时，维生素A还可防止夜盲症，所以吃河蟹不仅可以帮助人体提高免疫功能，还有助于促进人体组织细胞的修复与合成等。

（3）中医认为，螃蟹有许多药用价值，《中药大辞典》谓螃蟹能"清热、散血、续绝伤，治筋骨损伤、疥癣、漆疮、烫伤"，还可对儿童佝偻症、老人骨质疏松起到补钙作用。中医认为螃蟹性寒、味咸，归肝、胃经。有清热解毒、补骨添髓、养筋接骨、活血祛瘀、利湿退黄、利肢节、滋肝阴、充胃液之功效。对于淤血、黄疸、腰腿酸痛和风湿性关节炎等有一定的食疗效果。

第三节　绿色食品虾类的食疗价值

一、青虾食疗价值

青虾肉质细嫩鲜美，营养丰富，虾的含钙量居众食品之首，虾中还含有矿物质、糖类和多种维生素，是深受群众欢迎的名贵水产食品。

1. 适宜食用青虾人群

一般人均可食用，适宜肾虚阳痿、男性不育症、腰脚无力之人食用；适宜中老年人缺钙所致的小腿抽筋者食用；中老年人、孕妇和心血型管病患者更适合食用；宿疾患者。

2. 不宜食虾

正值上火之时不宜食虾；患过敏性鼻炎、支气管炎、反复发作性过敏性皮炎的人不宜吃虾；虾为动风发物，患有皮肤疥癣者忌食。

3. 青虾的食疗功效

青虾的营养成分：

（1）虾中含有20%的蛋白质，是蛋白质含量很高的食品之一，是鱼、蛋、奶的几倍甚至十几倍。虾和鱼肉相比，所含的人体必需氨基酸如缬氨酸并不高，但却是营养均衡的蛋白质来源。另外，虾类含有甘氨酸，这种氨基酸的含量越高，虾的甜味就越高。

（2）虾和鱼肉禽肉相比，脂肪含量少，并且几乎不含作为能量来源的动物糖质，虾中的胆固醇含量较高，同时含有丰富的能降低人体血清胆固醇的牛磺酸，虾含有丰富的钾、碘、镁、磷等微量元素和维生素A等成分。

青虾的食疗价值：

（1）增强人体免疫力。虾的营养价值极高，能增强人体的免疫力和性功能，补肾壮阳，抗早衰，可医治肾虚阳痿、畏寒、体倦、腰膝酸痛等病症。

（2）通乳汁。如果妇女产后乳汁少或无乳汁，鲜虾肉500g，研碎，黄酒热服，每日3次，连服几日，可起催乳作用。

（3）缓解神经衰弱。虾皮有镇静作用，常用来治疗神经衰弱，植物神经功能紊乱诸症。海虾是可以为大脑提供营养的美味食品。海虾中含有3种重要的脂肪酸，能使人长时间保持精力集中。

（4）有利于病后恢复。虾营养丰富，且其肉质松软，易消化，对身体虚弱以及病后需要调养的人是极好的食物。

（5）预防动脉硬化。虾中含有丰富的镁，镁对心脏活动具有重要的调节作用，能很好的保护心血管系统，它可减少血液中胆固醇含量，防止动脉硬化，同时还能扩张冠状动脉，有利于预防高血压及心肌梗死。

（6）消除"时差症"。日本大阪大学的科学家最近发现，虾体内的虾青素有助于消除因时差反应而产生的"时差症"。

4. 虾皮食疗的功效

虾皮，是我们甚为喜爱的产品，虽然不是主菜，但平时做汤、拌凉菜、蒸鸡蛋、包饺子均可加入调味，味道鲜美，且经济实惠。虾皮营养丰富，素有"钙的仓库"之称，是物美价廉的补钙佳品。据文献记载，虾皮还具有开胃、化痰等功效。虾皮营养价值高，物美价廉，用途广泛。下面介绍几种虾皮的食疗菜。

（1）虾皮炒冬瓜。冬瓜500g去皮切片，虾皮70g，香油、食盐、花椒、葱、味精各适量。用香油将花椒炸出香味，加葱、冬瓜、虾皮炒熟，调入食盐、味精食之。有清胃等作用，对水肿、胀满、痰喘、痔疮、高血压、动脉硬化等有疗效。

（2）虾皮炒韭菜。韭菜250g洗净切段，虾皮60g，食盐、香油、酱油、味精各适量，用香油将虾皮略炒，加韭菜、酱油、食盐炒熟，再调入味精食用。有开胃健脾、补肾之功效，适用于食欲不振、男性功能衰退等症。

（3）虾皮拌香菜。香菜300g洗净切段，虾皮50g，加食盐、香油、味精各适量拌匀食用。清香爽口，别具风味。有补肾壮阳、祛风解毒之功效，对遗精、消化不良、麻疹透发不畅等有疗效。

（4）虾皮拌青椒。青椒350g洗净切丝，虾皮60g，加食盐、食醋、香油、味精各量拌匀食用。有开胃消食、补肾壮阳、祛风湿之功效，对消化不良、骨质疏松、软骨症等有益处。

（5）虾皮萝卜丝。白萝卜250g洗净切丝，虾皮50g，香菜洗净切碎，食盐、香油、料酒、葱段、味精各适量。先用香油将葱段炒香，加萝卜丝、虾皮、香菜炒熟，然后调入食盐、料酒、味精食用。有消胀、祛痰的功效，治食滞不化，并利大小便。

虾皮有很多营养价值，但并不是所有人都适宜，宿疾者、正值上火之时不宜食虾；患过敏性鼻炎、支气管炎、反复发作性过敏性皮炎的老年人不宜吃虾；虾为动风发物，患有皮肤疥癣者忌食。

二、小龙虾食疗价值

1. 适宜食用小龙虾人群

一般人均可食用。适宜肾虚阳痿、男性不育症、腰脚无力之人食用；适宜小儿正在出麻疹、水痘之时服食；适宜中老年人缺钙所致的小腿抽筋者食用；不宜吃虾。

2. 不宜吃小龙虾人群

宿疾患者、正值上火之时不宜食虾；患过敏性鼻炎、支气管炎、反复发作性过敏性皮炎的老年人不宜吃虾。

3. 小龙虾食疗的功效

（1）通乳生乳。　食用小龙虾，小龙虾体内蛋白质含量较高，占总体的16%~20%左右，高于大多数的淡水和海水鱼虾，其氨基酸组成优于肉类，含有人体所必需的而体内又不能合成或合成量不足的8种必需氨基酸，不但包括异亮氨酸、色氨酸、赖氨酸、苯丙氨酸、缬氨酸和苏氨酸，而且还含有脊椎动物体内含量很少的精氨酸。另外，小龙虾还含有对幼儿也是必需的组氨酸。虾肉内锌、碘、硒等微量元素的含量要高于其他食品。不过，小龙虾有一项很重要的营养素可能很多人都忽视了，那就是虾青素，主要存在于虾头的虾黄和虾壳上的红色物质，大多数的烹调方法可能都损失掉了，因为虾青素是一种很强的抗氧化剂，因此，也容易被氧化掉。另外，小龙虾还可以入药，能化痰止咳，促进手术后的伤口生肌愈合。

（2）防止胆固醇。小龙虾的脂肪含量仅为0.2%，不但比畜禽肉低得多，比青虾、对虾还低许多，而且其脂肪大多是由人体所必需的不饱和脂肪酸组成，易被人体消化和吸收，并且具有防止胆固醇在体内蓄积的作用。

（3）防止动脉硬化。小龙虾含有人体所必需的矿物成分，其中，含量较多的有钙、钠、钾、镁、磷，含量比较重要的有铁、硫、铜等。小龙虾中矿物质总量约为1.6%，其中，钙、磷、钠及铁的含量都比一般畜禽肉高，也比对虾高。虾中含有丰富的镁，镁对心脏活动具有重要的调节作用，能很好的保护心血管系统，它可减少血液中胆固醇含量，防止动脉硬化，同时还能扩张冠状动脉，有利于预防高血压及心肌梗死；虾肉食用的通乳作用较强，并且富含磷、钙、对小儿、孕妇尤有补益功效；对产妇有通乳汁、补身体、促康复的功效。

（4）壮阳补肾。虾肉食用适用于治疗肾阳虚所致的阳痿、腰痛、小便频数及补五脏之气不足，适用于男子性功能障碍、遗精、肾虚阳痿、遗精早泄的男子食用。

（5）化瘀解毒。虾肉食用能够促进人体气血运行，对治疗血瘀证有一定的帮助。虾营养丰富，且其肉质松软，易消化，对身体虚弱以及病后需要调养的人是极好的食物，提高人体免疫力。

三、罗氏虾食疗价值

1. 适宜吃罗氏虾人群

健康体质，平和体质，气虚体质，阳虚体质，阴虚体质，瘀血体质。

2. 不适宜食用罗氏虾人群

皮肤性病，气郁体质，湿热体质，痰湿体质，特禀体质。

3. 禁忌食用罗氏虾

（1）患有皮肤疥癣者忌食。

（2）忌葡萄、石榴、山楂、柿子等水果同食。

4. 食疗药用功能

（1）祛压降脂。虾中含有丰富的镁，镁对心脏活动具有重要的调节作用，能很好的保护心血管系统，它可减少血液中胆固醇含量，防止动脉硬化，同时还能扩张冠状动脉，有利于预防高血压及心肌梗死。

（2）通乳生乳。虾的通乳作用较强，并且富含磷、钙、对小儿、孕妇尤有补益功效。

（3）安神除烦。虾有镇静作用，常用来治疗神经衰弱、植物神经功能紊乱诸症。

（4）壮骨。老年人常食虾，可预防自身因缺钙所致的骨质疏松症。

（5）提高免疫力。老年人的饭菜里放一些虾，对提高食欲和增强体质都很有好处。

四、南美白对虾食疗价值

1. 适合食用人群

适宜中老年人缺钙所致的小腿抽筋者食用；适合孕妇和心血管病患者食用；适宜于肾虚阳痿、遗精早泄、乳汁不通、筋骨疼痛、手足抽搐、全身瘙痒、皮肤溃疡、身体虚弱和神经衰弱等病人食用。

2. 禁忌食用人群

宿疾患者、正值上火之时不宜食虾；患过敏性鼻炎、支气管炎、反复发作性过敏性皮炎的老年人不宜吃虾为动风发物，患有皮肤疥癣者忌食。虾忌与某些水果同吃。虾含有比较丰富的蛋白质和钙等营养物质。如果把它们与含有鞣酸的水果，如葡萄、石榴、山楂、柿子等同食，不仅会降低蛋白质的营养价值，而且鞣酸和钙离子结合形成不溶性结合物刺激肠胃，引起人体不适，出现呕吐、头晕、恶心和腹痛腹泻等症状。海鲜与这些水果同吃至少应间隔2h。

3. 食疗药用功效

（1）中医认为，虾性温湿、味甘咸，入肾、脾经；虾肉有补肾壮阳、通乳抗毒、养血固精、化瘀解毒、益气滋阳、通络止痛、开胃化痰等功效。

（2）虾营养丰富，且其肉质松软，易消化，对身体虚弱以及病后需要调养的人是极好的食物。

（3）虾中含有丰富的镁，镁对心脏活动具有重要的调节作用，能很好的保护心血管系统，它可减少血液中胆固醇含量，防止动脉硬化，同时还能扩张冠状动脉，有利于预防高血压及心肌梗死。

（4）虾的通乳作用较强，并且富含磷、钙、对小儿、孕妇尤有补益功效。

（5）对虾体内很重要的一种物质就是虾青素，就是表面红颜色的成分，虾青素是目前发现的最强的一种抗氧化剂，颜色越深说明虾青素含量越高。广泛用在化妆品、食品添加、以及药品运用。

第六篇 生态养殖战略决策的重要性

第十五章 生态水域是渔业产业可持续发展的泉源

第一节 渔业产业的发展趋势

一、渔业产业持续发展必然规律

随着科学技术进步与经济发展，人们生活质量不断提高，食物由短缺型向富裕型转化（数量型向质量型转化）；由温饱型向小康型转化；由环境胁迫型向环境友好型转化；由资源破坏型向资源节约型转化；由传统养殖技术向现代养殖技术转化。这种转化没有号召，政府只提出行为规范。这种转化是生产力发展的必然结果。我们要认清形势，转变观念，抓住机遇，乘势而上，走上一条发展科学养殖——生态养殖——生产绿色水产食品之路。全面推进水产健康养殖，切实提高水产品质量安全水平，加大水生生物资源与生态环境保护力度，扎实推进现代渔业建设，促进渔业可持续发展和社会主义新农村建设做出更大贡献。

二、渔业产业可持续发展战略

1. 加强科学规划合理布局

中国幅员辽阔，淡水水域宽广，内陆江河纵横，湖泊、外荡、水库、池塘更是星罗棋布在祖国大地。全国流域面积在 $100km^2$ 以上的河流就有 5 万多条；有 $74\,256km^2$ 的湖泊面积，其中，面积在 $1km^2$ 以上的有 2 800 多座；水库 8 600 多座，总库容达 4 000 亿 m^3，总水域面积为 $205hm^2$；池塘水面近 $200hm^2$；还有数亿亩的滩涂在农业结构调整中可期待用来养鱼。中国是世界上淡水水面最大的国家之一，淡水总面积 1 759hm^2，可供养鱼水面约 564hm^2。从上面的数据表明，湖泊、水库和外荡等优质水面积都是发展无公害水产品的自然基地。由南到北跨越热带、亚热带、温带、寒温带和寒带 5 个气候带，其中，绝大部分位于温带和亚热带，因而气候温暖、雨量适中、日照较长。特别是长江、钱塘江和淮河流域三大水系十分有利于水生动、植物的生长，形成了天然的水底绿色屏障，更显示了中国淡水养殖的自然优势和巨大潜力。因此，只有做好规划、分步实施，将适于养殖的水域进行养殖功能布局的统一规划，同时根据规划实施过程中出现的新情况适时作出调整。做到水域使用功能明确、产业布局合理，鼓励养殖区转移至水体交换条件好、环境优良的水域，同时尽可能减少对水域其他功能利用的影响。

2. 实现生态效益、经济效益、社会效益一体化

生态渔业是现代渔业发展的方向，是人们发展渔业生产的一种优化养殖模式，其目的是增加渔业产量和经济收入，从一定意义的内涵来讲，生态效益就是长远的经济效益；社会效益就是广泛的经济效益。在生态渔业的模式中，要求必须遵循遵循生态准则、生物学准则、经济学准则，同时要求三者之间互相协调一致。因而生态渔业实施，必须做到水生资源的优化配置；充分合理利用水、土、温、光和生物；必须扩大水底绿色植被，保持和改水域生态环境；必须充分利用劳动力资源，通过养殖、加工和产供销，把农村劳动力资源予以充分发挥与利用。同时，保障水产品质量安全，营养丰富的生态绿色食品，达到提高水产品的商品率和效益率。生态渔业要创造良好的水域生态环境，为渔业产业的可持续发展提供保障，生态渔业要实现提供数量更多、质量更高的水产品，为社会服务好，生态渔业能获取更好更大的经济效益。因此，只有保护好生态水域和开展生态养殖才能有力地促进水产养殖产业可持续发展。

3. 遵循生态学、生物学、经济学三准则

（1）按照生态学中各自生态位的特点放养苗种。运用质比量比放养技术，在江河、湖泊等水域放养的品种与数量，放养性状优良蟹、虾、鱼苗种，用质比表示在同一水体放养不同类水生动物品种的数量，量比表示在同一水体放养不同类的各个品种数量的占有率，实现生物多样性。水生生物系统物质良性循环。在此同时，养殖规模的增加，使江河、湖泊水体呈现富营养化的势趋，要改善江河、湖泊水质条件，遏止水体富营养化，必须采取行之有效的方法解决江河、湖泊水质问题。要解决此问题的最好方法就是在江河、湖泊推广应用生态健康养殖模式，增加滤食性鱼类和刮食性鱼类，以消灭水体中的浮游生物，并利用吃食鱼类的粪便和残饵，减轻水体污染；同时在水体中种植水草，以吸收水体中的氮、磷、钾等营养元素，阻止水体富营养化，改善养殖水体环境，促进我国水产业的可持续发展。因地制宜地进行产业布局，做到布局合理，特色彰显，优先发展市场占有率高、市场前景广阔、具有竞争优势的水产品。在江河、湖泊大力推广应用生态型的健康养殖模式，在不新增加固定资产投资的情况下，套养滤食性鱼类鳙鱼、刮食性鱼类中华倒刺鲃以遏

止江河、湖泊水体富营养化、提高水产养殖效益，符合国家关于发展生态健康养殖示范区的要求，也是我国开发大水面水产养殖势在必行的发展方向。

我们建议，生产上广泛应用生态养殖模式，促进水产业可持续发展。坚持适度开发，根据环境容量和养殖容量合理规划生产，大力推行生态健康养殖，加快资源节约型、环境友好型的水产养殖业发展，加强水生生物资源养护，积极开展渔业节能减排，将水产养殖对水域环境的负面影响降到最低，实现可持续发展。

（2）水生植物生态功能、养营价值、药理作用。在自然的江河、湖泊、外荡、中小型水库：一是培植水生植物占养殖面积的 60%~80%，水生植物生长丰满超出水面时，将水生植物控制在水面以下 20~30cm，水生植物光合作用时，是符合蟹类、虾类蜕壳时所需弱光条件的栖息处，又是鱼类繁殖产卵好场场所；二是提高水生植物光合作率，增加池塘水体溶解氧量，水体溶解氧达 5.5mg/L 以上；三是水生植物新成代谢时，能分解水体的有毒有害物质，吸收水体有机营养物质和有富集的作用，促使养殖水体资源水化，生植物正常生长，控制水质富营养藻类繁殖，控制蟹类、虾类、鱼类虫害与疾病；四是水生植物是蟹类、虾类、鱼类的绿色饵料，满足养殖蟹类、虾类、鱼类对绿色植物营养成分的需要，水生植物的药理作用与药效功能控制蟹类、虾类、鱼类细菌性疾病。杜绝药害带来的水质污染，保护水域生态环境。

（3）鲜活软体动物生态功能、养营价值、药理作用。在自然的江河、湖泊、外荡、中小型水库，一是培植一定数量鲜活软体动物，例如螺蛳、蚌、蚬等鲜活贝类。在养殖水体中自然繁殖幼螺蛳，使其生长为成年螺蛳。二是利用鲜活软体动物新阵代谢功能，增强净化水质能力，作为长期稳定的水生生态系统功能。其又使蟹类、青鱼、鲤鱼生长发育期内均能食用动物蛋白饵料；三是鲜活软体动物富含营养成分，鲜螺肉体中干物质占 5.2%，干物质中含粗蛋白为 55.36%，从幼蟹养殖大规格优质成蟹生长过程中均有适口鲜活动物蛋白饵料，可以满足河蟹正常生长对鲜活动物蛋白营养成分的需要，成熟时蜕壳体重增长 90% 以上。贝壳含有机钙量高达 38%，自然水体分解贝壳有机钙，增加河蟹生长发育所需多种微量元素，提高河蟹蜕壳率和成活率，养殖大规格成蟹；四是贝壳可以自然地在水体中分解，使养殖水体呈微碱性，pH 值为 7.5~8.5，以此可有效控制河蟹颤抖病发生。

因此，遵循生态学、生物学和经济学准则是有效保护生态水域平衡的有效保证。水域生态平衡又是水产养殖业可利用的无尽有效资源。因此，只有保护水域生态环境，水产养殖业才能得到可持续发展。

4. 坚持因地制宜原则

我国淡水水系分布区域广，各区域季节性气候温差大，形成养殖类型复杂，养殖品种多。特别是长江、淮河流域两大水系十分有利于水生动植物的生长，形成了天然的水底绿色屏障，更显示了中国淡水养殖的自然优势和巨大潜力。与此同时，各地政府也应根据当地的土壤、水质、气候、光照、温差和生物量等条件因地制宜原则实际做好科学合理规划。

（1）长江的中下游地区自然的河流、湖泊、外荡、滩涂是适宜养殖淡水蟹类、虾类首选地。因此，当地政府部门在做规划时就应系统、全面规划养殖淡水蟹类和虾类的生态环境，营造成生态型淡水蟹类、虾类生态养殖基地。

（2）黄河中下游地区的河流、湖泊、外荡、滩涂、是适宜养殖鱼类首选地。因此，各地政府部门在做规划时也应规划哪些地区的江河、湖泊适宜养殖冷水鱼类，营造成生态型冷水鱼类生态养殖基地。

（3）我国沿海地区江河、滩涂、湖泊作为繁衍的鱼类、蟹类和虾类生态养殖基地适宜养殖在淡水与海水交汇区生长发育、繁衍的鱼类、蟹类、虾类。因此，当地政府部门在做规划时就应规划养殖在淡水与海水交汇区生长发育。

5. 坚持市场导向原则

（1）淡水河蟹市场需求。随着经济的发展，人们生活质量的提高，食物结构发生变化，由原来对畜禽动物蛋白的需求逐步在转变为鱼类蛋白的需求。大规格优质河蟹是高蛋白、低胆固醇的水产品，每100g中含蛋白质14g、水分71g、脂肪5.9g、碳水化合物7g、维生素A 5 960IU。河蟹是人们生活不可缺少的食物，长期食用能使人类健康长寿。近年来，国内销售于杭州市、上海市、北京市等大中城市，消费者的购买力增强。市场价格高，雄蟹个体重量200g以上，每500g的单价是120元以上，而雄蟹个体重量150g以下小规格蟹，每500g的单价是30元左右，大规格优质河蟹价格是小规格河蟹价格的4倍。因此，优质大规格河蟹在国内大市场有较强的市场竞争力。我国加入WTO后，农产品质量安全更是国际贸易的壁垒；产品质量越好，国内国际市场生命周期就越长。加入WTO后融入国际消费市场，质量安全标准要求越来越高，优质特种水产品需求量越来越大，国际市场对项目实施后所产出的绿色安全食品，优质大规格河蟹具有广阔的市场需求量；大规格优质河蟹质量符合国际通行农产品质量安全标准，深受东南亚国家和我国港澳台客商的信赖，出口量呈上升趋势。2013年，本公司养殖的大规格优质河蟹，其规格为雄蟹个体重量200g以上，出口到我国香港特别行政区和新加坡的价格分别是国内的3~5倍，提高了河蟹产品附加值，显示了河蟹养殖业生产力的发展，促进了优质、高效、安全的河蟹产业可持续发展。

（2）淡水青虾市场需求。优质商品青虾是一种高蛋白、低脂肪、低热量的营养食品。营养成分为：水分 79.88g、蛋白质 17.45g、脂肪 1.4g、无氮浸出物 0.99g、灰分 0.28g。青虾的营养价值最高，其肌肉中氨基酸的总量为 82.36%，青虾不仅可以食用，还可以入药。据《中药大辞典》记载，其性甘温，入肝肾经，具有补肾、通乳托毒之功能，主治阳痿、乳汁不下、丹毒、痈疽和臁疮等疾病。青虾中含有青虾素的药用价值就更高了，可防治高血脂。食用优质青虾是人们生活质量提高的一种标志。而"生态养殖青虾"，养殖的青虾规格大、品质优、效益好，水域环境、产品质量安全指数均符合国家水产养殖标准。市场需求情况，目前，商品青虾已成我国为各大中小城市居民和农村居民首选购买的水产品之一。从 2012 年以来，商品青虾市场价格居高不下，在上海市、杭州市、苏州市、无锡市、常州市等大中城市，消费者的购买力增强。市场价格高，虾个体重量 8~10g 以上，每 500g 的单价是 120元以上，而个体重量 8g 以下小规格虾，每 500g 的单价是 50 元左右，大规格优质青虾价格是小规格虾价格的 2 倍。因此，优质大规格青虾在国内大市场有较强的市场竞争力。生态养殖青虾将会取得最佳环境效益、质量效益、市场需求效益，产业化前景优势明显，青虾大规格苗种产业化前景同样优势明显，是科学实现了合理利用水生资源，保护水环境，取得资源循环利用型的最佳效果，从而实现资源节约型、环境友好型和低碳渔业产业发展方向。

（3）大宗淡水鱼市场需求。2011 年，我国淡水养殖产量 2 471.9 万 t，其中，大宗淡水鱼养殖产量 1 698.5t，占 68.7%。2011 年，全国青鱼养殖产量 46.77 万 t，青鱼是 7 个品种中唯一的肉食性品种。近年来，随着配合饲料的广泛应用养殖面积不断扩大，不仅是靠近江河湖泊的省区甚至于北方地区也更多地开始养青鱼。全国草鱼养殖产量 444.22 万 t，位居第一。目前，草鱼除鲜活销售外，加工也正在逐步开展；鲢鱼养殖产量 371.39 万 t，位居第二。鲢鱼是池塘混养的搭配品种，近年来作为江河湖库的放流品种在改善生态环境方面也发挥着越来越重要的作用；鳙鱼养殖产量为266.83 万 t，以前鳙鱼主要是以配养为主，由于价格的提升，现在正研究怎么开展主养；鲤鱼养殖产量 271.82 万 t，鲤鱼是品种选育做得最好的品种，也是北方地区比较受欢迎的种类，养殖地也主要集中在北方地区；鲫鱼养殖产量 229.68 万 t，团头鲂产量 67.79 万 t，鲫鱼和团头鲂鱼体大小适中，是适应城市化而快速发展的品种。江苏省盐城地区是鲫鱼的主产区，江苏省的常州市、无锡市等地是团头鲂的主养区。

我国大宗淡水鱼几乎 100% 是满足国内的居民消费（包括香港、澳门和台湾地区），在我国主要农产品肉、鱼、蛋、奶中，水产品产量占 31%，而大宗淡水鱼产量占全国水产品总量 5 603.2 万 t 的 30.3%，在市场水产品有效供给中起到了关键作用。大宗淡水鱼作为一种高蛋白、低脂肪、营养丰富的健康食品，是我国人民食物构成中主要蛋白质来源之一，发展大宗淡水鱼类养殖业增加了膳食结构中蛋白质的来源，为国民提供了优质、价廉、充足的蛋白质。大宗淡水鱼对调整农业产业结构，扩大就业，增加农民收入，带动相关产业发展等方面发挥了重要作用。大宗淡水鱼类养殖业已从过去的农村副业转变成为农村经济的重要产业和农民增收的重要增长点。

2011年，全国渔业产值为7 883.9亿元，其中，淡水养殖和水产种苗产值合计达到4 145亿元，占到渔业产值的52.5%。现在渔业从业人员有2 060万人，其中，约70%是从事水产养殖业。2011年，渔民人均年纯收入达10 012元，高出从事种植业农民人均纯收入近3 000元。大宗淡水鱼养殖的发展还带动了水产苗种繁育、水产饲料、渔药、养殖设施和水产品加工、储运物流等相关产业的发展，不仅形成了完整的产业链，也创造了大量的就业机会。大宗淡水鱼养殖业在改善水域生态环境方面发挥了不可替代的作用。

我国大宗淡水鱼类养殖是节粮型渔业的典范，因其食性大部分是草食性和杂食性鱼类，甚至以藻类为食，食物链短，饲料效率高，是环境友好型渔业。另外，大宗淡水鱼多采用多品种混养的综合生态养殖模式，通过搭配鲢鱼、鳙鱼等以浮游生物为食的鱼类，来稳定生态群落，平衡生态区系。通过鲢鱼、鳙鱼的滤食作用，一方面可在不投喂人工饲料的情况下生产水产动物蛋白，另一方面可直接消耗水体中过剩的藻类，从而降低水体的氮、磷总含量，达到修复富营养化水体目的。

（4）科学调研水产品市场需求。市场需求的变化是不以我们的意志为转移的，目前水产品市场受国际、国内两个市场的影响，特别在我国人口众多，地域宽广，地区之间贫富差别依然存在。同时，又是受宏观经济与微观经济调控因素影响较强。因为养鱼生产既是一个相对周期较长的过程，又容易受市场因素波动干扰，影响巨大。渔民辛勤劳动养出的优质水产品，也许因为受市场需求量影响，同样影响价格。当需求大出现供不应求时价格上涨而获得较高的利润；当需求小出现供大于求时，鱼类价格下滑，利润降低甚至亏本。尽管如此，但市场变化是有经济规律可循的，只要科学掌握市场规律，决策正确，经营有略，就能实现最佳经济效益，促进渔业产业的可持续发展。

第二节　建立生态渔业科学技术研究体系与推广体系

一、建立生态渔业科学技术研究体系

（一）政府引导、院校与企业为一体建科研机构

第一，养殖单位以及许多生产一线的科技机构，在为我国鱼类生态养殖业可持续发展和鱼类生态养殖技术的完善与推广过程中迅速发展起来。科学利用水生生物的共生互利或相克关系，满足水环境中生物多样性的要求，水体自我净化、自我维持的功能，实现水生生态系统内的物质良性循环，促进养殖水体进一步资源化。同时，增强对鱼类营养需求研究，即维生素营养平衡熟化饲料，促使鱼类每一生长阶段营养均衡，对保持水质优良起到积极作用；在不损害水域生态环境的情况下获得经济效益高的优质水产品。目前，生态渔业学科理论远远落后于生产。作者希望有更多的有志人员参与这一工作，建立符合我国国情的生态渔业学科理论体系和技术体系，为我国实现生态渔业理论体系和技术体系完善，保障水产品质量安全，生态渔业产业可持续发展提供科学技术支撑。

第二，渔业科技企业要确定以人才作为企业资本要素，选择引进与培养相结合战略，搭建高层次人才引用平台，组建独立的科研所，建立博士后工作实验基地，引进与培养科研专业人才。

（二）渔业科技企业首先要确定以企业自主研发为重任，选择原始创新与集成创新相结合的战略

为实施生态渔业研究适用的技术系，江苏省溧阳市水产良种场长期在生产一线组织研究实施生态渔业的关键技术。

第一，研究淡水鱼、虾、蟹新品种选育、繁育、培育的关键技术。

第二，研究淡水养殖水域生态环境保护的关键技术。

第三，研究淡水养殖渔类饲料营养平衡的关键技术。

第四，研究淡水养殖无病虫害的关键技术。

第五，研究淡水养殖水产品质量安全的关键技术。

第六，研究集成整合农民易学、易懂、可操作性强和实用有效技术传授给农民。

二、政府主导、院校、企业为一体建立良种推广体系

（一）政府相关部门与企业建立鱼类良种推广基地

1. "四大家鱼"

良种企业每年坚持从国家级原种场引进"四大家鱼"原种，具有生长快、个体大、肉质好和抗逆性强等优良经济性状，是我国特产的淡水经济鱼类，"四大家鱼"——鲢鱼、鳙鱼、草鱼、青鱼的养殖在我国有较长的历史，是我国水产养殖中的"当家品种"，养殖产量占全国淡水鱼养殖总产量的70%左右。"四大家鱼"是我国特产淡水经济鱼类的当家品种，具养殖产量占全国淡水鱼养殖产量的70%，已被许多国家列为世界性的养殖种类，但长期以来，由于忽视了传统品种的选育与更新改良及提纯复壮，存在有效群体数量减少、近亲交配、逆向选择、品种混杂而引起经济性状衰退和基因库萎缩等问题，出现繁殖后代生长缓慢、性成熟提前、个体变小、抗病力下降和畸形率增加的现象，为此，政府相关部门与良种企业建立推广基地，积极承担开展"四大家鱼"原种引进、培育与良种推广项目的研究，对增加"四大家鱼"种质资源，加快良种推广具有重要的现实意义。同时，"四大家鱼"食性不同，在水体中占有各自的生态位，对维护水域生态平衡以及确保水产养殖业的持续发展，有其积极的推动促进作用。

2. 良种"团头鲂浦江1号"

良种企业每年坚持从国家级原种场引进"团头鲂浦江1号"亲本，具有遗传性状稳定，抗逆性强，生长快，抗病力好、降低发病率，成活率高等优点，可杜绝化学药物使用，同样杜绝药害带来的水环境污染，确保养殖水域生态环境。

3. 良种异育银鲫"中科3号"

良种企业每年坚持引进经过国家良种审定委员会审定的异育银鲫"中科3号"原种母本，江西兴国红鲤为父本，执行良种生产技术操作规程，运用生态养殖技术培育亲本，依据自然规律性，采用繁育新工艺——受精卵投放孵化池流水孵化、池塘静水脱膜新工艺；遵循质与量规律，确定放养品种与数量，养殖优质规格鱼苗；，选育遗传性状稳定，生命力强等遗传性良好的亲本培育、选育、繁育优质鱼苗。群体筛选、分级培育后备亲鱼，扩大繁育异育银鲫"中科3号"良种种苗数量，将良种推广应用于养殖领域。近年来，银鲫种质资源退化、鱼病频繁爆发、特别是银鲫黏孢子虫病爆发，鱼类大量死亡，严重损害养殖水产品质量与产量，造成严重经济损失；而异育银鲫"中科3号"生长速度快，比高背鲫生长快13.7%~34.4%，出肉率高6%以

上；异育银鲫"中科 3 号"养殖与前两代异育银鲫相比，"中科 3 号"饲料系数降低 0.1~0.2，每 667m² 获利能力增加 200~300 元；遗传性状稳定，生命力强；体色银黑，鳞片紧密，不易脱鳞；寄生于肝脏造成肝囊肿死亡的碘泡虫病发病率低。可控制药物使用，降低生产成本，保障水产品质量安全；取得质量效益、经济效益、生态效益。

4. 翘嘴鳜良种

（1）名贵经济鱼类翘嘴鳜。鳜鱼为肉食性鱼类，膘肥体壮，肉质丰腴细嫩，味道鲜美可口，营养丰富，富含人体所需的 8 种氨基酸，高蛋白为 19.3%、低脂肪为 0.8% 的保健食品，是我国出口创汇的拳头产品，随着本地区养殖河蟹面积的不断扩大，根据本场多年来研究开发的河蟹养殖套养鳜鱼，不但河蟹产量高，而且养殖鳜鱼品质好，增加经济效益好的成果，从而带来本地区及周边地区大规格鳜鱼苗需求量增加。鳜鱼苗的繁育与气温有很大的关系，按常规，一般都要在 5 月中旬才能达到亲鱼性成熟，繁殖鱼苗，再经 40d 的培育，才能达到 5~8cm 规格，培育大规格鱼苗，为此采用强化培育亲鱼，温棚加温与保温相结合的办法进行繁育、培育大规格鳜鱼苗，为发展渔业经济和增加农民收入有着积极促进作用。

随着农村产业结构调整步伐的加快，长荡湖地区河蟹养殖面积不断扩大，为了帮助养殖户提高池塘利用率，河蟹池塘套养鳜鱼成为本地区养殖户近年来提高养殖效益的重要途径。优质大规格鳜鱼苗需求量逐年增加。鳜鱼苗的规格和质量成为养殖户养殖鳜鱼产量的关键。江苏省溧阳市水产良种场早在 1996 年就投入技术力量研究"鳜鱼苗繁育技术开发"。作为水产苗种传统生产单位，积极响应国家和省海洋与渔业局提出的"开展三项更新工程"号召，开展优质大规格鳜鱼苗规模化培育技术研究，培育出品质优良的大规格鳜鱼苗，向周边地区推广养殖，为农业增效、农民增收有着积极的的促进作用。

（2）市场需求状况。鳜鱼为肉食性鱼类膘肥体壮，古词有"桃花流水鳜鱼肥"因而得名胖鳜。鳜鱼肥满度很高，肉质丰腴细嫩，味道鲜美可口，营养丰富，富含人体所需的 8 种氨基酸。鳜鱼因无肌刺，为小孩和老人理想的高蛋白为 19.3%、低脂肪为 0.8% 的保健食品。鳜鱼是我国出口创汇的拳头产品，在海外被为"淡水石斑"，特别是东南亚地区需求量较大，我国加入 WTO 以后，国内的宾馆和酒楼对鳜鱼的销量与日俱增，特别是上海、苏州、无锡、常州、杭州、宁波等大中城市，中外合资企业不断增加，形成国内具备国际市场的需求。因此鳜鱼身价倍增，市场价格攀升，发展鳜鱼养殖前景广阔，1998 年，在常州长荡湖河蟹养殖基地实施套养鳜鱼试验成功。2000 年，常州市农林局渔业工作会议精神要求大力推广这一项目，江苏省溧阳市水产良种场就开始逐步培育大规格鳜鱼苗种，市场出现供不应求的趋势，为了确保本地区的鳜鱼苗种供应，年培育大规格鳜鱼苗种100万尾生产能力，基本满足本地区渔农民养殖鳜鱼的需求。

（3）应用规模。太湖流域的名贵鱼翘嘴鳜，有着悠久的历史。长期以来养殖面积不断扩大，公司年培育优质大规格翘嘴鳜鱼苗种99万尾，可供长荡湖周边地区6 533hm²河蟹养殖套养大规格翘嘴鳜养殖面积，养殖优质的商品鱼。

（4）社会经济效益。2005年与2006年溧阳市长荡湖水产良种科技有限公司2年累计繁育翘嘴鳜鱼苗290.11万尾，培育优质大规格翘嘴鳜鱼苗99万尾，累计推广养殖面积0.65万 hm²；平均667m²产可达5.20kg，667m²均新增产值218.40元，新增产值总额2 140.32万元；667m²均新增利润163.40元，新增利润总额1 601.32万元。这体现河蟹养殖套养的鳜鱼产品、质量优、规格好，商品附加值相应提高。培育优质大规格翘嘴鳜鱼苗，是促进了农业增效、农民增收的新途径。表明了科技示范园区带动农民奔小康，为建设社会主义新农村奠定了良好的物质经济基础。

5. 翘嘴红鲌良种

（1）名贵经济鱼类。翘嘴红鲌俗称白鱼、白条，是生活在江河、湖泊、水库等大型水体之中的淡水鱼，一般生活在水体的中、上层，以食小鱼、小虾及浮游动物为主的食物性鱼类，该品种的特点是：生长快、食性广、耐浮头、病害少、产量高。其肉质细嫩，味道鲜美，蛋白质含量高，是太湖流域名贵的经济鱼类之一，深受广大消费者的喜爱，有着广阔的市场前景，目前市场上的商品鱼主要来源是从江河湖泊等天然水体中获取，由于近年来水域生态环境发生了变化，导致翘嘴红鲌的自然种群日益减少，自然产量大幅下降。随着人民生水活水平的不断提高，市场需求越来越大，为满足市场需求，本项目采取引进选择野生亲本通过池塘驯养人工繁殖幼苗群体、人工池塘培育大规格苗种、池塘单养及套养成鱼。目前，浙江省的翘嘴红鲌苗种繁育及人工养殖已形成规模化，但本省内，本项科技成果的应用刚开始，只是零星试养摸索。因此，发展翘嘴红鲌人工养殖前景广阔。

溧阳市水产良种场分别于2002年和2005年实施的《翘嘴红鲌人工池塘养殖技术应用推广》项目都已超额完成各项技术经济指示并通过验收。

（2）创新之处。

①亲本驯养：投喂鲜活饵料（小鱼、小虾、浮游动物）调控水质，进行强化培养。

②繁育苗种：采用孵化池人工繁殖群体，池塘分批分级培育大规格苗种。

③成鱼养殖：采用池塘、围网单养及套养，利用投放套养活饵料，运用浮游生物、灯光诱食。

（3）自主知识产权。《翘嘴红鲌大规格苗种人工繁育技术推广应用》项目由溧阳市长荡湖水产良种科技有限公司研究开发，并于2001年就进行小面积试验，所采取的技术路线都通过多年的试验总结，因此，该项目知识产权属溧阳市长荡湖水产良种科技有限公司所有。

（4）推广目的、意义及市场需求。

①推广目的、意义：翘嘴红鲌养殖有着广阔的发展前景，但因为人工池塘养殖技术没有得到推广应用，广大养殖户对其生长习性不了解，缺乏养殖管理技术，所以，得不到大面积推广。江苏省溧阳市水产良种场在几年中所实施的翘嘴红鲌人工池塘养殖已取得了成功的经验，有很好的基础和条件，因此，利用自身科技实力，实施研究引进野生翘嘴红鲌亲本人工驯化养殖，人工繁育苗种的试验项目及集池塘、外荡、围网养殖翘嘴红鲌商品鱼为一体的课题，一是向广大渔农民提供优质大规格苗种，二是推广人工池塘养殖和湖泊网围单养套养技术，为本地区特种水产业的发展起到积极的推动作用。

②市场需求：近几年淡水商品鱼的价格总体下滑，但翘嘴红鲌价格坚挺，而且供不应求。翘嘴红鲌为食活饵料为主，只要水质不受污染，完全属无公害水产品，同时本项目在生产期间管理运用生态平衡养殖技术，营造养殖水域良好的生态环境，采取无公害养殖技术操作规程进行培育、养殖，本公司已获得省级无公害生产基地266.67hm^{2}产地证书，所产出的翘嘴红鲌规格大、品质优、产量高、经济效益好。几年来，小面积实施测算，每667m^{2}投放幼苗8万尾，成活率达56%，年培育5~10cm体长4.5万尾大规格苗种。成鱼养殖每亩投放5~10cm苗种800~1 200尾，成活率达85%，667m^{2}产量达600kg。本项目通过推广应用到本地区及其他省市地区，形成规模化生产，可作为本市新的特种水产主养品种，将会改善水产养殖地区品种结构，满足本地区苗种供应及商品鱼生产，保障供给市场苗种、商品成鱼需求。

（5）示范推广。溧阳市长荡湖水产良种科技有限公司经过近几年的翘嘴红鲌的试验研究，积累了关于引进野生翘嘴红鲌亲本原种通过强化驯养经验，采用人工繁育、培育幼苗及池塘培育大规格苗种、池塘围网饲养成鱼等一整套养殖技术，特别根据翘嘴红鲌的生长生活特性，饲喂动植物饵料，自然培养微生物，为其提供足够可口的饵料，调控水质，实现培育苗种规模大、品质优和经济效益高的目标，在项目实施期间采用组织技术培训，参观示范点进行典型经验交流和现场指导等推广方式，推广至常州市、镇江市、南京市、宿迁市和北京市等地区，使先进实用技术运到更多的农户手中，推广大规格苗种培育面积100hm^2（包括专业大户用幼苗培育夏花及大规格鱼种），推广成鱼养殖面积达0.67万hm^2，其中成鱼单养面积0.27万hm^2、套养面积0.53万hm^2，达到带动广大农民致富。

（6）应用规模社会经济效益。溧阳市长荡湖水产良种科技有限公司年培育 5~10cm 苗种达 0.2 亿尾，利润达 2 800 元 /677m²。比养殖常规鱼种每 667m² 净增利润 1 600 元。翘嘴红鲌商品成鱼精养（单养）面积 0.27 万 hm²，每 667m² 放养 5~10cm 苗种 800~1 200 尾，677m² 产量达 600kg，677m² 产值达 12 000 元。利润达 3200 元 /677m²，可比规模鱼类养殖净增效益 880 元 /677m²。推广套养面积 0.53 万 hm²，667m² 套养 10cm 左右的冬片鱼种 20 尾，667m² 产可达 12kg 以上，667m² 净增产值 240 元，利润 160 元 /667m²。

（二）政府相关部门与企业建立蟹类、虾类良种推广基地

1. 中华绒螯蟹良种

科学引进经过国家良种审定委员会审定的中华绒螯蟹 "长江 1 号" 原种为亲本或中华绒螯蟹 "长江 2 号" 原种为亲本。选择亲蟹规格：母本个体重为 125g 以上，公本个体重为 150g 以上繁育的苗种；选择淡水水系培养的扣蟹苗种养殖成蟹，它们在长江水系区域养殖成活率高，生长快，规格大，其肉质鲜美，膏脂丰满。中华绒螯蟹适应于正常生长、发育空间的环境是光照条件好，水质透明度好，呈微碱性，水生动植物丰盛的优良水域生态环境，因此，选择生态养殖中华绒螯蟹是生态渔业特色养殖产业，是科学合理利用水生资源，资源循环利用的最佳效果。养殖水体排放达太湖流域排放标准，保护了水域的生态环境；产品质量符合国家绿色食品标准，国际通行农产品质量安全标准，实现食品安全与生态保护的 "双赢" 产业，是可持可持续发展渔业产业。

2. 青虾良种

青虾是日本和中国特有的淡水虾类，淡水湖、河、池、沼都能自然生存，我国大多数地区的淡水水域中及低盐度的河口都有分布，在江苏省、上海市、浙江省、福建省、江西省、广东省、湖南省、湖北省、四川省、河北省、河南省、山东省等地均有较高产量。淡水青虾在我国淡水虾类中属于体形较大的种类，也是最常见虾类，是我国产量最大的淡水虾，是重要经济虾类。以河北省白洋淀、江苏省太湖、山东省微山湖出产的青虾最有名。青虾具有广盐性，从淡水到低盐度的河流下游都能生存，有时低盐度水中的青虾比淡水中的还大。青虾能适应硬度较高的水质，但虾类最好生长在硬度适中、中性或偏碱性的水域中。因为这种水域可以保证有丰富的植物种群和底栖动物，供虾类栖息摄食，同时适度的硬水也能充分满足蜕壳后青虾对钙质的需要，以便重建新壳。虾类不能直接从水中吸收钙质，只能通过食物摄入。因此，要选择异地湖泊水流入湖口区域生长的遗转基因好、抗逆性

强、个体大的优良青虾亲本，性腺发育成熟，雄虾规格要更大一些。育苗池塘面积为 1 333~2 000m²，亲本放养，667m² 放养量为 30kg，雌雄比例为 3∶1；5 月初期水温 22℃抱卵虾转入育苗池，667m² 放养量为 8kg，5 月 25 日当水温 25℃，开始孵化出虾的幼体，6 月 10 日至 7 月 10 日培育幼苗规格 0.7~0.8cm 以上，667m² 产量 56kg 以上；7 月 10 日开始选择幼苗规格 0.7~0.8cm，分级培育大规格青虾苗种。该青虾苗种生长发育快，体质强壮，规格整齐，质量安全。推广应用于生态养殖河蟹套养青虾。

目前，长江中下游地区的河蟹养殖区域，基本实现生态养殖河蟹套养青虾，溧阳市水产良种场"养殖河蟹套养大规格青虾苗种"示范基地面积 33.33hm²。2013 年 1 月至 2013 年 5 月，河蟹套养大规格青虾苗种养殖的成虾，667m² 均产量 26.98kg。667m² 产值 1 618.80 元，667m² 成本 601.96 元，667m² 利润 1 016.86 元。新增总产值 80.94 万元，新增成本 30.10 万元，新增利润 50.84 万元。投入产出比 1∶1.69。取得了显著的经济效益，同时，也是一种资源节约型，环境友好型优势渔业产业，为推动青虾养殖业可持续发展提供了示范典型。

三、建立以县、镇、渔业企业为一体科技服务站

1. 科技服务站宗旨

科技服务站确定以无偿为企业渔业职工与农村农业合作社的农民传授科学技术的宗旨，选择课堂讲授与基地示范引导的战略。促使农民掌握一整套农民易学、易懂、实用性和操作性强、科学合理先进适用新技术，并运用在养殖生产实践之中。

2. 科技服务站职能

一是抓好职工与渔农民培训，努力提高职工渔农民素质；培养成具有专业知识的专业养殖队伍；二是基地示范引导转变发展方式，大力发展高效生态渔业；三是加强水产品质量安全管理，生产绿色安全水产品，提高渔业综合竞争力；四是坚持环保优先，加强与科技推广部门联合整合科技资源。不断实践、不断总结，通过再实践，总结出一整套职工与渔农民易学、易懂、实用性和操作性强、科学合理先进适用新技术，编著科技手册作为培训养殖户教材。同时，将优质、高产、高效、节能、生态养殖技术新体系，通过组织培训、基地示范引导，推广应用于生产领域获取良好的经济效益、生态效益和社会效益。

3. 立以县、镇、企业为一体绿色安全渔需物资供应店

（1）促进渔需物资规范管理，促使养殖户安全使用饲料，渔药，保障养殖水域生态环境的资源化与养殖的水产品质量安全。努力打造具有生态特色的高效、安全

渔业，促进生态渔业产业可持续发展。

（2）有效控制违禁渔药，预防使用不合格产品以及渔药处方一方多用，规范使用药物，依据中华人民共和国农业行业标准《绿色食品 渔药使用准则》NY/T755—2013，代替 NY/T755—2003 的渔药品种使用。

（3）预防水产养殖动物疾病药物 22 个品种。

①调节代谢或生长药物：维生素 C 钠粉。

②防病疫苗：草鱼出血病灭活疫苗；牙鲆鱼溶藻弧菌、鳗弧菌、迟缓爱德华病多联抗独特型抗体疫苗；鱼鳍水气单胞菌败血症灭活疫苗；鱼虹彩病毒病灭活疫苗；鲫鱼格氏乳球菌灭活疫苗。

③消毒用药：溴氯海因粉、次氯酸钠溶液、聚维酮碘溶液、三氯异氰尿酸粉、复合碘溶液、蛋氨酸碘粉、高碘酸钠、苯扎溴铵溶液、含氯石灰和石灰。

④渔用环境改良剂：过硼酸钠、过碳酸钠、过氧化钙和过氧化氢溶液。

（4）治疗水生生物疾病药物 16 个品种。

①驱杀虫害药物：纤毛虫类，包括硫酸锌粉、硫酸锌三氯异氰尿粉；孢子虫类，包括盐酸氯苯胍粉、地克珠利预混剂；指环虫类，包括阿苯达唑粉、地克珠利预混剂。

②消毒杀菌药物：聚维酮碘溶液、三氯异氰脲酸粉、复合碘溶液、蛋氨酸碘粉、高碘酸钠和苯扎溴铵溶液。

③抗微生物药物：盐酸多西环素、氟苯尼考粉、氟苯尼考粉预混济（50%）、氟苯尼考粉注射液和硫酸锌霉素。

（5）有效控制劣质饲料。可预防使用不合格产品；并且可注意产品生产批文批号；注意产品主要成分；注意产品原料来源，注意产品保质期等要素。

四、建立以政府引导、院校、企业为一体江苏省农村科技服务超市

以江苏省农村科技服务超市溧阳特种水产产业分店为例

1. 科技超市功能定位

确定以无偿为农民传授科学技术的宗旨，选择课堂讲授与基地示范引导战略。在各级党委、政府的正确领导下，加倍努力，全力推动思想观念创新、体制机制创新和科学技术创新，以企业为主体、人才为根本、产业技术为重点、体制、环境为保障的自主创新之路。与科研院所等部门联合整合科技资源。不断实践、不断总结，通过再实践，总结出一整套农民易学、易懂、实用性和操作性强、科学合理先进适用新技术。编著实用性农业科技知识丛书，作为培训农民新教材，并向农业技术推广部门无偿赠送科技资料，并且以科技示范基地为农民直接指导，促使农民真正掌握新知

识、新技术、新品种，并能推广应用到农业生产领域，为渔业增益，农民增收。

2. 科技超市发展模式

以建成非赢利组织运行机制、分店与便利店之间的沟通协调机制。确定以充分发挥科技人员积极作用为先导，选择动态管理战略；确定以无偿为农民传授科学技术的宗旨，选择信息传导、课堂讲授与基地示范引导战略。全力推动思想观念创新、体制机制创新和科学技术创新，走出一条以市场为导向、企业为主体、人才为根本、产业技术为重点、体制、环境为保障的自主创新之路。

3. 农民的科技之家

渔业产业的可持续发展关键是科技支撑，农村科技服务超市的建立，是服务农民的科技之家。溧阳特种水产产业分店充分利用常州市现代农业科学院水产研究所与江苏省博士后工作站（博士后创新实业基地）相结合的优势，研究生产实践中所需的关键性的实用技术，编写成技术手册。构建长效运作机制，成为国内科技服务农民的新品牌，通过科技超市分店平台传递信息，做好新技术、新品种推广服务，结合基地示范引导，为渔业产业发展提供有效科技支撑和产业化服务，确保渔业增益农民增收。

4. 具体做法

（1）建立良种示范基地。溧阳特种水产产业分店是在省市县科技部门关心和指导下，由溧阳市长荡湖水产良种科技有限公司、常州市现代农业科学院水产研究所共建的。分店示范基地面积为 $23.33hm^2$，其中，鱼类科技示范面积 $6.67hm^2$；虾类科技示范面积 $3.33hm^2$；蟹类科技示范面积 $13.33hm^2$。

目前，分店建立科研示范基地。鱼类科技示范面积 $6.67hm^2$，2012 年繁育、培育鱼类优质良种鱼苗 4.18 亿尾；良种推广溧阳周边县、市养殖面积可达 2 万 hm^2，为当地农民提供优质良种服务，良种供应以较低的价格供应给农民，作为公司的一项公益性事业，良种推广应用后在生产领域无虫害病害，商品鱼苗产量可达 800kg，每 $667m^2$ 可比原来增收 500 元，带动 6 250 户农民增收。当农民养殖的大规格鱼种销售发生困难时由公司负责收购，再由公司与太湖管委会和溧阳市天目湖水库协商帮助农民销售，确保农民经济收入不减少。分店建立科研示范基地，虾类科技示范面积 $3.33hm^2$，青虾苗种两茬，水花苗 $667m^2$ 产为 56kg，青虾苗种规格 2~2.5cm，$667m^2$ 产为 112kg，两茬 $667m^2$ 均技术经济效益 5 800 元以上，年培育的青虾 1 亿尾，可供生态养殖红膏河蟹套样青虾面积 $1 000hm^2$。分店建设科研示范基地蟹类科技示范面积 $13.33hm^2$，"红膏"河蟹达标率为 90% 以上，$667m^2$ 产量达 68.67kg 以上，$667m^2$ 均技术经济效益 4 280.30 元以上，养殖优质"红膏"河蟹质量符合国家绿色水产食品标准。国内销售于苏州市、无锡市、杭州市、上海市、北京市等城市，台商港商尤为信赖优质"红膏"河蟹。因此，优质"红膏"河蟹在国内有较强的市场竞争力。

（2）自编技术资料。溧阳特种水产产业分店编著《生态养殖红膏河蟹技术研究与推广应用》科技手册，赠送溧阳市8个镇区农业技术推广部门科技手册3 800册，溧阳市科协200册，溧阳市农业干部学校200册，驻溧阳73 041部队200册，作为培训养殖户教材。2011年分别在溧阳市别桥镇、溧城镇八字桥村、合心村、泓口村、溧阳市农业干部学校、溧阳市水产良种场等地培训农民1 000人次，为溧阳19.8万亩水产养殖提供强有力科技支撑，为3 562户从事水产养殖业的农民提供技术服务。组织溧城镇、埭头镇、别桥镇、上黄镇养殖户培训，推广应用于常州长荡湖周边河蟹养殖面积1.91万 hm² 的生产领域。每 667m² 可新增利润1 500元，带动3 562户农民增收。

溧阳特种水产产业分店于2011年由中央电视台拍摄"让河蟹多蜕一次壳"科教片，2012年5月2—3日在中央电视台七套科技苑栏目播出，同时制成光盘赠送科技推广部门，将创新科学技术推广应用于江苏省河蟹养殖面积为26.5万 hm²，以及全国河蟹养殖区域，为确保水产食品质量安全，保护人类的健康奠定了良好基础。实现保障食品安全人类健康与水域生态环境保护的"双赢"，渔业经济可持续发展为加快新农村建设奠定良好的基础。

（3）课堂讲授与基地示范指导。溧阳特种水产产业分店始终坚持以无偿为农民传授科学技术为宗旨，采用课堂讲授与基地示范引导相结合的方式。撰写著作3部《中华绒螯蟹生态养殖》《无公害淡水鱼养殖实用新技术》《无公害河蟹标准化生产》。编著《生态养殖红膏河蟹技术研究与推广应用》《青虾大规格苗种培育技术研究与推广应用》科技手册等培训农民科技资料。无偿赠送农民18 000余册，为培训农民讲授80多场次，促使农民能真正掌握科学技术知识，将科学技术运用在生产实践中，促使渔业增效农民增收。真正使农民感受到科技服务超市是农民的科技之家。以下介绍江苏省农村科技服务超市溧阳特种水产产业分店带来的典型案例。

案例一：编著出版《中华绒螯蟹生态养殖》《无公害淡水鱼养殖实用新技术》《无公害河蟹标准化生产》3部实用性农业科技丛书，规范了水产养殖领域质量安全全程控制技术；作为培训农民新教材，并向农业技术推广部门无偿赠送6 000余册，在本地区溧阳农校、市水产良种场、别桥、上黄、竹箦、戴埠等地义务讲课，累计培训农民5 000人次，2011年5月编著《生态养殖红膏河蟹技术研究与推广应用》科技手册，又无偿赠送溧阳市8个镇区农业技术推部门，科技手册为3 800册，溧阳市科协 200 册，溧阳市农业干部学校 200 册，驻溧阳 73041 部队 200 册，作为培训养殖户教材。2011 年分别在溧阳市别桥镇、溧城镇八字桥村、合心村、泓口村、溧阳市农业干部学校、溧阳市水产良种场等地培训农民 1 000 人次。为溧阳市 1.32 万 hm^2 水产养殖面积提供强有力科技支撑，技术服务 3 500 户从事水产养殖业农民。

2013 年，编著《青虾大规格苗种培育技术研究与推广应用》技术手册 3 000 册；赠送溧阳市 8 个镇区农业服务中心，作为培训农民的教材，建成培训与基地示范为一体的推广应用网络体系，促使广大养殖户掌握一整套适用"青虾大规格苗种培育技术研究与推广应用"养殖生产技术。2013 年，将该技术体系推广应用于本市及周边地区养殖面积 0.8 万 hm^2，可带动养殖农户 1 960 户。

2014 年，建立《生态水域环境控制河蟹虫害病害技术研究与应用》生产技术体系推广应用养殖面积 $667hm^2$。养殖的优质成蟹质量标准符合国家绿色食品标准，国际通行农产品质量标准，优质河蟹深受东南亚国家和港澳台客商的青睐，河蟹出口新加坡，价格是国内价格的 5 倍。2011 年，建立了江苏省农村科技服务超市溧阳特种水产产业分店以店。确定以无偿为农民传授科学技术的宗旨，可通过江苏省农村科技服务超市溧阳特种水产产业分店平台将优质、高产、高效、节能、生态养殖技术新体系，通过组织培训基地示范引导，推广应用于江苏省河蟹养殖面积 26.53 万 hm^2 及全国河蟹养殖各区域。促使渔业新增效益，农民新增收益。为加快新农村建设奠定了良好的物质基础和经济基础。

案例二：2007 年 8 月 13 日，本书作者受常州市农林局邀请来到溧阳革命老区科技扶贫，在溧阳别桥镇中心小校会堂培训农民，培训内容为"科学养殖河蟹　产品质量安全"。这次培训班原计划 100 人左右参加，结果来参加培训的达到 200 多人，来参加培训的人员中有的带着疑难养殖问题。其中，有两位比较特殊的养殖户，一位带着池塘水，水中有滩蟣蛄。另一位农民带着河蟹来的，带水来的，主要是咨询，水中的是什么虫，对河蟹有没有影响，这很好回答，当场我就喝了一口瓶中的水和虫，我即回答："这是滩蟣蛄可作鱼的饵料，对养殖河蟹没有影响"。当时"这位农民兄弟很高兴，微笑着离开了我。可另一位农民带着河蟹即上前问道，说他养殖的河蟹天天死亡，这是什么原因"。同时，把河蟹提着给我看，可我接过河蟹，立即把河蟹背壳掀开看它的鳃丝，一看鳃丝清白，无黑斑，看不到病灶。并向那位农民说："河蟹没有病，你家池塘是否缺氧了吗？"他立即回答没有，后来我又肯定地回答他："这河蟹没有病。你家池塘清塘消毒时是否使用五六酚钠？"当时这位农民没有吭声，于是我没有再问他，他眼睛看了看几眼，因为周围还有许多农民要向我咨询，他便离开了我。当时我是向那位农民（杨建平）说你有空可来我单位，到我场的基地亲眼观察，我们基地的情况。过了一星期，杨建平果然带着十多位农民来河蟹养殖示范基地，亲临考察、观摩，没有看到基地有死蟹的现象，当他离开基地走到上黄水产村时，他才给我说了真话："是一位卖渔药的技术人员卖给他清塘的药物是五氯酚钠，4.67hm² 池塘为 35kg"。当时我听到他这样一说，我顿时回答他，"如果你说的都是真的，那么今年你池塘河蟹全部死完"。他又问为什么？我又接着说："五氯酚钠毒素影响河蟹中枢神经和肝脏，一般在 9 月是死亡的高峰"。后来特地去杨建平养殖池塘亲临观察，结果与潘洪强分析的一样，100g 以上的大蟹逐步死亡。他问我："有什么挽救的办法？" 我说："只有在冬季把池塘淤泥用吸泥泵全部吸掉，明年才能再养河蟹，否则，5 年不能养蟹"。

　　通过江苏省农村科技服务超市溧阳特种水产产业分店店长潘洪强长期的技术服务，养殖户杨建平从 2008—2013 年连续 6 年丰产丰收，每年获得利润都在 20 万元以上。养殖户杨建平已是江苏省农村科技服务超市溧阳特种水产产业分店长期技术与信息服务的对象。

　　案例三：2012 年 6 月中旬是滆湖网围养殖团头鲂商品鱼的销售季节，因为每年在梅雨季节到来前需把养殖 333.33hm² 团头鲂成鱼销售完，武进区灵丰饲料厂生产的颗粒饲料，是养殖团头鲂的专用饲料。也是专供滆湖网围面积 333.33hm² 亩养殖团头鲂的饲料，可在 2012 年 6 月上旬即将上市出售的成鱼"团头鲂"全身发黄，拉网捕获的鱼出现死亡，更不能装车运输出售，影响养殖户生产计划，造成养殖户严重的经济损失，造成饲料厂与养殖户发生矛盾。养殖户要求武进区灵丰饲料厂解决这一问题，"就如何能使鱼能上市出售"。武进区灵丰饲料厂生产养殖团头鲂的专用饲料中添加的预混料，是溧阳市正昌饲料科技发展有限公司供应的。因此，武进区灵丰饲料厂提出要求，由溧阳市正昌饲料科技发展有限公司解决这一技术难题。成鱼上市出售前 15d 投喂的饲料中停止添加促生长素。如果按照原来生产饲料投喂，促使鱼类出现亚健康（肝胆肿大）鱼体发黄征兆。主要原因是长期使用过量的促生长素，因此，提出立即停止饲料中添加促生长素。生产一批没有促生长素的饲料，投喂两周后，使得亚健康鱼体恢复，逐步成为健康的鱼体。 罗丛彦博士采纳潘洪强同志所提出的方案，经过 15d 投喂团头鲂就可拉网捕获上市销售。滆湖网围面积 333.33hm²，按 667m² 产 800kg 计算，总产量达 4 000t，每千克按 12 元计算，总产值 4 800 万元，挽回直接经济损失 4 800 万元。同时消除饲料厂家与养殖户之间的矛盾纠纷，保证养殖户的成鱼顺利出售，并获取较好的经济效益。

　　案例四：2012 年 8 月下旬正是河蟹蜕壳的季节，金坛市儒林镇圩庄村一名身患残疾的吴唐伢、刘金凤养殖户，由他弟媳金正英陪同找到科技服务超市来了，科技服务超市的工作人员热情地接待了他们。然后带他们去超市所建的科技示范池塘观察后，就在池塘边向潘洪强咨询："为什么你们的池塘没有死蟹的现象，而我养的河蟹天天在死呢？"潘洪强即回答两个原因："你养的池塘是否有蓝藻？如果有蓝藻，河蟹鳃丝在呼吸过程中将蓝藻吸入鳃丝，损害吸氧功能，使得河蟹不能正常代谢，容易死亡；养殖池塘是否发生缺氧？如果发生缺氧，同样河蟹不能正常代谢容易死亡"。当时他回答潘洪强没有这两个原因，潘洪强说："你是否用过药物？药物残留富集也影响河蟹正常代谢（蜕壳）"。3个原因分析后，便离开池塘边，回到超市技术咨询室，科技服务超工作人员赠送"生态养殖红膏河蟹技术研究与推广"技术资料，并招待他们吃中午饭。

第二天，店长潘洪强放心不下，17：00就开车直接去金坛儒林镇圩庄村找到了吴唐伢养殖基地，当潘洪强看到池塘水质较好，但池塘没有水生植物。河蟹没有栖息的蜕壳处。于是潘洪强向养殖户说明了池塘河蟹死亡的原因：关键是在河蟹蜕壳的季节池塘没有水生植物，河蟹蜕壳只能在池底蜕壳，池底层水的溶解氧每升为 3mg 左右，当河蟹蜕壳一半时，就不能蜕壳了，原因是河蟹正常蜕壳所需溶解氧为 4mg/L 以上，当养殖户问潘洪强有什么办法时，潘洪强就在现场进行了指导，可采用补救的方法，将养殖池四周 2m 宽面积补栽水花生，并将水花生压在水面以下 30~40cm，人工营造河蟹蜕壳的场所，并能满足河蟹蜕壳水体溶解氧，因为上层水体经光合作用，溶解氧能保持在 5mg/L 以上，能促使河蟹蜕壳。周边的同类情况养殖户都跟着做，控制了河蟹蜕壳所造成的死亡。取得好经济效益（当年 667m² 效益 3 400 多元）并得到 20 多养殖户的充分肯定。

案例五：2013 年夏季是历史上 50 年以来一遇的连续高温，天气室内温度在 38~39℃，室外中午最高气温在 42~45℃，对于在长江中下游地区河蟹养殖业带来严重挑战，特别是在太湖流域邻近浙江是高温不降，就在高温 7 月 23 日江苏省溧阳特种水产科技服务超市分别在别桥镇、埭头镇、溧城镇等养殖基地举行了应对高温的技术培训班，培训内容：应对高温关键养殖技术。

第一，控制水生植物生长，提高池塘水位，将池塘水位可控制在 1.2~1.5m，另一方面将水生植物（伊绿藻）控制在水面以下 30~35cm，可防止伊绿藻受高温造成腐烂，促使池塘水质 COD 增高，造成河蟹大量死亡。水生植物控制在水面以下 30~35cm，增强光和作用，确保池塘水体溶解氧 5.5mg/L 以上（保障河蟹正常代谢），提高蜕壳率。

第二，严格控制池塘蓝藻繁殖，发现蓝藻立即施用水藻分解精 –D 处理，是以藻治藻安全有效，是高温治理蓝藻最环保科学方法。

第三，高温季节饲料投喂选择傍晚时节，在 18：30~19：30 时段，这是河蟹最喜食时节，可提高饲料利用率。可防残食腐败恶化水质，控制 COD 增高，有效保证池塘水体生态资源化，促使河蟹正常代谢。

第四，高温季节，严禁使用化学药物，以防高温使用化学药物，形成严重的药害。高温季节，发现养殖池塘水质变腐，立即采取使用生物制剂 EM 菌进行调水，促进养殖水体资源化。

第五，同时将培训相关应对高温的技术措施，用手机短信发送给溧阳市水产良种场养殖户，并通过溧阳市农林局信息科平台发送给全市的水产养殖户。确保溧阳地区 0.74 万 hm² 河蟹养殖面积在高温季节没有受高温的影响，2013 年河蟹又获丰收，确保溧阳地区 2 200 户河蟹养殖产量不减少。

案例六：2013 年 9 月 2 日，超市受溧阳市正昌饲料科技发展有限公司副总经理的邀请去扬州市所辖高邮市甘垛镇宏大饲料有限公司，下属河蟹养殖户袁同顺。池塘现场处理硫酸铜治蓝藻所造成河蟹受药害长期死亡事故从 8 月 14 日使用硫酸铜治蓝藻，第二天开始死蟹，处方所使用方法是 2.67hm²，养殖池塘 10~12.5kg，分 3 次使用，每 667m² 用药量为 0.35kg，在处理事故的现场，几十位养殖户都在观看，潘洪强同志在现场将事故的原因做了分析，并且给养殖户进行短时间培训。

第一，处方用药量每 667m² 为 0.35kg，是指在 22℃水温来确定的，处方用药量是正确的，而不能在高温 40℃以上水温使用该处方的用药量。因此，河蟹受药害，所以造成河蟹死亡。

第二，硫酸铜是治虫的，不是治蓝藻的，即使要用硫酸铜治蓝藻，也只能在池塘局部池塘角泼洒。高温季节，要治蓝藻应使用水藻分解精–D，将蓝藻分解，是比较安全的。

第三，饲料投喂。高温应在 18:00~19:00 投喂，因为该时间段是河蟹捕食最佳时节，以防饲料分解在水体造成水体污染。通过分析事故原因与现场培训，得到当地养殖户的肯定，他们纷纷表示以后我们绝不会再受袁同顺的同样养殖损失。

案例七：建立良种繁育基地面积 33.33hm²，培育亲本"四大家鱼"，异育银鲫"中科三号"，团头鲂"浦江 1 号"等 10 个品种年繁育苗种 4.18 亿尾。良种鱼苗推广应用面积达 1.33hm²，667m² 产量递增 10%，每 667m² 增收 500 元，可给农民增收 1 亿元。河蟹养殖套样青虾面积 466.67hm²，每 667m² 产量为 12.5kg，单价为 45 元。每 667m² 增收 1 125 元可为农民增收 787.5 万元。

案例八：建立绿色饲料，渔药供应站，增加就业人员 5 人，同时增加公司的利润率，真正实现了为周边 0.33 万 hm² 养殖面积供应绿色饲料、绿色渔药，水产品

　　质量安全在源头得到控制，长荡湖周边养殖河蟹质量，从每次抽检中，检测的结果，河蟹质量均达到无公害水产食品质量的标准。

　　溧阳特种水产产业分店是在江苏省市县科技部门关心和指导下，由溧阳市长荡湖水产良种科技有限公司、常州市现代农业科学院水产研究所共建的。分店示范基地面积为 23.33hm²，其中，"鱼类"面积 6.67hm²；"虾类"面积 3.33hm²；"蟹类"面积 13.33hm²。

　　目前，分店建立科研示范基地"鱼类"面积 6.67hm²，2012 年繁育、培育鱼类优质良种鱼苗 4.18 亿尾；良种推广溧阳周边县、市养殖面积可达 2 万 hm²，为当地农民提供优质良种服务，良种供应以较低的价格供应给农民，作为公司的一项公益性事业，良种推广应用后在生产领域无虫害病害，商品鱼 667m² 产量可达 800kg，每 667m² 可比原来增收 500 元，带动 6 250 户农民增收。当农民养殖的大规格鱼种销售发生困难时由公司负责收购，再由公司与太湖管委会和溧阳市天目湖水库协商帮助农民销售，确保农民经济收入不减少。分店建立科研示范基地"虾类"面积 3.33hm²，青虾苗种两茬，水花苗 667m² 产为 56kg 青虾种规格 2~2.5cm，667m² 产为 112kg，两茬 667m² 均技术经济效益 5 800 元以上，年培育的青虾 1 亿尾，可供生态养殖红膏河蟹套养青虾面积 1 000hm²。分店建设科研示范基地"蟹类"面积 13.33hm²，"红膏"河蟹达标率为 90% 以上，667m² 产量达 68.67kg 以上，667m² 均技术经济效益 4 280.30 元以上，养殖优质"红膏"河蟹质量符合国家绿色水产食品标准。国内销售于苏州市、无锡市、杭州市、上海市和北京市等城市，台商港商尤为青睐优质"红膏"河蟹。因此，优质"红膏"河蟹在国内有较强的市场竞争力。

　　溧阳特种水产产业分店编著《生态养殖红膏河蟹技术研究与推广应用》科技手册，赠送溧阳市 8 个镇区农业技术推广部门科技手册 3 800 册，其中，溧阳市科协 200 册、溧阳市农业干部学校 200 册和驻溧阳 73041 部队 200 册作为培训养殖户教材。2011 年，分别在溧阳市别桥镇、溧城镇八字桥村、合心村、泓口村、溧阳市农业干部学校、溧阳市水产良种场等地培训农民 1 000 人次，为溧阳 1.32 万 hm² 水产养殖提供强有力科技支撑，为 3 562 户从事水产养殖业的农民提供技术服务。组织溧城镇、埭头镇、别桥镇、上黄镇养殖户培训，推广并应用于常州市长荡湖周边河蟹养殖面积 1.19 万 hm² 的生产领域。每 667m² 可新增利润 1 500 元，带动 3 562 户农民增收。

　　溧阳特种水产产业分店于 2011 年由中央电视台拍摄"让河蟹多蜕一次壳"科教片，2012 年 5 月 2—3 日在中央电视台七套科技苑栏目播出，同时制成光盘赠送科技推广部门，将创新科学技术推广应用于江苏省河蟹养殖面积为 26.54 万 hm²，以及全国河蟹养殖区域，为确保水产食品质量安全、保护消费者的健康奠定了良好基础。实现保障食品安全、人类健康与水域生态环境保护的"双赢"，以及渔业经济可持续发展，为加快新农村建设奠定良好的基础。

溧阳特种水产产业分店以无偿为农民传授科学技术为宗旨，采用课堂讲授与基地示范引导相结合的方式。出版专著 3 部:《中华绒螯蟹生态养殖》《无公害淡水鱼养殖实用新技术》和《无公害河蟹标准化生产》；编著《生态养殖红膏河蟹技术研究与推广应用》科技手册作为培训农民科技资料，无偿赠送农民 10 000 余册，为培训农民讲授 80 多场次，促使农民能真正掌握科学技术知识，将科学技术运用在生产实践中，促进渔业增产农民增收，真正使农民感受到科技服务超市是农民摆脱贫困走向富裕的科技之家。

第十六章　水资源与人类的紧密关系

第一节　我国的自然生态环境现状

一、自然资源

自然资源是指从自然环境中得到的，可以采取各种方式被人们使用的任何东西。包括可再生资源和不可再生资源两类。生物多样性是自然界的主要特征。 自然环境包括：地质环境、水环境、生态环境、大气环境和空间环境等。

1. 我国的自然资源现状

自然资源总量大，种类多，但人均资源占有量少，开发难度大。 我国资源开发利用不尽合理和科学，浪费、损失严重。合理开发利用资源，坚持开发和节约并举，把节约放在首位。

2. 我国生态环境特点

从总体上看，我国的生态环境恶化的趋势初步得到遏制，部分地区有所改善，但目前我国环境形势依然相当严峻，不容乐观。

二、生态环境

我国环境问题主要表现在以下几方面。

（1）污染物排放总量还相当大，远远高于环境自净能力。

（2）工业污染治理任务仍相当繁重。

（3）不少地区农业水质、土质污染日渐突出，有些地方的农产品有害残留物严重超标，影响人体健康和产品出口。

（4）部分地区水土流失、荒漠化仍在加剧。

（5）水资源自 20 世纪中期以后，随着社会经济的发展、人口数量的激增，导致用水量猛增，世界上许多国家和地区相继开始出现水危机。随着社会的持续发展，用水方式日益增多，目前水危机恶化得到世界各国政府重视。

第二节　水资源与人类生存的关系

一、水资源是人类社会生存和发展的物质基础

1. 水资源组成

水是由氢、氧两种元素组成的无机物，在常温常压下为无色无味的透明液体。水是地球上最常见的物质之一，是包括人类在内所有生命生存的重要资源，也是生物体最重要的组成部分。水对我们人类有很重要的作用，它也会影响自然界的一切。在全球范围内，水资源均存在时空分布的不均匀性，由此造成水资源的局部短缺，导致水资源的相对稀缺。水资源的绝对稀缺和相对稀缺说明：水资源不是"取之不尽，用之不竭"的。所以，水资源制度设计应该尽可能合理，以促使水资源开发利用遵守因地、因时制宜的原则，使有限的水资源发挥出最大的效率。

2. 水资源作用

水对气候具有调节作用。大气中的水汽能阻挡地球辐射量的60%，保护地球不致冷却。海洋和陆地水体在夏季能吸收和积累热量，使气温不致过高；在冬季则能缓慢地释放热量，使气温不致过低。地球表面有71%被水覆盖，从空中来看，地球是个蓝色的星球。水浸蚀岩石土壤，冲淤河道，搬运泥沙，营造平原，改变地表形态。水是生命的源泉，人对水的需要仅次于氧气。人如果不摄入某一种维生素或矿物质，也许还能继续活几周或带病活上若干年，但人如果没有水，却只能活几天。水在体温调节上有一定的作用，水能滋润皮肤。皮肤缺水，就会变得干燥失去弹性，显得面容苍老。体内一些关节囊液、浆膜液可使器官之间免于摩擦受损，且能转动灵活。眼泪、唾液也都是相应器官的润滑剂。水还是世界上最廉价最有治疗力量的奇药。

二、水资源与人类的生存

1. 水资源是人类生存的物质，水资源能够满足人类的需求

按照心理学理论，人类的需要或欲望是多方面的，包括基本的生理需要、安全需要、社会需要、尊重感的需要和自我实现的需要。后4种需要可统称为心理需要，与第一种需要即生理需要形成对应。从人类的生理需要来看，成人体内含水量占体重的70%~80%，每人每天需要饮用2~3L水，几天不喝水，就会因脱水而死亡。由此可见，地球上水资源枯竭之时必定就是人类灭亡之日。而人类心理需要的满足

也与水息息相关，水资源这种既能满足人类的生理需求也能满足人类的心理需求的特性，是任何其他物质所不可替代的。

2. 水资源是社会发展的物质基础

水资源问题是涉及到包括人口、经济、社会与环境的一个复杂巨系统。在对水资源的概念及其自然、经济和社会等属性综述的基础上，本书章节详细论述了水资源与水文循环、水量平衡结构、人口、经济、社会与环境等的相互关系，并以黄河流域水资源问题为例，说明目前阶段的水资源问题与人口、经济发展、社会与环境的联系愈加紧密。水资源是人类文明的源泉，与人类的生存、发展和一切经济活动密切相关。由于水资源的特殊性和重要性，它是生态环境的有机组成和控制性因素，水资源形成与演化及开发和可持续利用不仅仅指水资源在人类的代际间公平分配，同时还指当代人群之间、流域的上中下游之间和跨流域之间水资源。我们知道了水的这么多作用，在现阶段的水污染严重的情况下，我们要保护自然资源，减少水的污染。现在的淡水资源也在减少，淡水资源危机可能是人类今后面临的最大的生存危机。所以我们还要节约用水，禁止浪费。采取有效措施，节约用水，保护水资源的生态环境。

第三节　水源的污染对人类健康危害性

一、世界范围水源污染

水是人类最宝贵的资源，但随着工业的发展，世界范围的水资源问题越来越严重，人类饮水的危机也越来严重，每年有用 2 500 万人因 饮 水受污染而生病至死，在一些发展中国家每年因饮用不卫生的水死亡达成 1 240 万人，世界卫生组织研究表明，人类所患疾病的 80% 与水有关。这个饮水问题不到解决，死亡与患癌率只会越来越严重。这就充分说明水污染严重后果，影响生物生长和人体健康，使地球上千千万万的生命受到威胁。同时，限制人类生存发展的机会，甚至严重威胁人类的生存与发展。

二、我国水源污染

20 世纪 70 年代，我国日排放污水量约 3 000 万 t，而目前已达亿吨以上，其中，80% 以上未经任何处理直接排入水域。我国目前较大江大河流经的 15 个主要大城市河段中，有 13 条河流的水质严重污染，其中，自来水输水镀锌管网两次污染。

有一份调查显示 2010 年间曾对全国 18 个城市确立 4 110 个水质点监测，结果表明 57.2% 监测点水质较差或极差。可现在有很多人对饮用水的污染还没有意识，尤其是在农村，很多人认为自来水或是地下水在饮用上不会有什么危害，因为他们祖辈喝的都是地下水，不一样没有什么问题吗？他们存在侥幸心理，生病不是喝一口水就一下会生病的。要知道，生病都是日积月累的。由于水占人体 70% 部分，这 70% 的水如果不够纯净，可想而知必定会让人不健康长寿。您要想健康就得保护好饮用水水源地的生态环境，任何疾病的根源都和水的不洁净有关联，科学合理地摄取洁净水中富含的各种微量元素，比其他为健康所做的努力都来得有效，且更易实行。

第四节　生态养殖是保护生态水域有效保证

一、生态养殖原理

1. 生态养殖

根据不同养殖生物间的共生互补原理，利用自然界物质循环系统，在一定的养殖空间和区域内，通过相应的技术和管理措施，使不同生物在同一环境中共同生长，实现生态平衡是提高养殖效益的一种养殖方式。所谓生态养殖，是指运用生态学原理，保护水域生物多样性与稳定性，促使养殖水域生态资源效益化。

2. 鱼类生态养殖

鱼类生态养殖是利用无污染的水域，如湖泊、水库、江河及天然饵料，或者运用生态技术措施，改善养殖水质和生态环境，按照特定的养殖模式进行增殖和养殖，投放绿色饲料，不施肥、不洒药，减少浪费，降低成本。利用无污染的水域如湖泊、水库、江河及天然饵料，或者运用生态技术措施，改善养殖水质和生态环境，目标是生产出绿色食品和有机食品。生态养殖的水产品因其品质高、口感好而倍受消费者欢迎，产品供不应求，并取得最佳的生态效益和经济效益。

二、鱼类生态养殖事例

1. 鱼类质量安全

水库是天然生态水域，养殖环境优良，适应鱼类正常生长，繁育空间环境既大又优，养殖的鱼类个体大，质量好，经济效益高。水库养殖的鱼类是遵循水库生态规律、鱼类生态习性，食性、生长、繁育等生物学特性。科学规划、合理设计的生态养殖鱼类的模式，促使水库水域生态平衡，实现既要清山绿水，又要养殖绿色个体大品质优的商品鱼，质量符合国家绿色食品标准。江苏省溧阳市沙河水库、大溪水库、唐马水库养殖的草鱼是宾馆鱼制品、酸辣鱼优质原料，鳙鱼是天目湖"砂锅鱼头"优质原料。现在天目湖"沙锅鱼头"在国内大中城市享有盛名。

2. 生态效益

江苏省常州市溧阳地区的天目湖即沙河水库、大溪水库、唐马水库的水质均属国家二类水水质标准，是溧阳全市人民饮用水水源，沙河水库水源是天目镇、戴镇、溧城镇、上黄镇、埭头镇居民和农民的饮用水水源；大溪水库水源是上兴镇、南渡镇、社渚镇居民和农民的饮用水水源；唐马水库的水源是竹箦镇、别桥镇居民和农民的饮用水水源。

由此可见，水库生态养殖鱼类是促进水域水生生物多样性、水生生物系统物质良性循环，合理利用水生资源，资源循环利用，维护水库水域生态平衡，科学地保护水域生态环境，从而实现了既要清山绿水，又要养殖绿色、个大、体质优良的鱼类，促进农民增收致富。

附 录

中华人民共和国农业行业标准 NY/T 755–2013《绿色食品 渔药使用准则》

附录 A

（规范性附录）

A 级绿色食品预防水产养殖动物疾病药物

A.1 国家兽药标准中列出的水产用中草药及其成药制剂

A.2 生产 A 级绿色食品预防用化学药物及生物制品

表 A.1 生产 A 级绿色食品预防用化学药物及生物制品目录

类别	制剂与主要成分	作用与用途	注意事项	不良反应
调节代谢或生长药物	维生素 C 钠粉（Sodium Ascorbate Powder）	预防和治疗水生动物的维生素 C 缺乏症等	①勿与维生素 B_{12}、维生素 K_3 合用，以免氧化失效；②勿与含铜、锌离子的药物混合使用	
疫苗	草鱼出血病灭活疫苗（Grass Carp Hemorrhage Vaccine,Inactivated）	预防草鱼出血病。免疫期 12 个月	①切忌冻结，冻结的疫苗严禁使用；②使用前，应先使疫苗恢复至室温，并充分摇匀；③开瓶后，限 12 小时内用完；④接种时，应作局部消毒处理；⑤使用过的疫苗瓶、器具和未用完的疫苗等应进行消毒处理	

（续表）

类别	制剂与主要成分	作用与用途	注意事项	不良反应
疫苗	牙鲆鱼溶藻弧菌、鳗弧菌、迟缓爱德华病多联抗独特型抗体疫苗（Vibrio alginolyticus, Vibrio anguillarum, slow Edward disease multiple anti idiotypic antibody vaccine）	预防牙鲆鱼溶藻弧菌、鳗弧菌、迟缓爱德华病。免疫期为5个月	①本品仅用于接种健康鱼；②接种、浸泡前应停食至少24小时，浸泡时向海水内充气；③注射型疫苗使用时应将疫苗与等量的弗氏不完全佐剂充分混合。浸泡型疫苗倒入海水后也要充分搅拌，使疫苗均匀分布于海水中；④弗氏不完全佐剂在2~8℃储藏，疫苗开封后，应限当日用完；⑤注射接种时，应尽量避免操作对鱼造成的损伤；⑥接种疫苗时，应使用1ml的一次性注射器，注射中应注意避免针孔堵塞；⑦浸泡的海水温度以15~20℃为宜；⑧使用过的疫苗瓶、器具和未用完的疫苗等应进行消毒处理	
	鱼嗜水气单胞菌败血症灭活疫苗（Grass Carp Hemorrhage Vaccine, Inactivated）	预防淡水鱼类特别是鲤科鱼的嗜水气单胞菌败血症，免疫期为6个月	①切忌冻结，冻结的疫苗严禁使用，疫苗稀释后，限当日用完；②使用前，应先使疫苗恢复至室温，并充分摇匀；③接种时，应作局部消毒处理；④使用过的疫苗瓶、器具和未用完的疫苗等应进行消毒处理	
	鱼虹彩病毒病灭活疫苗（Iridovirus Vaccine, Inactivated）	预防真鲷、鰤鱼属、拟鲹的虹彩病毒病	①仅用于接种健康鱼；②本品不能与其他药物混合使用；③对真鲷接种时，不应使用麻醉剂；④使用麻醉剂时，应正确掌握方法和用量；⑤接种前应停食至少24小时；⑥接种本品时，应采用连续性注射，并采用适宜的注射深度，注射中应避免针孔堵塞；⑦应使用高压蒸汽消毒或者煮沸消毒过的注射器；⑧使用前充分摇匀；⑨一旦开瓶，一次性用完；⑩使用过的疫苗瓶、器具和未用完的疫苗等应进行消毒处理；⑪应避免冻结；⑫疫苗应储藏于冷暗处；⑬如意外将疫苗污染到人的眼、鼻、嘴中或注射到人体内时，应及时对患部采取消毒等措施	

（续表）

类别	制剂与主要成分	作用与用途	注意事项	不良反应
	鱼虹彩病毒病灭活疫苗（Iridovirus Vaccine, Inactivated）	预防真鲷、鲕鱼属、拟鲹的虹彩病毒病	①仅用于接种健康鱼；②本品不能与其他药物混合使用；③对真鲷接种时，不应使用麻醉剂；④使用麻醉剂时，应正确掌握方法和用量；⑤接种前应停食至少24小时；⑥接种本品时，应采用连续性注射，并采用适宜的注射深度，注射中应避免针孔堵塞；⑦应使用高压蒸汽消毒或者煮沸消毒过的注射器；⑧使用前充分摇匀；⑨一旦开瓶，一次性用完；⑩使用过的疫苗瓶、器具和未用完的疫苗等应进行消毒处理；⑪应避免冻结；⑫疫苗应储藏于冷暗处；⑬如意外将疫苗污染到人的眼、鼻、嘴中或注射到人体内时，应及时对患部采取消毒等措施	
疫苗	鲕鱼格氏乳球菌灭活疫苗（BY1株）（Lactococcus Garviae）（Vaccine,Inactivated）（Strain BY1）	预防出口日本的五条鲕、杜氏鲕（高体鲕）格氏乳球菌病	①营养不良、患病或疑似患病的靶动物不可注射，正在使用其他药物或停药4日内的靶动物不可注射；②靶动物需经7日驯化并停止喂食24小时以上，方能注射疫苗，注射7日内应避免运输；③本疫苗在20℃以上的水温中使用；④本品使用前和使用过程中注意摇匀；⑤注射器具，应经高压蒸汽灭菌或煮沸等方法消毒后使用，推荐使用连续注射器；⑥使用麻醉剂时，遵守麻醉剂用量；⑦本品不与其他药物混合使用；⑧疫苗一旦开启，尽快使用；⑨妥善处理使用后的残留疫苗、空瓶和针头等；⑩避光、避热、避冻结；⑪使用过的疫苗瓶、器具和未用完的疫苗等应进行消毒处理	

（续表）

类别	制剂与主要成分	作用与用途	注意事项	不良反应
消毒用药	溴氯海因粉（Bromochloro-dimethylhy-dantoin Powder）	养殖水体消毒；预防鱼、虾、蟹、鳖、贝、蛙等由弧菌、嗜水气单胞菌、爱德华菌等引起的出血、烂鳃、腐皮、肠炎等疾病	①勿用金属容器盛装；②缺氧水体禁用；③水质较清，透明度高于30cm时，剂量酌减；④苗种剂量减半	
	次氯酸钠溶液（Sodium Hypochlorite Solution）	养殖水体、器械的消毒与杀菌；预防鱼、虾、蟹的出血、烂鳃、腹水、肠炎、疖疮、腐皮等细菌性疾病	①本品受环境因素影响较大，因此使用时应特别注意环境条件，在水温偏高、pH值较低、施肥前使用效果更好；②本品有腐蚀性，勿用金属容器盛装，会伤害皮肤；③养殖水体水深超过2m时，按2m水深计算用药；④包装物用后集中销毁	
	聚维酮碘溶液（Povidone Iodine Solution）	养殖水体的消毒，防治水产养殖动物由弧菌、嗜水气单胞菌、爱德华氏菌等细菌引起的细菌性疾病	①水体缺氧时禁用；②勿用金属容器盛装；③勿与强碱类物质及重金属物质混用；④冷水性鱼类慎用	
	三氯异氰脲酸粉（Trichloroiso-cyanuric Acid Powder）	水体、养殖场所和工具等消毒以及水产动物体表消毒等，防治鱼虾等水产动物的多种细菌性和病毒性疾病的作用	①不得使用金属容器盛装，注意使用人员的防护；②勿与碱性药物、油脂、硫酸亚铁等混合使用；③根据不同的鱼类和水体的pH值，使用剂量适当增减	
	复合碘溶液（Complex Iodine Solution）	防治水产养殖动物细菌性和病毒性疾病	①不得与强碱或还原剂混合使用；②冷水鱼慎用	
	蛋氨酸碘粉（Methionine Iodine Podwer）	消毒药，用于防治对虾白斑综合症	勿与维生素C类强还原剂同时使用	

（续表）

类别	制剂与主要成分	作用与用途	注意事项	不良反应
消毒用药	高碘酸钠（Sodium Periodate Solution）	养殖水体的消毒；防治鱼、虾、蟹等水产养殖动物由弧菌、嗜水气单胞菌、爱德华氏菌等细菌引起的出血、烂腮、腹水、肠炎、腐皮等细菌性疾病	①勿用金属容器盛装；②勿与强类物质及含汞类药物混用；③软体动物、鲑等冷水性鱼类慎用	
	苯扎溴铵溶液（Benzalkonium Bromide Solution）	养殖水体消毒，防治水产养殖动物由细菌性感染引起的出血、烂腮、腹水、肠炎、疖疮、腐皮等细菌性疾	①勿用金属容器盛装；②禁与阴离子表面活性剂、碘化物和过氧化物等混用；③软体动物、鲑等冷水性鱼类慎用；④水质较清的养殖水体慎用；⑤使用后注意池塘增氧；⑥包装物使用后集中销毁	
	含氯石灰（Chlorinated Lime）	水体的消毒，防治水产养殖动物由弧菌、嗜水气单胞菌、爱德华氏菌等细菌引起的细菌性疾病。	①不得使用金属器具；②缺氧、浮头前后严禁使用；③水质较瘦、透明度高于30cm时，剂量减半；④苗种慎用；⑤本品杀菌作用快而强，但不持久，切受有机物的影响，在实际使用时，本品需与被消毒物至少接触15~20min	
	石灰（Lime）	鱼池消毒、改良水质		
渔用环境改良剂	过硼酸钠（Sodium Perborate Powder）	增加水中溶氧，改善水质	①本品为急救药品，根据缺氧程度适当增减用量，并配合充水，增加增氧机等措施改善水质；②产品有轻微结块，压碎使用；③包装物用后集中销毁	
	过碳酸钠（Sodium Percarbonate）	水质改良剂，用于缓解和解除鱼、虾、蟹等水产养殖动物因缺氧引起的浮头和泛塘	①不得与金属、有机溶剂、还原剂等接触；②按浮头处水体计算药品用量；③视浮头程度决定用药次数；④发生浮头时，表示水体严重缺氧，药品加入水体后，还应采取冲水、开增氧机等措施；⑤包装物使用后集中销毁	

（续表）

类别	制剂与主要成分	作用与用途	注意事项	不良反应
	过氧化钙（Calcium Peroxide Powder）	池塘增氧，防治鱼类缺氧浮头	①对于一些无更换水源的养殖水体，应定期使用；②严禁与含氯制剂、消毒剂、还原剂等混放；③严禁与其他化学试剂混放；④长途运输时常使用增氧设备，观赏鱼长途运输禁用	
	过氧化氢溶液（Hydrogen Peroxide Solution）	增加水体溶	本品为强氧化剂，腐蚀剂，使用时顺风向泼洒，勿将药液接触皮肤，如接触皮肤应立即用清水冲洗	

参考文献
REFERENCES

[1] 陈明耀 . 生物饵料培养 [M]. 北京：中国农业出版社，1998.

[2] 陈维新 . 农业环境保护 [M]. 北京：中国农业出版社，1990.

[3] 刁治民，周富强，高晓杰，朱锦福，张艳 . 农业微生物生态学 [M]. 成都：西南交通大学出版社，2008.

[4] 田大伦 . 高级生态学 [M]. 北京：科学出版社，2006.

[5] 凌熙和 . 淡水健康养殖技术手册 [M]. 北京：中国农业出版社，2001.

[6] 彭仁海，张丽霞，张国强 . 淡水名特优水产良种养殖新技术 [M]. 北京：中国农业科学技术出版社，2007.

[7] 潘洪强 . 无公害淡水鱼养殖实用新技术 [M]. 北京：中国农业科学技术出版社，2005.

[8] 潘洪强 . 无公害河蟹标准化生产 [M]. 北京：中国农业出版社，2006.

[9] 潘洪强 . 中华绒螯蟹生态养殖 [M]. 北京：中国农业科学技术出版社，2002.

[10] 舒妙安 . 林东年 . 名特水产动物养殖学 [M]. 北京：中国农业科学技术出版社，2006.

[11] 王克行 . 虾蟹类增养殖学 [M]. 北京：中国农业出版社，1996.

[12] 肖克宇等 . 水产动物免疫与应用 [M]. 北京：科学出版社，2005.

[13] 杨洪，邵强等，淡水养殖水体水质的调控和管理 [M]. 北京：中国农业科学技术出版社，2005.

[14] 殷名称 . 鱼类生态学 [M]. 北京：中国农业出版社，1993.

[15] 周顺伍 . 动物生物化学 [M]. 北京：中国农业出版社，1995.

[16] 湛江水产专科学校 . 淡水养殖水化学 [M]. 北京：农业出版社，1979.

[17] 赵文 . 水生生物学 [M]. 北京：中国农业出版社，2005.

[18] 中国水产学会 . 科学养殖（合订本）[J]. 科学养殖杂志社，2011.

[19] 中国水产学会 . 科学养殖（合订本）[J]. 科学养殖杂志社，2012.

[20] 中国水产学会 . 科学养殖（合订本）[J]. 科学养殖杂志社，2013.